冶金工业出版社

高职高专“十四五”规划教材

高等数学

平 仙　于 烊　主编

扫码输入刮刮卡密码
查看本书数字资源

北 京
冶 金 工 业 出 版 社
2023

内 容 提 要

本书共九章，主要内容包括函数与复数、极限与连续、导数与微分、不定积分、定积分及其应用、微分方程、无穷级数、线性代数、多元微积分学等。

本书可作为工科类高职高专院校的教材，也可作为专升本等学历提升人员的参考书。

图书在版编目(CIP)数据

高等数学/平仙，于烊主编．—北京：冶金工业出版社，2021.8(2023.6重印)

高职高专“十四五”规划教材

ISBN 978-7-5024-8853-6

Ⅰ.①高…　Ⅱ.①平…　②于…　Ⅲ.①高等数学—高等职业教育—教材　Ⅳ.①O13

中国版本图书馆CIP数据核字(2021)第122053号

高等数学

出版发行　冶金工业出版社　　**电　　话**　(010)64027926

地　　址　北京市东城区嵩祝院北巷39号　　**邮　　编**　100009

网　　址　www.mip1953.com　　**电子信箱**　service@mip1953.com

责任编辑　杜婷婷　美术编辑　彭子赫　版式设计　郑小利

责任校对　石　静　责任印制　禹　蕊

北京虎彩文化传播有限公司印刷

2021年8月第1版，2023年6月第3次印刷

787mm×1092mm　1/16；16.75印张；405千字；257页

定价42.00元

投稿电话　(010)64027932　投稿信箱　tougao@cnmip.com.cn

营销中心电话　(010)64044283

冶金工业出版社天猫旗舰店　yjgycbs.tmall.com

(本书如有印装质量问题，本社营销中心负责退换)

前言

高等数学是高职高专院校的一门重要的基础课，它对培养、提高学生的思维素质、创新能力、科学精神、严谨态度及用数学解决实际问题的能力都有着非常重要的作用。

本书遵循教育部制订的《高职高专教育高等数学课程教学基本要求》，以“案例引入，深化概念，适度论证，简单计算，结合案例，微课辅助”为特色编写而成。在内容编排上，本书紧密衔接初等数学，注重将基本概念、基本定理用几何意义、物理意义和实际背景诠释，以及知识点在实际案例中的应用，形成实际—理论—实际的有机闭环，易于教，便于学。本书每章都配有思维导图，以便学生直观、系统、全面地掌握所学知识。本书具有以下 3 个方面的特色：

(1) 注重与初等数学的紧密衔接。针对高职高专学生的知识结构，补充了初等数学的相关基本知识，将函数单独作为一章，详细介绍。此外，还补充了工科专业常用的复数相关知识点。

(2) 信息化技术的立体补充。为了适应教育信息化的需要，推动教学资源的现代化，本书配备了重要知识点的微课和动画，学生可扫码观看学习。本书每章节后都配有简单易理解和掌握的习题，并在附录中配有习题参考答案。此外，本书还配备了知识拓展内容——历史上著名数学家的生平简介，学生可扫码了解，以此不断增强高职高专学生学数学、用数学的信心，提高学生的数学素养。

(3) 形成实际—理论—实际的有机闭环。通过案例引入得出重要概念、从理论到实际生活或科学技术中实际案例的应用，可以增强学生的学习兴趣，达到学以致用的目的。

参加本书编写的有保定电力职业技术学院的平仙、于烊、马骏、郭连英、侯英涛，平仙负责全书统稿。全书由保定电力职业技术学院李智军主审。

由于编者水平所限，书中不足之处，敬请读者批评指正。

编　者

2021年3月

目录

第一章　函数与复数 …… 1

第一节　函数及其性质 …… 2
一、集合、常量与变量 …… 2
二、邻域 …… 3
三、函数的概念 …… 3
四、函数的几种特性 …… 7
五、反函数 …… 9
六、隐函数 …… 9
第二节　初等函数 …… 11
一、基本初等函数 …… 11
二、复合函数 …… 15
三、初等函数 …… 15
第三节　复数及其运算 …… 16
一、复数的概念 …… 16
二、复数的几何表示 …… 16
三、复数的三种形式及运算 …… 17

第二章　极限与连续 …… 22

第一节　极限的概念 …… 23
一、数列的极限 …… 23
二、函数的极限 …… 24
第二节　极限的运算法则 …… 29
一、四则运算法则 …… 29
二、复合函数的极限运算法则 …… 31
第三节　两个重要极限 …… 33
一、夹挤准则 …… 33
二、单调有界收敛准则 …… 34
第四节　无穷小与无穷大 …… 38
一、无穷小 …… 38
二、无穷大 …… 39
三、无穷小的比较 …… 40
第五节　函数的连续性 …… 43

一、函数连续性的概念 …… 43
二、连续函数的四则运算 …… 46
三、复合函数的连续性 …… 46
四、反函数的连续性 …… 46
五、初等函数的连续性 …… 46
六、闭区间上连续函数的性质 …… 47

第三章 导数与微分 …… 50

第一节 导数的概念 …… 51
一、引例 …… 51
二、导数的定义与几何意义 …… 52
三、函数的可导性与连续性的关系 …… 55
第二节 导数的运算法则 …… 56
一、函数求导的四则运算法则 …… 56
二、反函数的求导法则 …… 58
三、复合函数求导法则 …… 59
四、初等函数的导数 …… 60
第三节 隐函数与参数式函数的导数 …… 62
一、隐函数的导数 …… 62
二、对数求导法 …… 63
三、参数式函数的导数 …… 64
第四节 导数的应用 …… 66
一、函数单调性的判别法 …… 66
二、函数的极值及其求法 …… 67
三、函数在闭区间上的最大值和最小值 …… 69
第五节 高阶导数 …… 71
第六节 微分及其应用 …… 73
一、微分定义及几何意义 …… 73
二、微分公式及运算法则 …… 75
三、微分在近似计算中的应用 …… 76
第七节 洛必达法则 …… 79
一、$\frac{0}{0}$型和$\frac{\infty}{\infty}$型未定式 …… 79
二、其他类型的未定式 …… 81

第四章 不定积分 …… 85

第一节 不定积分的概念与性质 …… 86
一、原函数与不定积分 …… 86
二、基本积分公式 …… 87

三、不定积分的性质 …… 88
第二节　换元积分法 …… 91
一、第一类换元法 …… 91
二、第二类换元法 …… 95
第三节　分部积分法 …… 101

第五章　定积分及其应用 …… 105

第一节　定积分的概念与性质 …… 106
一、定积分问题举例 …… 106
二、定积分的定义 …… 107
三、定积分的几何意义 …… 109
四、定积分的性质 …… 110
第二节　微积分基本公式 …… 112
第三节　定积分的换元积分法与分部积分法 …… 115
一、换元积分法 …… 115
二、分部积分法 …… 116
第四节　定积分应用举例 …… 118
一、定积分的元素法 …… 118
二、平面图形的面积 …… 119
三、体积 …… 121
四、定积分的其他应用 …… 123
第五节　反常积分 …… 125

第六章　微分方程 …… 129

第一节　微分方程的基本概念 …… 130
一、引例 …… 130
二、微分方程的基本概念 …… 131
第二节　可分离变量的微分方程 …… 133
一、已分离变量的微分方程 …… 133
二、可分离变量的微分方程 …… 133
第三节　一阶线性微分方程 …… 136
第四节　二阶常系数齐次线性微分方程 …… 141
一、二阶齐次线性微分方程解的性质和通解结构 …… 141
二、二阶常系数齐次线性微分方程的解法 …… 142
第五节　二阶常系数非齐次线性微分方程 …… 145
一、二阶常系数非齐次线性微分方程的性质和通解结构 …… 145
二、$f(x)=P_m(x)\mathrm{e}^{\lambda x}$型 …… 145
三、$f(x)=A\cos\omega x+B\sin\omega x$ 型 …… 148

第七章 无穷级数 …… 151

第一节 常数项级数的概念与性质 …… 152
一、常数项级数的概念 …… 152
二、级数的基本性质 …… 154
第二节 正项级数及其审敛法 …… 155
一、正项级数的概念 …… 155
二、比较审敛法 …… 155
三、比值审敛法 …… 157
第三节 任意项级数 …… 159
一、交错级数及其审敛法 …… 159
二、任意项级数、绝对收敛与条件收敛 …… 160
第四节 幂级数 …… 161
一、函数项级数 …… 161
二、幂级数及其收敛性 …… 162
三、幂级数的运算 …… 165
第五节 傅里叶级数 …… 167
一、问题引出 …… 167
二、周期为 2π 的函数展开成傅里叶级数 …… 168
三、正弦级数与余弦级数 …… 171

第八章 线性代数 …… 174

第一节 行列式的定义与性质 …… 175
一、二阶行列式 …… 175
二、三阶行列式 …… 176
三、n 阶行列式 …… 179
四、行列式的性质 …… 179
第二节 矩阵的概念及其运算 …… 182
一、引例 …… 182
二、矩阵的基本概念 …… 183
三、矩阵的运算 …… 185
第三节 逆矩阵 …… 190
一、逆矩阵的概念与性质 …… 191
二、逆矩阵的求法 …… 191
三、利用逆矩阵求线性方程组和矩阵方程的解 …… 193
第四节 矩阵的初等变换与矩阵的秩 …… 196
一、矩阵的初等变换 …… 196
二、用矩阵的初等行变换求逆矩阵 …… 197
三、矩阵的秩 …… 197

第五节　线性方程组 …… 200
一、高斯消元法 …… 200
二、一般线性方程组解的讨论 …… 202

第九章　多元微积分学 …… 210

第一节　空间解析几何简介 …… 211
一、空间直角坐标系 …… 211
二、几种常见的曲面及其方程 …… 212
三、二次曲面 …… 215
第二节　多元函数 …… 216
一、多元函数的概念 …… 216
二、二元函数的极限 …… 217
三、二元函数的连续性 …… 218
第三节　偏导数 …… 220
一、偏导数的概念 …… 220
二、偏导数的几何意义 …… 222
三、高阶偏导数 …… 222
第四节　全微分 …… 223
一、全微分的定义 …… 223
二、全微分在近似计算中的应用举例 …… 225
第五节　二重积分 …… 227
一、引例 …… 227
二、二重积分的概念 …… 227
三、二重积分的性质 …… 228
第六节　二重积分的计算方法 …… 230

附录 A　习题参考答案 …… 236

附录 B　初等数学中的常用公式 …… 253

参考文献 …… 257

第一章　函数与复数

扫码查看本章课件

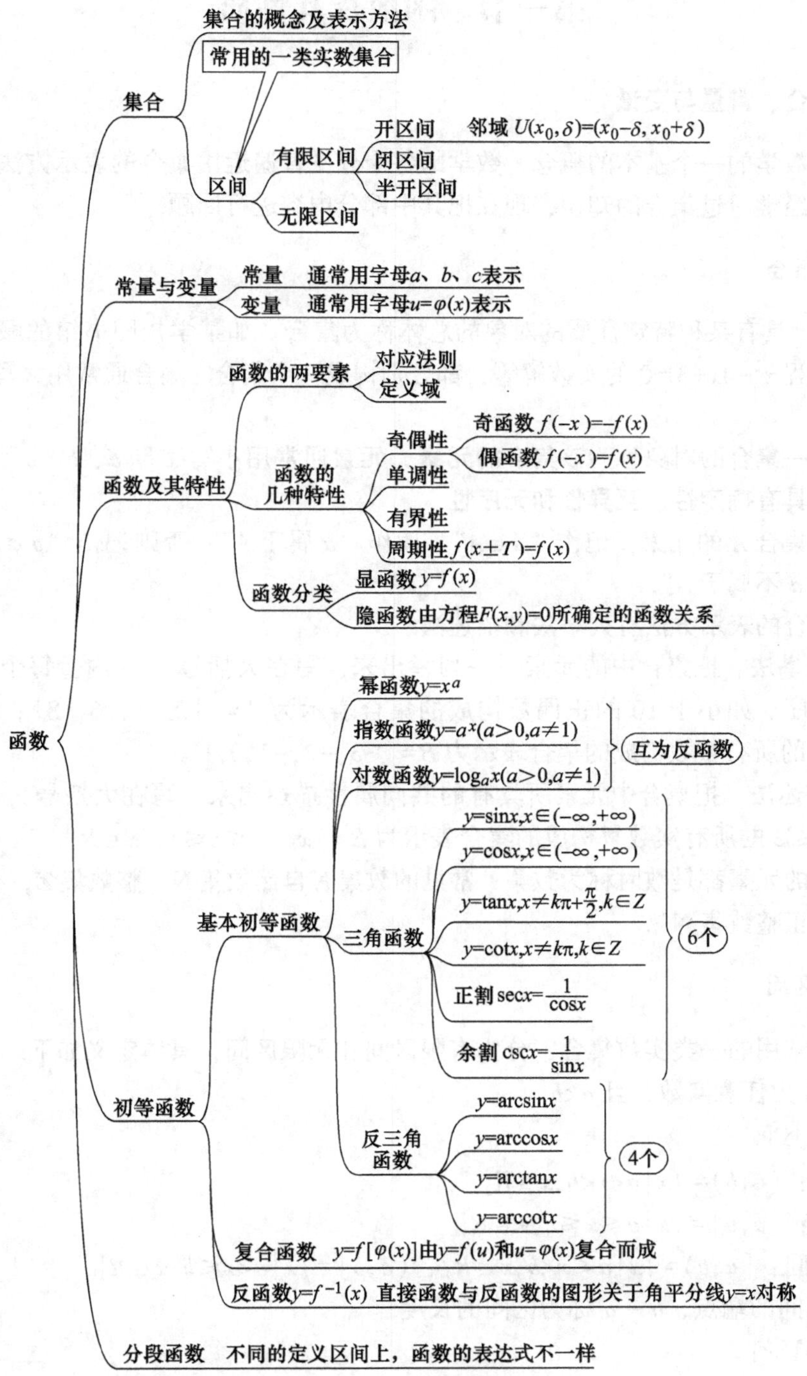

图 1-1　函数思维导图

初等数学的研究对象基本上是不变的量，而高等数学则以变量为研究对象．所谓函数关系就是研究变量之间的依赖关系．本章将在中学数学已有函数知识的基础上进一步理解函数的概念，并介绍反函数、复合函数及初等函数的内容．微积分是从研究函数开始的，为今后微积分的学习打下良好的基础.

第一节　函数及其性质

一、集合、常量与变量

集合是数学的一个基本的概念，数学的各个分支普遍运用集合的表示方法和符号．在中学阶段已经学习过集合的知识，现在把其中部分内容进行回顾.

（一）集合

定义 1　具有某种特定性质的对象的总体称为**集合**．如某学校图书馆的藏书；所有的自然数；方程 $x^2-4x+3=0$ 的实数解等，都分别构成一个集合．集合通常用大写字母 A、B、C、…表示.

组成某一集合的对象称为该集合的**元素**．元素通常用小写字母 a、b、c、…表示．集合中的元素具有**确定性、互异性和无序性**.

若 a 是集合 A 的元素，记作“$a\in A$”，读作“a 属于 A”；否则记作“$a\notin A$”（或 $a \overline{\in} A$），读作“a 不属于 A”.

通常集合的表示方法有列举法和描述法.

（1）**列举法**　把集合中的元素一一列举出来，写在大括号{　}内，每个元素只写一次，不分次序．如小于 10 的正偶数构成的集合表示为 $A=\{2,4,6,8\}$；满足不等式 $|x+1|\leqslant 2$ 的所有整数构成的集合表示为 $B=\{-3,-2,-1,0,1\}$.

（2）**描述法**　把集合中元素所具有的共同属性描述出来，写在大括号{　}内．不等式 $|x+1|\leqslant 2$ 的所有实数解构成的集合表示为 $B=\{x\mid -3\leqslant x\leqslant 1,\ x\in R\}$.

集合中的元素都是数时称为数集．常见的数集有自然数集 $\mathbf{N}$，整数集 $\mathbf{Z}$，有理数集 $\mathbf{Q}$，实数集 $\mathbf{R}$，正整数集 $\mathbf{N}^*$.

（二）区间

区间是常用的一类实数集合，分为有限区间和无限区间，具体定义如下.

设 a、b 为任意实数，且 $a<b$.

1. 有限区间

开区间：$(a,b)=\{x\mid a<x<b,x\in R\}$

闭区间：$[a,b]=\{x\mid a\leqslant x\leqslant b,x\in R\}$

半开区间：$[a,b)=\{x\mid a\leqslant x<b,x\in R\}$；$(a,b]=\{x\mid a<x\leqslant b,x\in R\}$.

a、b 称为区间的端点，$b-a$ 称为区间的长度.

2. 无限区间

引进记号 $+\infty$ 读作正无穷大及 $-\infty$ 读作负无穷大，则可类似地表示无限区间.

$(a,+\infty)=\{x \mid x>a, x\in\mathbf{R}\}$；　　$[a,+\infty)=\{x \mid x\geqslant a, x\in\mathbf{R}\}$；

$(-\infty,b)=\{x \mid x<b, x\in\mathbf{R}\}$；　　$(-\infty,b]=\{x \mid x\leqslant b, x\in\mathbf{R}\}$.

全体实数的集合 $\mathbf{R}$ 也可记作 $(-\infty,+\infty)$，它也是无限区间.

以后在不需要辨明所论区间是否包含端点，以及是有限区间还是无限区间的场合，我们就简单地称它为“区间”，且常用字母 I（Interval）表示.

（三）常量与变量

在观察自然现象或技术过程中时，常常会遇到各种不同的量，其中有的量在过程中不起变化，也就是保持一定的数值，这种量叫做**常量**；还有一些量在过程中是变化着的，也就是可以取不同的数值，这种量叫做**变量**.

例如，把一个密闭容器内的气体加热时，气体的体积和气体的分子个数保持一定，它们就是常量；而气体的温度和压力在变化，则是变量，它们取越来越大的数值.

通常用字母 a、b、c 等表示常量，用字母 x、y、t 等表示变量. 例如，设变量 x 所取数值全体组成开区间 (a,b)，那么 x 就表示数集 $(a,b)=\{x \mid a<x<b\}$ 中任何元素的符号.

二、邻域

邻域也是一个经常用的概念. 以点 a 为中心的任何开区间称为点 a 的**邻域**，记作 $U(a)$.

设 $x_0\in\mathbf{R}$，$\delta>0$，开区间 $(x_0-\delta,x_0+\delta)$ 称为点 x_0 的 δ **邻域**，记作 $U(x_0,\delta)$，即

$$U(x_0,\delta)=(x_0-\delta,x_0+\delta)$$

点 x_0 称为这个**邻域的中心**，δ 称为这个**邻域的半径**（图 1-2）.

从数轴上看，$U(x_0,\delta)$ 表示到点 x_0 的距离小于 δ 的点的集合. 故有

$$U(x_0,\delta)=\{x \mid |x-x_0|<\delta\}=\{x \mid x_0-\delta<x<x_0+\delta\}$$

在点 x_0 的 δ 邻域中去掉中心点 x_0 的集合，称为点 x_0 的去心 δ 邻域，如图 1-3 所示，记作 $\mathring{U}(x_0,\delta)$，因而有

$$\mathring{U}(x_0,\delta)=(x_0-\delta,x_0)\cup(x_0,x_0+\delta)=\{x \mid 0<|x-x_0|<\delta\}$$

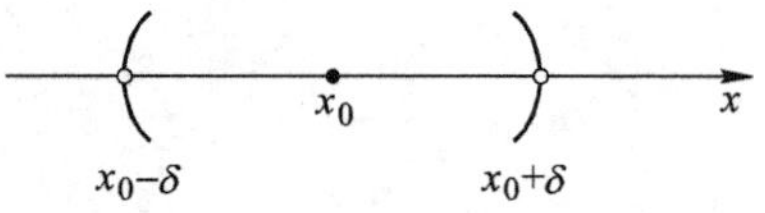

图 1-2

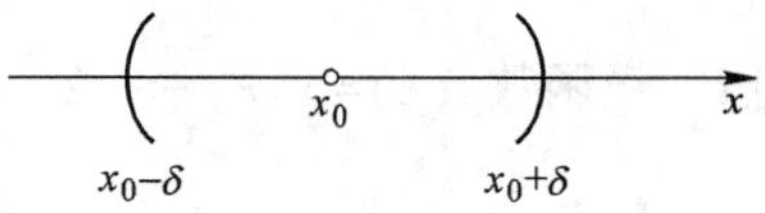

图 1-3

这里 $0<|x-x_0|$ 就表示 $x\neq x_0$.

例如，$U(1,0.02)=(0.98,1.02)$；$\mathring{U}(1,0.02)=(0.98,1)\cup(1,1.02)$.

另外，x_0 的左 δ 邻域表示为 $(x_0-\delta,x_0)$；x_0 的右 δ 邻域表示为 $(x_0,x_0+\delta)$.

三、函数的概念

在自然现象或技术过程中，常会发生一个量随另一个量的变化而变化的情况，如自由落体中物体下落的距离 s 随时间 t 而改变，圆的面积 A 随半径 r 的改变而改变，我们将两

个量之间的这种关系定义为函数关系.

（一）函数的定义

定义 2　设 x 和 y 是两个变量，D 是一个给定的数集．如果对于每个数 $x\in D$，变量 y 按照一定法则总有确定的数值和它对应，则称 y 是 x 的**函数**（function），记作 $y=f(x)$. 数集 D 叫做这个函数的**定义域**，x 叫做**自变量**，y 叫做**因变量**.

当 x 取数值 $x_0\in D$ 时，与 x_0 对应的 y 的数值称为函数 $y=f(x)$ 在 x_0 处的**函数值**，记作 $f(x_0)$. 当 x 取遍 D 的各个数值时，对应的函数值全体组成的数集

$$W=\{y\mid y=f(x),x\in D\}$$

称为函数 $y=f(x)$ 的**值域**.

函数 $y=f(x)$ 中表示对应关系的记号 f 也可改用其他字母，例如“φ”“F”，等等．这时函数就记作 $y=\varphi(x)$，$y=F(x)$，等等.

如果自变量在定义域内任取一个数值时，对应的函数值总是只有一个，这种函数叫做**单值函数**，否则称为**多值函数**．如 $y=x+1$ 为单值函数，$y^2=x+1$ 为多值函数.

以后凡是没有特殊说明时，函数均指单值函数.

确定一个函数，起决定性作用的因素是：

（1）对应法则 f（即因变量 y 对于自变量 x 的依存关系）；

（2）定义域 D（即自变量 x 的变化范围）.

如果两个函数的定义域和对应法则分别相同，称这两个函数为**相同的函数**．如函数 $y=|x|$ 与 $y=\sqrt{x^2}$ 是相同的函数；而 $y=x+1$ 与 $y=\dfrac{x^2-1}{x-1}$ 是不同的函数，因为 $y=x+1$ 的定义域为实数集 $\mathbf{R}$，而函数 $y=\dfrac{x^2-1}{x-1}$ 的定义域为 $\{x\mid x\in\mathbf{R},x\neq1\}$，定义域不同，所以是不同的函数.

至于自变量和因变量用什么字母表示，则无关紧要．例如，$y=x^2$ 与 $y=t^2$ 是相同的函数，专业课中常用字母 t 来表示自变量时间．通常将函数的定义域和对应法则称为**函数的两要素**.

例 1　设函数 $f(x)=x^2+\dfrac{1}{x}-2$，求 $f(1)$，$f\left(\dfrac{1}{x}\right)$.

解　$f(1)=1^2+\dfrac{1}{1}-2=0$，$f\left(\dfrac{1}{x}\right)=\left(\dfrac{1}{x}\right)^2+\dfrac{1}{\dfrac{1}{x}}-2=\dfrac{1}{x^2}+x-2.$

例 2　求 $y=\sqrt{\log_{\frac{1}{2}}(x^2-3)}$ 的定义域.

解　函数 $y=\sqrt{\log_{\frac{1}{2}}(x^2-3)}$ 有意义，需满足条件：

$$\begin{cases}\log_{\frac{1}{2}}(x^2-3)\geqslant0\\x^2-3>0\end{cases}$$

即

$$\begin{cases}x^2-3\leqslant1\\x^2-3>0\end{cases}$$

化简得

$$\begin{cases}-2\leqslant x\leqslant 2\\ x>\sqrt{3}\quad 或\quad x<-\sqrt{3}\end{cases}$$

不等式组的解为$-2\leqslant x<-\sqrt{3}$或$\sqrt{3}<x\leqslant 2$，所以函数 $y=\sqrt{\log_{\frac{1}{2}}(x^2-3)}$ 的定义域为$[-2,-\sqrt{3})\cup(\sqrt{3},2]$.

设函数$y=f(x)$的定义域为D. 对于任意取定的$x\in D$，对应的函数值为$y=f(x)$，这样，以x为横坐标、y为纵坐标就在xOy平面上确定一点(x,y). 当x取遍D上的每一个数值时，就得到点(x,y)的一个集合C：

$$C=\{(x,y)\mid y=f(x),x\in D\}$$

这个点集 C 称为函数 $y=f(x)$ 的**图形**（也叫**图像**）（图 1-4）. 图中的W表示函数$y=f(x)$的值域.

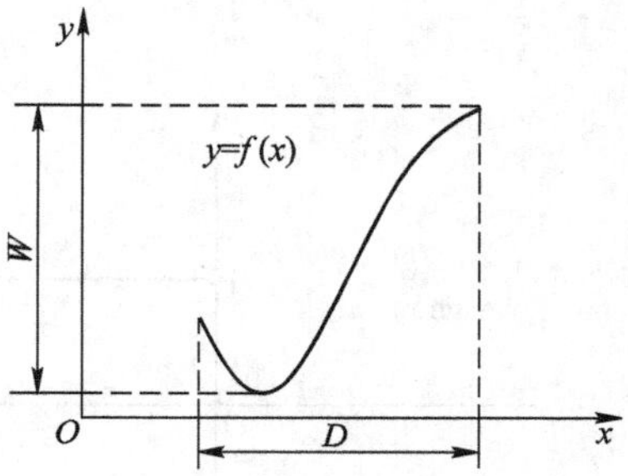

图 1-4

（二）函数的表示方法

通常，函数有三种不同的表示方法：

（1）表格法：如三角函数表、对数表等.

（2）图像法：如温度记录仪记录的某地某天的温度曲线，医学上常用的心电图等.

（3）解析法：用数学表达式表示一个函数的方法，如$f(x)=x^2+\dfrac{1}{x}-2$.

高等数学中所讨论的函数大多是由解析法给出的，解析表达式便于进行各种运算和研究函数的性质.

案例 1［生产费用］ 某工厂生产计算机的日生产能力为 0 到 100 台，工厂维持生产的日固定费用为 4 万元，生产一台计算机的直接费用（含材料费和劳务费等）是 4250 元. 试建立该厂日生产x台计算机的总费用函数，并指出定义域.

解 设该厂日生产x台计算机的总费用为y（单位：元），则y为日固定费用和生产x台计算机所需总费用之和，即

$$F(x)=40000+4250x$$

由于该厂每天最多能生产 100 台计算机，所以定义域为$\{x\mid 0\leqslant x\leqslant 100,x\in\mathbf{N}\}$.

（三）分段函数

有时一个函数在自变量的不同变化范围中，对应法则用不同式子来表示的函数，通常称为**分段函数**. 下面举几个分段函数的例子.

例 3 函数

$$y=D(x)=\begin{cases}1, & x 为有理数\\ 0, & x 为无理数\end{cases}$$

称为**狄利克雷（Dirichlet）函数**，它的定义域$D=\mathbf{R}$，值域$W=\{0,1\}$.

例 4 函数

$$y=\operatorname{sgn} x=\begin{cases}1, & x>0\\0, & x=0\\-1, & x<0\end{cases}$$

称为**符号函数**，其定义域 $D=\mathbf{R}$，值域 $W=\{-1,0,1\}$，它的图形如图 1-5 所示.

例 5　设 x 为任一实数，不超过 x 的最大整数称为 x 的**整数部分**，记作 $[x]$. 例如，$[6.2]=6$，$[\boldsymbol{\pi}]=3$，$[\mathbf{e}]=2$，$[-6.2]=-7$. 把 x 看作自变量，则函数

$$y=[x]$$

$[\boldsymbol{\pi}]=3$，$[\mathbf{e}]=2$，$[-6.2]=-7$. 把 x 看作自变量，则函数的定义域 $D=\mathbf{R}$，值域 $W=\mathbf{Z}$，它的图形如图 1-6 所示，这个图形称为阶梯曲线．在 x 为整数值处，图形发生跳跃，跃度为 1，这个函数称为**取整函数**.

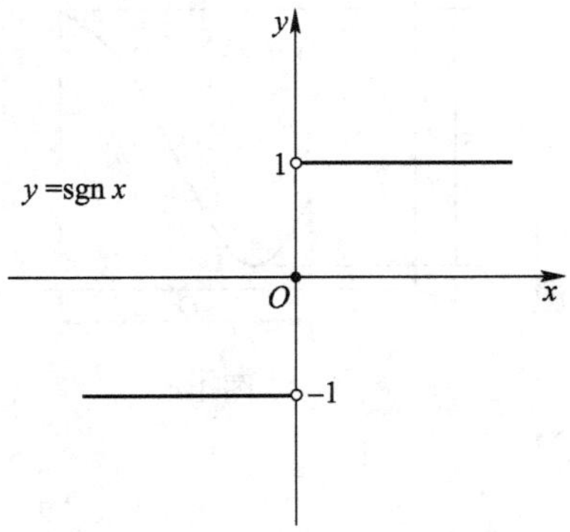

图 1-5

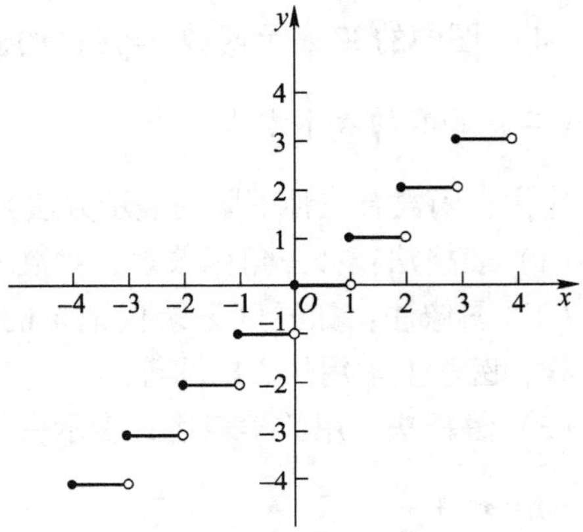

图 1-6

例 6　函数

$$y=\begin{cases}x^2, & x\leqslant 0\\x+1, & x>0\end{cases}$$

定义域 $D=\mathbf{R}$，值域 $W=[0,+\infty)$，它的图形如图 1-7 所示.

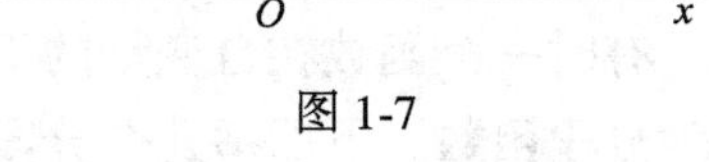

图 1-7

案例 2 [出租车计费模型]　2014 年 7 月 15 日起，保定市出租车的收费标准调整为：起步价 8 元/3km，每增 1km 运价增加 1.5 元．请根据相关信息计算出租车计费模型，当乘客乘坐 10km 时，应付给出租车司机多少元?

解　设乘客乘坐的距离为 x km，相应的出租车收费为 y 元，根据题意得

当 $0<x\leqslant 3$ 时，$y=8$；

当 $x>3$ 时，$y=8+1.5(x-3)=3.5+1.5x$.

所以，出租车费用 y 和乘坐距离 x 的函数关系如下

$$y=\begin{cases}8, & 0<x\leqslant 3\\3.5+1.5x, & x>3\end{cases}$$

当 $x=10$ 时，代入分段函数的第二个表达式，$y=18.5$. 即乘客乘坐 10km，需要付费 18.5 元.

案例 3［电脉冲波函数］ 电脉冲波发生器发出一个波形，如图 1-8 所示，求电流 $i(t)$ 和时间 t 的函数关系.

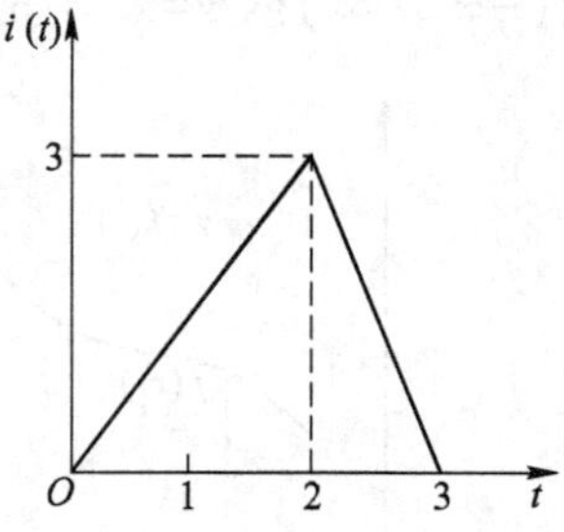

图 1-8

解 根据 $i(t)$ 的波形，分段写出 $i(t)$ 的表达式

当 $0 \leqslant t < 2$ 时, $i(t)=\dfrac{3}{2}t$;

当 $2 \leqslant t \leqslant 3$ 时, $i(t)=9-3t$.

所以，电流 $i(t)$ 和时间 t 的函数关系如下

$$i(t)=\begin{cases}\dfrac{3}{2}t, & 0 \leqslant t < 2\\ 9-3t, & 2 \leqslant t \leqslant 3\end{cases}$$

四、函数的几种特性

（一）函数的奇偶性

定义 3 设函数 $f(x)$ 的定义域 D 关于原点对称. 如果 $\forall x \in D$, $f(-x)=f(x)$ 恒成立，则称 $f(x)$ 为**偶函数**. 如果 $\forall x \in D$, $f(-x)=-f(x)$ 恒成立，则称 $f(x)$ 为**奇函数**.

例如，$f(x)=x^2$ 为偶函数，$f(x)=x^3$ 为奇函数，$f(x)=x^3+x^2$ 既非奇函数，也非偶函数.

由奇偶函数定义知，奇函数图形关于原点是对称的（图 1-9），偶函数图形关于 y 轴是对称的（图 1-10）.

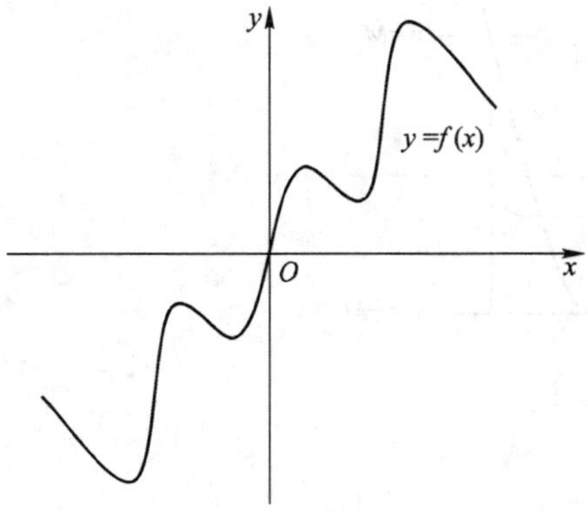

图 1-9

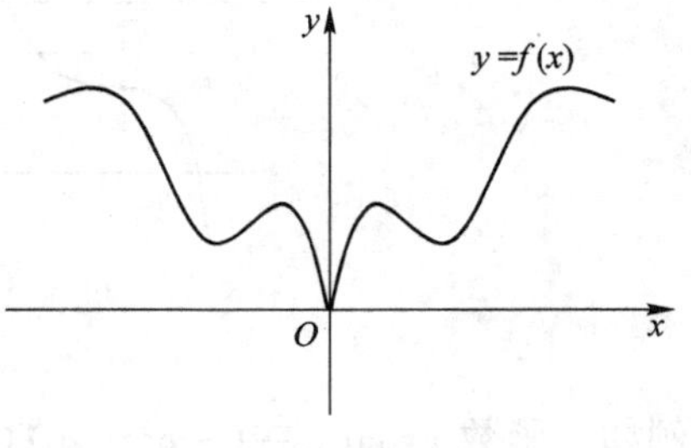

图 1-10

（二）函数的单调性

定义 4 设函数 $y=f(x)$ 的定义域为 D，如果 $\forall x_1 < x_2 \in I \subseteq D$，都有

$$f(x_1) < f(x_2)\,(f(x_1) > f(x_2))$$

称函数 $y=f(x)$ 在区间 I 上单调增加（单调减少）. 单调增加或单调减少的函数统称为**单调函数**. 单调增加函数的图形沿 x 轴正向上升，单调减少函数的图形沿 x 轴正向下降，如图 1-11 和图 1-12 所示.

例如，函数 $y=x^2$ 在区间 $(-\infty,0]$ 是单调减少的，在区间 $[0,+\infty)$ 上单调增加的；在区

间$(-\infty,+\infty)$内 $y=x^2$ 不是单调的．又例如，函数 $y=x^3$ 在区间$(-\infty,+\infty)$内是单调增加的.

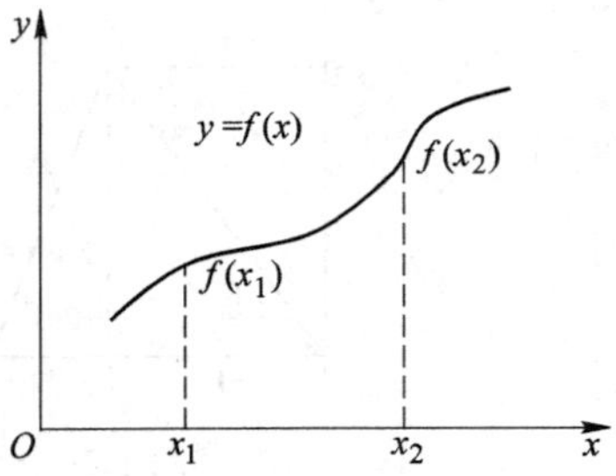

图 1-11

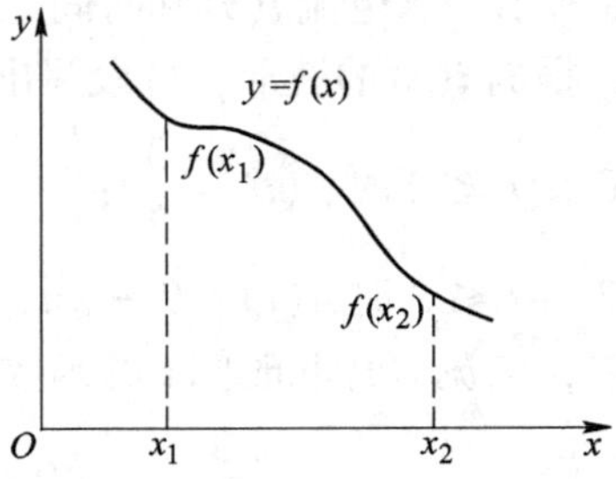

图 1-12

（三）函数的有界性

定义 5　设函数 $y=f(x)$ 的定义域为 D，$I\subseteq D$. 如果存在正数 M，使 $\forall x\in I$，都有 $|f(x)|\leqslant M$，则称函数 $y=f(x)$ 在区间 I 上**有界**．如果对于任何正数 M，总存在 $x_0\in I$，使 $|f(x_0)|>M$，则称函数 $y=f(x)$ 在区间 I 上**无界**.

由绝对值不等式知，$|f(x)|\leqslant M$ 等价于 $-M\leqslant f(x)\leqslant M$，因此当函数 $y=f(x)$ 在区间 I 上有界时，函数 $y=f(x)$ 在区间 I 上的图形必介于直线 $y=M$ 和 $y=-M$ 之间，如图 1-13 所示.

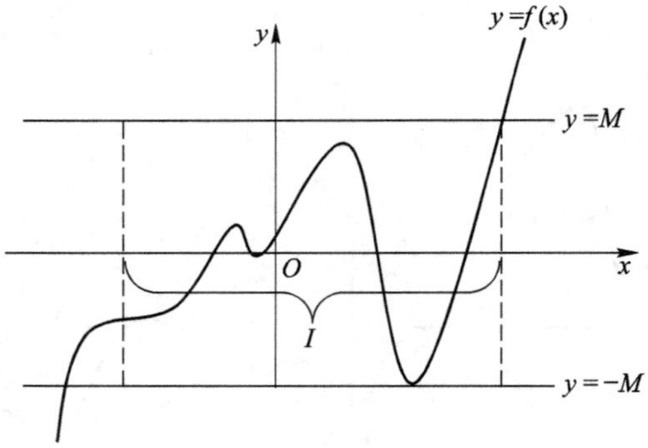

图 1-13

例如，函数 $y=\sin x$ 在$(-\infty,+\infty)$内有界，因为 $\forall x\in(-\infty,+\infty)$，有 $|\sin x|\leqslant 1$；又如函数 $y=\dfrac{1}{x}$在$(0,1)$内无界，在$(1,2)$内有界.

注意　考虑函数的有界性时，不但要注意函数本身的特点，还要注意自变量的取值范围.

（四）函数的周期性

定义 6　设函数 $y=f(x)$ 的定义域为 D，如果存在不为零的数 T，使 $\forall x\in D$，有 $x\pm T\in D$，且 $f(x\pm T)=f(x)$ 恒成立，则称函数 $f(x)$ 为**周期函数**，T 称为 $f(x)$ 的**周期**.

显然，若 T 为函数 $f(x)$ 的周期，则 $kT(k=\pm1,\pm2,\pm3,\cdots)$ 也是函数 $f(x)$ 的周期．通常

所说的函数的周期指**最小正周期**.

例如，函数 $\sin x$、$\cos x$ 的周期为 2π；函数 $\tan x$、$\cot x$ 的周期为 π.

由周期函数定义知，周期为 T 的函数的图形沿 x 轴方向每相隔 T 重复一次，如图 1-14 所示.

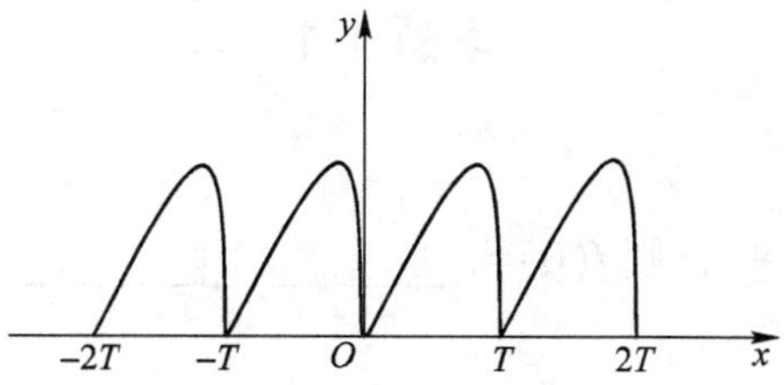

图 1-14

五、反函数

设函数 $y=f(x)$ 的定义域为 D，值域为 W. 因为 W 是函数值组成的数集，所以对于任一 $y_0\in W$，必定有 $x_0\in D$，使 $f(x_0)=y_0$ 成立. 但这样的 x_0 可能不止一个，如图 1-15 所示.

定义 7　设函数 $y=f(x)$ 的定义域为 D，值域为 W. 若 $\forall y\in W$，D 上至少可以确定一个数值 x 与之对应，使得 $f(x)=y$，则得到一个以 y 为自变量的函数，称为 $y=f(x)$ 的**反函数**，记作 $x=f^{-1}(y)$，其定义域为 W，值域为 D. 由于习惯上自变量用 x 表示，故将 $y=f(x)$ 的反函数记作 $y=f^{-1}(x)$.

单调函数的反函数有如下定理.

定理　如果 $y=f(x)$，$x\in D$ 是单调增加（减少）函数，则它的反函数 $y=f^{-1}(x)$，$x\in W$，且该反函数与 $y=f(x)$ 具有同样的单调性.

由反函数定义知，函数 $y=f(x)$ 与 $y=f^{-1}(x)$ 互为反函数，且它们的图形关于直线 $y=x$ 对称，如图 1-16 所示.

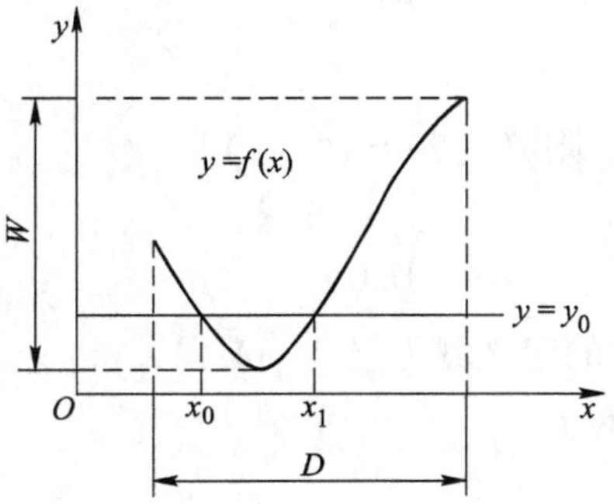

图 1-15

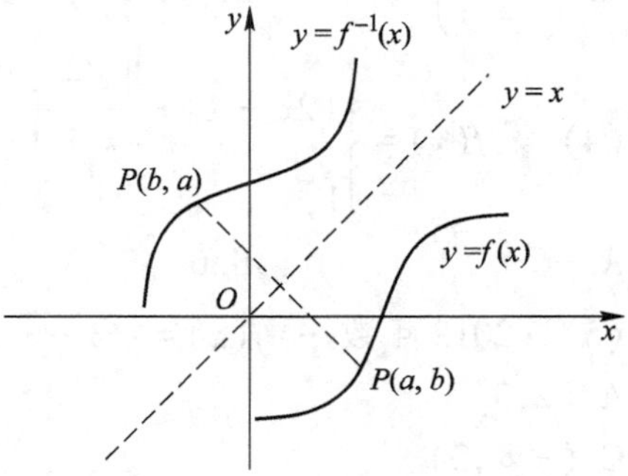

图 1-16

六、隐函数

函数表示两个变量 x 与 y 之间的对应关系，这种对应关系可用显函数 $y=f(x)$ 表示，也可用隐函数表示.

定义 8　由方程 $F(x,y)=0$ 确定的函数关系，叫做**隐函数**．例如，圆的方程 $x^2+y^2=1$，所确立的就是一种隐函数的关系；方程 $xy-e^x+e^y=0$ 也是一种隐函数关系.

把一个隐函数化成显函数，叫做隐函数的显化．隐函数的显化有时是有困难的，甚至是不可能的，多数情况下没有必要显化.

习题 1-1

1. 填空题.

（1）函数 $f(x)=\dfrac{1}{\sqrt{1-x^2}}$，则 $f(0)=$ ________.

（2）函数 $f(x)=\dfrac{1}{\sqrt{1-x^2}}$ 的定义域为________.

（3）函数 $f(x)=\dfrac{\ln(x+1)}{\sqrt{x-1}}$ 的定义域为________.

（4）若函数 $f(x)$ 的定义域为 $[1,e^2]$，则函数 $f(e^x)$ 的定义域为______.

2. 选择题.

（1）在区间（0，+∞）内单调增加的函数是（　　）.

A. $y=\sin x$　　B. $y=\tan x$　　C. $y=x^2$　　D. $y=\dfrac{1}{x}$

（2）下列各函数是同一函数的是（　　）.

A. $f(x)=\lg x^2$，$g(x)=2\lg x$　　B. $f(x)=x,g(x)=|x|$

C. $f(x)=\sqrt{x^2},g(x)=|x|$　　D. $f(x)=\dfrac{x^2-1}{x-1},g(x)=x+1$

（3）已知 $f\left(\dfrac{1}{x}\right)=\left(\dfrac{x+1}{x}\right)^2$，则 $f(x)=$（　　）

A. $\left(\dfrac{x}{x+1}\right)^2$　　B. $(1+x)^2$　　C. $\left(\dfrac{x+1}{x}\right)^2$　　D. $1+x^2$

（4）设 $f(x)=\begin{cases}|2x+1|+\dfrac{|x-1|}{x+1}, & x\neq -1\\ 1, & x=-1\end{cases}$，则 $f(-2)=$（　　）.

A. −6　　B. 6　　C. 1　　D. 0

（5）（2018 年数一）$f(x)=\sqrt{3-x}+\ln(x-2)$ 的定义域为（　　）.

A. $(2,3]$　　B. $[3,+\infty)$

C. $(-\infty,2)$　　D. $[2,3)$

3. 设 $f(x)=3x^2+4x$，$\varphi(x)=\lg(1+x)$，求 $f[\varphi(x)]$，$\varphi[f(x)]$.

4. 设函数 $f(x)$ 在 $(-\infty,+\infty)$ 上有定义，$\forall x$、$y\in\mathbf{R}$，有 $f(x\cdot y)=f(x)\cdot f(y)$，且 $f(x)\neq0$，求 $f(2009)$.

5. 求下列函数的反函数：

（1）$y=\sqrt[3]{x+1}$；　　（2）$y=\dfrac{1-x}{1+x}$.

第二节　初等函数

一、基本初等函数

（一）幂函数

定义1　函数 $y=x^a$（a 是常数）叫做**幂函数**．其定义域视 a 的值而定．

幂函数 $y=x^a$ 中，$a=1$、2、3、$\frac{1}{2}$、-1 时是最常见的幂函数，图形如图1-17所示．

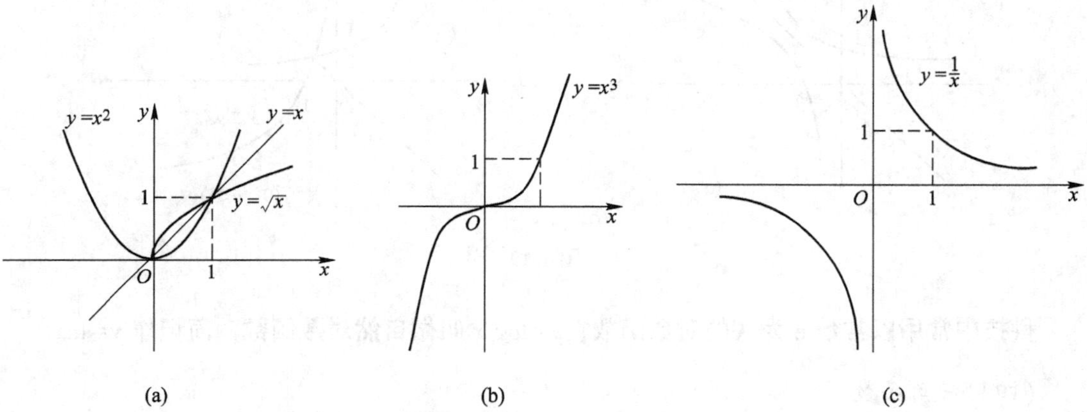

图1-17

（二）指数函数

定义2　函数 $y=a^x$（a 是常数且 $a>0$，$a\neq1$）叫做**指数函数**．其定义域为实数集 $\mathbf{R}$，值域为 $\mathbf{R}^+$，图形过点 $(0,1)$．

$a>1$ 时，指数函数 $y=a^x$ 单调增加；$0<a<1$ 时，指数函数 $y=a^x$ 单调减少，如图1-18所示．

以常数 $\mathbf{e}=2.7182818\cdots$ 为底的指数函数 $y=\mathbf{e}^x$ 是科技中常见的指数函数．关于常数e的意义将在第二章第三节中说明．

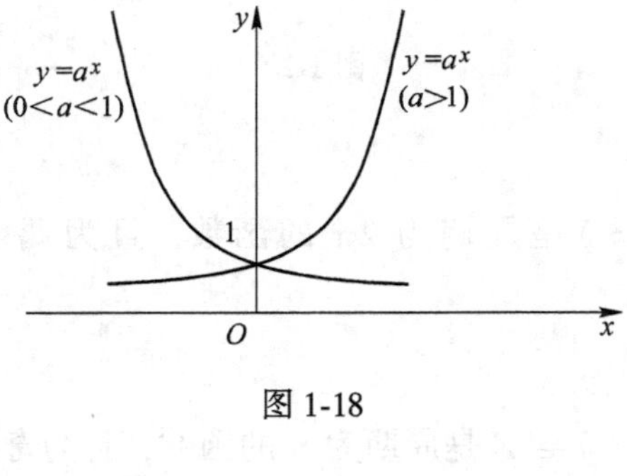

图1-18

（三）对数函数

指数函数 $y=a^x$ 的反函数，记作 $y=\log_a x$（a 是常数且 $a>0, a\neq 1$）叫做**对数函数**．其定义域为 $\mathbf{R}^+$，值域为 $\mathbf{R}$，图形过点（1，0）．

$a>1$ 时，对数函数 $y=\log_a x$ 单调增加；$0<a<1$ 时，对数函数 $y=\log_a x$ 单调减少，如图 1-19 所示．

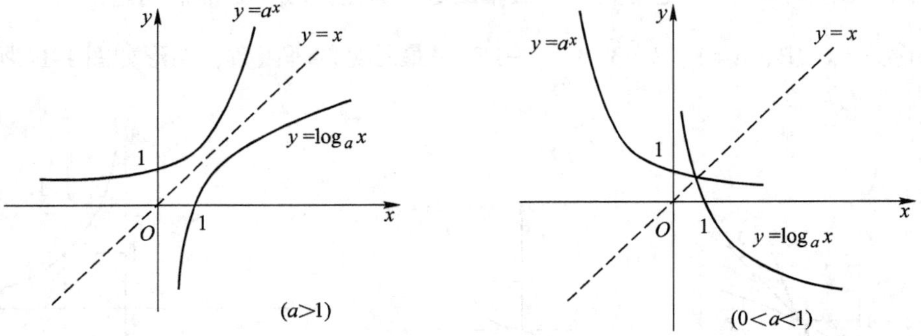

图 1-19

科技中常用以常数 e 为底的对数函数，$y=\log_e x$ 叫做**自然对数函数**，简记作 $y=\ln x$．

（四）三角函数

1. 正弦函数

$y=\sin x, x\in(-\infty,+\infty)$ 是周期为 2π 的函数，且为奇函数．$\forall x\in(-\infty,+\infty)$，$|\sin x|\leqslant 1$，如图 1-20 所示．

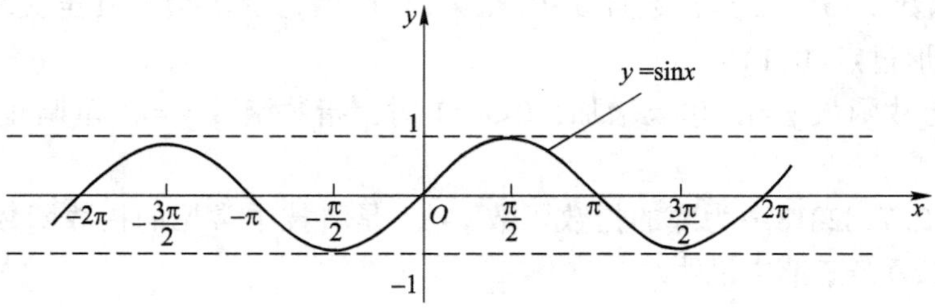

图 1-20

2. 余弦函数

$y=\cos x, x\in(-\infty,+\infty)$ 是周期为 2π 的函数，且为偶函数．$\forall x\in(-\infty,+\infty)$，$|\cos x|\leqslant 1$，如图 1-21 所示．

3. 正切函数

$y=\tan x, x\neq k\pi+\dfrac{\pi}{2}$，$k\in Z$ 是周期为 π 的函数，且为奇函数，如图 1-22 所示．

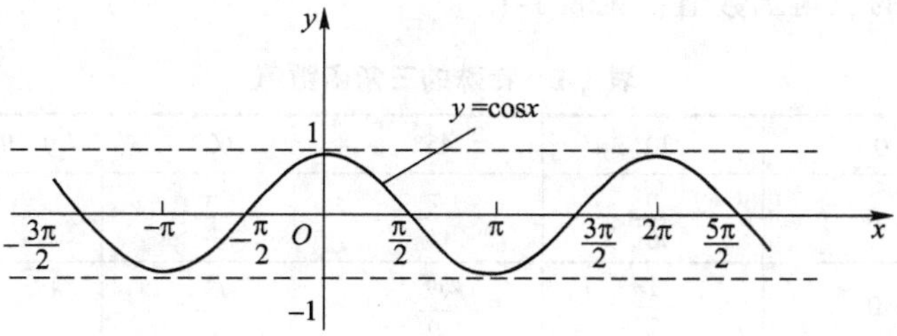

图 1-21

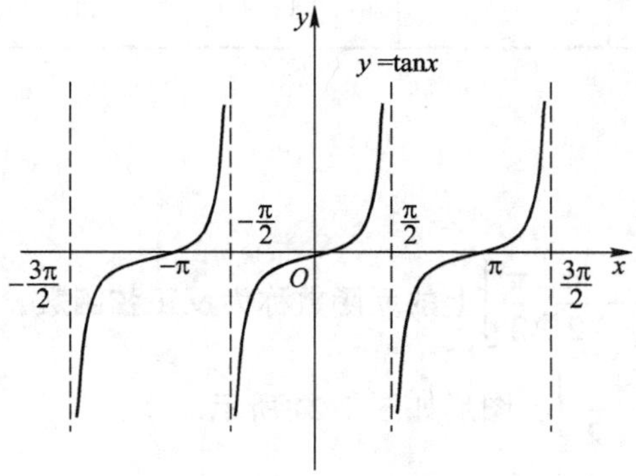

图 1-22

4. 余切函数

$y=\cot x$，$x\neq k\pi$，$k\in Z$ 是周期为 π 的函数，且为奇函数，如图 1-23 所示.

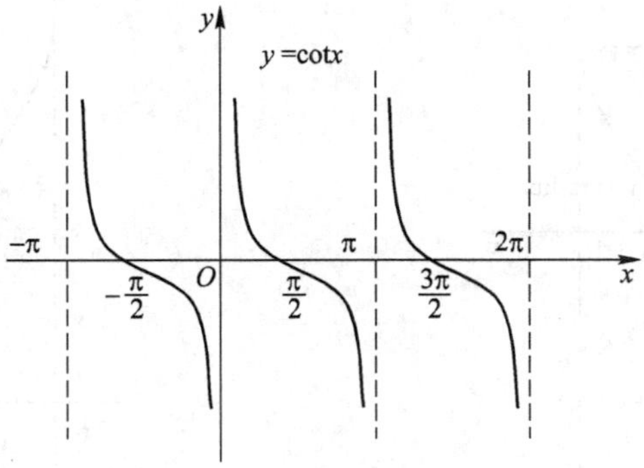

图 1-23

5. 正割函数

此外，三角函数中还有正割函数 $y=\sec x$，它是余弦函数的倒数，即 $\sec x=\dfrac{1}{\cos x}$.

6. 余割函数

余割函数 $y=\csc x$，它是正弦函数的倒数，即 $\csc x=\dfrac{1}{\sin x}$.

三角函数有正弦函数、余弦函数、正切函数、余切函数、正割函数和余割函数，共计

6 种．常见的特殊的三角函数值，见表 1-1.

表 1-1　特殊的三角函数值

角度 α	0°	30°	45°	60°	90°	180°
α 的弧度	0	$\frac{\pi}{6}$	$\frac{\pi}{4}$	$\frac{\pi}{3}$	$\frac{\pi}{2}$	π
$\sin\alpha$	0	$\frac{1}{2}$	$\frac{\sqrt{2}}{2}$	$\frac{\sqrt{3}}{2}$	1	0
$\cos\alpha$	1	$\frac{\sqrt{3}}{2}$	$\frac{\sqrt{2}}{2}$	$\frac{1}{2}$	0	-1
$\tan\alpha$	0	$\frac{\sqrt{3}}{3}$	1	$\sqrt{3}$	∞	0

（五）反三角函数

1. 反正弦函数

正弦函数 $y=\sin x$ 在 $\left[-\frac{\pi}{2},\frac{\pi}{2}\right]$ 上的反函数称为**反正弦函数**，记作 $y=\arcsin x$，其定义域为 $[-1,1]$，值域为 $\left[-\frac{\pi}{2},\frac{\pi}{2}\right]$，图形如图 1-24 所示.

2. 反余弦函数

余弦函数 $y=\cos x$ 在 $[0,\pi]$ 上的反函数称为**反余弦函数**，记作 $y=\arccos x$，其定义域为 $[-1,1]$，值域为 $[0,\pi]$，其图形如图 1-25 所示.

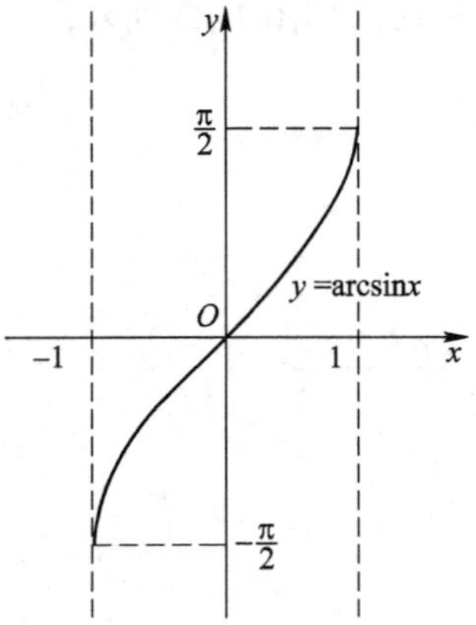

图 1-24

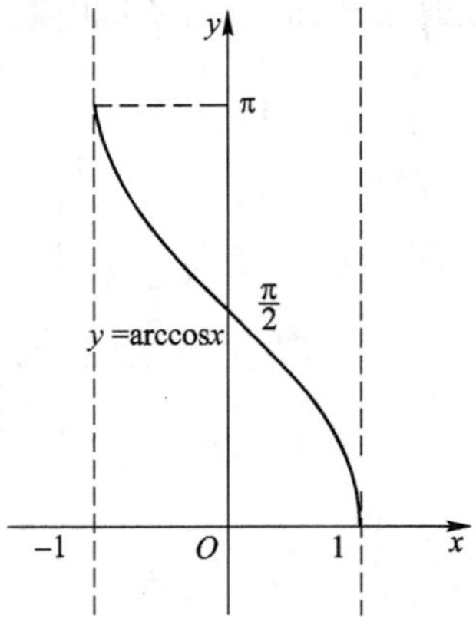

图 1-25

3. 反正切函数

正切函数 $y=\tan x$ 在 $\left(-\frac{\pi}{2},\frac{\pi}{2}\right)$ 上的反函数称为**反正切函数**，记作 $y=\arctan x$，其定义域为 $(-\infty,+\infty)$，值域为 $\left(-\frac{\pi}{2},\frac{\pi}{2}\right)$，图形如图 1-26 所示.

4. 反余切函数

余切函数 $y=\cot x$ 在 $(0,\pi)$ 上的反函数称为反余切函数，记作 $y=\operatorname{arccot} x$，其定义域

为$(-\infty,+\infty)$，值域为$(0,\pi)$，图形如图 1-27 所示.

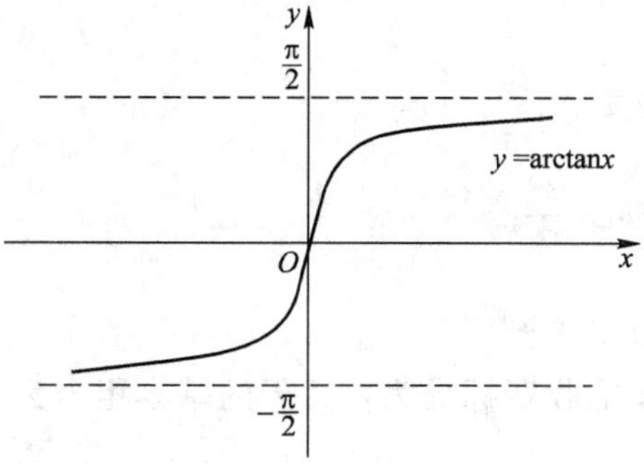

图 1-26

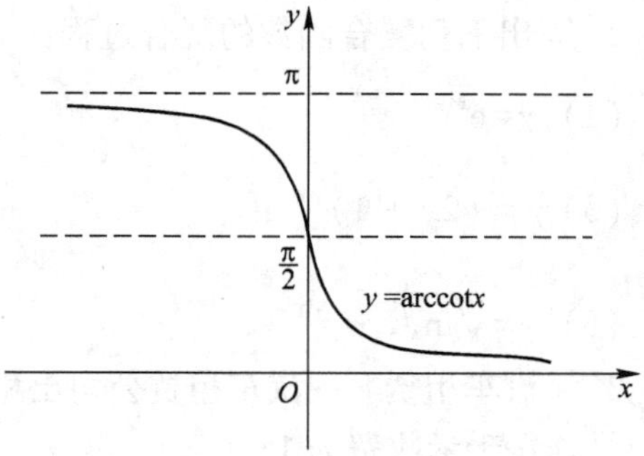

图 1-27

反三角函数恒等式：$\boldsymbol{\arcsin x+\arccos x=\frac{\pi}{2}}$；$\boldsymbol{\arctan x+\operatorname{arccot} x=\frac{\pi}{2}}$.

以上五种函数统称为**基本初等函数**.

复合函数的分解

二、复合函数

设$y=2^u$，$u=\sin x$，若将$y=2^u$中的u用$\sin x$代替，得到$y=2^{\sin x}$，这个函数可看成是由$y=2^u$，$u=\sin x$复合成的函数，称为复合函数.

定义 3 设函数$y=f(u)$的定义域为D_f，函数$u=\varphi(x)$的定义域为D_φ，值域为W_φ. 若$W_\varphi\subseteq D_f$，则称函数$y=f[\varphi(x)]$是x的**复合函数**，而u称为**中间变量**.

复合函数也可以由两个以上的函数复合而成.

例 1 写出下列复合函数的复合过程：

(1) $y=\log_a(x^2+1)$；(2) $y=2^{\csc^2 x}$.

解 (1) 函数$y=\log_a(x^2+1)$由$y=\log_a u$、$u=x^2+1$复合而成.

(2) 函数$y=2^{\csc^2 x}$由$y=2^u$、$u=v^2$、$v=\csc x$复合而成.

例 2 设$f(x)=x^3$，$g(x)=2^x$，求$f[g(x)]$，$g[f(x)]$.

解 $f[g(x)]=f(2^x)=(2^x)^3=8^x$；$g[f(x)]=g(x^3)=2^{x^3}$.

思考 是否任意两个函数都能复合成一个复合函数，你能否举例说明？

三、初等函数

由常数和基本初等函数经过有限次四则运算和有限次复合步骤所构成，并用一个式子表示的函数，称为**初等函数**. 例如$y=\frac{x}{x^2+1}$，$y=\sqrt{x^2+1}$，$y=\sin x^2$都是初等函数. 本课程中所讨论的函数绝大多数都是初等函数.

习题 1-2

1. 在下列各题中，求由所给函数复合而成的复合函数：

（1）$y=2^u$，$u=\cos x$；　　（2）$y=\ln u$，$u=x^2+1$；

（3）$y=u^2$，$u=\sin x$；　　（4）$y=\sin u$，$u=x^2$.

2. 写出下列复合函数的复合过程：

（1）$y=e^{x^2}$；　　（2）$y=\sqrt{x^2+1}$；

（3）$y=(2x+1)^{100}$；　　（4）$y=\arctan\dfrac{x}{2}$；

（5）$y=\sqrt{\ln\sqrt{x}}$；　　（6）$y=\sin\sqrt{x^2+1}$.

3. ［汽车租赁］一汽车租赁公司出租某种汽车的收费标准为：每天的基本租金为 200 元，另外每千米收费为 15 元.

（1）试建立每天的租车费与行车路程 x km 之间的函数关系；

（2）若某人某天支付 400 元租车费，行车路程为多少千米？

第三节　复数及其运算

方程 $x^2=-1$ 在实数集中无解，为了解这样的方程，人们引入了复数概念．在客观世界中，会遇到很多以复数作为变量去刻画一些物理量，如速度、加速度、磁场强度等．本节将介绍复数的基本概念及其运算.

一、复数的概念

大家知道，在实数范围内负数没有平方根．为了解决此类问题，人们引入一个新数 i，并规定：$i^2=-1$；i 和实数在一起，可以按实数的四则运算法则进行运算．显然，i 不是实数，称为**虚数单位**.

设 a、b 为两个任意实数，形如 $a+bi$ 的数称为复数，记作 $z=a+bi$. 实数 a 和 b 分别称为复数 z 的**实部**和**虚部**，记作 $a=\mathrm{Re}(z)$，$b=\mathrm{Im}(z)$.

当 $b=0$ 时，复数 $z=a$ 为实数；当 $b\neq0$ 时，复数 $z=a+bi$ 称为**虚数**；当 $a=0$，$b\neq0$ 时，复数 $z=bi$ 称为**纯虚数**.

对两个复数 $z_1=a_1+b_1i$ 和 $z_2=a_2+b_2i$：当 $a_1=a_2$，$b_1=b_2$ 时称 z_1、z_2 为**相等的复数**；当 $a_1=a_2$，$b_1=-b_2$ 时称 z_1、z_2 互为**共轭复数**；z_1 的共轭复数记作 $\overline{z_1}$，则 $z_2=\overline{z_1}$.

二、复数的几何表示

复数 $z=x+yi$ 的实部 x 和虚部 y 构成的有序数对 (x,y) 与平面直角坐标系 xOy 中的点 $P(x,y)$ 一一对应关系，因此每一个复数都能用平面直角坐标系中的点表示，如图 1-28 所示.

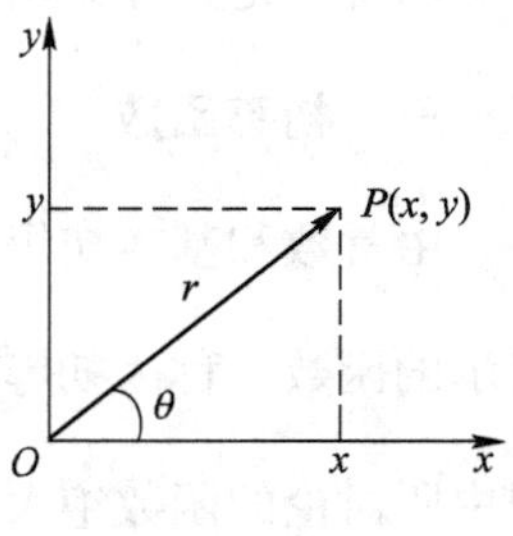

图 1-28

表示实数 x 的点都在 x 轴上，称 x 轴为实轴；表示纯虚数 yi 的点都在 y 轴（不含原点）[1]上，称 y 轴为**虚轴**．当平面 xOy 用来表示复数时称为**复平面**.

---

[1] 原点对应实数 0，在实轴上.

连结线段 OP，规定原点 O 为起点，P 为终点，得到**向量 $\boldsymbol{OP}$**，则复数 $z=x+yi$ 与向量 $\boldsymbol{OP}$ 相对应．特别地，复数 $z=0$ 对应的向量称为**零向量**，其方向任意.

复数的幅角

向量 $\boldsymbol{OP}$ 的长度 $|\boldsymbol{OP}|$ 称为复数 $z=x+yi$ 的**模**，用 $|z|$ 或 r 表示，即 $|x+yi|=\sqrt{x^2+y^2}$．由 x 轴正半轴到向量 $\boldsymbol{OP}$ 所形成的角称为复数 $z=x+yi$ 的**幅角**，用 θ 表示．$\theta\in(-\pi,\pi]$ 时称为**幅角主值**．如复数 $z=1$ 的幅角主值为 0，$z=2i$ 的幅角主值为 $\frac{\pi}{2}$.

当 x，$y\neq0$ 时，复数 $z=x+yi$ 的幅角主值 θ 可通过 $\tan\theta=\frac{y}{x}$ 和点 (x,y) 所在的象限确定.

例 1　求复数 $z=1-i$ 的模和幅角主值.

解　因为 $x=1$，$y=-1$，所以 $r=\sqrt{x^2+y^2}=\sqrt{2}$，$\tan\theta=\frac{y}{x}=-1$，而点 $(1,-1)$ 在第四象限，所以 $z=1-i$ 的幅角主值为 $-\frac{\pi}{4}$.

三、复数的三种形式及运算

（一）复数的代数形式

$z=x+yi$ [1] 称为**复数的代数形式**，其运算遵从于多项式运算法则.

设有复数 $z_1=x_1+y_1i$ 和 $z_2=x_2+y_2i$，规定

(1) $z_1\pm z_2=(x_1+y_1i)\pm(x_2+y_2i)=(x_1\pm x_2)+(y_1\pm y_2)i$

(2) $z_1\cdot z_2=(x_1+y_1i)\cdot(x_2+y_2i)=(x_1x_2-y_1y_2)+(x_1y_2+x_2y_1)i$；

(3) $$\frac{z_1}{z_2}=\frac{x_1+y_1i}{x_2+y_2i}=\frac{(x_1+y_1i)(x_2-y_2i)}{(x_2+y_2i)(x_2-y_2i)}=\frac{(x_1x_2+y_1y_2)+(x_2y_1-x_1y_2)i}{x_2^2+y_2^2}$$

$$=\frac{x_1x_2+y_1y_2}{x_2^2+y_2^2}+\frac{x_2y_1-x_1y_2}{x_2^2+y_2^2}i\quad(z_2\neq0)$$

称 $z_1\pm z_2$、$z_1\cdot z_2$、$\frac{z_1}{z_2}$ 为复数 z_1 与 z_2 的和（差）、积、商.

显然，对 $z=x+yi$ 而言，$z+\bar{z}=2x$，$z\cdot\bar{z}=x^2+y^2$.

两个复数的和与差也可通过向量的运算求得.

设复数 $z_1=x_1+y_1i$ 对应向量 $\boldsymbol{OP}_1$，$z_2=x_2+y_2i$ 对应向量 $\boldsymbol{OP}_2$，如图 1-29 所示．以向量 $\boldsymbol{OP}_1$、$\boldsymbol{OP}_2$ 为邻边做平行四边形，则对角线 OP 对应的向量 $\boldsymbol{OP}$ 表示复数 z_1+z_2，对角线 P_2P_1 对应的向量 $\boldsymbol{P_2P_1}$ 表示复数 z_1-z_2.

---

[1] 电工学上常用 $z=x+jy$ 形式，j 表示虚数单位.

(二) 复数的三角形式

因为复数 $z = x + yi$ 可用向量 $\boldsymbol{OP}$ 表示，而向量 $\boldsymbol{OP}$ 由幅角 θ 和其长度 $|OP| = r$ 确定，因此复数 $z = x + yi$ 可用幅角 θ 和模 r 表示．由图 1-28 知，$x = r\cos\theta$，$y = r\sin\theta$，所以

$$z = r(\cos\theta + i\sin\theta)$$

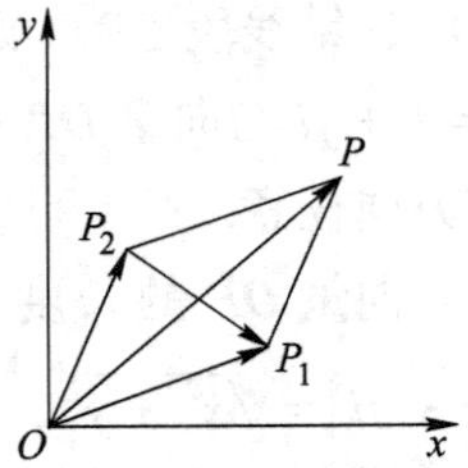

图 1-29

称 $z = r(\cos\theta + i\sin\theta)$ 为复数 $z = x + yi$ 的**三角形式**❶，其中 $r = \sqrt{x^2 + y^2}$，$\tan\theta = \dfrac{y}{x}$，$\theta$ 的终边所在象限和点 (x, y) 一致．

复数三角形式 $z = r(\cos\theta + i\sin\theta)$ 中的幅角 θ 一般取主值，单位可以是度，也可以是弧度．

例 2 将复数 $z = -1 + \sqrt{3}i$ 化为三角形式．

解 因为 $x = -1$，$y = \sqrt{3}$，所以

$$r = \sqrt{x^2 + y^2} = 2，\tan\theta = \frac{y}{x} = -\sqrt{3}$$

由于点 $(-1, \sqrt{3})$ 在第二象限，幅角主值 $\theta = \dfrac{2}{3}\pi$，所以

$$z = -1 + \sqrt{3}i = 2\left(\cos\frac{2}{3}\pi + i\sin\frac{2}{3}\pi\right).$$

复数的三角形式 $z = r(\cos\theta + i\sin\theta)$ 有如下运算法则：

设复数 $z_1 = r_1(\cos\theta_1 + i\sin\theta_1), z_2 = r_2(\cos\theta_2 + i\sin\theta_2)$，则有

(1) 乘法与乘方：

$$\begin{aligned} z_1 \cdot z_2 &= r_1(\cos\theta_1 + i\sin\theta_1) \cdot r_2(\cos\theta_2 + i\sin\theta_2) \\ &= r_1 r_2[(\cos\theta_1\cos\theta_2 - \sin\theta_1\sin\theta_2) + i(\sin\theta_1\cos\theta_2 + \cos\theta_1\sin\theta_2)] \\ &= r_1 r_2[\cos(\theta_1 + \theta_2) + i\sin(\theta_1 + \theta_2)] \end{aligned}$$

由此易得

$$\begin{aligned} & r_1(\cos\theta_1 + i\sin\theta_1) \cdot r_2(\cos\theta_2 + i\sin\theta_2) \cdot \cdots \cdot r_n(\cos\theta_n + i\sin\theta_n) \\ &= r_1 r_2 \cdots r_n[\cos(\theta_1 + \theta_2 + \cdots + \theta_n) + i\sin(\theta_1 + \theta_2 + \cdots + \theta_n)] \end{aligned}$$

则 $$z^n = [r(\cos\theta + i\sin\theta)]^n = r^n(\cos n\theta + i\sin n\theta), \quad n \in \mathbf{N}^*$$

$r = 1$ 时，$(\cos\theta + i\sin\theta)^n = \cos n\theta + i\sin n\theta$，$n \in \mathbf{N}^*$ 称为**棣莫佛定理**．

(2) 除法：

$$\frac{z_1}{z_2} = \frac{r_1(\cos\theta_1 + i\sin\theta_1)}{r_2(\cos\theta_2 + i\sin\theta_2)} = \frac{r_1}{r_2}[\cos(\theta_1 - \theta_2) + i\sin(\theta_1 - \theta_2)], z_2 \neq 0$$

(3) 开 n 次方 ($n \in \mathbf{N}^*$，且 $n \geqslant 2$)：

若 $w^n = z (z \neq 0)$，称 w 为 z 的 n 次方根．

设 $w = \rho(\cos\varphi + i\sin\varphi)$，$z = r(\cos\theta + i\sin\theta)$，由 $w^n = z$，有

---

❶ 复数的三角形式 $z = r(\cos\theta + i\sin\theta)$ 在电工学中简记为 $r\angle\theta$.

$$\rho^n(\cos n\varphi + i\sin n\varphi) = r(\cos\theta + i\sin\theta)$$

因此
$$\rho^n = r, \cos n\varphi = \cos\theta, \sin n\varphi = \sin\theta$$

从而
$$\rho = \sqrt[n]{r}, n\varphi = \theta + 2k\pi \quad (k = 0,\ \pm 1,\ \pm 2, \cdots)$$

所以
$$w = \sqrt[n]{r}\left(\cos\frac{\theta + 2k\pi}{n} + i\sin\frac{\theta + 2k\pi}{n}\right) \quad (k = 0,\ \pm 1,\ \pm 2, \cdots)$$

当 $k=0,\ 1,\ 2,\ \cdots,\ n-1$ 时，可得 n 个不同值：

$$w_0 = \sqrt[n]{r}\left(\cos\frac{\theta}{n} + i\sin\frac{\theta}{n}\right), w_1 = \sqrt[n]{r}\left(\cos\frac{\theta + 2\pi}{n} + i\sin\frac{\theta + 2\pi}{n}\right), \cdots,$$

$$w_{n-1} = \sqrt[n]{r}\left[\cos\frac{\theta + 2(n-1)\pi}{n} + i\sin\frac{\theta + 2(n-1)\pi}{n}\right]$$

而 k 取其他值时，重复出现以上结果.

因此 z 的 n 次方根 w 共有 n 个，可用 w_n 表示，其中

$$w_n = \sqrt[n]{r(\cos\theta + i\sin\theta)} = \sqrt[n]{r}\left(\cos\frac{\theta + 2k\pi}{n} + i\sin\frac{\theta + 2k\pi}{n}\right), k = 0, 1, 2, \cdots, n-1$$

例 3　设复数 $z_1 = 2\left(\cos\frac{\pi}{4} + i\sin\frac{\pi}{4}\right)$，$z_2 = \sqrt{2}\left[\cos\left(-\frac{\pi}{4}\right) + i\sin\left(-\frac{\pi}{4}\right)\right]$，求 $z_1 \cdot z_2$，z_1^5，$\frac{z_1}{z_2}$.

解　
$$z_1 \cdot z_2 = 2\left(\cos\frac{\pi}{4} + i\sin\frac{\pi}{4}\right) \cdot \sqrt{2}\left[\cos\left(-\frac{\pi}{4}\right) + i\sin\left(-\frac{\pi}{4}\right)\right]$$
$$= 2\sqrt{2}(\cos 0 + i\sin 0) = 2\sqrt{2}$$
$$z_1^5 = \left[2\left(\cos\frac{\pi}{4} + i\sin\frac{\pi}{4}\right)\right]^5 = 2^5\left(\cos\frac{5\pi}{4} + i\sin\frac{5\pi}{4}\right)$$
$$= 32\left(-\cos\frac{\pi}{4} - i\sin\frac{\pi}{4}\right) = 32\left(-\frac{\sqrt{2}}{2} - \frac{\sqrt{2}}{2}i\right) = -16\sqrt{2} - 16\sqrt{2}i$$

$$\frac{z_1}{z_2} = \frac{2\left(\cos\frac{\pi}{4} + i\sin\frac{\pi}{4}\right)}{\sqrt{2}\left[\cos\left(-\frac{\pi}{4}\right) + i\sin\left(-\frac{\pi}{4}\right)\right]} = \sqrt{2}\left\{\cos\left[\frac{\pi}{4} - \left(-\frac{\pi}{4}\right)\right] + i\sin\left[\frac{\pi}{4} - \left(-\frac{\pi}{4}\right)\right]\right\}$$
$$= \sqrt{2}\left(\cos\frac{\pi}{2} + i\sin\frac{\pi}{2}\right) = \sqrt{2}i$$

例 4　求复数 $z=-1$ 的平方根.

解　因为 $z = -1 = \cos\pi + i\sin\pi$，所以

$$\sqrt{z} = \cos\frac{\pi + 2k\pi}{2} + i\sin\frac{\pi + 2k\pi}{2} = \cos\left(k\pi + \frac{\pi}{2}\right) + i\sin\left(k\pi + \frac{\pi}{2}\right),\ k = 0,\ 1$$

$k=0$ 时，$w_1 = \cos\frac{\pi}{2} + i\sin\frac{\pi}{2} = i$；

$k=1$ 时，$w_2 = \cos\frac{3\pi}{2} + i\sin\frac{3\pi}{2} = -i$.

即 -1 的平方根为 $\pm i$.

（三）复数的指数形式

借助**欧拉公式** $\cos\theta + i\sin\theta = e^{i\theta}$，复数的三角形式 $r(\cos\theta + i\sin\theta) = re^{i\theta}$. $re^{i\theta}$ 称为**复数的指数形式**，其中 θ 的单位为弧度.

由复数三角形式的运算法则，很容易得到复数指数形式的运算法则如下：

（1）乘法与乘方：

$$z_1 \cdot z_2 = r_1 e^{i\theta_1} \cdot r_2 e^{i\theta_2} = r_1 \cdot r_2 e^{i(\theta_1+\theta_2)}$$

$$z_1 \cdot z_2 \cdot \cdots \cdot z_n = r_1 e^{i\theta_1} \cdot r_2 e^{i\theta_2} \cdot \cdots \cdot r_n e^{i\theta_n} = r_1 r_2 \cdots r_n e^{i(\theta_1+\theta_2+\cdots+\theta_n)}$$

$$z^n = (re^{i\theta})^n = r^n e^{in\theta}, \quad n \in \mathbf{Z}$$

（2）除法：

$$\frac{z_1}{z_2} = \frac{r_1 e^{i\theta_1}}{r_2 e^{i\theta_2}} = \frac{r_1}{r_2} e^{i(\theta_1-\theta_2)}$$

（3）开 n 次方（$n \in \mathbf{N}^*$）：

$$\sqrt[n]{z} = \sqrt[n]{re^{i\theta}} = \sqrt[n]{r} e^{i\frac{\theta+2k\pi}{n}}, \quad k = 0,1,2,\cdots,n-1$$

习题 1-3

1. 填空题.

（1）复数 $3-\sqrt{3}i$ 的实部是______，虚部是______，模 $r=$_____，幅角 $\theta=$__________，幅角主值是_____，三角形式是______________________，指数形式是_________________.

（2）设 $z = 2(\cos 30° + i\sin 30°)$，则 $z^5=$____________________.

（3）复数 $1-i$ 的平方根有____个.

（4）$(1-i)^2 =$ ______________，$(1+i)^2 =$ ______________.

2. 设 x、y 为实数，若 $\dfrac{x+1+(y-3)i}{5+3i} = 1+i$，则 $x=$________，$y=$________.

3. 计算题.

（1）$\dfrac{1}{i} - \dfrac{2i}{1+i}$；　　（2）$\dfrac{(2-i)(1+2i)}{2+i}$；

（3）$(\sqrt{3}+i)^5$；　　（4）$\left(\dfrac{i}{1-i}\right)^8$；

（5）$\dfrac{(\cos5\theta + i\sin5\theta)^2}{(\cos3\theta - i\sin3\theta)^3}$.

4. 求 $1-i$ 的三次方根.

5. 一个复数乘以 $1-i$，模和幅角有什么变化？

总习题一

1. 填空题.

（1）设$f(x)=\dfrac{x+2}{x^2-1}$，则$f(0)=$__________.

（2）设$f\left(x+\dfrac{1}{x}\right)=x^2+\dfrac{1}{x^2}+1$，则$f(x)=$____________.

2. 求下列函数的定义域：

（1）$y=\sin\sqrt{x}$；

（2）$y=\dfrac{1}{x+1}$；

（3）$y=\arcsin(x-3)$；

（4）$y=\sqrt{3-x}+\arctan\dfrac{1}{x}$；

（5）$y=\ln(x+1)$；

（6）$y=e^{\frac{1}{x}}$.

3. 写出下列复合函数的复合过程：

（1）$y=\sqrt{3-x^2}$；

（2）$y=\cos(3x+2)$；

（3）$y=\ln^2 x$；

（4）$y=\arctan\sqrt{x^2+3}$；

（5）$y=2^{\tan\frac{x}{3}}$；

（6）$y=\sin^2\sqrt{x^2+1}$.

第二章　极限与连续

扫码查看本章课件

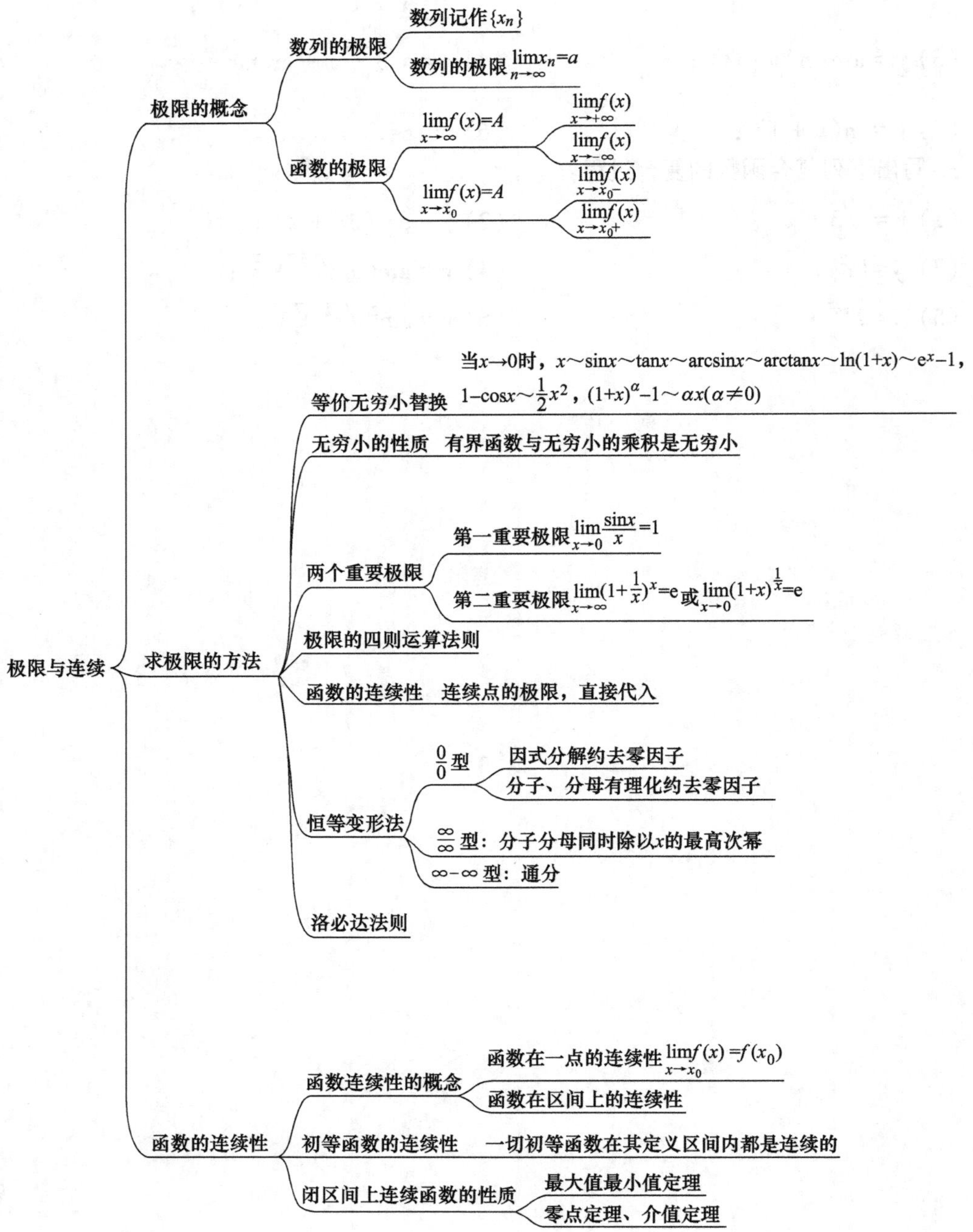

图 2-1　极限与连续思维导图

极限是高等数学中的一个基本概念，极限是高等数学的灵魂，是研究微积分学重要工具. 微积分学中的许多重要概念，如导数、定积分等，均通过极限来定义. 因此，掌握极限的思想与方法是学好微积分学的前提条件.

第一节 极限的概念

极限概念是由于求某些实际问题的精确解答而产生的. 例如，我国古代数学家刘徽（公元225—295年）利用圆内接正多边形来推算圆面积的方法——割圆术（《九章算术》），就是极限思想在几何学上的应用.

一、数列的极限

（一）数列的概念

定义1 在某一对应法则下，当 n 依次取1，2，3，…，n，…时，对应的实数排成的一列数：

$$x_1, x_2, x_3, \cdots, x_n, \cdots$$

就叫做**数列**，记为 $\{x_n\}$. 数列中的每一个数叫做数列的项，第 n 项 x_n 叫做数列的**一般项**.

观察下列数列中随着项数 n 的增大，x_n 的变化趋势：

（1）2，4，6，…，$2n$，…；

（2）$-1, 1, -1, 1, \cdots, (-1)^n, \cdots$；

（3）$\frac{1}{2}$，$\frac{2}{3}$，…，$\frac{n}{n+1}$，…；

（4）1，$\frac{1}{2}$，$\frac{1}{3}$，…，$\frac{1}{n}$，…；

（5）$\frac{1}{2}$，$\frac{1}{4}$，$\frac{1}{8}$，…，$\frac{1}{2^n}$，…；

（6）3.1，3.14，3.141，3.1415，3.14159，….

可以发现：随着项数 n 的无限增大，数列（3）的一般项 $x_n=\frac{n}{n+1}$ 无限接近于1；数列（4）的一般项 $x_n=\frac{1}{n}$ 无限接近于0；数列（5）的一般项 $x_n=\left(\frac{1}{2}\right)^n$ 无限接近于0；数列（6）的一般项 x_n 无限接近于 π.

针对此种现象，有数列极限的概念.

（二）数列的极限

定义2 如果数列 $\{x_n\}$ 的项数 n 无限增大时，其一般项 x_n 无限接近于某个确定的常数 a，则称 a 为数列 $\{x_n\}$ 的**极限**，或称数列 $\{x_n\}$ **收敛**于 a，记作：

$$\lim_{n\to\infty} x_n = a \quad 或 \quad x_n \to a(n\to\infty)$$

否则称数列 $\{x_n\}$ 没有极限或**发散**，记作 $\lim\limits_{n\to\infty}x_n$ 不存在.

回到前面几个数列，有 $\lim\limits_{n\to\infty}\dfrac{n}{n+1}=1$，$\lim\limits_{n\to\infty}\dfrac{1}{n}=0$，$\lim\limits_{n\to\infty}\left(\dfrac{1}{2}\right)^n=0$.

所谓"当 n 无限增大时，x_n 无限接近于 a"的意思是：当 n 充分大时，x_n 与 a 可以任意靠近，要多近就能有多近．也就是说，$|x_n-a|$ 可以小于任意给定的正数，只要 n 充分地大.

数列 $\{x_n\}$ 的极限为 a 的几何解释：

数列 $\{x_n\}$ 中的项对应数轴上无数个点，点 x_n 和 a 接近的程度用它们之间的距离 $|x_n-a|$ 衡量．x_n 无限接近于 a，就意味着距离 $|x_n-a|$ 越来越小，且可任意小.

说明：

(1) 数列无限接近于极限值的方式是多样的，如 $\left\{\dfrac{1}{n}\right\}$ 是从 0 的右侧无限接近于 0；$\left\{\dfrac{n+(-1)^n}{n}\right\}$ 是从 1 的左右两侧无限接近于 1.

(2) 并非所有数列都有极限，如 $\left\{(-1)^n\dfrac{n}{n+1}\right\}$ 、$\{2n\}$ 均无极限.

关于数列的收敛性与有界性之间的关系有如下结论.

结论　收敛数列必有界，无界数列必发散.

对于数列，我们有如下几个重要结果：

$$\lim_{n\to\infty}\frac{1}{n}=0,\quad \lim_{n\to\infty}C=C,\quad \lim_{n\to\infty}q^n=0(|q|<1)$$

当 n 无限增大时，如果 $|x_n|$ 无限增大，称数列 $\{x_n\}$ 的极限是无穷大，记作 $\lim\limits_{n\to\infty}x_n=\infty$.

数列 $\{x_n\}$ 可以看作自变量为 n 的函数：$x_n=f(n),n\in\mathbf{N}^*$，所以可把数列 $\{x_n\}$ 以 a 为极限，看作当自变量 n 取正整数而无限增大($n\to\infty$)时，对应的函数值 $f(n)$ 无限接近于确定常数 a. 如果把数列极限中的函数 $f(n)$ 的定义域 $\mathbf{N}^*$ 及自变量的变化过程 $n\to\infty$ 等特殊性撇开，就可以得到函数极限的一般概念.

案例 1 ［弹球模型］　一只球从 100m 的高空掉下，每次弹回的高度为上次高度的 $\dfrac{2}{3}$，这样一直运动下去，用球第 1，2，3，…，n，…次的高度来表示求得运动规律，得到数列

$$100,100\times\frac{2}{3},100\times\left(\frac{2}{3}\right)^2,\cdots,100\times\left(\frac{2}{3}\right)^{n-1},\cdots$$

此数列为公比小于 1 的等比数列，其极限为

$$\lim_{n\to\infty}100\times\left(\frac{2}{3}\right)^{n-1}=0$$

即当弹回次数 n 无限增大时，球弹回的高度无限接近 0.

二、函数的极限

函数极限与自变量变化趋势密切相关，这里主要讨论以下两种自变量变化趋势下函数的极限问题：

(1) 自变量 x 的绝对值 $|x|$ 无限增大，即 x 趋向于无穷大($x\to\infty$)；

(2) 自变量 x 无限接近于有限值 x_0，即 x 趋向于 $x_0(x\to x_0)$.

（一） 函数 $f(x)$ 在 $x\to\infty$ 时的极限

观察函数 $f(x)=\dfrac{1}{x}$ 在自变量 x 无限增大 $(x\to+\infty)$ 和无限减小 $(x\to-\infty)$ 时对应的函数值 $f(x)$ 的变化趋势.

通过图 2-2 可以看出，当 x 沿 x 轴正方向无限远离原点时，函数值 $f(x)=\dfrac{1}{x}$ 无限接近于数值 0；当 x 沿 x 轴负方向无限远离原点时，函数值 $f(x)=\dfrac{1}{x}$ 也无限接近于数值 0.

定义 3　设函数 $f(x)$ 在 $x>M$ 处有定义，当 x 无限增大 $(x\to+\infty)$ 时，对应的函数值 $f(x)$ 无限接近确定数值 A，则称 A 为函数 $f(x)$ 在 $x\to+\infty$ 时的**极限**，记作

$$\lim_{x\to+\infty}f(x)=A \quad 或 \quad f(x)\to A(x\to+\infty)$$

从几何上看，极限式 $\lim\limits_{x\to+\infty}f(x)=A$ 表示：随着 x 值的无限增大，曲线 $y=f(x)$ 上对应的点与直线 $y=A$ 的距离无限变小（图 2-3).

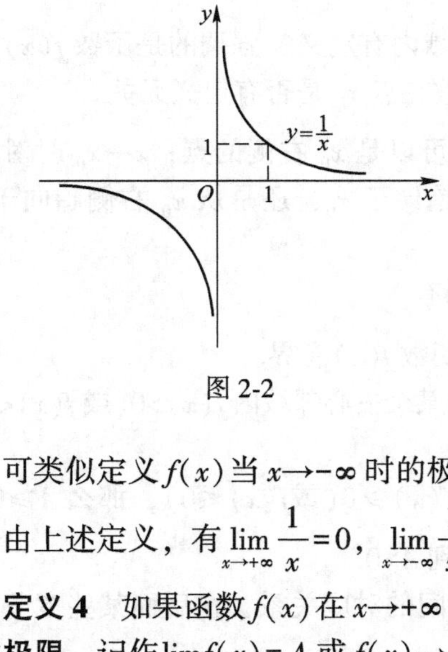

图 2-2

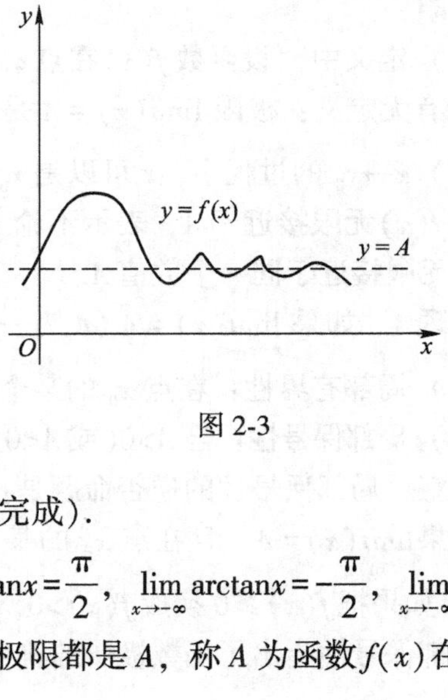

图 2-3

可类似定义 $f(x)$ 当 $x\to-\infty$ 时的极限（读者自己完成).

由上述定义，有 $\lim\limits_{x\to+\infty}\dfrac{1}{x}=0$，$\lim\limits_{x\to-\infty}\dfrac{1}{x}=0$，$\lim\limits_{x\to+\infty}\arctan x=\dfrac{\pi}{2}$，$\lim\limits_{x\to-\infty}\arctan x=-\dfrac{\pi}{2}$，$\lim\limits_{x\to-\infty}e^x=0$.

定义 4　如果函数 $f(x)$ 在 $x\to+\infty$ 和 $x\to-\infty$ 时的极限都是 A，称 A 为函数 $f(x)$ 在 $x\to\infty$ 时的**极限**，记作 $\lim\limits_{x\to\infty}f(x)=A$ 或 $f(x)\to A(x\to\infty)$.

由定义 4 易知，$\lim\limits_{x\to\infty}f(x)=A$ 的充分必要条件是 $\lim\limits_{x\to+\infty}f(x)=\lim\limits_{x\to-\infty}f(x)=A$.

例 1　考察 $\lim\limits_{x\to\infty}\arctan x$.

解　因为 $\lim\limits_{x\to+\infty}\arctan x=\dfrac{\pi}{2}$，$\lim\limits_{x\to-\infty}\arctan x=-\dfrac{\pi}{2}$，由充分必要条件知，极限 $\lim\limits_{x\to\infty}\arctan x$ 不存在.

（二） 函数 $f(x)$ 在 $x\to x_0$ 时的极限

考察　函数 $f(x)=x+1$ 与 $f(x)=\dfrac{x^2-1}{x-1}$ 当 $x\to1$ 时函数值的变化.

观察图 2-4 和图 2-5 两个函数的图像不难发现，虽然两个函数在 $x=1$ 处的定义情况不同（$f(x)=x+1$ 在 $x=1$ 处有定义；$f(x)=\dfrac{x^2-1}{x-1}$ 在 $x=1$ 处没有定义），但在 $x\to1$ 时，函数 $f(x)=x+1$ 和 $f(x)=\dfrac{x^2-1}{x-1}$ 的函数值都趋向于数值 2.

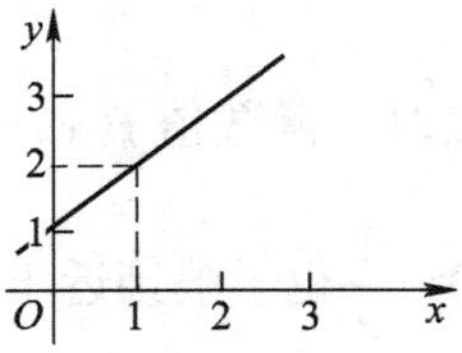

图 2-4

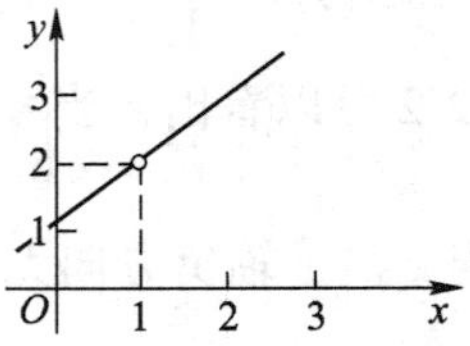

图 2-5

定义 5　设函数 $f(x)$ 在点 x_0 的某个去心邻域内有定义，A 为常数．如果在自变量 $x\to x_0$ 时对应的函数值 $f(x)$ 无限接近于 A，则称 A 为函数 $f(x)$ 当 $x\to x_0$ 时的**极限**．记作

$$\lim_{x\to x_0}f(x)=A \quad 或 \quad f(x)\to A\ (x\to x_0)$$

说明

（1）定义中“设函数 $f(x)$ 在点 x_0 的某个去心邻域内有定义”强调的是函数 $f(x)$ 在点 x_0 附近有无定义；极限 $\lim\limits_{x\to x_0}f(x)=A$ 是否存在，与函数在点 x_0 是否有定义无关.

（2）$x\to x_0$ 的过程中，x 可以是 x_0 左侧的点，也可以是 x_0 右侧的点；$x\to x_0$ 时对应的函数值 $f(x)$ 无限接近于 A，表示不论 x 是从 x_0 左侧趋向于 x_0，还是从 x_0 右侧趋向于 x_0，$f(x)$ 都无限接近于同一个数值 A.

定理 1　如果 $\lim\limits_{x\to x_0}f(x)=A$（$A$ 为一确定常数），则有

（1）局部有界性：在点 x_0 的某个去心邻域内，函数 $f(x)$ 有界.

（2）局部保号性：当 $A>0$（或 $A<0$）时，在点 x_0 的某个去心邻域内 $f(x)>0$（或 $f(x)<0$）.

注意　局部保号性的逆否命题是：

如果 $\lim\limits_{x\to x_0}f(x)=A$，且在点 x_0 的某个去心邻域内 $f(x)\geqslant0$（或 $f(x)\leqslant0$），那么 $A\geqslant0$（或 $A\leqslant0$）．如果把 $f(x)\geqslant0$ 换成 $f(x)>0$，则一般不能得到 $A>0$.

局部保号性指出了函数极限的符号与函数的符号间的对应关系，在后面某些章节将会用到.

例 2　设 C 是常数，x_0 是定点，考察 $\lim\limits_{x\to x_0}C$.

解　观察图 2-6. 因为 $y=C$ 是常量函数，不管 x 如何变化，其值保持不变，因此 $x\to x_0$ 时，可视为 y 无限接近于 C. 因此有 $\lim\limits_{x\to x_0}C=C$.

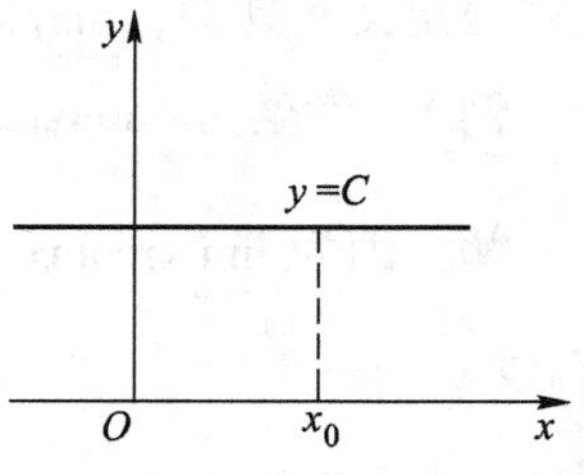

图 2-6

例 3　考察 $\lim\limits_{x\to x_0}x$.

由图 2-7 不难看出，当 x 从 x_0 左右两侧趋向于 x_0 时，函数值 y 沿直线 $y=x$ 无限接近于 x_0，因此 $\lim\limits_{x\to x_0}x=x_0$.

说明　基本初等函数在其各自的定义域内每点处极限存在，且等于该点处的函数值.

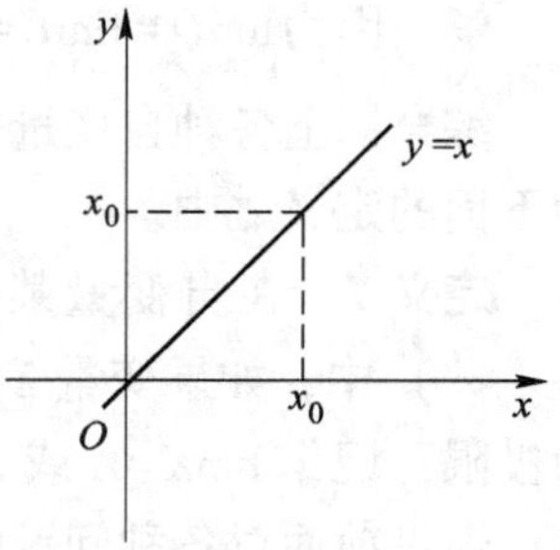

图 2-7

在 $x\to x_0$ 时函数 $f(x)$ 的极限概念中，x 是既从 x_0 的左侧又从 x_0 的右侧趋于 x_0 的．只有在从两侧趋向于 x_0，函数值趋向于同一个数值时，极限 $\lim\limits_{x\to x_0}f(x)$ 才存在．针对 x 单从 x_0 的左侧（或右侧）趋于 x_0 时函数值无限接近于某一个数值的情形，给出左右极限的概念.

首先给出记号：

x 仅从 x_0 的左侧趋于 x_0，记作 $x\to x_0^-$；x 仅从 x_0 的右侧趋于 x_0，记作 $x\to x_0^+$.

定义 6　设函数 $f(x)$ 在点 x_0 的某个左（右）邻域内有定义，A 为常数．如果 $x\to x_0^-$ $(x\to x_0^+)$ 时对应的函数值 $f(x)$ 无限接近于 A，则称 A 为函数 $f(x)$ 在 x_0 处的左（右）极限.

左极限记作 $\lim\limits_{x\to x_0^-}f(x)$ 或 $f(x_0^-)$，右极限记作 $\lim\limits_{x\to x_0^+}f(x)$ 或 $f(x_0^+)$.

根据 $x\to x_0$ 时函数 $f(x)$ 的极限定义和左右极限的定义，得出 $\lim\limits_{x\to x_0}f(x)=A$ 的充要条件是 $f(x_0^-)=f(x_0^+)=A$.

例 4　设函数 $f(x)=\begin{cases}x-1, & x<0\\ 0, & x=0\\ x+1, & x>0\end{cases}$，考察当 $x\to 0$ 时 $f(x)$ 的极限.

解　由图 2-8 易知，$f(0^-)=-1$，$f(0^+)=1$，显然，$f(0^-)\neq f(0^+)$，所以 $\lim\limits_{x\to 0}f(x)$ 不存在.

例 5　设 $f(x)=\begin{cases}x^2+1, x>0\\ 1-x, x<0\end{cases}$，判断 $\lim\limits_{x\to 0}f(x)$ 是否存在.

解　由图 2-9 易知，$f(0^-)=1$，$f(0^+)=1$，所以 $f(0^-)=f(0^+)$，$\lim\limits_{x\to 0}f(x)=1$.

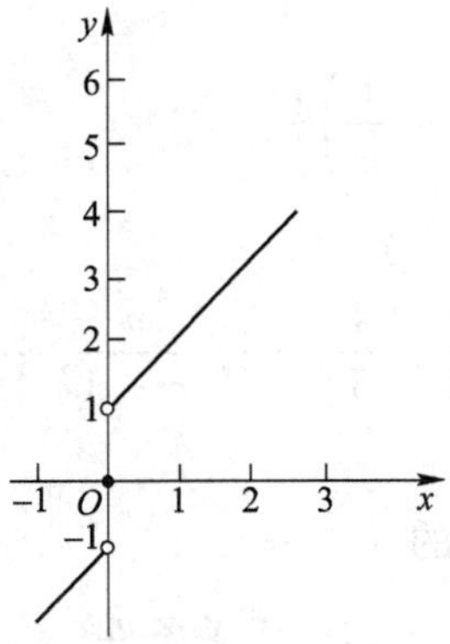

图 2-8

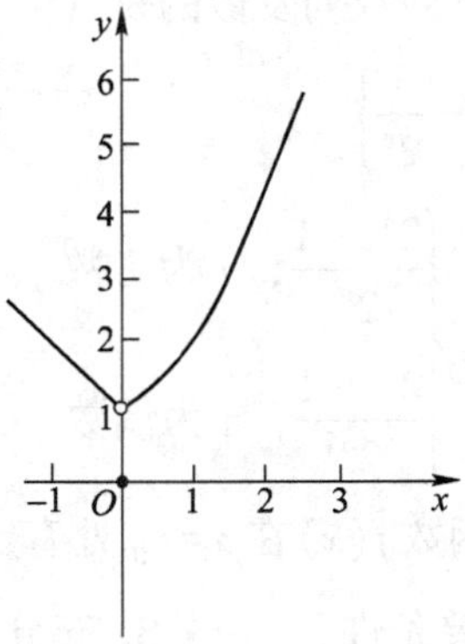

图 2-9

案例 2［电荷量函数的极限］　在一个电路中的电荷量 Q 由下式定义 $Q=\begin{cases}C, & t\leqslant 0\\ Ce^{-\frac{t}{RC}}, & t>0\end{cases}$，其中 C、R 为正的常数，求电荷量 Q 在时间 $t\to 0$ 时的极限.

解　因为$\lim\limits_{t\to0^-}Q=\lim\limits_{t\to0^-}C=C$，$\lim\limits_{t\to0^+}Q=\lim\limits_{t\to0^+}Ce^{-\frac{t}{RC}}=C$，所以$\lim\limits_{t\to0^-}Q=\lim\limits_{t\to0^+}Q=C$，故$\lim\limits_{t\to0}Q=C$.

综合以上各种自变量变化趋势下的极限定义，可发现其方式具有统一性，因此都可归为下面的定义之中.

定义 7　在自变量某一变化过程（$x\to x_0$，$x\to x_0^-$，$x\to x_0^+$，$n\to\infty$，$x\to\infty$，$x\to+\infty$，$x\to-\infty$）中，如果变量 X（数列 $\{x_n\}$ 或函数 $f(x)$）无限接近于常数 A，则称变量 X 以 A 为极限，记作 $\lim X=A$ 或 $X\to A$.

通过前面对各种问题的讨论，有如下关于极限的定理.

定理 2　任何具有极限的变量，其极限唯一.

习题 2-1

1. 填空题.

（1）设 $x_1=0.9$，$x_2=0.99$，$x_3=0.999$，…，$x_n=0.9\cdots9$，…，则$\lim\limits_{n\to\infty}x_n=$________.

（2）设函数$f(x)=\begin{cases}x+1, & x>3\\2x-2, & x\leqslant3\end{cases}$，则$\lim\limits_{x\to3^+}f(x)=$__________.

2. 选择题.

（1）下列数列收敛的是（　　）.

A. 5，−5，5，−5，…　　B. 0，$\frac{1}{3}$，0，$\frac{1}{9}$，…，0，$\frac{1}{3^{n/2}}$，…

C. $-\frac{1}{2}$，$\frac{2}{3}$，$-\frac{3}{4}$，$\frac{4}{5}$，…，$(-1)^n\frac{n}{n+1}$，…　　D. −1，2，−3，4，…，$(-1)^n n$，…

（2）若数列$\{x_n\}$与$\{y_n\}$的极限分别是 a、b 且 $a\neq b$，则数列 x_1，y_1，x_2，y_2，x_3，y_3，…的极限为（　　）.

A. a　　B. b　　C. $a+b$　　D. 不存在

（3）下列数列发散的是（　　）.

A. $\left\{1-\frac{1}{2^n}\right\}$　　B. $\left\{(-1)^n\left(1+\frac{1}{n}\right)\right\}$

C. $x_n=\begin{cases}\dfrac{2^n-1}{2^n}, & n\text{ 为奇数}\\ \dfrac{2^n+1}{2^n}, & n\text{ 为偶数}\end{cases}$　　D. $\frac{1}{2}$，$\frac{2}{3}$，$\frac{3}{4}$，$\frac{4}{5}$，…，$\frac{n}{n+1}$，…

（4）函数$f(x)$在$x=x_0$处有定义是极限$\lim\limits_{x\to x_0}f(x)$存在的（　　）.

A. 必要条件　　B. 充分条件　　C. 充要条件　　D. 无关条件

（5）$f(x_0^+)$和$f(x_0^-)$都存在是函数$f(x)$在$x=x_0$处有极限的（　　）.

A. 必要条件　　B. 充分条件　　C. 充要条件　　D. 无关条件

3. 设函数$f(x)=\begin{cases}x+2, & x<2\\1, & x=2\\2x-2, & x>2\end{cases}$，判断极限$\lim\limits_{x\to2}f(x)$是否存在？

4. 设函数 $f(x)=\begin{cases} e^x+1, & x\leqslant 1 \\ 2x+b, & x>1 \end{cases}$ 在点 $x=1$ 处极限存在，确定 b 的值.

5. ［出租车收费］设城市白天出租车的收费 y(单位：元）与路程 x（单位：km）之间的关系为

$$f(x)=\begin{cases} 5+1.2x, & 0<x\leqslant 7 \\ 13.4+2.1(x-7), & x>7 \end{cases}$$

求 $\lim\limits_{x\to 7}f(x)$.

第二节　极限的运算法则

一、四则运算法则

如同上节一样，为了书写简便，将自变量的变化趋势省略不写，但在同一定理中涉及极限问题时，都是在自变量的同一变化趋势下.

定理 1　设 $\lim X=A$，$\lim Y=B$（A、B 为确定的数值)，则

(1) $\lim(X\pm Y)=\lim X\pm\lim Y=A\pm B$;

(2) $\lim XY=\lim X\cdot\lim Y=AB$;

(3) $\lim\dfrac{X}{Y}=\dfrac{\lim X}{\lim Y}=\dfrac{A}{B}(B\neq 0)$.

推论

(1) 线性性质：

$\lim(\lambda X\pm\mu Y)=\lambda\lim X\pm\mu\lim Y=\lambda A\pm\mu B$($\lambda$、$\mu$ 为实数).

(2) 有限性：

设 $\lim X_i=A_i(i=1,2,\cdots,n)$，则

(1) $\lim(k_1X_1\pm k_2X_2\pm\cdots\pm k_nX_n)=k_1A_1\pm k_2A_2\pm\cdots\pm k_nA_n(k_i\in\mathbf{R})$;

(2) $\lim(X_1\cdot X_2\cdot\cdots\cdot X_n)=A_1A_2\cdots A_n$;

(3) $\lim(X)^n=(\lim X)^n(\lim\limits_{x\to x_0}x^n=x_0^n)$.

例 1　设 $P_n(x)=a_nx^n+a_{n-1}x^{n-1}+\cdots+a_1x+a_0$，任意 $x_0\in\mathbf{R}$，证明 $\forall x_0\in\mathbf{R}$，$\lim\limits_{x\to x_0}P_n(x)=P_n(x_0)$.

证明　根据推论中的有限性（1)，并利用 $\lim\limits_{x\to x_0}x^n=x_0^n$，有

$$\begin{aligned}\lim_{x\to x_0}P_n(x)&=\lim_{x\to x_0}(a_nx^n+a_{n-1}x^{n-1}+\cdots+a_1x+a_0)\\&=a_n\lim_{x\to x_0}x^n+a_{n-1}\lim_{x\to x_0}x^{n-1}+\cdots+a_1\lim_{x\to x_0}x+a_0\\&=a_n(\lim_{x\to x_0}x)^n+a_{n-1}(\lim_{x\to x_0}x)^{n-1}+\cdots+a_1\lim_{x\to x_0}x+a_0\\&=a_nx_0^n+a_{n-1}x_0^{n-1}+\cdots+a_1x_0+a_0\\&=P_n(x_0)\end{aligned}$$

上述结果表明，多项式 $P_n(x)=a_nx^n+a_{n-1}x^{n-1}+\cdots+a_1x+a_0$ 在 x_0 处的极限就是它在

x_0 处的函数值.

例 2　求 $\lim\limits_{x\to 2}(2x^3-x^2+1)$.

解　根据例 1，有

$$\lim_{x\to 2}(2x^3-x^2+1)=2\times 2^3-2^2+1=13$$

例 3　设 $Q(x)=\dfrac{P_n(x)}{P_m(x)}$，其中 $P_n(x)$、$P_m(x)$ 分别表示 x 的 n 次和 m 次多项式，且 $P_m(x_0)\neq 0$，证明 $\lim\limits_{x\to x_0}Q(x)=Q(x_0)$.

证明　根据定理 1 和例 1，有

$$\lim_{x\to x_0}Q(x)=\lim_{x\to x_0}\frac{P_n(x)}{P_m(x)}=\frac{\lim\limits_{x\to x_0}P_n(x)}{\lim\limits_{x\to x_0}P_m(x)}=\frac{P_n(x_0)}{P_m(x_0)}=Q(x_0)$$

上述结果表明，如果 $\lim\limits_{x\to x_0}P_m(x)\neq 0$，即 $P_m(x_0)\neq 0$，则有理分式 $\dfrac{P_n(x)}{P_m(x)}$ 在 x_0 处的极限就是它在 x_0 处的函数值.

例 4　求 $\lim\limits_{x\to 2}\dfrac{x^4-3x-8}{2x^3-x^2+1}$.

解　因为 $\lim\limits_{x\to 2}(2x^3-x^2+1)=13\neq 0$，所以根据例 3，有

$$\lim_{x\to 2}\frac{x^4-3x-8}{2x^3-x^2+1}=\frac{2^4-3\times 2-8}{13}=\frac{2}{13}$$

例 5　求极限 $\lim\limits_{x\to 4}\dfrac{(x-4)^2}{x^2-16}$.

解　因为 $\lim\limits_{x\to 4}(x^2-16)=0$，所以不能直接应用商的极限运算法则；但由于 $\lim\limits_{x\to 4}(x-4)^2=0$，说明分子分母中含有公因式 $x-4$. 而在 $x\to 4$ 的过程中 $x\neq 4$，即 $x-4\neq 0$，故将分子分母中的公因式 $x-4$ 约去，得到

$$\lim_{x\to 4}\frac{(x-4)^2}{x^2-16}=\lim_{x\to 4}\frac{x-4}{x+4}=\frac{4-4}{4+4}=0$$

例 6　求下列极限：

(1) $\lim\limits_{x\to\infty}\dfrac{1-x-3x^3}{4x^3+x^2+1}$；

(2) $\lim\limits_{x\to\infty}\dfrac{3x^2-2x-1}{x^3-x^2+2}$.

解　因为当 $n>0$ 时，$\lim\limits_{x\to\infty}x^n$ 不存在，但 $\lim\limits_{x\to\infty}\dfrac{1}{x^n}=\lim\limits_{x\to\infty}\left(\dfrac{1}{x}\right)^n=0$. 所以

$$(1)\ \lim_{x\to\infty}\frac{1-x-3x^3}{4x^3+x^2+1}=\lim_{x\to\infty}\frac{\dfrac{1}{x^3}-\dfrac{1}{x^2}-3}{4+\dfrac{1}{x}+\dfrac{1}{x^3}}=\frac{\lim\limits_{x\to\infty}\left(\dfrac{1}{x^3}-\dfrac{1}{x^2}-3\right)}{\lim\limits_{x\to\infty}\left(4+\dfrac{1}{x}+\dfrac{1}{x^3}\right)}=-\frac{3}{4}$$

$$(2)\ \lim_{x\to\infty}\frac{3x^2-2x-1}{x^3-x^2+2}=\lim_{x\to\infty}\frac{\dfrac{3}{x}-\dfrac{2}{x^2}-\dfrac{1}{x^3}}{1-\dfrac{1}{x}+\dfrac{2}{x^3}}=\frac{\lim\limits_{x\to\infty}\left(\dfrac{3}{x}-\dfrac{2}{x^2}-\dfrac{1}{x^3}\right)}{\lim\limits_{x\to\infty}\left(1-\dfrac{1}{x}+\dfrac{2}{x^3}\right)}=0$$

对于例 6 中的情形，我们有如下结论：

结论　若 $a_0\neq0$，$b_0\neq0$，m、n 为非负整数，则

$$\lim_{x\to\infty}\frac{a_0x^m+a_1x^{m-1}+\cdots+a_m}{b_0x^n+b_1x^{n-1}+\cdots+b_n}=\begin{cases}\dfrac{a_0}{b_0}, & n=m\\ 0, & n>m\end{cases}$$

结论中的自变量 x 换成正整数 n 时，可得到对应数列的相同结果.

案例 1［浓度变化］　一个贮水池中有 5000L 的纯水，现用含盐 30g/L 的盐水以 25L/min 的速度注入这个水池．t min 后水池中盐的浓度（单位：g/L）为 $C(t)=\dfrac{30t}{200+t}$，问当 $t\to+\infty$ 时盐的浓度如何变化？

解　$\lim\limits_{t\to+\infty}C(t)=\lim\limits_{t\to+\infty}\dfrac{30t}{200+t}=30(\text{g/L})$

即当 $t\to+\infty$ 时盐的浓度接近 30g/L.

二、复合函数的极限运算法则

定理 2　设函数 $y=f[\varphi(x)]$ 由 $y=f(u)$ 与 $u=\varphi(x)$ 复合而成，$y=f(u)$ 与 $u=\varphi(x)$ 满足：

(1) $\lim\limits_{u\to a}f(u)=A$；

(2) 当 $x\neq x_0$ 时，$\varphi(x)\neq a$，且 $\lim\limits_{x\to x_0}\varphi(x)=a$，则 $\lim\limits_{x\to x_0}f[\varphi(x)]=\lim\limits_{u\to a}f(u)=A$.

说明

(1) 定理表明，若函数 $y=f(u)$ 与 $u=\varphi(x)$ 满足定理条件，要计算极限 $\lim\limits_{x\to x_0}f[\varphi(x)]$，应先求极限 $\lim\limits_{x\to x_0}\varphi(x)$，若 $\lim\limits_{x\to x_0}\varphi(x)=a$，再求 $\lim\limits_{u\to a}f(u)$，即得极限 $\lim\limits_{x\to x_0}f[\varphi(x)]$.

(2) 若 $y=f(u)$ 是基本初等函数，a 是 $f(u)$ 定义域内的点，则有

$$\lim_{x\to x_0}f[\varphi(x)]=\lim_{u\to a}f(u)=f(a)=f[\lim_{x\to x_0}\varphi(x)]$$

(3) $\lim\limits_{x\to x_0}\varphi(x)=a$ 换成 $\lim\limits_{x\to x_0}\varphi(x)=\infty$ 或 $\lim\limits_{x\to\infty}\varphi(x)=\infty$，$\lim\limits_{u\to a}f(u)=A$ 换成 $\lim\limits_{u\to\infty}f(u)=A$，可得类似定理.

例 7　求 $\lim\limits_{x\to3}\sqrt{\dfrac{x-3}{x^2-9}}$.

解　函数 $\sqrt{\dfrac{x-3}{x^2-9}}$ 由 $y=f(u)=\sqrt{u}$，$u=\varphi(x)=\dfrac{x-3}{x^2-9}$ 复合而成．而

$$\lim_{x\to3}\varphi(x)=\lim_{x\to3}\frac{x-3}{x^2-9}=\lim_{x\to3}\frac{1}{x+3}=\frac{1}{6},\lim_{u\to\frac{1}{6}}f(u)=\lim_{u\to\frac{1}{6}}\sqrt{u}=\frac{\sqrt{6}}{6}$$

所以

$$\lim_{x\to3}\sqrt{\frac{x-3}{x^2-9}}=\frac{\sqrt{6}}{6}$$

例 8　求 $\lim\limits_{x\to0}\dfrac{x^2}{1-\sqrt{1+x^2}}$.

解　$\lim\limits_{x\to0}\dfrac{x^2}{1-\sqrt{1+x^2}}=-\lim\limits_{x\to0}(1+\sqrt{1+x^2})=-(1+\lim\limits_{x\to0}\sqrt{1+x^2})=-2$

其中极限 $\lim\limits_{x\to0}\sqrt{1+x^2}$ 根据复合函数极限法则求解：$\sqrt{1+x^2}$ 由 $f(u)=\sqrt{u}$ 和 $u=1+x^2$ 复合而成，而 $\lim\limits_{x\to0}u=\lim\limits_{x\to0}(1+x^2)=1$，$\lim\limits_{u\to1}f(u)=\lim\limits_{u\to1}\sqrt{u}=1$，所以 $\lim\limits_{x\to0}\sqrt{1+x^2}=1$.

例 9　求 $\lim\limits_{x\to\frac{\pi}{2}}\left(\dfrac{\sin x}{\cos^2x}-\tan^2x\right)$.

解　当 $x\to\dfrac{\pi}{2}$ 时，$\dfrac{\sin x}{\cos^2x}$ 和 $\tan^2x$ 的极限都不存在，不能应用极限运算法则，需先进行变形，再求极限.

$$\lim_{x\to\frac{\pi}{2}}\left(\frac{\sin x}{\cos^2x}-\tan^2x\right)=\lim_{x\to\frac{\pi}{2}}\frac{\sin x-\sin^2x}{\cos^2x}=\lim_{x\to\frac{\pi}{2}}\frac{\sin x(1-\sin x)}{1-\sin^2x}=\lim_{x\to\frac{\pi}{2}}\frac{\sin x}{1+\sin x}=\frac{1}{2}$$

案例 2 [产品利润的极限问题]　已知某厂生产 x 个汽车轮胎的成本为 $C(x)=300+\sqrt{1+x^2}$（元），生产 x 个汽车轮胎的平均成本为 $\dfrac{C(x)}{x}$，当产量很大时，每个轮胎的成本大致为 $\lim\limits_{x\to+\infty}\dfrac{C(x)}{x}$，求这个极限.

解　$\lim\limits_{x\to+\infty}\dfrac{C(x)}{x}=\lim\limits_{x\to+\infty}\dfrac{300+\sqrt{1+x^2}}{x}=1$

习题 2-2

1. 填空题.

(1) $\lim\limits_{n\to\infty}\dfrac{2^n-1}{3^n+2}=$ ________.

(2) $\lim\limits_{n\to\infty}\left(\dfrac{1}{\sqrt{n}}-\dfrac{2}{\sqrt{n}}+\dfrac{3}{\sqrt{n}}-\dfrac{4}{\sqrt{n}}+\cdots+\dfrac{2n-1}{\sqrt{n}}-\dfrac{2n}{\sqrt{n}}\right)=$ ________.

(3) $\lim\limits_{x\to2}\dfrac{x^2-4}{x-2}=$ ________.

(4) $\lim\limits_{x\to\infty}\dfrac{x^2-1}{2x^2-x}=$ ________.

2. 已知 $\lim\limits_{x\to x_0}f(x)$ 存在，$\lim\limits_{x\to x_0}g(x)$ 不存在，试问 $\lim\limits_{x\to x_0}[f(x)+g(x)]$ 是否存在？说明理由.

3. 计算下列极限：

(1) $\lim\limits_{x\to1}\dfrac{x^2-1}{x^2-4x+3}$；　　(2) $\lim\limits_{x\to1}\dfrac{\sqrt{5x-4}-\sqrt{x}}{x-1}$；

(3) $\lim\limits_{x\to2}\left(\dfrac{4}{x^2-4}-\dfrac{1}{x-2}\right)$；　　(4) $\lim\limits_{x\to\infty}\dfrac{x^2-2x+7}{2x^3+3x-1}$；

(5) $\lim\limits_{n\to\infty}\dfrac{1+2+3+\cdots+(n-1)}{n^2}$；　　(6) $\lim\limits_{n\to\infty}\left(1+\dfrac{1}{4}+\dfrac{1}{4^2}+\cdots+\dfrac{1}{4^n}\right)$.

4. 已知 $\lim\limits_{x\to2}\dfrac{x^2+ax+b}{x-2}=3$，求 a、b 的值.

5. ［人口预测］已知某地区时刻 t 的人口数量满足 $N(t)=200e^{-2e^{-0.5t}}$，请预测该地区人口数量的变化趋势.

第三节　两个重要极限

一、夹挤准则

如果 $X\leqslant Z\leqslant Y$，且 $\lim X=\lim Y=A$，则极限 $\lim Z$ 存在，且 $\lim Z=A$.

第一个重要极限

例 1　证明 $\lim\limits_{x\to0}\dfrac{\sin x}{x}=1$（**第一个重要极限**）.

证明　在单位圆中做角 $x\in\left(0,\ \dfrac{\pi}{2}\right)$，则由图 2-10 知，

$$S_{\triangle AOB}<S_{扇AOB}<S_{\triangle BOD}$$

且

$$AC=\sin x, AB=x, BD=\tan x$$

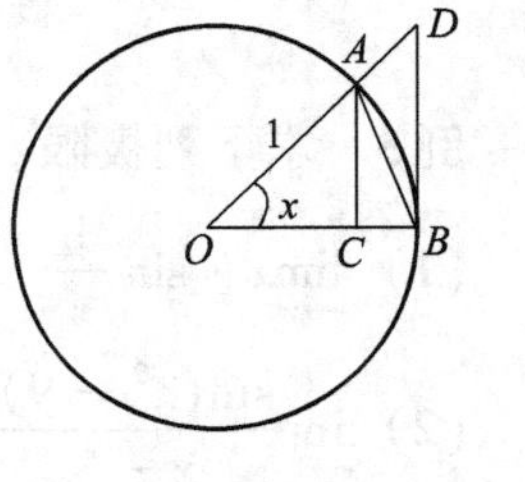

图 2-10

所以，有

$$\sin x<x<\tan x$$

从而，有

$$\cot x<\frac{1}{x}<\csc x$$

即

$$\cos x<\frac{\sin x}{x}<1$$

由于 $\cos x$，$\dfrac{\sin x}{x}$，1 均为偶函数，故 $x\in\left(-\dfrac{\pi}{2},\ 0\right)$时上述不等式也成立.

因为

$$\lim_{x\to0}\cos x=1, \lim_{x\to0}1=1$$

所以

$$\lim_{x\to0}\frac{\sin x}{x}=1$$

$\lim\limits_{x\to0}\dfrac{\sin x}{x}=1$ 的特点：

(1) "$\dfrac{0}{0}$" 型；

（2）可形象表为 $\lim\limits_{(\ )\to 0}\dfrac{\sin(\ \ )}{(\ \ )}=1$（三位统一）.

例 2　求极限 $\lim\limits_{x\to 0}\dfrac{\tan x}{x}$.

解　$\lim\limits_{x\to 0}\dfrac{\tan x}{x}=\lim\limits_{x\to 0}\left(\dfrac{\sin x}{x}\cdot\dfrac{1}{\cos x}\right)=\lim\limits_{x\to 0}\dfrac{\sin x}{x}\cdot\dfrac{1}{\lim\limits_{x\to 0}\cos x}=1\times 1=1$

例 3　求极限 $\lim\limits_{x\to 0}\dfrac{\arcsin x}{x}$.

解　令 $y=\arcsin x$，则 $x=\sin y$. 且当 $x\to 0$ 时，$y\to 0$，故有

$$\lim_{x\to 0}\frac{\arcsin x}{x}=\lim_{y\to 0}\frac{y}{\sin y}=\lim_{y\to 0}\frac{1}{\dfrac{\sin y}{y}}=\frac{\lim\limits_{y\to 0}1}{\lim\limits_{y\to 0}\dfrac{\sin y}{y}}=\frac{1}{1}=1$$

例 4　求极限 $\lim\limits_{x\to 0}\dfrac{1-\cos x}{x^2}$.

解　$\lim\limits_{x\to 0}\dfrac{1-\cos x}{x^2}=\lim\limits_{x\to 0}\dfrac{2\sin^2\dfrac{x}{2}}{x^2}=\dfrac{1}{2}\lim\limits_{x\to 0}\left(\dfrac{\sin\dfrac{x}{2}}{\dfrac{x}{2}}\right)^2=\dfrac{1}{2}\times 1^2=\dfrac{1}{2}$

例 5　求下列极限：

（1）$\lim\limits_{x\to\infty}x\cdot\sin\dfrac{1}{x}$；

（2）$\lim\limits_{x\to 3}\dfrac{\sin(x^2-9)}{x-3}$.

解　（1）令 $t=\dfrac{1}{x}$，则 $x=\dfrac{1}{t}$. 且当 $x\to\infty$ 时，$t\to 0$，故有

$$\lim_{x\to\infty}x\cdot\sin\frac{1}{x}=\lim_{t\to 0}\frac{\sin t}{t}=1$$

另解　利用第一个重要极限的特点，直接变形求得

$$\lim_{x\to\infty}x\cdot\sin\frac{1}{x}=\lim_{\frac{1}{x}\to 0}\frac{\sin\dfrac{1}{x}}{\dfrac{1}{x}}=1$$

注意　自变量变化趋势 $x\to\infty$ 也可以不变.

（2）因为当 $x\to 3$ 时，$x^2-9\to 0$，仿照（1）的第二种解法，得

$$\lim_{x\to 3}\frac{\sin(x^2-9)}{x-3}=\lim_{x\to 3}\frac{\sin(x^2-9)}{x^2-9}\cdot(x+3)=\lim_{x\to 3}\frac{\sin(x^2-9)}{x^2-9}\cdot\lim_{x\to 3}(x+3)=6$$

二、单调有界收敛准则

通过前面对数列极限的学习知道，有界数列不一定收敛，但如果数列单调且有界，则一定收敛．此即单调有界收敛准则：

（1）若数列$\{x_n\}$单调增加且有上界，即存在数M，使$x_n \leqslant M(n=1,2,\cdots)$，则$\lim\limits_{n\to\infty}x_n$存在且不大于$M$.

（2）若数列$\{x_n\}$单调减少且有下界，即存在数M，使$x_n \geqslant M(n=1,2,\cdots)$，则$\lim\limits_{n\to\infty}x_n$存在且不小于$M$.

我们知道，一个收敛的数列必定有界，有界是数列收敛的必要条件；但对单调数列而言，有界是收敛的充要条件.

例6 设数列$x_1=\sqrt{3}$，$x_{n+1}=\sqrt{3+x_n}$，求$\lim\limits_{n\to\infty}x_n$.

解 易知$x_{n+1}>x_n$，所以数列$\{x_n\}$单调增加.

已知$x_1=\sqrt{3}<3$，现假定$x_n<3$，则$x_{n+1}=\sqrt{3+x_n}<\sqrt{3+3}<3$，所以数列$\{x_n\}$有上界，从而$\lim\limits_{n\to\infty}x_n$存在.

记$\lim\limits_{n\to\infty}x_n=A$. 将$x_{n+1}=\sqrt{3+x_n}$两边平方，得

$$x_{n+1}^2=3+x_n$$

两边取极限，注意到$\lim\limits_{n\to\infty}x_{n+1}=\lim\limits_{n\to\infty}x_n$，得

$$A^2=3+A$$

解得

$$A=\frac{1\pm\sqrt{13}}{2}$$

但由$x_n \geqslant \sqrt{3}(n=1,2,3,\cdots)$知，$\lim\limits_{n\to\infty}x_n=A>0$，所以

$$A=\frac{1+\sqrt{13}}{2}$$

即

$$\lim_{n\to\infty}x_n=\frac{1+\sqrt{13}}{2}$$

例7 证明$\lim\limits_{n\to\infty}\left(1+\dfrac{1}{n}\right)^n=\mathrm{e}$.

证明 设$x_n=\left(1+\dfrac{1}{n}\right)^n$，下证$\{x_n\}$单调增加有上界.

由二项式定理，有

$$\begin{aligned}x_n&=\left(1+\frac{1}{n}\right)^n=1+C_n^1\frac{1}{n}+C_n^2\frac{1}{n^2}+\cdots+C_n^n\frac{1}{n^n}\\&=1+1+\frac{n(n-1)}{2!}\cdot\frac{1}{n^2}+\cdots+\frac{n(n-1)\cdots(n-n+1)}{n!}\cdot\frac{1}{n^n}\\&=1+1+\frac{1}{2!}\left(1-\frac{1}{n}\right)+\frac{1}{3!}\left(1-\frac{1}{n}\right)\left(1-\frac{2}{n}\right)+\cdots+\\&\quad\frac{1}{n!}\left(1-\frac{1}{n}\right)\left(1-\frac{2}{n}\right)\cdots\left(1-\frac{n-1}{n}\right)\end{aligned}$$

$$
\begin{aligned}
&< 1 + 1 + \frac{1}{2!} + \frac{1}{3!} + \cdots + \frac{1}{n!} \\
&< 1 + 1 + \frac{1}{1\times 2} + \frac{1}{2\times 3} + \cdots + \frac{1}{(n-1)n} \\
&= 1 + 1 + \left(\frac{1}{1} - \frac{1}{2}\right) + \left(\frac{1}{2} - \frac{1}{3}\right) + \cdots + \left(\frac{1}{n-1} - \frac{1}{n}\right) \\
&= 1 + 1 + 1 - \frac{1}{n} = 3 - \frac{1}{n} < 3
\end{aligned}
$$

即数列$\{x_n\}$有上界.

因为 $x_n = \left(1+\frac{1}{n}\right)^n > 0$，利用算术平均数不小于几何平均数，可得

$$\frac{\overbrace{\left(1+\frac{1}{n}\right)+\left(1+\frac{1}{n}\right)+\cdots+\left(1+\frac{1}{n}\right)}^{n个}+1}{n+1} \geqslant \sqrt[n+1]{\left(1+\frac{1}{n}\right)^n}$$

整理得

$$1 + \frac{1}{n+1} \geqslant \sqrt[n+1]{\left(1+\frac{1}{n}\right)^n}$$

从而

$$\left(1+\frac{1}{n+1}\right)^{n+1} \geqslant \left(1+\frac{1}{n}\right)^n$$

即 $x_{n+1} > x_n$，所以数列$\{x_n\}$单调增加.

由收敛准则，知 $\lim\limits_{n\to\infty}\left(1+\frac{1}{n}\right)^n$ 存在，且 $\lim\limits_{n\to\infty}\left(1+\frac{1}{n}\right)^n = \mathrm{e}(\mathrm{e} = 2.71828\cdots)$.

若令 $n \leqslant x < n+1$，$n \in \mathbf{N}$，则可得

$$\left(1+\frac{1}{n+1}\right)^n < \left(1+\frac{1}{x}\right)^x < \left(1+\frac{1}{n}\right)^{n+1}$$

而

$$\lim_{n\to\infty}\left(1+\frac{1}{n+1}\right)^n = \lim_{n\to\infty}\frac{\left(1+\frac{1}{n+1}\right)^{n+1}}{1+\frac{1}{n+1}} = \frac{\lim\limits_{n\to\infty}\left(1+\frac{1}{n+1}\right)^{n+1}}{\lim\limits_{n\to\infty}\left(1+\frac{1}{n+1}\right)} = \frac{\mathrm{e}}{1} = \mathrm{e}$$

$$\lim_{n\to\infty}\left(1+\frac{1}{n}\right)^{n+1} = \lim_{n\to\infty}\left[\left(1+\frac{1}{n}\right)^n \cdot \left(1+\frac{1}{n}\right)\right] = \lim_{n\to\infty}\left(1+\frac{1}{n}\right)^n \cdot \lim_{n\to\infty}\left(1+\frac{1}{n}\right) = \mathrm{e}$$

利用夹挤准则，得

$$\lim_{x\to+\infty}\left(1+\frac{1}{x}\right)^x = \mathrm{e}$$

在 $\lim\limits_{x\to+\infty}\left(1+\frac{1}{x}\right)^x = \mathrm{e}$ 中，令 $x = -(t+1)$，则可得

$$\lim_{x\to-\infty}\left(1+\frac{1}{x}\right)^x = \mathrm{e}$$

从而可得

$$\lim_{x\to\infty}\left(1+\frac{1}{x}\right)^{x}=\mathrm{e} \tag{2-1}$$

令 $t=\frac{1}{x}$，则 $x=\frac{1}{t}$；且当 $x\to\infty$ 时，$t\to 0$. 故有

$$\lim_{t\to 0}(1+t)^{\frac{1}{t}}=\mathrm{e} \quad 或 \quad \lim_{x\to 0}(1+x)^{\frac{1}{x}}=\mathrm{e} \tag{2-2}$$

式（2-1）和式（2-2）两式虽然表现形式不一样，但本质相同，统称为**第二个重要极限**.

$\lim\limits_{x\to\infty}\left(1+\frac{1}{x}\right)^{x}=\mathrm{e}$ 或 $\lim\limits_{x\to 0}(1+x)^{\frac{1}{x}}=\mathrm{e}$ 的结构特点：

（1）类型为 1^{∞}；

（2）$\lim\limits_{(\ )\to\infty}\left[1+\frac{1}{(\ )}\right]^{(\ )}=\mathrm{e}$；$\lim\limits_{(\ )\to 0}[1+(\quad)]^{\frac{1}{(\ )}}=\mathrm{e}$.

第二个重要极限

例 8　求极限 $\lim\limits_{x\to\infty}\left(1-\frac{1}{x}\right)^{x}$.

解 1　作代换：令 $t=-x$，则当 $x\to\infty$ 时，$t\to\infty$，于是

$$\lim_{x\to\infty}\left(1-\frac{1}{x}\right)^{x}=\lim_{t\to\infty}\left(1+\frac{1}{t}\right)^{-t}=\lim_{t\to\infty}\frac{1}{\left(1+\frac{1}{t}\right)^{t}}=\frac{1}{\lim\limits_{t\to\infty}\left(1+\frac{1}{t}\right)^{t}}=\frac{1}{\mathrm{e}}$$

解 2　适当变形：

$$\lim_{x\to\infty}\left(1-\frac{1}{x}\right)^{x}=\lim_{x\to\infty}\left[\left(1+\frac{1}{-x}\right)^{-x}\right]^{-1}=\lim_{x\to\infty}\frac{1}{\left(1+\frac{1}{-x}\right)^{-x}}=\frac{1}{\lim\limits_{x\to\infty}\left(1+\frac{1}{-x}\right)^{-x}}=\frac{1}{\mathrm{e}}$$

例 9　求极限 $\lim\limits_{x\to 0}(1+2x)^{\frac{1}{x}}$.

解　$\lim\limits_{x\to 0}(1+2x)^{\frac{1}{x}}=\lim\limits_{x\to 0}(1+2x)^{\frac{1}{2x}\cdot 2}=[\lim\limits_{x\to 0}(1+2x)^{\frac{1}{2x}}]^{2}=\mathrm{e}^{2}$

例 10　求极限 $\lim\limits_{x\to 0}(1+x)^{\frac{3}{\sin x}}$.

解　在解本题之前，先来看一下幂指函数 $[f(x)]^{g(x)}$ 的极限问题.

设 $\lim f(x)=A\neq 1$，$\lim g(x)=B$，利用复合函数的极限运算法则，有

$$\lim[f(x)]^{g(x)}=\lim \mathrm{e}^{g(x)\ln f(x)}=\mathrm{e}^{[\lim g(x)]\ln\lim f(x)}=\mathrm{e}^{B\ln A}=A^{B}$$

将结果与幂指函数 $[f(x)]^{g(x)}$ 相对照，可发现在 $f(x)$、$g(x)$ 极限存在的条件下，求极限 $\lim[f(x)]^{g(x)}$ 相当于将底数和指数分别求极限，并将极限值写在各自的对应位置上. 故

$$\lim_{x\to 0}(1+x)^{\frac{3}{\sin x}}=\lim_{x\to 0}[(1+x)^{\frac{1}{x}}]^{\frac{3x}{\sin x}}=\mathrm{e}^{3}$$

习题 2-3

1. 填空题.

（1）$\lim\limits_{x\to 0}\frac{\sin 2x}{x}=$________________.

（2）$\lim\limits_{x\to0}\dfrac{\sin3x}{\tan5x}=$__________________.

（3）$\lim\limits_{x\to0}(1+x)^{-\frac{1}{x}}=$__________________.

（4）$\lim\limits_{n\to\infty}\left(1+\dfrac{3}{n}\right)^{n+3}=$__________________.

2. 选择题.

（1）$\lim\limits_{x\to\infty}\left(1-\dfrac{3}{x}\right)^{px}=e^{-2}$，则 $p=$(　　).

A. $p=\dfrac{2}{3}$　　B. $p=-\dfrac{2}{3}$　　C. $p=\dfrac{3}{2}$　　D. $p=-\dfrac{3}{2}$

（2）下列极限中不等于 1 的是（　　）.

A. $\lim\limits_{x\to0}\dfrac{\tan3x}{3x}$　　B. $\lim\limits_{x\to0}\dfrac{x}{\arcsin x}$　　C. $\lim\limits_{x\to1}\cos x$　　D. $\lim\limits_{x\to0}\dfrac{1}{x}\sin x$

3. 计算下列各极限：

（1）$\lim\limits_{x\to0}\dfrac{\sin3x}{\sin2x}$；　　（2）$\lim\limits_{x\to0}\dfrac{\tan3x}{x}$；

（3）$\lim\limits_{x\to\pi}\dfrac{\sin x}{x-\pi}$；　　（4）$\lim\limits_{x\to0}\dfrac{1-\cos2x}{x\sin x}$.

4. 计算下列各极限：

（1）$\lim\limits_{x\to0}(1-x)^{\frac{1}{x}}$；　　（2）$\lim\limits_{x\to\infty}\left(\dfrac{1+x}{x}\right)^{2x}$；

（3）$\lim\limits_{x\to2}[1+(x-2)]^{-\frac{1}{x-2}}$；　　（4）$\lim\limits_{x\to\infty}\left(\dfrac{2x}{2x+1}\right)^{2x+3}$.

第四节　无穷小与无穷大

一、无穷小

在进行变量极限的讨论时，经常会遇到以零为极限的变量（如 $\lim\limits_{n\to\infty}\dfrac{1}{n}=0$，$\lim\limits_{x\to0}\tan x=0$），称这类变量为无穷小量.

定义 1　若在自变量某一变化过程中，变量 X 以零为极限，则称 X 为该自变量变化过程中的**无穷小量**（简称**无穷小**）.

如 $\dfrac{1}{n}$ 是 $n\to\infty$ 时的无穷小，$\sin x$ 是 $x\to0$ 时的无穷小等.

注意

（1）说一个量是无穷小时，必须指明自变量的变化趋势．如 $\dfrac{1}{x}$ 是 $x\to\infty$ 时的无穷小，不是 $x\to1$ 时的无穷小.

（2）不能把一个绝对值很小的非零常数看成是无穷小，因为始终有 $\lim C=C\neq0$（$C\neq0$）.

(3) 0是唯一作为无穷小的常数.

根据无穷小的定义和极限的运算法则，有如下关于无穷小的性质：

性质1 有限个无穷小的代数和是无穷小.

性质2 有界函数与无穷小的乘积是无穷小.

推论1 常数与无穷小的乘积是无穷小.

推论2 有限个无穷小的乘积是无穷小.

例1 求极限 $\lim\limits_{x\to 0}x\cdot\sin\dfrac{1}{x}$.

解 由$\lim\limits_{x\to 0}x=0$知，x是当$x\to 0$时的无穷小，而$\left|\sin\dfrac{1}{x}\right|\leqslant 1$，说明$\sin\dfrac{1}{x}$是有界函数.根据性质2知，$x\sin\dfrac{1}{x}$是当$x\to 0$时的无穷小，所以

$$\lim_{x\to 0}x\cdot\sin\frac{1}{x}=0$$

例2 求极限 $\lim\limits_{n\to\infty}\dfrac{\sqrt[3]{n^2}\sin n!}{n+1}$.

解 易知$\dfrac{\sqrt[3]{n^2}}{n+1}$是当$n\to\infty$时的无穷小，而$\sin n!$为有界函数.根据性质2知，$\dfrac{\sqrt[3]{n^2}\sin n!}{n+1}$是当$n\to\infty$时的无穷小，所以

$$\lim_{n\to\infty}\frac{\sqrt[3]{n^2}\sin n!}{n+1}=0$$

通过前面的学习知道，无穷小是一类以零为极限的变量，对于有极限的变量，可以用无穷小来表示.

定理1 在自变量的某一变化过程中，$\lim f(x)=A$的充要条件是$f(x)=A+\alpha(x)$（$\alpha(x)$为x在同一变化过程中的无穷小）.

证明 **必要性** 设$\lim f(x)=A$，令$\alpha(x)=f(x)-A$，则有

$$\lim\alpha(x)=\lim[f(x)-A]=A-A=0$$

说明$\alpha(x)$是在x同一变化过程中的无穷小，而由

$$\alpha(x)=f(x)-A$$

有

$$f(x)=A+\alpha(x)$$

充分性 设$f(x)=A+\alpha(x)$，且$\lim\alpha(x)=0$，则

$$\lim f(x)=\lim[A+\alpha(x)]=A+\lim\alpha(x)=A$$

二、无穷大

无穷小以零为极限，可以理解为是绝对值无限变小的量，与之相对的是绝对值无限变大的量，称这种量为无穷大量.

定义 2　若在自变量某一变化过程中，变量 X 的绝对值 $|X|$ 无限增大，则称 X 为该自变量变化过程中的**无穷大量**（简称**无穷大**）.

变量 X 为自变量某一变化过程中的无穷大，可记作 $\lim X=\infty$，但必须注意这并不表示 X 有极限，它只是对 $|X|$ 无限增大这种变化趋势的一种记法.

注意

（1）说一个量是无穷大时，必须指明自变量变化趋势（如 $\lim\limits_{x\to 0}\frac{1}{x}=\infty$，$\lim\limits_{x\to 1}\frac{1}{x}=1$，所以 $f(x)=\frac{1}{x}$ 是 $x\to 0$ 时的无穷大，不是 $x\to 1$ 时的无穷大. 因此不能简单地说 $f(x)=\frac{1}{x}$ 是无穷大）.

（2）不能将一个数值很大的确定常数说成是无穷大.

无穷小与无穷大之间的关系可用下面的定理 2 来描述.

定理 2　在自变量的同一变化过程中：

（1）如果 X 为无穷大，则 $\frac{1}{X}$ 为无穷小；

（2）如果 X 为无穷小，且 $X\neq 0$，则 $\frac{1}{X}$ 为无穷大.

三、无穷小的比较

无穷小的比较

由无穷小的性质知，两个无穷小的和、差、积依然是无穷小，两个无穷小的商是否依然是无穷小呢？考虑下面的例子：$x\to 0$ 时，x、x^2、$2x$、$\sin x$ 都是无穷小，但 $\lim\limits_{x\to 0}\frac{x^2}{x}=0$，$\lim\limits_{x\to 0}\frac{2x}{x}=2$，$\lim\limits_{x\to 0}\frac{\sin x}{x}=1$，$\lim\limits_{x\to 0}\frac{x}{x^2}$ 不存在.

由此知，两个无穷小的商并不能保证依然是无穷小，针对两个无穷小商的极限的各种情况，给出如下定义.

定义 3　设 α、β 是自变量同一变化过程中的无穷小，且 $\alpha\neq 0$.

（1）如果 $\lim\frac{\beta}{\alpha}=0$，则称 β 是比 α **高阶的无穷小**（或 α 是比 β **低阶的无穷小**），记作 $\beta=o(\alpha)$.

（2）如果 $\lim\frac{\beta}{\alpha}=C$（$C\neq 0$），则称 β 与 α 是**同阶无穷小**.

（3）如果 $\lim\frac{\beta}{\alpha}=1$，则称 β 与 α 是**等价无穷小**，记作 $\beta\sim\alpha$ 或 $\alpha\sim\beta$.

如因为 $\lim\limits_{x\to 0}\frac{\sin x}{x}=1$，$\lim\limits_{x\to 0}\frac{\tan x}{x}=1$，所以 $x\to 0$ 时，$\sin x\sim x\sim\tan x$.

两个无穷小阶数的高低，表明两个无穷小趋向于零的速度的快慢程度. $\lim\limits_{x\to 0}\frac{x^2}{x}=0$ 意味着 x^2 趋向于零的速度比 x 趋向于零的速度快，$\lim\limits_{x\to 0}\frac{\sin x}{x}=1$ 意味着 $\sin x$ 趋向于零的速度与 x 趋向于零的速度相当.

通过前面学习，不难知道：

$x \to 0$ 时, $\alpha x \sim \sin\alpha x \sim \tan\alpha x \sim \arcsin\alpha x \sim \arctan\alpha x \quad (\alpha \neq 0)$

等价无穷小可使求极限问题简单化，其作用通过下面的定理实现.

定理 3（等价无穷小替换原理） 在自变量同一变化过程中，α、α'、β、β'都是无穷小，且$\alpha \sim \alpha'$、$\beta \sim \beta'$，$\lim \dfrac{\beta'}{\alpha'}$存在，则有$\lim \dfrac{\beta}{\alpha} = \lim \dfrac{\beta'}{\alpha'}$.

证明 $\lim \dfrac{\beta}{\alpha} = \lim\left(\dfrac{\beta}{\beta'} \cdot \dfrac{\beta'}{\alpha'} \cdot \dfrac{\alpha'}{\alpha}\right) = \lim \dfrac{\beta}{\beta'} \cdot \lim \dfrac{\beta'}{\alpha'} \cdot \lim \dfrac{\alpha'}{\alpha} = \lim \dfrac{\beta'}{\alpha'}$

例 3 证明 $x \to 0$ 时，$1 - \cos x \sim \dfrac{1}{2}x^2$.

证明 因为 $x \to 0$ 时，$\alpha x \sim \sin\alpha x$，所以

$$\lim_{x\to 0} \frac{1-\cos x}{\frac{1}{2}x^2} = \lim_{x\to 0} \frac{2\sin^2 \frac{x}{2}}{\frac{1}{2}x^2} = \lim_{x\to 0} \frac{2\left(\frac{x}{2}\right)^2}{\frac{1}{2}x^2} = 1$$

所以 $x \to 0$ 时，$1 - \cos x \sim \dfrac{1}{2}x^2$.

例 4 求极限 $\lim\limits_{x\to 0} \dfrac{(x+2)\sin x}{\arcsin 2x}$.

解 因为 $x \to 0$ 时，$\sin x \sim x$，$\arcsin 2x \sim 2x$，所以

$$\lim_{x\to 0} \frac{(x+2)\sin x}{\arcsin 2x} = \lim_{x\to 0} \frac{(x+2)x}{2x} = \lim_{x\to 0} \frac{x+2}{2} = 1$$

注意 显然无穷小替换原理给我们求极限带来了方便，但必须注意它只能适用于无穷小因子，否则会导致错误的结果. 如 $n \to \infty$ 时，$\dfrac{1}{n+1} \sim \dfrac{1}{n}$，若在下列极限中错误用$\dfrac{1}{n}$替换$\dfrac{1}{n+1}$，有

$$\lim_{n\to\infty} \frac{\frac{1}{n+1} - \frac{1}{n}}{\frac{1}{n^2}} = \lim_{n\to\infty} \frac{\frac{1}{n} - \frac{1}{n}}{\frac{1}{n^2}} = 0$$

而实际上，

$$\lim_{n\to\infty} \frac{\frac{1}{n+1} - \frac{1}{n}}{\frac{1}{n^2}} = \lim_{n\to\infty} \frac{\frac{-1}{(n+1)n}}{\frac{1}{n^2}} = -1$$

例 5 求极限 $\lim\limits_{x\to 0} \dfrac{\tan x - \sin x}{x^3}$.

解 $\lim\limits_{x\to 0} \dfrac{\tan x - \sin x}{x^3} = \lim\limits_{x\to 0} \dfrac{\tan x(1-\cos x)}{x^3} = \lim\limits_{x\to 0} \dfrac{x \cdot \frac{1}{2}x^2}{x^3} = \dfrac{1}{2}$

例 6　求极限 $\lim\limits_{x \to 0} \dfrac{\ln(1+x)}{x}$.

解　$\lim\limits_{x \to 0} \dfrac{\ln(1+x)}{x} = \lim\limits_{x \to 0} \left[\dfrac{1}{x}\ln(1+x)\right] = \lim\limits_{x \to 0} \ln(1+x)^{\frac{1}{x}} = \ln\left[\lim\limits_{x \to 0}(1+x)^{\frac{1}{x}}\right] = 1$

例 7　求极限 $\lim\limits_{x \to 0} \dfrac{e^x - 1}{x}$.

解　令 $e^x - 1 = t$，则 $x = \ln(1+t)$，且当 $x \to 0$ 时，$t \to 0$. 所以

$$\lim_{x \to 0} \frac{e^x - 1}{x} = \lim_{t \to 0} \frac{t}{\ln(1+t)} = 1$$

由例 6、例 7 有：$x \to 0$ 时，$x \sim \ln(1+x) \sim e^x - 1$.

例 8　求极限 $\lim\limits_{x \to 0} \dfrac{(1+x)^\alpha - 1}{x}$（$\alpha \neq 0$，$\alpha$ 是常数）.

解　令 $(1+x)^\alpha - 1 = t$，则当 $x \to 0$ 时，$t \to 0$，且 $\alpha\ln(1+x) = \ln(1+t)$，即

$$\ln(1+x) = \frac{1}{\alpha}\ln(1+t)$$

又 $x \to 0$ 时，$\ln(1+x) \sim x$，所以

$$\lim_{x \to 0} \frac{(1+x)^\alpha - 1}{x} = \lim_{x \to 0} \frac{(1+x)^\alpha - 1}{\ln(1+x)} = \lim_{t \to 0} \frac{t}{\frac{1}{\alpha}\ln(1+t)} = \lim_{t \to 0} \frac{t}{\frac{1}{\alpha} \cdot t} = \alpha$$

综合以上讨论，可有如下等价无穷小：

当 $x \to 0$ 时，$x \sim \sin x \sim \tan x \sim \arcsin x \sim \arctan x \sim \ln(1+x) \sim e^x - 1$，$1 - \cos x \sim \dfrac{1}{2}x^2$，$(1+x)^\alpha - 1 \sim \alpha x(\alpha \neq 0)$.

例 9　求极限 $\lim\limits_{x \to a} \dfrac{\ln x - \ln a}{x - a}$.

解　$\dfrac{\ln x - \ln a}{x - a} = \dfrac{\ln(a + x - a) - \ln a}{x - a} = \dfrac{\ln\left(1 + \dfrac{x-a}{a}\right)}{x - a}$

令 $\dfrac{x-a}{a} = t$，则当 $x \to a$ 时，$t \to 0$，所以

$$\lim_{x \to a} \frac{\ln x - \ln a}{x - a} = \lim_{t \to 0} \frac{\ln(1+t)}{at} = \frac{1}{a}$$

习题 2-4

1. 填空题.

（1）当 $x \to$______时，e^x 是无穷小.

（2）当 $x \to$______时，e^x 是无穷大.

（3）当 $x \to a$ 时，$\sin(x-a)$ 是 $x-a$ 的__________无穷小.

（4）当 $x \to 0$ 时，$2x + x^2$ 是比 $x^2 + x^3$__________阶的无穷小.

(5) $\lim\limits_{x\to 0}\dfrac{e^x-1}{\ln(1+x)}=$ ________.

(6) $\lim\limits_{x\to 0}\dfrac{\tan 3x}{\sin 6x}=$ ________.

(7) $\lim\limits_{x\to 0}\dfrac{x\arcsin x}{1-\cos x}=$ ________.

(8) $\lim\limits_{x\to 0}\dfrac{\arctan 3x}{\sin 5x}=$ ________.

(9) $\lim\limits_{x\to -1}(x+1)\cos\dfrac{1}{x+1}=$ ________.

2. 选择题.

(1) 下列变量在自变量给定变化趋势下不是无穷小的是（　　）.

A. $\ln x(x\to 0^+)$　　B. $x\sin\dfrac{1}{x}(x\to 0)$

C. $(x^2-1)x(x\to 1)$　　D. $e^{\frac{1}{x}}(x\to 0^-)$

(2) 当 $n\to\infty$ 时，与 $\sin^2\dfrac{1}{n^2}$ 等价的无穷小是（　　）

A. $\ln\dfrac{1}{n^2}$　　B. $\ln\left(1+\dfrac{1}{n^2}\right)$

C. $\ln\left(1+\dfrac{1}{n^4}\right)$　　D. $\ln\left(1+\dfrac{1}{n^2}\right)^2$

3. 求下列极限：

(1) $\lim\limits_{x\to 0}\dfrac{(e^x-1)\sin x}{1-\cos x}$；　(2) $\lim\limits_{x\to 0}\dfrac{\ln(1+2x)}{\sin 3x}$；

(3) $\lim\limits_{x\to 0}\dfrac{\sqrt[3]{1+x}-1}{2x}$；　(4) $\lim\limits_{x\to 0}\dfrac{\arcsin 2x}{\sqrt{1+x}-1}$；

(5) $\lim\limits_{x\to 0}\dfrac{x\sin x}{e^{x^2}-1}$；　(6) $\lim\limits_{x\to 0}\dfrac{\tan x-\sin x}{\ln(1-x^3)}$.

第五节　函数的连续性

函数的连续性在自然界中体现为事物的连续变化：如气温的变化、河水的流动、植物的生长等．这一概念的建立为进一步深入地研究函数的微分和积分打下了基础.

一、函数连续性的概念

函数连续性

通过前面的学习知道，极限 $\lim\limits_{x\to x_0}f(x)$ 是否存在与函数 $y=f(x)$ 在点 x_0 有无定义无关．对于出现 $\lim\limits_{x\to x_0}f(x)=f(x_0)$ 的情况，我们给出函数在点 x_0 连续的概念.

（一）函数在一点的连续性

定义 1　设函数 $y=f(x)$ 在点 x_0 的某一邻域 $U(x_0)$ 内有定义，如果

$$\lim_{x\to x_0} f(x)=f(x_0)$$

则称函数 $y=f(x)$ 在点 x_0 **连续**.

当函数 $f(x)$ 在点 x_0 连续时，点 x_0 称为函数 $f(x)$ 的**连续点**. 若函数 $f(x)$ 在点 x_0 的某个去心邻域内有定义，但在点 x_0 不连续，则称点 x_0 是函数 $f(x)$ 的**间断点**.

结合极限 $\lim\limits_{x\to x_0} f(x)$ 存在的充要条件 $f(x_0^-)=f(x_0^+)$，可得函数 $f(x)$ 在点 x_0 连续的又一定义.

定义 2　设函数 $y=f(x)$ 在点 x_0 的某一邻域 $U(x_0)$ 内有定义，如果

$$f(x_0^-)=f(x_0^+)=f(x_0)$$

则称函数 $y=f(x)$ 在点 x_0 连续.

例 1　判断函数 $f(x)=\begin{cases} x-1, & x<0 \\ 2, & x=0 \\ x+2, & x>0 \end{cases}$ 在点 $x=0$ 处的连续性.

解　易知函数 $f(x)$ 在 $x=0$ 处及其邻域内有定义，且 $f(0)=2$，$f(0^-)=\lim\limits_{x\to 0^-} f(x)=\lim\limits_{x\to 0^-}(x-1)=-1$，$f(0^+)=\lim\limits_{x\to 0^+} f(x)=\lim\limits_{x\to 0^+}(x+2)=2$，所以 $f(0^-)\neq f(0^+)$，因此函数 $f(x)$ 在点 $x=0$ 不连续.

在上例中，虽然 $f(0^-)\neq f(0^+)$，但有 $f(0^+)=f(0)$. 针对这种情况，给出函数 $y=f(x)$ 在点 x_0 左右连续的概念.

如果 $f(x_0^-)=f(x_0)$，则称函数 $y=f(x)$ 在点 x_0 左连续；如果 $f(x_0^+)=f(x_0)$，则称函数 $y=f(x)$ 在点 x_0 右连续.

根据函数 $y=f(x)$ 在点 x_0 连续的条件 $f(x_0^-)=f(x_0^+)=f(x_0)$，可得函数 $f(x)$ 在点 x_0 连续的充要条件是函数 $f(x)$ 在点 x_0 既左连续又右连续.

对于函数 $f(x)$ 在点 x_0 的连续性，还可以利用增量的概念来研究.

变量 u 的增量：当变量 u 的值从 u_1 变到 u_2 时，差值 u_2-u_1 称为变量 u 的**增量**（或**改变量**），记作 Δu，即 $\Delta u=u_2-u_1$.

注意　Δu 的值可正可负；Δu 是一个整体符号，不可分.

设函数 $y=f(x)$ 在点 x_0 的某一邻域内有定义，当自变量 x 在该邻域内从 x_0 变到 $x_0+\Delta x$ 产生增量 Δx 时，函数 $y=f(x)$ 相应地从 $f(x_0)$ 变到 $f(x_0+\Delta x)$，产生函数增量 $\Delta y=f(x_0+\Delta x)-f(x_0)$，如图 2-11 所示.

在图 2-11（a）中，当 $\Delta x\to 0$ 时，增量 $\Delta y=f(x_0+\Delta x)-f(x_0)$ 趋于零，在图 2-11（b）中则不然. 针对图 2-11（a）中的情形，给出函数 $y=f(x)$ 在点 x_0 连续的又一定义.

定义 3　设函数 $y=f(x)$ 在点 x_0 的某一邻域内有定义，如果当自变量增量 Δx 趋于零时，对应的函数增量 $\Delta y=f(x_0+\Delta x)-f(x_0)$ 也趋于零，即

$$\lim_{\Delta x\to 0}\Delta y=0$$

则称函数 $y=f(x)$ 在点 x_0 连续.

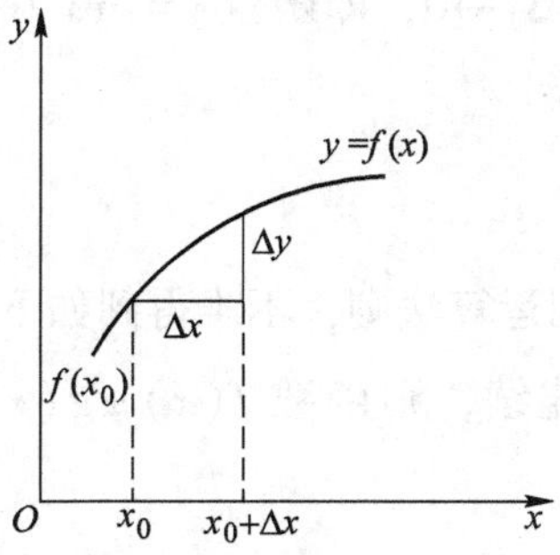

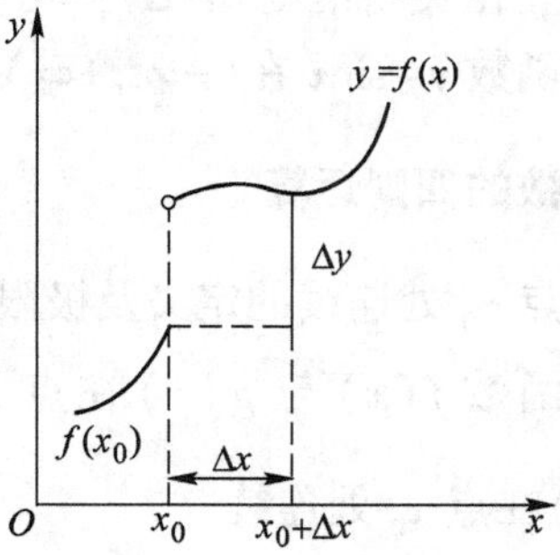

图 2-11

因为在 $\Delta x\to 0$ 的过程中，$x_0+\Delta x$ 也随着发生改变，即 $x_0+\Delta x$ 是一变量．令 $x=x_0+\Delta x$，则 $\Delta x\to 0$ 时，$x\to x_0$. 此时，由

$$\lim_{\Delta x\to 0}\Delta y=\lim_{\Delta x\to 0}[f(x_0+\Delta x)-f(x_0)]=\lim_{x\to x_0}[f(x)-f(x_0)]=\lim_{x\to x_0}f(x)-f(x_0)=0$$

得到 $\lim\limits_{x\to x_0}f(x)=f(x_0)$，此即定义 1.

可见，定义 1 和定义 3 只是从不同角度出发讨论同一问题，其实质是完全一样的.

（二）函数在区间上的连续性

如果函数 $f(x)$ 在开区间 (a,b) 内每一点都连续，称函数 $f(x)$ 在区间 (a,b) 内连续，此时称函数 $f(x)$ 为区间 (a,b) 内的连续函数.

如果函数在开区间 (a,b) 内连续，且在左端点 a 处右连续，在右端点 b 处左连续，称函数 $f(x)$ 在闭区间 $[a,b]$ 上连续，函数 $f(x)$ 为闭区间 $[a,b]$ 上的连续函数.

连续函数的图像是一条连续而不间断的曲线.

基本初等函数在其定义域内连续；多项式 $f(x)$ 在区间 $(-\infty,+\infty)$ 内连续；有理分式函数 $\dfrac{P(x)}{Q(x)}$，只要 $Q(x_0)\neq 0$，就有 $\lim\limits_{x\to x_0}\dfrac{P(x)}{Q(x)}=\dfrac{P(x_0)}{Q(x_0)}$，即在其定义域内连续.

例 2　用定义 3 证明函数 $y=\sin x$ 在 $(-\infty,+\infty)$ 内连续.

证明　$\forall x\in(-\infty,+\infty)$，当 x 有增量 Δx 时，对应的函数增量

$$\Delta y=\sin(x+\Delta x)-\sin x=2\sin\frac{\Delta x}{2}\cdot\cos\left(x+\frac{\Delta x}{2}\right)$$

由于
$$\left|\cos\left(x+\frac{\Delta x}{2}\right)\right|\leqslant 1$$

所以
$$|\Delta y|=\left|2\sin\frac{\Delta x}{2}\cdot\cos\left(x+\frac{\Delta x}{2}\right)\right|\leqslant 2\left|\sin\frac{\Delta x}{2}\right|$$

而
$$\left|\sin\frac{\Delta x}{2}\right|\leqslant\left|\frac{\Delta x}{2}\right|$$

故
$$0\leqslant|\Delta y|\leqslant|\Delta x|$$

当 $\Delta x \to 0$ 时，由夹挤准则知 $|\Delta y| \to 0$，从而 $\Delta y \to 0$，即函数 $y=\sin x$ 在点 x 连续．由 x 的任意性，可知函数 $y=\sin x$ 在 $(-\infty,+\infty)$ 内连续．

二、连续函数的四则运算

结合函数在点 x_0 处连续的定义及极限的四则运算法则，不难得到如下定理．

定理 1　设函数 $f(x)$ 与 $g(x)$ 在点 x_0 处连续，则函数 $f(x)\pm g(x)$、$f(x)g(x)$、$\frac{f(x)}{g(x)}(g(x_0)\neq 0)$ 在点 x_0 处连续．

推论　若函数 $f(x)$ 与 $g(x)$ 在点 x_0 处连续，则 $\forall \alpha$、$\beta \in R$，函数 $\alpha f(x)+\beta g(x)$ 在点 x_0 处连续．

三、复合函数的连续性

定理 2　设函数 $y=f(u)$ 在点 $u=u_0$ 处连续，函数 $u=\varphi(x)$ 在点 $x=x_0$ 处连续，且 $u_0=\varphi(x_0)$，则复合函数 $y=f[\varphi(x)]$ 在点 $x=x_0$ 处连续．

证明　由假设，有 $\lim\limits_{u\to u_0} f(u)=f(u_0)$，$\lim\limits_{x\to x_0}\varphi(x)=\varphi(x_0)=u_0$．根据复合函数的极限运算法则，有

$$\lim_{x\to x_0} f[\varphi(x)]=f(u_0)=f[\varphi(x_0)]$$

即函数 $y=f[\varphi(x)]$ 在点 $x=x_0$ 处连续．

推论　设 $\lim\limits_{x\to x_0}\varphi(x)=u_0$，$y=f(u)$ 在点 $u=u_0$ 处连续，则 $\lim\limits_{x\to x_0} f[\varphi(x)]=f[\lim\limits_{x\to x_0}\varphi(x)]$．

推论表明，如果函数 $u=\varphi(x)$ 在点 x_0 的极限为 u_0，而函数 $y=f(u)$ 在点 u_0 连续，则求极限 $\lim\limits_{x\to x_0} f[\varphi(x)]$ 时，可将极限符号 $\lim\limits_{x\to x_0}$ 与函数符号 f 进行运算次序上的交换．

四、反函数的连续性

定理 3　如果函数 $y=f(x)$ 在区间 I_x 上单调增加（或减少）且连续，则它的反函数 $x=f^{-1}(y)$ 也在对应区间 $I_y=\{y\mid y=f(x),x\in I_x\}$ 上单调增加（减少）且连续．

如正弦函数 $y=\sin x$ 在区间 $\left[-\frac{\pi}{2},\frac{\pi}{2}\right]$ 上单调增加且连续，反正弦函数 $y=\arcsin x$ 在区间 $[-1,1]$ 上同样单调增加且连续．

五、初等函数的连续性

一切初等函数在其定义区间内都是连续的．

若 $f(x)$ 是初等函数，且 x_0 是 $f(x)$ 定义区间内的点，则 $\lim\limits_{x\to x_0} f(x)=f(x_0)$．即要求极限 $\lim\limits_{x\to x_0} f(x)$ 值，只需计算函数值 $f(x_0)$．

因为 $x=\frac{\pi}{2}$ 是函数 $y=\ln\sin x$ 定义区间内的点，所以 $\lim\limits_{x\to\frac{\pi}{2}}\ln\sin x=\ln\sin\frac{\pi}{2}=0$．

六、闭区间上连续函数的性质

(一) 最大值、最小值定理

设函数$f(x)$在区间I上有定义，如果存在一点$x_0\in I$，使$\forall x\in I$，都有$f(x)\leqslant f(x_0)$(或$f(x)\geqslant f(x_0)$)，则称$f(x_0)$为函数$f(x)$在区间I上的**最大值**（或**最小值**）. 记为$\max\limits_{x\in I}\{f(x)\}=f(x_0)$(或$\min\limits_{x\in I}\{f(x)\}=f(x_0)$).

定理4（最大值最小值定理）　如果函数$f(x)$在闭区间$[a,b]$上连续，则它在$[a,b]$上一定有最大值和最小值. 即存在点ξ、$\eta\in[a,b]$，使得$\forall x\in[a,b]$，有$f(\xi)\leqslant f(x)\leqslant f(\eta)$.

说明　“闭区间”“连续”条件不满足，函数也可能有最大值或最小值. 如$f(x)=\begin{cases}x, & 0<x\leqslant 1\\ -1-x, & -1<x\leqslant 0\end{cases}$在$(-1,1]$上不连续，但有最大值1和最小值-1.

推论（有界性定理）　如果函数$f(x)$在闭区间$[a,b]$上连续，则它在$[a,b]$上有界. 即存在常数$K>0$，使$|f(x)|\leqslant K$，$x\in[a,b]$.

(二) 零点定理、介值定理

若$f(x_0)=0$，则称x_0为函数$f(x)$的**零点**.

定理5（零点定理）　如果函数$f(x)$在闭区间$[a,b]$上连续，且$f(a)\cdot f(b)<0$，则一定有零点$\xi\in(a,b)$，使$f(\xi)=0$.

例3　证明：五次代数方程$x^5-5x-1=0$在$(1,2)$内至少有一个根.

证明　设$f(x)=x^5-5x-1$，则$f(x)$在$[1,2]$上连续. 因为$f(1)=-5$，$f(2)=21$，故$f(1)\cdot f(2)<0$. 由零点定理知，存在$\xi\in(1,2)$，使$f(\xi)=0$，即$\xi^5-5\xi-1=0$，说明方程$x^5-5x-1=0$在$(1,2)$内至少有一个根.

定理6（介值定理）　如果函数$f(x)$在闭区间$[a,b]$上连续，且在此区间的端点处取不同的函数值：$f(a)=A$，$f(b)=B$，则对于A、B之间的任意数C，至少有一点$\xi\in(a,b)$，使$f(\xi)=C$.

推论　闭区间上的连续函数定能取得介于最大值和最小值之间的任何值.

习题2-5

1. 填空题.

(1) 函数$y=f(x)$在点x_0有定义是函数$y=f(x)$在点x_0连续的____________条件.

(2) 设函数$y=f(x)$在点x_0的某一邻域有定义，且$x_0+\Delta x$在该邻域内，函数增量$\Delta y=f(x_0+\Delta x)-f(x_0)$. 若$\lim\limits_{\Delta x\to 0}\Delta y=0$，则函数$y=f(x)$在$x_0$处____________.

2. 讨论下列函数在指定点的连续性：

(1) $f(x)=\dfrac{x+1}{x^3+1}, x=-1$；　(2) $f(x)=\begin{cases}x, & 0<x<1\\ -1, & x=1\\ 2-x, & 1<x<2\end{cases}$.

3. 求下列极限：

(1) $\lim\limits_{x\to 0} e^{\sin x}$；　(2) $\lim\limits_{x\to 0}\ln\dfrac{\sin x}{x}$；　(3) $\lim\limits_{x\to 0}\ln\dfrac{\sqrt{x+1}-1}{x}$.

4. 证明方程 $x^3+3x^2-1=0$ 在区间(0,1)内至少有一个根.

5. 设函数 $f(x)=\begin{cases}2-e^{-x}, & x<0\\ a+x, & x\geqslant 0\end{cases}$ 在定义域内连续，试确定 a 的值.

总习题二

1. 填空题.

(1) $\lim\limits_{x\to 2}\dfrac{x-2}{x^2-4}=$ ________.

(2) $\lim\limits_{x\to 2}\dfrac{2x+1}{3x-1}=$ ________.

(3) $\lim\limits_{n\to\infty}\dfrac{2^n+3^n}{3^n}=$ ________.

(4) $\lim\limits_{x\to 0}x\sin\dfrac{1}{x}=$ ________.

(5) 当 $x\to$ ______时，函数 $y=\dfrac{1}{x-1}$ 为无穷大.

(6) 函数 $f(x)=\dfrac{x+2}{x^2-1}$ 的连续区间是________.

2. 求下列极限：

(1) $\lim\limits_{n\to\infty}\left[\dfrac{1}{1\times 2}+\dfrac{1}{2\times 3}+\cdots+\dfrac{1}{n(n+1)}\right]$；　(2) $\lim\limits_{x\to 1}\dfrac{x^2-1}{x^2-4x+3}$；

(3) $\lim\limits_{x\to 0}\dfrac{1-\cos x}{x^2}$；　(4) $\lim\limits_{x\to 0}(1+3x)^{\frac{1}{x}}$；

(5) $\lim\limits_{x\to\infty}\left(\dfrac{2x+1}{2x-1}\right)^x$；　(6) $\lim\limits_{x\to+\infty}\{x[\ln(x+1)-\ln x]\}$；

(7) $\lim\limits_{x\to+\infty}[x(\sqrt{x^2+1}-x)]$；　(8) $\lim\limits_{x\to 0}\dfrac{1-\cos 2x}{x\sin x}$；

(9) $\lim\limits_{x\to 0}\dfrac{x-\sin 2x}{\sin x}$；　(10) $\lim\limits_{x\to 1}\left(\dfrac{1}{x-1}-\dfrac{2}{x^2-1}\right)$.

3. 讨论下列函数的连续性：

(1) $f(x)=\begin{cases}e^{\frac{1}{x}}, & x<0\\ 1, & x=0\\ x, & x>0\end{cases}$；　(2) $f(x)=\begin{cases}x\sin\dfrac{1}{x}, & x<0\\ x, & x\geqslant 0\end{cases}$.

4. 验证方程 $x\cdot 4^x=2$ 在区间(0,1)内至少有一个根.

5. ［居民用电］某城市为节约用电，在保证居民正常用电的前提下，制定了如下收费方法：每户居民每月用电量不超过 100 度时，电费按 1.1 元/度计算，超过部分每度以 2 倍价格收费，试建立每月电费与用电量之间的函数关系.

6. ［电流变化］在一个电路中的电荷量 Q 由下式定义 $Q=\begin{cases}C, & t\leqslant 0\\ C\mathrm{e}^{-\frac{t}{RC}}, & t>0\end{cases}$，其中 C、R 为常数，分析电荷量 Q 在时间 $t\to 0$ 时的极限．

第三章　导数与微分

扫码查看本章课件

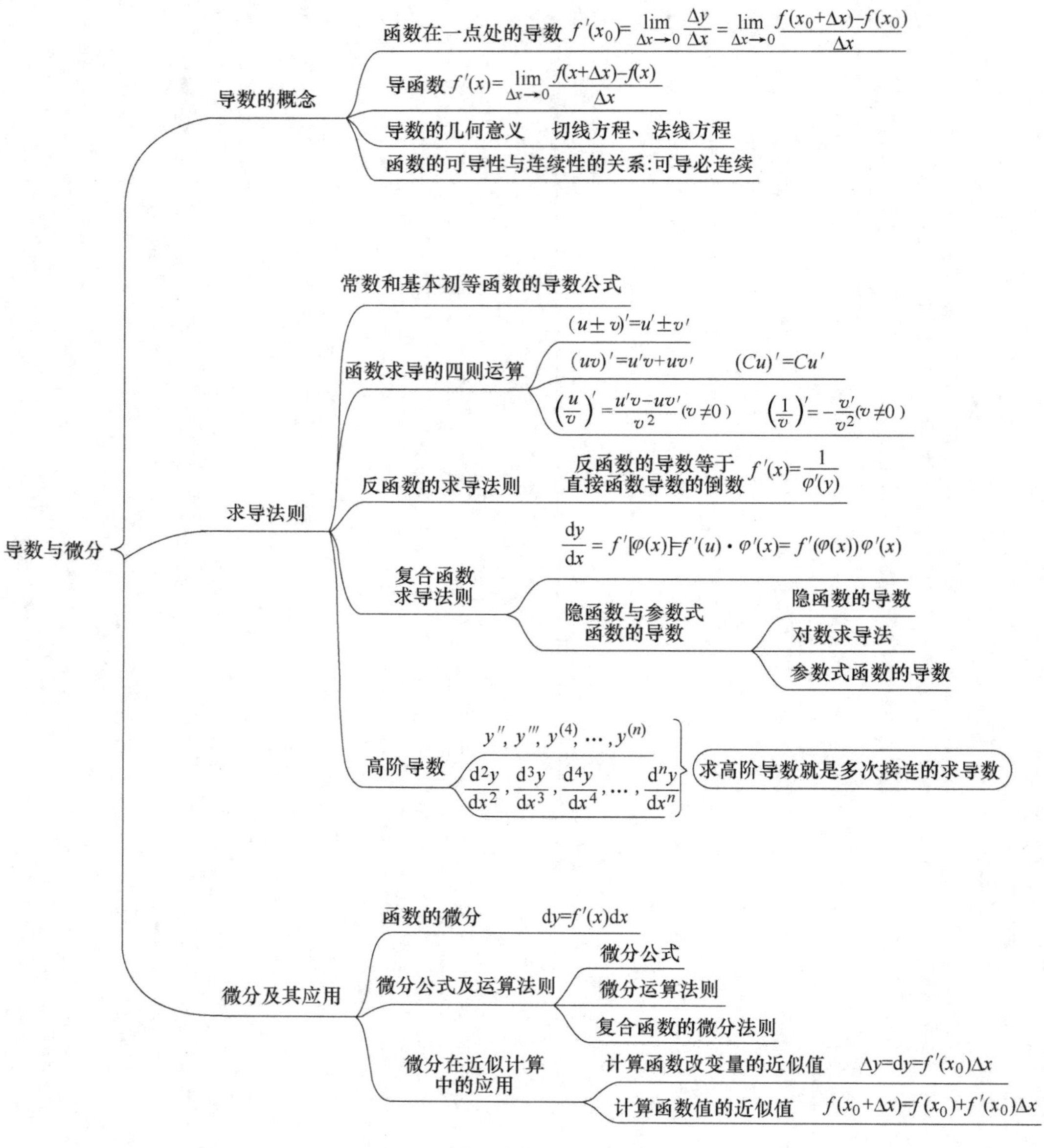

图 3-1　导数与微分思维导图

微分学是微积分的重要组成部分，它最基本的概念就是导数和微分．导数反映函数相对于自变量变化的快慢程度，微分反映当自变量有微小变化时函数变化的近似值．本章将在极限的基础上重点讨论这两个概念及其计算方法，并简要介绍微分在近似计算上的应用．

第一节　导数的概念

导数的概念

在实际问题中，除了需要了解变量之间的函数关系之外，经常要考虑一个函数的因变量随自变量变化的快慢情况，例如城市人口增长速度、劳动生产率以及国民经济增长速度等．导数概念就是从这类问题中抽象出来的，我们来看两个实例．

一、引例

导数概念的引例

在实际问题中，经常需要讨论自变量 x 的增量 Δx 与相应的函数 $y=f(x)$ 的增量 Δy 之间的关系．下面讨论两个典型的例子：变速直线运动的速度问题和曲线的切线问题．在微积分的历史上，导数的概念最早与这两个问题有着十分密切的关系．

（一）变速直线运动的速度

设做变速直线运动的质点的运动规律为 $s=f(t)$，则从时刻 t_0 到 t 这段时间内，质点从位置 $s_0=f(t_0)$ 移动到 $s_t=f(t)$，平均速度为

$$\bar{v}=\frac{s_t-s_0}{t-t_0}=\frac{f(t)-f(t_0)}{t-t_0} \tag{3-1}$$

显然时间间隔越短，该比值式（3-1）就越能比较准确地反映出质点在时刻 t_0 运动的快慢程度．因此，质点在 t_0 时刻的瞬时速度 $v(t_0)$ 应该是 $t\to t_0$ 时平均速度 $\bar{v}$ 的极限，即

$$v(t_0)=\lim_{t\to t_0}\frac{f(t)-f(t_0)}{t-t_0}$$

（二）切线问题

在初等数学中，圆的切线是作为割线的极限位置给出的．对于求一般曲线的切线，仍然沿用这种方法．

设有曲线 C 及 C 上的一点 M，在点 M 外另取 C 上一点 N，作割线 MN. 当点 N 沿曲线 C 趋于点 M 时，如果割线 MN 绕点 M 旋转而趋于某一极限位置 MT，那么直线 MT 就称为曲线 C 在点 M 处的切线．

现在就曲线 C 为函数 $y=f(x)$ 的图形的情形来讨论切线的斜率问题．设 $M(x_0,y_0)$ 是曲线 C 上的一个点（图 3-2），在点 M 外另取 C 上的一点 $N(x,y)$，于是割线 MN 的斜率为

$$\tan\varphi=\frac{y-y_0}{x-x_0}=\frac{f(x)-f(x_0)}{x-x_0}$$

其中 φ 为割线 MN 的倾角．当点 N 沿曲线 C 趋于点 M 时，$x \to x_0$.

如果当 $x \to x_0$ 时，上式的极限存在，设为 k，即

$$k = \lim_{x \to x_0} \frac{f(x) - f(x_0)}{x - x_0}$$

则此极限 k 就是割线斜率的极限，也就是切线的斜率．这里 $k = \tan\alpha$，其中 α 是切线 MT 的倾角．于是，通过点 $M(x_0, f(x_0))$ 且以 k 为斜率的直线 MT 便是曲线 C 在点 M 处的切线．事实上，由 $\angle NMT = \varphi - \alpha$ 以及 $x \to x_0$ 时 $\varphi \to \alpha$，可见 $x \to x_0$ 时（这时 $|MN| \to 0$），$\angle NMT \to 0$，因此直线 MT 为曲线 C 在点 M 处的切线.

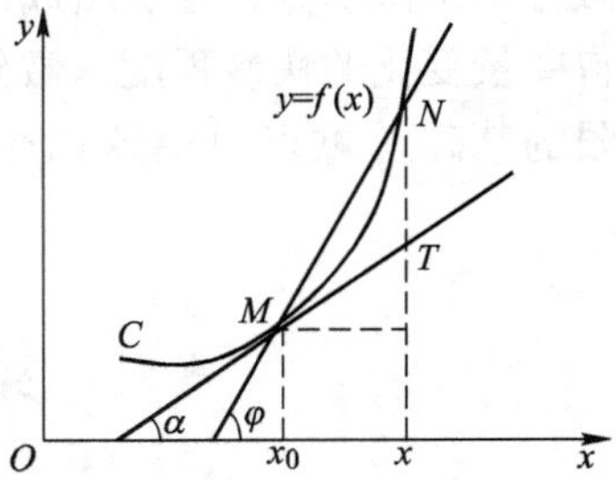

图 3-2

二、导数的定义与几何意义

（一）函数在一点处的导数与导函数

上面所讨论的两个问题，非匀速直线运动的速度和切线的斜率都归结为如下的极限

$$\lim_{x \to x_0} \frac{f(x) - f(x_0)}{x - x_0}$$

令 $x = x_0 + \Delta x$，则 $x \to x_0$ 相当于 $\Delta x \to 0$，$\Delta y = f(x) - f(x_0) = f(x_0 + \Delta x) - f(x_0)$．于是

$$\lim_{x \to x_0} \frac{f(x) - f(x_0)}{x - x_0} = \lim_{\Delta x \to 0} \frac{\Delta y}{\Delta x} = \lim_{\Delta x \to 0} \frac{f(x_0 + \Delta x) - f(x_0)}{\Delta x} \tag{3-2}$$

式（3-2）反映了函数 $f(x)$ 在点 x_0 处精确的变化率.

在自然科学和工程技术领域，甚至在经济领域及社会科学的研究中，有许多关于变化率的问题都可以归结为形如式（3-2）的数学形式．于是我们抛开这些量的实际意义，抓住它们在数量关系上的共性，得出函数导数的概念.

定义　设函数 $y = f(x)$ 在点 x_0 的某个邻域内有定义，当自变量 x 在 x_0 处取得增量 Δx（点 $x_0 + \Delta x$ 仍在该邻域内）时，相应的函数 y 取得增量 $\Delta y = f(x_0 + \Delta x) - f(x_0)$，如果 Δy 与 Δx 之比当 $\Delta x \to 0$ 时的极限存在，则称函数 $y = f(x)$ 在点 x_0 处可导，并称这个极限为函数 $y = f(x)$ 在点 x_0 处的导数，记为

$$y'|_{x=x_0},\ f'(x_0),\ \left.\frac{dy}{dx}\right|_{x=x_0} \quad 或 \quad \left.\frac{df(x)}{dx}\right|_{x=x_0}$$

即

$$f'(x_0) = \lim_{\Delta x \to 0} \frac{\Delta y}{\Delta x} = \lim_{\Delta x \to 0} \frac{f(x_0 + \Delta x) - f(x_0)}{\Delta x} \tag{3-3}$$

此时也称 $y = f(x)$ 在点 x_0 处具有导数或导数存在．如果极限式（3-3）不存在，则称函数 $y = f(x)$ 在点 x_0 处不可导．如果不可导的原因是 $\Delta x \to 0$ 时，$\frac{\Delta y}{\Delta x} \to \infty$，这时称函数 $y = f(x)$ 在点 x_0 处的导数为无穷大.

注意　导数的定义式（3-3）也可取其他的不同形式，常见的有

$$f'(x_0)=\lim_{h\to 0}\frac{f(x_0+h)-f(x_0)}{h}$$

或

$$f'(x_0)=\lim_{x\to x_0}\frac{f(x)-f(x_0)}{x-x_0}$$

导数是概括了各种变化率的概念而得出的一个更一般、也更抽象的概念．它反映了因变量相对于自变量的变化快慢（大小）程度，是函数变化率的本质.

以上给出的是函数在一点处可导的概念，如果函数 $y=f(x)$ 在开区间 (a,b) 内的每一点处都可导，那么就称函数 $y=f(x)$ 在开区间 (a,b) 内可导，或称函数 $f(x)$ 是开区间 (a,b) 内的可导函数．这时，对于任一 $x\in(a,b)$，都对应着 $f(x)$ 的一个确定的导数值，这样就构成了一个新的函数，称这个函数为 $y=f(x)$ 在区间 (a,b) 内的导函数，记作 y'，$f'(x)$，$\frac{dy}{dx}$ 或 $\frac{df(x)}{dx}$. 这时

$$f'(x)=\lim_{\Delta x\to 0}\frac{f(x+\Delta x)-f(x)}{\Delta x}$$

显然，函数 $y=f(x)$ 在点 x_0 处的导数 $f'(x_0)$ 就是导函数 $f'(x)$ 在点 $x=x_0$ 处的函数值，即

$$f'(x_0)=f'(x)\big|_{x=x_0}$$

（二）导数的几何意义

案例 1［切线斜率］　由导数的定义知，函数 $f(x)$ 在点 x_0 处的导数 $f'(x_0)$ 在几何上表示曲线 $f(x)$ 在点 $M(x_0, f(x_0))$ 处的切线的斜率，即

$$f'(x_0)=\tan\alpha$$

其中 α 是切线的倾角．导数反映了函数的变化率的本质.

如果 $f(x)$ 在点 x_0 处的导数为无穷大，这时曲线 $f(x)$ 在 $x=x_0$ 处的割线以垂直于 x 轴的直线 $x=x_0$ 为极限位置，即曲线 $f(x)$ 在点 $M(x_0, f(x_0))$ 处具有垂直于 x 轴的切线 $x=x_0$.

由直线的点斜式方程，可知曲线 $f(x)$ 在点 $M(x_0, f(x_0))$ 处的**切线方程**为

$$y-y_0=f'(x_0)(x-x_0)$$

过切点 $M(x_0, f(x_0))$ 且与切线垂直的直线称为曲线 $f(x)$ 在点 M 处的**法线**.

如果 $f'(x_0)\neq 0$，法线的斜率为 $-\frac{1}{f'(x_0)}$，从而**法线方程**为

$$y-y_0=-\frac{1}{f'(x_0)}(x-x_0)$$

例 1　求曲线 $y=\frac{1}{x}$ 在点 $\left(\frac{1}{2},\ 2\right)$ 处的切线方程与法线方程.

解　由导数的几何意义知，所求切线的斜率为

$$y'\Big|x=\frac{1}{2}=-\frac{1}{x^2}\Big|_{x=\frac{1}{2}}=-4$$

所以切线方程为

$$y-2=-4\left(x-\frac{1}{2}\right)$$

即

$$4x+y-4=0$$

法线方程为

$$y-2=\frac{1}{4}\left(x-\frac{1}{2}\right)$$

即

$$2x-8y+15=0$$

案例 2 [电流强度] 带电粒子的有序运动形成电流，通过某处的电荷量与时间之比为电流强度．若在$[0,\pi]$时间段内通过导体横截面的电荷为 $Q=Q(t)$，则在 $[t,t+\Delta t]$ 时间段的平均电流为 $\bar{i}=\frac{\Delta Q(t)}{\Delta t}$，则时刻 t 的电流为 $i=\lim\limits_{\Delta t\to 0}\frac{\Delta Q}{\Delta t}=\frac{\mathrm{d}Q}{\mathrm{d}t}$.

案例 3 [电动势] 电动势 e 定义为在电场力作用下转移单位正电荷所做的功．e 可用导数表示为 $e=\frac{\mathrm{d}W}{\mathrm{d}q}$，其中 $\mathrm{d}q$ 为转移的电荷量，$\mathrm{d}W$ 为电场力所做的功.

案例 4 [功率] 电工学中，功率定义为功 W 关于时间 t 的变化率，即 $p=\frac{\mathrm{d}W}{\mathrm{d}t}$；电感元件两端的电压与它的电流对时间的变化率成正比，即 $u=L\frac{\mathrm{d}I}{\mathrm{d}t}$.

案例 5 [低频跨导] 具有 PN 节的半导体器件，其电流微变和引起这个变化的电压微变之比称为低频跨导．一种 PN 节半导体器件，其转移特性曲线方程为 $I=5V^2$，求电压 $V=-2\mathrm{V}$ 时的低频跨导.

解 它在 $V=-2\mathrm{V}$ 变化率为

$$\left.\frac{\mathrm{d}I}{\mathrm{d}V}\right|_{V=-2}=\lim_{\Delta V\to 0}\frac{\Delta I}{\Delta V}=\lim_{\Delta V\to 0}\frac{5(-2+\Delta V)^2-5(-2)^2}{\Delta V}=-20$$

（三）根据导数的定义求一些简单函数的导数

例 2 求函数 $f(x)=C$（C 为常数）的导数．

解 $f'(x)=\lim\limits_{\Delta x\to 0}\frac{f(x+\Delta x)-f(x)}{\Delta x}=\lim\limits_{\Delta x\to 0}\frac{C-C}{\Delta x}=0$

所以$(C)'=0$. 即常数的导数等于零.

例 3 求函数 $f(x)=x^3$ 的导数.

解 $f'(x)=\lim\limits_{\Delta x\to 0}\frac{f(x+\Delta x)-f(x)}{\Delta x}=\lim\limits_{\Delta x\to 0}\frac{(x+\Delta x)^3-x^3}{\Delta x}$

$$=\lim_{\Delta x\to 0}[3x^2+3x\Delta x+(\Delta x)^2]=3x^2$$

即$(x^3)'=3x^2$.

对于幂函数，一般的有

$$(x^{\alpha})' = \alpha x^{\alpha-1}$$

α 为实数．

例 4　求函数 $f(x)=\sin x$ 的导数．

解　$f'(x)=\lim\limits_{\Delta x\to 0}\dfrac{f(x+\Delta x)-f(x)}{\Delta x}=\lim\limits_{\Delta x\to 0}\dfrac{\sin(x+\Delta x)-\sin x}{\Delta x}$

$$=\lim_{\Delta x\to 0}\frac{2\cos\left(x+\dfrac{\Delta x}{2}\right)\sin\dfrac{\Delta x}{2}}{\Delta x}=\lim_{\Delta x\to 0}\cos\left(x+\frac{\Delta x}{2}\right)\frac{\sin\dfrac{\Delta x}{2}}{\dfrac{\Delta x}{2}}=\cos x$$

即

$$(\sin x)'=\cos x$$

思考题　请试着推导一下 $(\cos x)'=-\sin x$.

例 5　求函数 $f(x)=a^x(a>0,a\neq 1)$ 的导数．

解　$f'(x)=\lim\limits_{h\to 0}\dfrac{f(x+h)-f(x)}{h}=\lim\limits_{h\to 0}\dfrac{a^{x+h}-a^x}{h}=a^x\lim\limits_{h\to 0}\dfrac{a^h-1}{h}$

$$=a^x\lim_{h\to 0}\frac{e^{h\ln a}-1}{h}=a^x\lim_{h\to 0}\frac{h\ln a}{h}=a^x\ln a$$

即

$$(a^x)'=a^x\ln a$$

特别地，当 $a=\mathrm{e}$ 时，有

$$(\mathrm{e}^x)'=\mathrm{e}^x$$

三、函数的可导性与连续性的关系

可导与连续关系

设函数 $y=f(x)$ 在点 x 处可导，即

$$\lim_{\Delta x\to 0}\frac{\Delta y}{\Delta x}=f'(x)$$

存在，由极限的运算法则知，

$$\lim_{\Delta x\to 0}\Delta y=\lim_{\Delta x\to 0}\Delta x\cdot\frac{\Delta y}{\Delta x}=\lim_{\Delta x\to 0}\Delta x\lim_{\Delta x\to 0}\frac{\Delta y}{\Delta x}=0$$

说明函数 $y=f(x)$ 在点 x 处是连续的．于是有下面的定理.

定理　如果函数 $y=f(x)$ 在点 x 处可导，那么函数 $y=f(x)$ 在该点必连续．反之，一个函数在某点连续，不一定在该点可导.

例 6　函数 $f(x)=\sqrt[3]{x}$ 在区间 $(-\infty,+\infty)$ 内连续，但在点 $x=0$ 处不可导，这是因为函数在点 $x=0$ 处有 $\lim\limits_{\Delta x\to 0}\dfrac{f(0+\Delta x)-f(0)}{\Delta x}=\lim\limits_{\Delta x\to 0}\dfrac{\sqrt[3]{\Delta x}-0}{\Delta x}=+\infty$，即导数为无穷大（导数不存在）．通过函数图像可见，它在该点处有垂直于 x 轴的切线 $x=0$（图 3-3）.

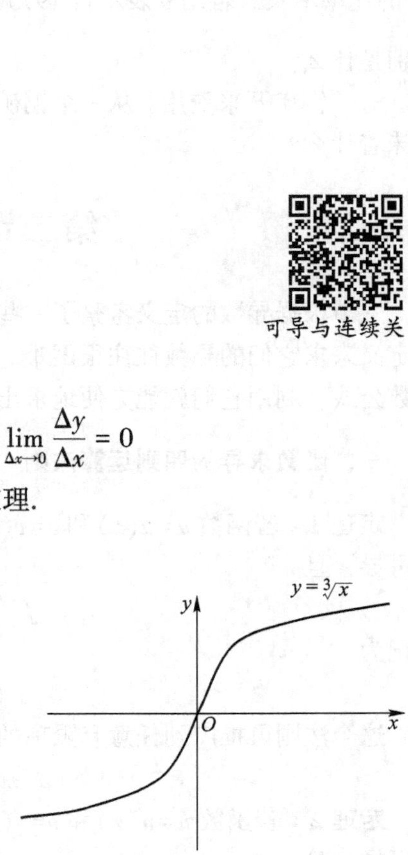

图 3-3

习题 3-1

1. 填空题.

（1）设函数 $f(x)$ 在点 x_0 处可导，则 $\lim\limits_{h\to 0}\dfrac{f(x_0-h)-f(x_0)}{h}=$ ________.

（2）三次抛物线 $y=x^3$ 在点 M_1______和点 M_2______处的切线斜率都等于 3.

2. 求下列函数的导数：

（1）$y=x^5$；　（2）$y=\dfrac{1}{x}$；　（3）$y=\sqrt{x}$；　（4）$y=\dfrac{1}{\sqrt{x}}$.

3. 求曲线 $y=\cos x$ 上点 $\left(\dfrac{\pi}{3},\ \dfrac{1}{2}\right)$ 处的切线方程和法线方程.

4. 设函数 $f(x)=\begin{cases} e^x, & x<0 \\ a+bx, & x\geqslant 0 \end{cases}$,

（1）为使 $f(x)$ 在 $x=0$ 处连续且可导，问 a、b 取何值?

（2）写出曲线 $f(x)$ 在 $x=0$ 处的切线方程与法线方程.

5. ［人口增长率］《全球 2000 年报告》指出世界人口在 1975 年为 41 亿，并以每年 2%的比率增长．若用 p 表示自 1975 年以来的世界人口，则 $\dfrac{dp}{dt}$，$\left.\dfrac{dp}{dt}\right|_{t=0}$，$\left.\dfrac{dp}{dt}\right|_{t=15}$ 的实际意义分别是什么?

6. ［铜矿开采费用］从一个铜矿中开采 T 吨铜矿的费用为 $C=f(T)$ 元，$f'(2000)=100$ 意味着什么?

第二节　导数的运算法则

上节根据导数的定义考察了一些简单函数的导数．但是，对于比较复杂的函数，直接用定义来求它们的导数往往很困难．本节将介绍求导数的几个基本法则和基本初等函数的导数公式，利用它们就能方便地求出常见函数——初等函数的导数.

一、函数求导的四则运算法则

定理 1　若函数 $u=u(x)$ 和 $v=v(x)$ 在点 x 处都可导，则函数 $f(x)=u(x)\pm v(x)$ 在点 x 处可导，且

$$f'(x)=u'(x)\pm v'(x)$$

简记为

$$(u\pm v)'=u'\pm v'$$

这个法则可推广到任意有限项的情形，例如

$$(u\pm v\pm w)'=u'\pm v'\pm w'$$

定理 2　若函数 $u=u(x)$ 和 $v=v(x)$ 在点 x 处都可导，则函数 $f(x)=u(x)\cdot v(x)$ 在点 x 处可导，且

$$f'(x)=u'(x)v(x)+u(x)v'(x)$$

简记为

$$(uv)'=u'v+uv'$$

证明　设函数 $f(x)=u(x)v(x)$，则由导数定义与极限的运算法则，有

$$\begin{aligned}
f'(x)&=\lim_{\Delta x\to 0}\frac{f(x+\Delta x)-f(x)}{\Delta x}\\
&=\lim_{\Delta x\to 0}\frac{u(x+\Delta x)v(x+\Delta x)-u(x)v(x)}{\Delta x}\\
&=\lim_{\Delta x\to 0}\frac{1}{\Delta x}[u(x+\Delta x)v(x+\Delta x)-u(x)v(x+\Delta x)+u(x)v(x+\Delta x)-u(x)v(x)]\\
&=\lim_{\Delta x\to 0}\left[\frac{u(x+\Delta x)-u(x)}{\Delta x}\cdot v(x+\Delta x)+u(x)\cdot\frac{v(x+\Delta x)-v(x)}{\Delta x}\right]\\
&=\lim_{\Delta x\to 0}\frac{u(x+\Delta x)-u(x)}{\Delta x}\cdot\lim_{\Delta x\to 0}v(x+\Delta x)+u(x)\cdot\lim_{\Delta x\to 0}\frac{v(x+\Delta x)-v(x)}{\Delta x}\\
&=u'(x)v(x)+u(x)v'(x)
\end{aligned}$$

其中 $\lim\limits_{\Delta x\to 0}v(x+\Delta x)=v(x)$ 是由于 $v'(x)$ 存在，故 $v(x)$ 在点 x 处一定连续.

特殊地，如果 $v=C$（C 为常数），因为 $(C)'=0$，故有

$$(Cu)'=Cu'$$

即求一个常数与一个可导函数的积的导数时，常数因子可以提到可求导函数的外面.

积的求导法则也可推广到有限个函数之积的情形，例如

$$(uvw)'=u'vw+uv'w+uvw'$$

定理 3　若函数 $u=u(x)$ 和 $v=v(x)$ 在点 x 处都可导且 $v(x)\neq 0$，则函数 $f(x)=\dfrac{u(x)}{v(x)}$ 在点 x 处可导，且

$$f'(x)=\frac{u'(x)v(x)-u(x)v'(x)}{[v(x)]^2}$$

简记为

$$\left(\frac{u}{v}\right)'=\frac{u'v-uv'}{v^2}$$

例 1　设 $f(x)=x^3+4\cos x-\sin\dfrac{\pi}{4}$，求 $f'\left(\dfrac{\pi}{2}\right)$.

解　因为 $f'(x)=3x^2-4\sin x$，所以 $f'\left(\dfrac{\pi}{2}\right)=\dfrac{3\pi^2}{4}-4$.

例 2　设 $y=2\sqrt{x}\cdot\sin x$，求 y'.

解　$y'=(2\sqrt{x}\cdot\sin x)'=(2\sqrt{x})'\sin x+2\sqrt{x}(\sin x)'=\dfrac{\sin x}{\sqrt{x}}+2\sqrt{x}\cos x$

例 3　设 $y=\tan x$，求 y'.

解　$y'=(\tan x)'=\left(\dfrac{\sin x}{\cos x}\right)'=\dfrac{(\sin x)'\cos x-\sin x(\cos x)'}{\cos^2 x}=\dfrac{\cos^2 x+\sin^2 x}{\cos^2 x}=\dfrac{1}{\cos^2 x}=\sec^2 x$

即

$$(\tan x)'=\sec^2 x$$

这就是正切函数的导数公式.

类似地，可得余切函数 $\cot x$、正割函数 $\sec x$ 与余割函数 $\csc x$ 的导数公式：

$$(\cot x)'=-\csc^2 x,(\sec x)'=\sec x\tan x,(\csc x)'=-\csc x\cot x$$

案例 1［电压的变化率］　一个含有恒定电阻 3Ω，可变电阻 R 的电路中，电压为 $U(R)=\dfrac{6R+25}{R+3}$，求在 $R=7\Omega$ 时电压关于可变电阻 R 的变化率.

解　电压 U 关于可变电阻 R 的变化率

$$U'=\left(\frac{6R+25}{R+3}\right)'=\frac{6(R+3)-(6R+25)}{(R+3)^2}=\frac{-7}{(R+3)^2}$$

在 $R=7\Omega$ 时电压关于可变电阻 R 的变化率为

$$U'\big|_{R=7}=-\frac{7}{100}=-0.07(\mathrm{V}/\Omega)$$

案例 2［制冷效果］　某电器厂在对冰箱制冷后断电测试其制冷效果，t 小时后冰箱的温度为 $T=\dfrac{2t}{0.05t+1}-20$（单位：℃）. 问冰箱温度 T 关于时间 t 的变化率是多少?

解　冰箱温度 T 关于时间 t 的变化率为

$$\frac{\mathrm{d}T}{\mathrm{d}t}=\left(\frac{2t}{0.05t+1}-20\right)'=\frac{2}{(0.05t+1)^2}(℃/\mathrm{h})$$

二、反函数的求导法则

设单调连续函数 $x=\varphi(y)$ 在点 y 处可导，且 $\varphi'(y)\neq 0$，则其反函数 $y=f(x)$ 在对应点 x 处可导，且 $f'(x)=\dfrac{1}{\varphi'(y)}$.

反函数的导数

也就是说，反函数的导数等于直接函数导数的倒数.

例 4　求反正弦函数 $y=\arcsin x$ 的导数.

解　$y=\arcsin x$，$x\in[-1,1]$ 是 $x=\sin y$，$y\in\left[-\dfrac{\pi}{2},\dfrac{\pi}{2}\right]$ 的反函数，而函数 $x=\sin y$ 在开区间 $\left(-\dfrac{\pi}{2},\dfrac{\pi}{2}\right)$ 内单调、可导，且

$$(\sin y)'=\cos y>0$$

因此，$y=\arcsin x$ 在 $(-1,1)$ 内每一点可导，并有

$$(\arcsin x)'=\frac{1}{(\sin y)'}=\frac{1}{\cos y}=\frac{1}{\sqrt{1-x^2}}\qquad(-1<x<1)$$

思考题　你能试着推导余下的三个反三角函数的导数公式吗?

$$(\arccos x)'=-\frac{1}{\sqrt{1-x^2}}\qquad(-1<x<1)$$

$$(\arctan x)'=\frac{1}{1+x^2}$$

$$(\operatorname{arccot}x)'=-\frac{1}{1+x^2}\qquad(-\infty<x<+\infty)$$

三、复合函数求导法则

复合函数的导数

前面运用导数的四则运算和一些基本初等函数的导数公式求出了一些比较复杂的初等函数的导数．但是，产生初等函数的方法除了四则运算外，还有函数的复合，因而，复合函数的求导法则是求初等函数的导数不可缺少的工具.

关于复合函数的求导法则，有下面的定理：

定理 4　如果 $u=\varphi(x)$ 在点 x 可导，而 $y=f(u)$ 在对应点 u 可导，则复合函数 $y=f[\varphi(x)]$ 在点 x 可导，且其导数为

$$\frac{\mathrm{d}y}{\mathrm{d}x}=f'[\varphi(x)]=f'(u)\cdot\varphi'(x)=f'(\varphi(x))\varphi'(x)$$

复合函数的求导法则也可称为**链式法则**，可以推广到多个中间变量的情形.

例如，设 $y=f(u),u=\varphi(v),v=\gamma(x)$，那么复合函数 $y=f\{\varphi[\gamma(x)]\}$ 的导数为

$$\frac{\mathrm{d}y}{\mathrm{d}x}=\frac{\mathrm{d}y}{\mathrm{d}u}\cdot\frac{\mathrm{d}u}{\mathrm{d}v}\cdot\frac{\mathrm{d}v}{\mathrm{d}x}=f'(u)\cdot\varphi'(v)\cdot\gamma'(x)$$

例 5　设 $y=\mathrm{e}^{x^5}$，求 $\frac{\mathrm{d}y}{\mathrm{d}x}$.

解　$y=\mathrm{e}^{x^5}$ 是由 $y=\mathrm{e}^u$，$u=x^5$ 复合而成，所以

$$\frac{\mathrm{d}y}{\mathrm{d}x}=\frac{\mathrm{d}y}{\mathrm{d}u}\cdot\frac{\mathrm{d}u}{\mathrm{d}x}=\mathrm{e}^u\cdot5x^4=5x^4\mathrm{e}^{x^5}$$

例 6　设 $y=\ln\tan x$，求 $\frac{\mathrm{d}y}{\mathrm{d}x}$.

解　$y=\ln\tan x$ 是由 $y=\ln u$，$u=\tan x$ 复合而成，所以

$$\frac{\mathrm{d}y}{\mathrm{d}x}=\frac{\mathrm{d}y}{\mathrm{d}u}\cdot\frac{\mathrm{d}u}{\mathrm{d}x}=\frac{1}{u}\cdot\sec^2x=\cot x\cdot\sec^2x=2\csc2x$$

从以上几例可以看出，一般来说，求复合函数的导数的关键是分析所给函数可看作由哪些函数复合而成，或者说，所给函数能分解成哪些简单的函数．如果所给函数能分解成比较简单的函数，而这些简单函数的导数我们已经会求，那么应用复合函数求导法则就可以求出所给函数的导数了．初学时，应把中间变量写出来，当对复合函数求导比较熟练后，可以把中间变量记在心里，不再写出来，而可以采用下列例题的方式来计算.

例 7　设 $y=\ln\cos x$，求 $\frac{\mathrm{d}y}{\mathrm{d}x}$.

解　$\frac{\mathrm{d}y}{\mathrm{d}x}=(\ln\cos x)'=\frac{1}{\cos x}(\cos x)'=-\tan x$

例 8　设 $y=\mathrm{e}^{\sin\frac{1}{x}}$，求 $\frac{\mathrm{d}y}{\mathrm{d}x}$.

解　$\frac{\mathrm{d}y}{\mathrm{d}x}=(\mathrm{e}^{\sin\frac{1}{x}})'=\mathrm{e}^{\sin\frac{1}{x}}\cdot\left(\sin\frac{1}{x}\right)'=\mathrm{e}^{\sin\frac{1}{x}}\cdot\cos\frac{1}{x}\cdot\left(\frac{1}{x}\right)'=-\frac{1}{x^2}\cdot\mathrm{e}^{\sin\frac{1}{x}}\cdot\cos\frac{1}{x}$

案例 3 [放射物衰减]　放射物元素碳-14(1g)的衰减由下式给出：$Q=e^{-0.000121t}$，其中 Q 是第 t 年碳-14 的余量（Q 的单位为：g）. 求碳-14 的衰减速度（单位：g/a）?

解　碳-14 的衰减速度 v 为

$$v=\frac{dQ}{dt}=(e^{-0.000121t})'=e^{-0.000121t}(-0.000121t)'=-0.000121te^{-0.000121t}(g/a)$$

案例 4 [电流与电压的关系]　在电容器两端加正弦交流电压 $u_c=U_m\sin(\omega t+\varphi)$，求电流 i.

解　在含有电容的电路中，电容上电压 u_c 与电量 Q 的关系为 $Q=Cu_c$，故有 $i=C\frac{du_c}{dt}$.

于是有

$$i=C\frac{du_c}{dt}=C[U_m\sin(\omega t+\varphi)]'=C[U_m\omega\cos(\omega t+\varphi)]$$
$$=\omega CU_m\sin\left(\omega t+\varphi+\frac{\pi}{2}\right)=I_m\sin(\omega t+\theta)$$

其中 $\omega CU_m=I_m$ 是电流的峰值（最大值），称为振幅，初相 $\theta=\varphi+\frac{\pi}{2}$.

由此可知，电容器上电流与电压有下列关系：

（1）电流 i 与电压 u_c 是同频率的正弦波；

（2）电流 i 比电压 u_c 相位提前$\frac{\pi}{2}$；

（3）电压峰值与电流峰值之比为

$$\frac{U_m}{I_m}=\frac{U_m}{C\omega U_m}=\frac{1}{C\omega}$$

电工学中称$\frac{1}{C\omega}$为容抗（容性电抗）.

四、初等函数的导数

前面我们已经求出了所有基本初等函数的导数，而且还推出了函数四则运算的求导法则及复合函数的求导法则. 到此为止，我们可以通过有限的演算和推导步骤，将一切初等函数的求导问题解决，而且容易证明，初等函数的导数仍为初等函数.

基本初等函数的导数公式和上述求导法则在初等函数的求导运算中是非常重要的，我们必须熟练掌握. 为了便于查阅，我们把这些导数公式和求导法则归纳如下：

（一）常数和基本初等函数的导数公式

（1）$(C)'=0$；　　（2）$(x^\mu)'=\mu x^{\mu-1}$；

（3）$(a^x)'=a^x\ln a,(e^x)'=e^x$；　　（4）$(\log_a x)'=\frac{1}{x\ln a},(\ln x)'=\frac{1}{x}$；

（5）$(\sin x)'=\cos x$；　　（6）$(\cos x)'=-\sin x$；

（7）$(\tan x)'=\sec^2 x$；　　（8）$(\cot x)'=-\csc^2 x$；

(9) $(\sec x)'=\sec x\tan x$;　(10) $(\csc x)'=-\csc x\cot x$;

(11) $(\arcsin x)'=\dfrac{1}{\sqrt{1-x^2}}$;　(12) $(\arccos x)'=-\dfrac{1}{\sqrt{1-x^2}}$;

(13) $(\arctan x)'=\dfrac{1}{1+x^2}$;　(14) $(\text{arccot}\,x)'=-\dfrac{1}{1+x^2}$.

（二）函数的和、差、积、商的求导法则

设 $u=u(x)$，$v=v(x)$是可导函数，C是常数，则

(1) $(u\pm v)'=u'\pm v'$;

(2) $(uv)'=u'v+uv',(Cu)'=Cu'$;

(3) $\left(\dfrac{u}{v}\right)'=\dfrac{u'v-uv'}{v^2}(v\neq 0),\left(\dfrac{1}{v}\right)'=-\dfrac{v'}{v^2}(v\neq 0)$.

（三）反函数的求导法则

设 $y=f(x)$是 $x=\varphi(y)$的反函数，则

$$f'(x)=\frac{1}{\varphi'(y)}\quad(\varphi'(y)\neq 0)$$

（四）复合函数的求导法则

设 $y=f(u)$，$u=\varphi(x)$都是可导函数，则复合函数 $y=f[\varphi(x)]$的导数为

$$\frac{dy}{dx}=\frac{dy}{du}\cdot\frac{du}{dx}\quad\text{或}\quad y'=f'(u)\varphi'(x)$$

习题 3-2

1. 填空题.

(1) 设函数 $y=x(x-1)(x-2)(x-3)$，则 $y'(0)=$______.

(2) 设 $f(x)=a_0x^n+a_1x^{n-1}+\cdots+a_{n-1}x+a_n$，则 $[f(0)]'=$______.

(3) 过曲线 $y=\dfrac{x+4}{4-x}$上点(2,3)处切线斜率为______.

(4) 一物体按规律 $s(t)=3t-t^2$做直线运动，速度 $v\left(\dfrac{3}{2}\right)=$______.

2. 求下列函数的导数：

(1) $y=x^2+\sin x-2^x-3$;　(2) $y=x^2\cos x$;

(3) $y=\dfrac{\ln x}{x^3}$;　(4) $y=\tan 3x$;

(5) $y=2^{\sec x}$;　(6) $y=\arcsin(\ln x)$;

(7) $y=\ln\tan\dfrac{x}{2}$;　(8) $y=e^{\arctan\sqrt{x}}$.

3. 设 $f(x)$可导，求下列函数的导数 $\dfrac{dy}{dx}$：

（1）$y=f(e^{x^2})$；　　　　（2）$y=f(\sin^2 x)+f(\cos^2 x)$.

4. ［疾病传播］某城市正在遭受一场瘟疫，通过研究发现，第 t 天感染该疾病的人数为 $p(t)=120t^2-2t^3$（t 的单位：天；$0\leqslant t\leqslant 40$）. 试求疾病在 $t=10$ 天，$t=20$ 天，$t=40$ 天时的传播速度.

5. 曲线 $y=xe^{-x}$ 上哪一点的切线平行于 x 轴，并求出切线方程.

6. ［水流速度］设一圆柱形水箱内装有 1000L 水，它可以在 1h 内从底端将水抽干，$t$min 末水箱中剩余水的体积为

$$V(t)=1000\left(1-\frac{t}{60}\right)^2,0\leqslant t\leqslant 60$$

求水箱中水流出的速度，它的单位是什么？

第三节　隐函数与参数式函数的导数

隐函数的导数

一、隐函数的导数

下面通过具体例子来说明隐函数的求导方法.

例 1　求由方程 $xy-e^x+e^y=0$ 所确定的隐函数 $y=f(x)$ 的导数 $\frac{dy}{dx}$.

解　因为 y 是 x 的函数，所以 e^y 是 x 的复合函数. 应用复合函数求导法则，把方程两边同时对 x 求导，可得

$$y+x\frac{dy}{dx}-e^x+e^y\frac{dy}{dx}=0$$

由上式解出 $\frac{dy}{dx}$，便得隐函数的导数为

$$\frac{dy}{dx}=\frac{e^x-y}{x+e^y}\quad(x+e^y\neq 0)$$

例 2　求由方程 $y^5+2y-x-3x^7=0$ 所确定的隐函数 $y=y(x)$ 在 $x=0$ 处的导数 $y'|_{x=0}$.

解　把方程两边同时对 x 求导，可得

$$5y^4\cdot y'+2y'-1-21x^6=0$$

整理得

$$y'=\frac{1+21x^6}{2+5y^4}$$

因为当 $x=0$ 时，从原方程得 $y=0$，所以

$$\left.\frac{dy}{dx}\right|_{x=0}=\frac{1}{2}$$

由以上两个例题可以总结出求隐函数的导数的方法：

（1）方程两端同时对自变量 x 求导，注意把 y 当作复合函数求导的中间变量来看待；

（2）从求导后的方程中解出 y' 来；

（3）隐函数求导允许其结果中含有 y. 但求一点的导数时不但要把 x 值代进去，还要把对应的 y 值代进去.

例 3　设 $y=\operatorname{arccot}(x^2+y)$，求 y'.

解　方程两边同时对 x 求导，有

$$y'=-\frac{1}{1+(x^2+y)^2}(2x+y')$$

于是得

$$y'=\frac{-2x}{2+(x^2+y)^2}$$

二、对数求导法

对数求导法

根据隐函数求导法，我们还可以得到一个简化求导运算的方法，它适合于由几个因子通过乘、除、乘方、开方所构成的比较复杂的函数（包括幂指函数）的求导. 这个方法是先通过取对数，化乘、除为加、减，化乘方、开方为乘积，然后利用隐函数求导，因此称为对数求导法.

例 4　求幂指函数 $y=u(x)^{v(x)}$ 的导数，其中 $u(x)$ 与 $v(x)$ 都是可导函数.

解　该函数既不是幂函数也不是指数函数，不能直接用指数函数或幂函数的求导公式. 这种底数和指数都为函数的函数称为幂指函数.

方程两端取对数得

$$\ln y=v(x)\ln u(x)$$

上式两边同时对 x 求导，得

$$\frac{1}{y}y'=v'(x)\ln u(x)+v(x)\cdot\frac{1}{u(x)}\cdot u'(x)$$

于是得

$$y'=u(x)^{v(x)}\left[v'(x)\ln u(x)+v(x)\cdot\frac{1}{u(x)}\cdot u'(x)\right]$$

这种求导数的方法称为**对数求导法**.

另外幂指函数 $y=u(x)^{v(x)}$ 还可写为 $y=e^{v(x)\ln u(x)}$，于是有

$$\begin{aligned}y'&=e^{v(x)\ln u(x)}\left[v'(x)\cdot\ln u(x)+v(x)\cdot\frac{1}{u(x)}\cdot u'(x)\right]\\&=u(x)^{v(x)}\left[v'(x)\cdot\ln u(x)+v(x)\cdot\frac{1}{u(x)}\cdot u'(x)\right]\end{aligned}$$

例 5　求 $y=x^{\sin x}$（$x>0$）的导数.

解　这是幂指函数，两边取对数，得

$$\ln y=\sin x\cdot\ln x$$

两边对 x 求导，注意到 y 是 x 的函数，得

$$\frac{1}{y}y'=\cos x\cdot\ln x+\sin x\cdot\frac{1}{x}$$

于是

$$y'=y\left(\cos x\cdot\ln x+\frac{\sin x}{x}\right)=x^{\sin x}\left(\cos x\cdot\ln x+\frac{\sin x}{x}\right)$$

例 6 求 $y=\sqrt{\dfrac{(x-1)(x-2)}{(x-3)(x-4)}}$ 的导数.

解 等式两边取对数（假定 $x>4$），得

$$\ln y=\frac{1}{2}[\ln(x-1)+\ln(x-2)-\ln(x-3)-\ln(x-4)]$$

上式两边对 x 求导，注意到 y 是 x 的函数，得

$$\frac{1}{y}y'=\frac{1}{2}\left(\frac{1}{x-1}+\frac{1}{x-2}-\frac{1}{x-3}-\frac{1}{x-4}\right)$$

于是得

$$y'=\frac{y}{2}\left(\frac{1}{x-1}+\frac{1}{x-2}-\frac{1}{x-3}-\frac{1}{x-4}\right)$$
$$=\frac{1}{2}\sqrt{\frac{(x-1)(x-2)}{(x-3)(x-4)}}\left(\frac{1}{x-1}+\frac{1}{x-2}-\frac{1}{x-3}-\frac{1}{x-4}\right)$$

当 $x<1$ 时，$y=\sqrt{\dfrac{(1-x)(2-x)}{(3-x)(4-x)}}$；当 $2<x<3$ 时，$y=\sqrt{\dfrac{(x-1)(x-2)}{(3-x)(4-x)}}$；用同样的方法可得与上面相同的结果.

三、参数式函数的导数

参数式函数的导数

在平面解析几何中，我们学过参数方程，它一般表示一条曲线，例如参数方程

$$\begin{cases}x=a\cos\theta\\ y=a\sin\theta\end{cases}\quad \theta\in[0,2\pi)$$

表示中心在原点，半径为 a 的圆周曲线.

一般地，如果参数方程

$$\begin{cases}x=\varphi(t)\\ y=\psi(t)\end{cases}\quad t\in(\alpha,\beta)$$

确定 y 与 x 之间的函数关系，则称此函数关系所表达的函数为由参数方程所确定的函数.

对于由参数方程所确定的函数，有如下求导数的求法：

如果函数 $x=\varphi(t)$、$y=\psi(t)$ 都可导，而且 $\varphi'(t)\neq 0$，则 $y=f(x)$ 可导，且

$$\frac{\mathrm{d}y}{\mathrm{d}x}=\frac{\psi'(t)}{\varphi'(t)}$$

例 7 求由下列参数方程所确定的函数的导数：

(1) $\begin{cases}x=1+\sin t\\ y=t\cos t\end{cases}$；

(2) $\begin{cases}x=\ln(1+t^2)+1\\ y=2\arctan t-(1+t)^2\end{cases}$.

解

(1) $\dfrac{\mathrm{d}x}{\mathrm{d}t}=\cos t$，$\dfrac{\mathrm{d}y}{\mathrm{d}t}=\cos t-t\sin t$，于是

$$\frac{dy}{dx}=\frac{\frac{dy}{dt}}{\frac{dx}{dt}}=1-t\tan t$$

(2) $\frac{dx}{dt}=\frac{2t}{1+t^2},\frac{dy}{dt}=\frac{2}{1+t^2}-2(t+1)=\frac{-2(t^3+t^2+t)}{1+t^2}$，于是

$$\frac{dy}{dx}=\frac{\frac{dy}{dt}}{\frac{dx}{dt}}=-(t^2+t+1)$$

案例［炮弹发射的速度］　若炮弹发射的轨迹可以看成抛射体的运动轨迹，已知抛射体的运动轨迹的参数方程为$\begin{cases}x=v_1t\\y=v_2t-\frac{1}{2}gt^2\end{cases}$，求抛射体在时刻$t$运动速度的大小和方向.

解

(1) 先求速度的大小：

水平分速度为$\frac{dx}{dt}=v_1$；竖直分速度为$\frac{dy}{dt}=v_2-gt$.

所以抛射体运动速度的大小为

$$v=\sqrt{\left(\frac{dx}{dt}\right)^2+\left(\frac{dy}{dt}\right)^2}=\sqrt{v_1{}^2+(v_2-gt)^2}$$

(2) 再求速度的方向（即切线方向）

设α为切线倾角，则由导数的几何意义，得

$$\tan\alpha=\frac{dy}{dx}=\frac{\frac{dy}{dt}}{\frac{dx}{dt}}=\frac{v_2-gt}{v_1}$$

习题 3-3

1. 填空题.

(1) 设$y=y(x)$是由方程$y=\sin(x+y)$所确定的隐函数，则$y'=$______.

(2) 曲线方程为$3y^2=x^2(x+1)$，则在点$(2,2)$处的切线斜率$k=$______.

(3) 设$y=x^x$，则$y'=$______.

2. 求下列方程所确定的隐函数$y=y(x)$的导数$\frac{dy}{dx}$：

(1) $xy=e^{x+y}$；　(2) $x+y-e^{2x}+e^y=0$；

(3) $y^2+2\ln y=x^4$；　(4) $y=\tan(x+y)$；

(5) $x\cos y=\sin(x+y)$.

3. 用对数求导法求下列函数的导数：

(1) $y=\sqrt[3]{\dfrac{x(x^2+1)}{(x^2-1)^2}}\,(x>1)$；　(2) $y=\sqrt{x\sin x\cdot\sqrt{1-e^x}}$；　(3) $x^y=y^x$.

4. 求由参数方程 $\begin{cases}x=\dfrac{1}{1+t}\\ y=\dfrac{t}{1+t}\end{cases}$ 所确定的函数 $y(x)$ 的导数 $\dfrac{dy}{dx}$.

5. 求星形线 $x^{\frac{2}{3}}+y^{\frac{2}{3}}=a^{\frac{2}{3}}$ $(a>0)$ 在点 $M_0\left(\dfrac{\sqrt{2}}{4}a,\ \dfrac{\sqrt{2}}{4}a\right)$ 处的切线方程.

第四节　导数的应用

导数作为函数的变化率，在自然界、工程技术以及社会科学等领域已得到广泛的应用．本节将利用函数的导数来研究函数 $f(x)$ 的单调性、极值以及最值等.

一、函数单调性的判别法

函数单调性的概念在第一章中已引入，现在利用导数来判断它．从几何图形上看，若在曲线段上每一点的切线斜率为正（或负），则沿着 x 增加的方向，此曲线是上升的（或下降的），如图 3-4 所示.

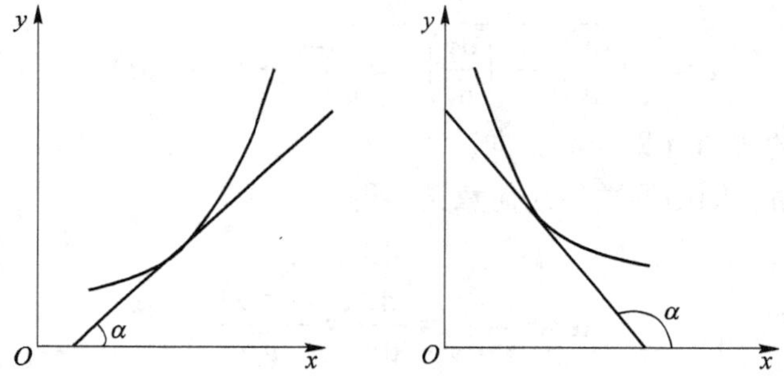

(a) $\tan\alpha\geqslant 0$　　(b) $\tan\alpha\leqslant 0$

图 3-4

也就是说，它对应的函数在相应的区间内是单调增加（或减少）的，即有如下定理：

定理 1　若函数 $f(x)$ 在 $[a,b]$ 上连续，在 (a,b) 内可导.

(1) 如果在 (a,b) 内，有 $f'(x)>0$，则 $f(x)$ 在 $[a,b]$ 上单调增加；

(2) 如果在 (a,b) 内，有 $f'(x)<0$，则 $f(x)$ 在 $[a,b]$ 上单调减少.

说明　闭区间 $[a,b]$ 改为开区间、半开区间、无穷区间时定理仍成立.

例 1　讨论函数 $f(x)=x^3-6x^2-15x+2$ 的增减性.

解　函数 $f(x)$ 的定义域为 $(-\infty,+\infty)$，

$$f'(x)=3x^2-12x-15=3(x-5)(x+1)$$

令 $f'(x)=0$，得 $x_1=-1$，$x_2=5$. 这两点将定义域分为三个区间

$$(-\infty,-1]、[-1,5]、[5,+\infty)$$

在区间$(-\infty,-1)$及$(5,+\infty)$内$f'(x)>0$，在区间$(-1,5)$内$f'(x)<0$，所以函数在区间$(-\infty,-1]$、$[5,+\infty)$上为增函数，在区间$[-1,5]$上为减函数.

例 2　讨论函数$f(x)=\dfrac{\ln x}{x}$的增减性.

解　函数的定义域为$(0,+\infty)$，

$$f'(x)=\frac{1-\ln x}{x^2}$$

令$f'(x)=0$，得$x=e$. 在区间$(0,e)$内$\ln x<1$，$f'(x)>0$. 在区间$(e,+\infty)$内$\ln x>1$，$f'(x)<0$. 所以函数$f(x)=\dfrac{\ln x}{x}$在$(0,e]$上单调增加，在$[e,+\infty)$上单调减少.

例 3　判断函数$f(x)=x^{\frac{2}{3}}$的单调性.

解　函数的定义域为$(-\infty,+\infty)$，

$$f'(x)=\frac{2}{3\sqrt[3]{x}}$$

没有使导数等于零的点，但在$x=0$处导数不存在．点$x=0$将定义域分为两个区间$(-\infty,0]$、$[0,+\infty)$．在$(-\infty,0)$内$f'(x)<0$，故在$(-\infty,0]$上函数单调减少．在$(0,+\infty)$内$f'(x)>0$，故在$[0,+\infty)$上函数单调增加.

案例 1［血液的压强］　血液从心脏流出，经主动脉后流到毛细血管，再通过静脉流回心脏．医生建立了某病人在心脏收缩的一个周期内血压P（单位：mmHg）的数学模型$P=\dfrac{25t^2+123}{t^2+1}$，$t=0$表示血液从心脏流出的时间（$t$的单位：s）．问在心脏收缩的一个周期里，血液是单调增加的还是单调减少的？

解　$P'=\left(\dfrac{25t^2+123}{t^2+1}\right)'=-\dfrac{98\times 2t}{(t^2+1)^2}=-\dfrac{196t}{(t^2+1)^2}$

因为$t>0$，所以$P'<0$，所以心脏收缩的一个周期里，血压是单调减少的.

二、函数的极值及其求法

引例［易拉罐的设计］　如果把生活中见到易拉罐（如罐装的可口可乐、雪碧等）视为圆柱体，你是否注意到这些易拉罐的半径和高之比是多少？请不妨去测量一下？为什么这些公司会选择这样的比例呢？（详见全国大学生数学建模竞赛 CUMCM2006C 题）

企业经常考虑用最低成本获取最高利润．在设计易拉罐时，大饮料公司除考虑外包装美观、便于运输等因素外，还必须考虑在容积一定的情况下，所用材料最少、焊接或加工制作费用最低等，以降低生产成本．在实际问题中，常常遇到求“产量最大”“用料最省”等问题，这类问题是数学上求函数的最大值和最小值问题，要解决这些问题需要先学习函数的极值.

定义　设函数$f(x)$在点x_0的某邻域内有定义，如果对该邻域内任意点$x(x\neq x_0)$，恒有$f(x)<f(x_0)$，$(f(x)>f(x_0))$，则称$f(x_0)$为函数$f(x)$的极大（小）值.

函数的极大值和极小值统称为**极值**．使函数取得极值的点称为函数的**极值点**.

由函数极值的定义可以看出，函数的极值点一定是取在区间的内部，且函数的极值概

念是局部性的概念．$f(x_0)$是$f(x)$的极值是仅就x_0的邻域而言的，应该与函数的最大值和最小值区分开．图 3-5 中，函数$f(x)$在区间$[a,b]$上有三个极大值$f(x_1)$、$f(x_4)$、$f(x_6)$；有两个极小值$f(x_2)$、$f(x_5)$，其中极小值$f(x_5)$大于极大值$f(x_1)$，因此函数的极大值不一定大于极小值.

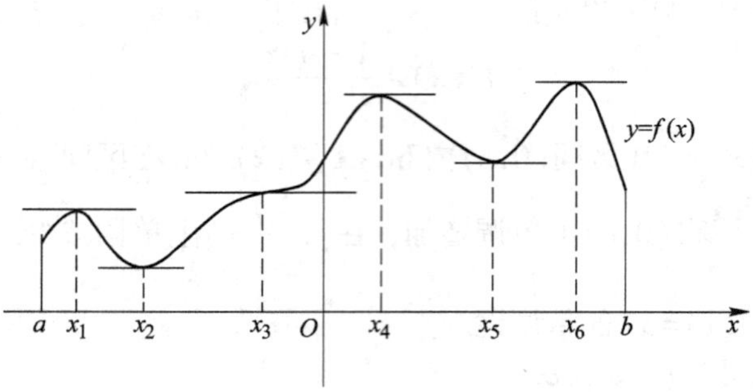

图 3-5

由图 3-5 还可以看出，在函数$f(x)$取到极值的点处，曲线$y=f(x)$的切线是水平的，由此可得函数取得极值的必要条件.

定理 2（必要条件）　若函数$f(x)$在点x_0处可导，且$f(x)$在点x_0处取得极值，则$f'(x_0)=0$.

现在考虑使$f'(x)$等于零的点是否为$f(x)$的极值点．由本节例 1 和图 3-5 可知，使得$f'(x)$等于零的点未必是$f(x)$的极值点．我们称使得$f'(x)$等于零的点为函数$f(x)$的**驻点**．所以函数$f(x)$的驻点不一定是极值点．只有驻点为函数单调增加和单调减少区间的分界点时，驻点才是极值点.

于是，得到函数取极值的充分条件.

定理 3（充分条件）　若函数$f(x)$在点x_0的邻域内可导，且$f'(x_0)=0$（或$f(x)$在点x_0的邻域内除点x_0外处处可导，且$f(x)$在点x_0连续）．若在x_0的邻域内：

（1）当$x<x_0$时，$f'(x)>0(<0)$；当$x>x_0$时，$f'(x)<0(>0)$．则函数$f(x)$在点x_0取得极大（小）值.

（2）除点x_0外$f'(x)$恒为正（负），$f(x_0)$不是极值.

另外，从例 3 可见，$f(x)=x^{\frac{2}{3}}$在$x=0$处不可导，但连续，且在点$x=0$两侧函数单调性不同，故$x=0$为极值点．即极值点可以取在函数的不可导点上.

通过该定理可得求函数极值的一般步骤：

（1）求导数$f'(x)$；

（2）求$f(x)$的全部驻点及$f'(x)$不存在点；

（3）考察所求各点两侧$f'(x)$的符号，确定极值点；

（4）求出各极值点处的函数值，即得函数的极值.

例 4　求函数$f(x)=x^4-4x^3-8x^2+1$的极值.

解　$f(x)$的定义域是$(-\infty,+\infty)$.

（1）$f'(x)=4x^3-12x^2-16x=4x(x+1)(x-4)$.

（2）令$f'(x)=0$，得驻点$x_1=-1$，$x_2=0$，$x_3=4$.

(3) 依次判断驻点两侧的符号.

在 $x_1=-1$ 的左侧邻域上，$f'(x)<0$；在右侧邻域上，$f'(x)>0$. 由定理 3 知，$f(x)$在 $x_1=-1$ 处取极小值.

类似可得，$f(x)$在 $x_2=0$ 处取极大值，$f(x)$在 $x_3=4$ 处取极小值.

(4) 计算出相应的函数值：极大值$f(0)=1$，极小值$f(-1)=-2$,$f(4)=-127$.

显然，该函数的单调性也就一目了然了. 所以，通常将函数的单调性与极值结合起来讨论更简便.

例 5　求函数$f(x)=x-3(x-1)^{\frac{2}{3}}$的极值.

解　$f(x)$的定义域是$(-\infty,+\infty)$.

$$f'(x)=1-\frac{2}{(x-1)^{\frac{1}{3}}}=\frac{(x-1)^{\frac{1}{3}}-2}{(x-1)^{\frac{1}{3}}}$$

令$f'(x)=0$，即$\sqrt[3]{x-1}=2$，得驻点 $x=9$. 在点 $x=1$ 处导数不存在，但函数$f(x)$在该点连续.

点 $x=1$ 及 $x=9$ 将定义域分为三个区间：$(-\infty,1)$、$(1,9)$、$(9,+\infty)$. 在区间$(-\infty,1)$内，$f'(x)>0$；在区间$(1,9)$内，$f'(x)<0$；在区间$(9,+\infty)$内，$f'(x)>0$. 所以$f(x)$在 $x=1$ 处取得极大值$f(1)=1$，在 $x=9$ 处取得极小值$f(9)=-3$.

三、函数在闭区间上的最大值和最小值

由闭区间上连续函数的性质知，若函数$f(x)$在$[a,b]$上连续，则$f(x)$在$[a,b]$上一定存在最大值和最小值. $f(x)$的最值可能在区间$[a,b]$内部取得，也可能在区间的端点 $x=a$ 或 $x=b$ 处取得. 若$f(x)$在区间(a,b)内 x_0 处取最值，则$f(x_0)$必是函数$f(x)$的极值. 故 $x=x_0$ 必为函数$f(x)$的驻点或导数不存在的点. 由此可知，函数$f(x)$在闭区间$[a,b]$上的最值一定取在$f(x)$的驻点、导数不存在的点或区间端点处. 于是，在求$f(x)$在闭区间$[a,b]$上的最值时，只需找出这些点，然后比较函数$f(x)$在这些点处的函数值，其中最大的就是$f(x)$在闭区间$[a,b]$上的最大值，最小的就是$f(x)$在闭区间$[a,b]$上的最小值.

例 6　求函数$f(x)=2x^3-6x^2-18x+4$在$[-4, 4]$上的最值.

解　$f'(x)=6x^2-12x-18=6(x-3)(x+1)$

令$f'(x)=0$，得驻点 $x_1=-1$，$x_2=3$. 在$(-4,4)$内没有使$f'(x)$不存在的点.

因为$f(-1)=14$、$f(3)=-50$、$f(-4)=-148$、$f(4)=-36$，所以函数$f(x)$在$[-4, 4]$上的最大值为$f(-1)=14$，最小值为$f(-4)=-148$.

案例 2 [最大容积]　有一块宽为 $2a$ 的长方形铁片，将它的两个边缘向上折起成一开口水槽，使其横截面为一矩形，矩形高为 x（图 3-6），问 x 取何值时水槽的截面积最大?

解　水槽截面积 S 是 x 的函数 $S(x)=x(2a-2x)$，$0<x<a$.

$$S'(x)=2a-4x$$

令 $S'(x)=0$，得唯一驻点 $x=\frac{a}{2}$. 当$0<x<\frac{a}{2}$时，$S'(x)>0$，$S(x)$ 单调增加；当$\frac{a}{2}<x<a$ 时，$S'(x)<0$，$S(x)$单调减少，所以 $S\left(\frac{a}{2}\right)$是函数

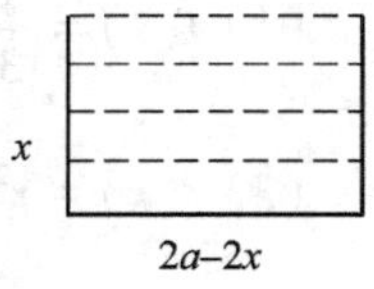

图 3-6

$S(x)$的最大值，即当两边缘各折起$\frac{a}{2}$时，水槽的截面积最大.

在求函数的最值时，若在一个区间（有限或无限）内连续函数$f(x)$只有唯一一个驻点或不可导点x_0，那么当$f(x_0)$是$f(x)$的极大（小）值时，$f(x_0)$必定也是$f(x)$在该区间的最大（小）值. 此外，在实际问题中可根据问题的实际意义断定所讨论的函数必定在定义区间内取得最值，若此时函数在相应的区间内仅有一个驻点或不可导的点，则可以断言在该点处函数必取得最大（小）值.

案例 3［船距问题］ 甲船以 20n mile/h (海里/时)速度向东行驶，同一时间乙船在甲船正北 82n mile 处以 16n mile/h 的速度向南行，问经过多少时间，甲乙两船相距最近？(1n mile≈1. 852km)

解 依题意，设在$t=0$甲船位于O点，乙船位于甲船正北 82n mile 处，在时刻t（单位：h）甲船由点O出发向东行驶了$20t$（单位：n mile）至A点，乙船向南行驶了$16t$（单位：n mile）至B点（图 3-7）. 甲乙两船的距离为

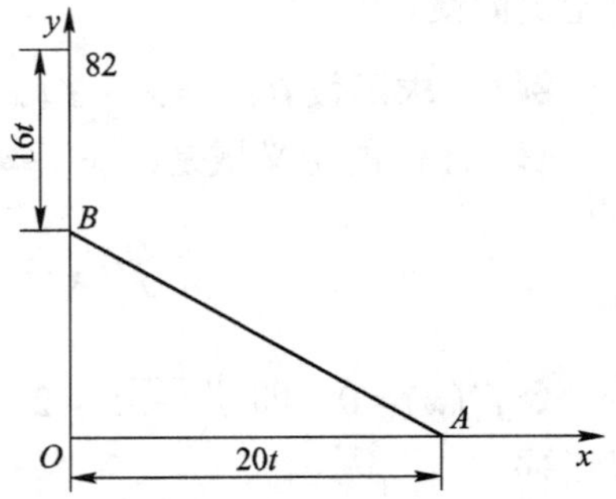

图 3-7

$$l=|AB|=\sqrt{(OA)^2+(OB)^2}=\sqrt{(20t)^2+(82-16t)^2},t\geqslant 0$$

只需求l的最小值.

$$l'=\frac{400t-16(82-16t)}{\sqrt{(20t)^2+(82-16t)^2}}$$

令$l'=0$，得$t=2$是函数l的唯一驻点. 由实际问题知，两船的最近距离一定存在，故当$t=$ 2h 两船相距最近，且最近距离为$l|_{t=2}\approx$64n mile.

习题 3-4

1. 填空题.

（1）函数$f(x)=\sin x-x$在定义域内单调________.

（2）已知函数$f(x)=ax^2+bx$在$x=1$处取得极大值 2，则a，b的值分别为________.

（3）函数$y=f(x)$在点x_0处取极大值，则必有________或________.

（4）函数$y=x^4-2x^2+5$在闭区间$[-2,2]$上的最大值和最小值分别是________.

（5）函数$y=\sqrt{x(10-x)}$在闭区间$[0,10]$上的最大值和最小值分别是________.

2. 求下列函数的单调区间和极值：

(1) $f(x)=\frac{1}{3}x^3-x^2-3x+9$；　　(2) $f(x)=x-\ln(1+x)$；

(3) $f(x)=x^2e^{-x}$；　　(4) $f(x)=x-\frac{3}{2}x^{\frac{2}{3}}$.

3. 证明下列不等式：

（1）当$x>0$时，$\sin x<x$；　　（2）当$x>0$时，$x<e^x-1<xe^x$.

4. ［用料问题］欲用围墙围成面积为 216m^2 的一块矩形土地，并在此矩形土地的正中用一堵墙将其分成相等的两块，问这块土地的长与宽的尺寸应如何选取，才能使建筑材料最省.

5. 在直线 $3x-y-3=0$ 上求一点，使它与点 $A(1,1)$ 和 $B(6,4)$ 的距离平方和最小.

6. ［圆柱体积］设有一半径为 R 的球，作内接于此球的圆柱体，问圆柱体的高 h 取何值时，圆柱体的体积最大.

第五节 高 阶 导 数

高阶导数

一般地，如果函数 $y=f(x)$ 的导数 $f'(x)$ 仍是可导函数，则称 $f'(x)$ 的导数为函数 $f(x)$ 的二阶导数. 相应地，$f'(x)$ 称为函数 $y=f(x)$ 的**一阶导数**. 二阶导数记作

$$y'', f''(x) \quad 或 \quad \frac{d^2y}{dx^2}$$

即

$$y''=(y')' \quad 或 \quad \frac{d^2y}{dx^2}=\frac{d}{dx}\left(\frac{dy}{dx}\right)$$

类似地，$y=f(x)$ 的三阶导数，记作

$$y''', f'''(x) \quad 或 \quad \frac{d^3y}{dx^3}$$

一般地，$y=f(x)$ 的 $n-1$ 阶导数的导数，便称为 $y=f(x)$ 的 n 阶导数.

$n\geqslant 4$ 时，n 阶导数记作

$$y^{(n)}, f^{(n)}(x) \quad 或 \quad \frac{d^ny}{dx^n}$$

二阶及二阶以上的导数统称**高阶导数**. 显然，求高阶导数就是多次接连的求导数，所以仍可用前面学过的求导方法计算高阶导数.

例 1 已知函数 $y=x^2+3x+6$，分别函数 y 求的各阶导数 y'，y''，y'''.

解 $y'=2x+3$

$y''=(y')'=(2x+3)'=2$

$y'''=(y'')'=(2)'=0$

例 2 求指数函数 $y=e^{rx}$（r 为常数）的二阶导数 y''.

解 $y'=re^{rx}, y''=(re^{rx})'=r^2e^{rx}$.

二阶导数有明显的物理意义. 当质点做变速直线运动时，路程函数 $s=s(t)$ 的一阶导数 $s'(t)$ 是瞬时速度 $v(t)$，加速度是速度 $v(t)$ 对时间 t 的变化率，等于 $v'(t)$，即路程函数 $s=s(t)$ 的二阶导数 $s''(t)$ 为变速直线运动的加速度 $a(t)$.

案例［刹车测试］ 某一汽车厂在测试一汽车的刹车性能时发现，刹车后汽车行驶的路程 s（单位：m）与时间 t（单位：s）满足 $s=19.2t-0.4t^3$. 假设汽车做直线运动，求汽车在 $t=3\text{s}$ 时的速度和加速度.

解 汽车刹车后的速度 $v=\frac{ds}{dt}=(19.2t-0.4t^3)'=19.2-1.2t^2$

汽车刹车后加的速度　$a = \frac{dv}{dt} = (19.2 - 1.2t^2)' = -2.4t$

$t=3$s 时的速度　$v = 19.2 - 1.2t^2 \big|_{t=3} = 8.4(\text{m/s})$

$t=3$s 时的加速度　$a = -2.4t \big|_{t=3} = -7.2(\text{m/s}^2)$

例 3　求指数函数 $y=e^x$ 的 n 阶导数.

解　$y'=e^x$，$y''=e^x$，$y'''=e^x$，…，$y^{(n-1)}=e^x$，于是 $y^{(n)}=e^x$.

例 4　已知 $y = a_0x^n + a_1x^{n-1} + \cdots + a_{n-1}x + a_n$，其中 a_0，a_1，…，a_n 为常数，求 y'，y''，…，$y^{(n)}$.

解　$y' = na_0x^{n-1} + (n-1)a_1x^{n-2} + \cdots + 2a_{n-2}x + a_{n-1}$

$y'' = n(n-1)a_0x^{n-2} + (n-1)(n-2)a_1x^{n-3} + \cdots + 2a_{n-2}$

$\vdots$

$y^{(n)} = n!\ a_0$

例 5　求正弦函数 $y=\sin x$ 的 n 阶导数.

解　$y' = \cos x = \sin\left(x + \frac{\pi}{2}\right)$

$y'' = \cos\left(x + \frac{\pi}{2}\right) = \sin\left(x + \frac{\pi}{2} + \frac{\pi}{2}\right) = \sin\left(x + 2\cdot\frac{\pi}{2}\right)$

$y''' = \cos\left(x + 2\cdot\frac{\pi}{2}\right) = \sin\left(x + 3\cdot\frac{\pi}{2}\right)$

$y^{(4)} = \cos\left(x + 3\cdot\frac{\pi}{2}\right) = \sin\left(x + 4\cdot\frac{\pi}{2}\right)$

依次类推，可得

$$y^{(n)} = (\sin x)^{(n)} = \sin\left(x + n\cdot\frac{\pi}{2}\right)\quad (n = 1,2,\cdots)$$

思考题　请试着推导一下公式 $(\cos x)^{(n)} = \cos\left(x + n\cdot\frac{\pi}{2}\right)(n = 1,2,\cdots)$.

例 6　求函数 $y = \ln(1+x)(x > -1)$ 的 n 阶导数.

解　$y' = \frac{1}{1+x} = (1+x)^{-1}$

$y'' = -\frac{1}{(1+x)^2} = -(1+x)^{-2}$

$y''' = (-1)(-2)(1+x)^{-3}$

依此类推，可得

$$y^{(n)} = (-1)^{n-1}\frac{(n-1)!}{(1+x)^n}\quad (x > -1)$$

通过观察上例的结果，我们可以得到如下公式

$$\left(\frac{1}{x}\right)^{(n)} = (-1)^n\frac{n!}{x^{n+1}}$$

例 7　求函数 $f(x) = \frac{1}{x(1-x)}(x \neq 0,1)$ 的 n 阶导数.

解　$f(x)=\dfrac{1}{x(1-x)}=\dfrac{1}{x}-\dfrac{1}{x-1}$，由上面的公式可得

$$f^{(n)}(x)=\left(\frac{1}{x}\right)^{(n)}-\left(\frac{1}{x-1}\right)^{(n)}=(-1)^n n!\left[\frac{1}{x^{n+1}}-\frac{1}{(x-1)^{n+1}}\right]$$

习题 3-5

1. 求下列函数的二阶导数：

(1) $y=x+e^x$；　(2) $y=\cos 2x$；　(3) $y=e^x\sin x$；　(4) $y=\dfrac{x}{1+x^2}$.

2. 求函数 $y=(\cos\ln x)^2$ 在点 $x=e$ 处的二阶导数.

3. 验证函数 $y=\sqrt{2x-x^2}$ 满足关系式：$y^3y''+1=0$.

4. 求下列函数的 n 阶导数：

(1) $y=(1+2x)^n$；　(2) $y=3^{2x+1}$；

(3) $y=e^{2x}+e^{-x}$；　(4) $y=\sin^2 x$；

(5) $y=\ln(1+2x)$；　(6) $y=\dfrac{1}{x^2-3x+2}$.

第六节　微分及其应用

微分的概念

一、微分定义及几何意义

在实际问题中有时需要考虑，当自变量的值有较小的改变时，函数值相应地改变多少．如果函数很复杂，计算函数的改变量也是很复杂的．能不能找到一个计算函数改变量近似值的方法，使得方法既简便而结果又具有较好的精确度呢？先分析两个具体问题.

引例 1　一块正方形金属薄片受温度变化的影响，其边长由 x_0 变到 $x_0+\Delta x$，如图 3-8 所示，问此薄片的面积改变了多少？

设此薄片的边长为 x，面积为 A，则 A 是 x 的函数 $A=x^2$. 当自变量 x 自 x_0 取得增量 Δx 时，函数 A 相应有增量 ΔA

$$\Delta A=(x_0+\Delta x)^2-x_0^2=2x_0\Delta x+(\Delta x)^2$$

ΔA 可分成两部分，第一部分 $2x_0\Delta x$ 是 Δx 的线性函数，第二部分 $(\Delta x)^2$ 是当 $\Delta x\to 0$ 时比 Δx 高阶的无穷小，即

$$(\Delta x)^2=o(\Delta x).$$

由此可见，当 $|\Delta x|$ 很小时，面积的改变量 ΔA 可近似地用第一部分 $2x_0\Delta x$ 来代替，且 $|\Delta x|$ 越小，近似程度越高，即

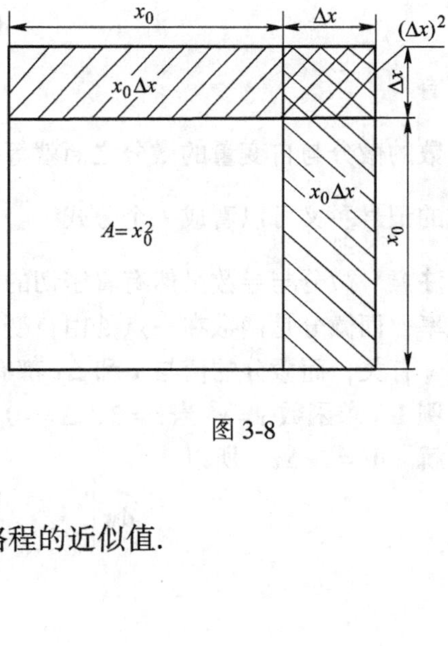

图 3-8

$$\Delta A\approx 2x_0\Delta x$$

引例 2　自由落体由时刻 t_0 到 $t_0+\Delta t$ 所经过路程的近似值.

自由落体运动的路程 h 是时间 t 的函数 $h=\frac{1}{2}gt^2$，当时间由时刻 t_0 变到 $t_0+\Delta t$ 时，路程 h 有相应的改变量

$$\Delta h=\frac{1}{2}g\,(t_0+\Delta t)^2-\frac{1}{2}gt_0{}^2=gt_0\Delta t+\frac{1}{2}g\,(\Delta t)^2$$

上式中右端的第一部分 $gt_0\Delta t$ 是 Δt 的线性函数；第二部分 $\frac{1}{2}g\,(\Delta t)^2$，当 $\Delta t\to 0$ 时是一个比 Δt 高阶的无穷小．因此，当 $|\Delta t|$ 很小时，路程的改变量 Δh 可以用第一部分 $gt_0\Delta t$ 来代替，第二部分忽略不计，即

$$\Delta h\approx gt_0\Delta t$$

在实际中还有许多类似的问题，都可以抽象为如下问题：给自变量的取值 x_0 以增量 Δx，相应地函数得一个增量 $\Delta y=f(x_0+\Delta x)-f(x_0)$，它可以被分为 Δx 的线性函数 $A\Delta x$（其中 A 不依赖于 Δx）与当 $\Delta x\to 0$ 时比 Δx 高阶的无穷小两部分之和，从而引出微分的概念.

定义　设函数 $y=f(x)$ 在点 x_0 的某邻域 $U(x_0)$ 内有定义，$x_0+\Delta x\in U(x_0)$．如果相应的函数的增量 $\Delta y=f(x_0+\Delta x)-f(x_0)$ 可表示为

$$\Delta y=A\Delta x+o(\Delta x)\tag{3-4}$$

其中 A 是不依赖于 Δx 的常数，$o(\Delta x)$ 是 Δx 的高阶无穷小（$\Delta x\to 0$），则称函数 $y=f(x)$ 在点 x_0 处是可微的，$A\Delta x$ 称为函数 $y=f(x)$ 在点 x_0 处的**微分**，记作 $\mathrm{d}y|_{x=x_0}$，即 $\mathrm{d}y|_{x=x_0}=A\Delta x$.

定理　函数 $f(x)$ 在点 x_0 处可微的充分必要条件是函数 $f(x)$ 在点 x_0 处可导．即可微必可导，可导必可微，可微与可导是等价的，且当 $f(x)$ 在点 x_0 处可微时，有 $\mathrm{d}y|_{x=x_0}=f'(x_0)\Delta x$.

由以上可知，$|\Delta x|$ 很小时，有 $\Delta y\approx \mathrm{d}y$.

如果函数 $f(x)$ 在区间（a，b）内每一点都可微，则称 $f(x)$ 是 (a,b) 内的可微函数．函数 $f(x)$ 在区间 (a,b) 内任意一点 x 处的微分就称为**函数的微分**，记为 $\mathrm{d}y$，即有

$$\mathrm{d}y=f'(x)\Delta x$$

若函数 $f(x)=x$，则 $\mathrm{d}y=\mathrm{d}x=\Delta x$，于是函数的微分又可以记为

$$\mathrm{d}y=f'(x)\mathrm{d}x$$

从而有

$$\frac{\mathrm{d}y}{\mathrm{d}x}=f'(x)$$

即函数的微分与自变量的微分之商就等于函数的导数，因此函数的导数又称为**微商**．所以导数的记号 $\frac{\mathrm{d}y}{\mathrm{d}x}$ 又可以看成一个分式.

注意　微分与导数虽然有着密切的联系，但它们是有区别的：导数是函数在一点处的变化率，而微分是函数在一点处由自变量增量所引起的函数变化量的主要部分．导数的值只与 x 有关，而微分的值与 x 和 Δx 都有关.

例 1　求函数 $y=x^2$ 当 $x=3$，$\Delta x=0.02$ 时的微分.

解　$\mathrm{d}y=2x\Delta x$，所以

$$\mathrm{d}y\Big|_{\substack{x=3\\ \Delta x=0.02}}=2x\Delta x\Big|_{\substack{x=3\\ \Delta x=0.02}}=0.12$$

例 2　求函数 $y=e^x$ 在点 $x=0$，$x=1$ 处的微分.

解　$dy|_{x=0}=e^x|_{x=0}dx=dx$，$dy|_{x=0}=e^x|_{x=1}dx=edx$.

为了对微分有直观的了解，下面说明微分的**几何意义**. 如图 3-9 所示，函数 $y=f(x)$ 的图形是一条曲线，对于某一固定的 x_0 值，曲线上有一定点 $M(x_0,y_0)$. 当自变量 x 有微小的增量 Δx 时，得到曲线上另外一点 $N(x_0+\Delta x,y_0+\Delta y)$，$MT$ 为 M 点处的切线，则有

$$MQ=\Delta x, QN=\Delta y$$

$$QP=MQ\cdot\tan\alpha=\Delta x\cdot f'(x_0)=dy$$

由此可见，当 Δy 是曲线 $y=f(x)$ 上的点的纵坐标增量时，dy 就是曲线的切线上的点的纵坐标的相应增量. 当 $|\Delta x|$ 很小时，$|\Delta y-dy|$ 比 $|\Delta x|$ 小得多. 因此在点 M 的周围，我们可以用切线段来近似代替曲线段.

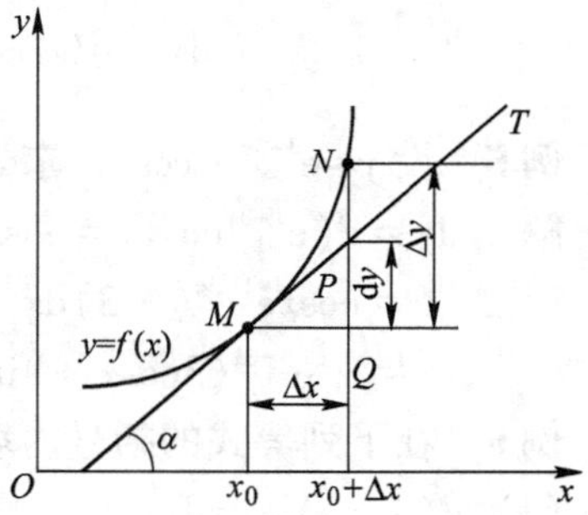

图 3-9

例 3　设 $y=e^{1-3x}$，求 dy.

解　因为 $y'=e^{1-3x}(1-3x)'=e^{1-3x}(-3)=-3e^{1-3x}$，所以 $dy=y'dx=-3e^{1-3x}dx$.

二、微分公式及运算法则

从微分的表达式 $dy=f'(x)dx$ 可以看出，函数的微分等于 $f'(x)$ 乘以 dx，根据导数公式和导数运算法则，就能得到下列相应的微分公式和微分运算法则.

（一）微分公式

（1）$d(C)=0$；　（2）$d(x^\mu)=\mu x^{\mu-1}dx$；

（3）$d(a^x)=a^x\ln a dx$；　（4）$d(\log_a x)=\frac{1}{x\ln a}dx$；

（5）$d(\sin x)=\cos x dx$；　（6）$d(\cos x)=-\sin x dx$；

（7）$d(\tan x)=\sec^2 x dx$；　（8）$d(\cot x)=-\csc^2 x dx$；

（9）$d(\sec x)=\sec x\tan x dx$；　（10）$d(\csc x)=-\csc x\cot x dx$；

（11）$d(\arcsin x)=\frac{1}{\sqrt{1-x^2}}dx$；　（12）$d(\arccos x)=-\frac{1}{\sqrt{1-x^2}}dx$；

（13）$d(\arctan x)=\frac{1}{1+x^2}dx$；　（14）$d(\text{arccot} x)=-\frac{1}{1+x^2}dx$.

（二）微分运算法则

函数和差的微分法则　$d(u\pm v)=du\pm dv$

函数积的微分法则　$d(uv)=vdu+udv$

函数商的微分法则　$d\left(\frac{u}{v}\right)=\frac{vdu-udv}{v^2}\quad(v\neq 0)$

（三）复合函数的微分法则

设 $y=f(u)$ 及 $u=\varphi(x)$ 都可导，则复合函数 $y=f[\varphi(x)]$ 的微分为

$$dy = y'_x dx = f'(u)\varphi'(x)dx = f'[\varphi(x)]\varphi'(x)dx = f'(u)du$$

可见，无论 u 是自变量，还是中间变量，函数 $y=f(u)$ 的微分形式总是 $dy=f'(u)du$. 这一性质称为**一阶微分形式的不变性**.

微分形式不变性

例 4　设 $y=\cos\sqrt{x}$，求 dy.

解　由微分形式不变性得

$$dy = d(\cos\sqrt{x}) = -\sin\sqrt{x}\,d(\sqrt{x}) = -\frac{1}{2\sqrt{x}}\sin\sqrt{x}\,dx$$

例 5　设 $y=e^{1-3x}\cdot\cos x$，求 dy.

解　$dy = d(e^{1-3x}\cos x) = \cos x\,d(e^{1-3x}) + e^{1-3x}d(\cos x)$

$= \cos x e^{1-3x}(-3)dx + e^{1-3x}(-\sin x)dx$

$= -e^{1-3x}(3\cos x + \sin x)dx$

例 6　在下列等式的括号内填入适当的函数，使等式成立：

（1）$d(\quad) = 2xdx$；

（2）$d(\quad) = \sin 2x dx$.

解

（1）因为 $(x^2)'=2x$，则 $d(x^2)=2xdx$，又因为任意常数 C 的微分 $d(C)=0$，所以一般地应该为

$$d(x^2 + C) = 2xdx \quad (C\text{ 为任意常数})$$

（2）因为 $(\cos 2x)'=-2\sin 2x$，则 $d(\cos 2x)=-2\sin 2xdx$，即

$$\sin 2xdx = -\frac{1}{2}d(\cos 2x) = d\left(-\frac{1}{2}\cos 2x\right)$$

所以一般地应该为

$$d\left(-\frac{1}{2}\cos 2x + C\right) = \sin 2xdx \quad (C\text{ 为任意常数})$$

三、微分在近似计算中的应用

（一）计算函数改变量的近似值

微分在近似计算中的应用

根据微分的定义，当自变量的改变量 $|\Delta x|$ 很小时，函数 $y=f(x)$ 在 $x=x_0$ 处的改变量 Δy 可以用函数的微分 dy 来近似代替，即 $\Delta y = dy \approx f'(x_0)\Delta x$.

案例 1 [收入增加量]　某公司生产一种新型游戏程序，若能全部出售，收入函数为 $R = 36x - \frac{x^2}{20}$，其中 x 为公司的日产量，如果公司的日产量从 250 增加到 260，请估算公司每天收入的增加量.

解　当公司每天的产量从 250 增加到 260 时，公司每天产量的增加量为 $\Delta x = 10$，用 dR 估算每天的收入增加量为

$$\Delta R\Big|_{\substack{\Delta x=10\\x=250}} \approx dR\Big|_{\substack{\Delta x=10\\x=250}} = \left(36x - \frac{x^2}{20}\right)'\Delta x\Big|_{\substack{\Delta x=10\\x=250}} = 110$$

案例 2［钟表误差］ 一机械挂钟的钟摆周期为 1s，在冬季，摆长因热胀冷缩而缩短了 0.01cm，已知单摆的周期为 $T=2\pi\sqrt{\frac{l}{g}}$，其中 $g=980\text{cm/s}^2$，计算这只钟摆每秒大约是快还是慢了，快了或慢了多少秒.

解 因为钟表的周期为 1s，所以有 $1=2\pi\sqrt{\frac{l}{g}}$，解之得摆的原长为 $l=\frac{g}{(2\pi)^2}$，又摆长的改变量为 $\Delta l=-0.01\text{cm}$，用 $\mathrm{d}T$ 近似计算 ΔT，得

$$\Delta T \approx \mathrm{d}T = \pi \frac{1}{\sqrt{gl}}\Delta l$$

将 $l=\frac{g}{(2\pi)^2}$，$\Delta l=-0.01\text{cm}$ 代入上式，得

$$\Delta T \approx \mathrm{d}T = \pi \frac{1}{\sqrt{gl}}\Delta l = \frac{\pi}{\sqrt{g \cdot \frac{g}{(2\pi)^2}}} \times (-0.01) \approx -0.0002(\text{s})$$

这就是说，由于摆长缩短了 0.01cm，钟摆的周期相应地缩短了约 0.0002s.

（二）计算函数值的近似值

在工程问题中，经常会遇到一些复杂的计算公式，我们可以利用微分把这些复杂的计算式改用简单的近似公式来代替.

因为，当 $|\Delta x|$ 很小时，有 $\Delta y \approx f'(x_0)\Delta x$，即

$$\Delta y = f(x_0+\Delta x) - f(x_0) \approx \mathrm{d}y = f'(x_0)\Delta x,$$

所以

$$f(x_0+\Delta x) \approx f(x_0) + f'(x_0)\Delta x \tag{3-5}$$

式（3-5）中，令 $x_0+\Delta x=x$，则有

$$f(x) \approx f(x_0) + f'(x_0)\Delta x \quad (|\Delta x|\text{很小}) \tag{3-6}$$

式（3-6）中，当 $x_0=0$ 时，有

$$f(x) \approx f(0) + f'(0)x \quad (|x|\text{很小}) \tag{3-7}$$

由式（3-7），可以推出下面一些常用的近似公式（其中（4）和（5）式中 x 用弧度作单位）：

（1）$\sqrt[n]{1+x} \approx 1+\frac{x}{n}$；　　（2）$e^x \approx 1+x$；

（3）$\ln(1+x) \approx x$；　　（4）$\sin x \approx x$；

（5）$\tan x \approx x$.

证明

（1）取 $f(x)=\sqrt[n]{1+x}$，则

$$f(0)=1,\ f'(0)=\frac{1}{n}(1+x)^{\frac{1}{n}-1}\bigg|_{x=0}=\frac{1}{n}$$

代入式（3-7）式得

$$\sqrt[n]{1+x} \approx 1+\frac{x}{n}$$

（2）取$f(x)=e^x$，则$f(0)=f'(0)=1$，代入式（3-7）得

$$e^x \approx 1+x$$

其他几个近似公式都可以用类似方法推得.

例 7　计算 arctan1.05 的近似值.

解　设$f(x)=\arctan x$，则$f'(x)=\dfrac{1}{1+x^2}$.

取$x_0=1$，$\Delta x=0.05$，由$f(x_0+\Delta x)\approx f(x_0)+f'(x_0)\Delta x$，有

$$\arctan 1.05 \approx \arctan 1+\left.\frac{1}{1+x^2}\right|_{x=1}\times 0.05=\frac{\pi}{4}+0.025\approx 0.8104$$

例 8　计算$\sqrt{1.05}$的近似值.

解　由近似公式$\sqrt[n]{1+x}\approx 1+\dfrac{x}{n}$，取$x=0.05$，$n=2$，得

$$\sqrt{1.05}\approx 1+\frac{1}{2}\times 0.05=1.025$$

若将$\sqrt{1.05}$直接开平方，得$\sqrt{1.05}\approx 1.0247$.

例 9　计算$\sqrt[3]{131}$的近似值.

解　当$|x|$很小时，有近似公式$\sqrt[n]{1+x}\approx 1+\dfrac{x}{n}$，由此

$$\sqrt[3]{131}=\sqrt[3]{5^3+6}=\sqrt[3]{5^3\left(1+\frac{6}{5^3}\right)}\approx 5\left(1+\frac{1}{3}\cdot\frac{6}{5^3}\right)=5.08$$

习题 3-6

1. 填空题.

（1）函数$y=\sin x$在$x=\dfrac{\pi}{3}$处的微分为____.

（2）函数$y=x^3$当自变量x由 1 变到 1.01 时的微分为____.

（3）d________$=x\mathrm{d}x$，d________$=\sec^2 x\mathrm{d}x$，d________$=e^{-2x}\mathrm{d}x$.

（4）设函数$y=f(-x^2)$，则$\mathrm{d}y=$________.

（5）用微分近似计算公式计算$\arcsin 0.003\approx$____，$e^{1.01}\approx$____，$\sqrt[5]{34}\approx$____.

2. 求下列函数的微分$\mathrm{d}y$：

（1）$y=\sin 2x$；　　（2）$y=x^2+e^{3x}$；

（3）$y=5^{\ln\tan x}$；　　（4）$y=\arcsin\sqrt{x}$；

（5）$y=\log_2\tan(x^2-1)$；　　（6）$y=x\arccos x-\sqrt{1-x^2}$；

（7）$y=\operatorname{arccot}\dfrac{1}{x}$；　　（8）$y^2+\ln y=x^4$.

3. ［放大电路］某一负反馈放大电路，记其开环电路的放大倍数为A，闭环电路的放

大倍数为 A_f，则它们两者有函数关系 $A_f=\dfrac{A}{1+0.01A}$. 当 $A=10^4$ 时，由于受环境温度变化的影响，A 变化了 10%，求 A_f 的变化量是多少？

4. ［球面镀铜量］有一批半径为 1cm 的球，为了提高球面的光洁度，要镀上一层铜厚度为 0.01cm，估计每只球需要用铜多少 g？（铜的密度为 8.9g/cm²）

第七节　洛必达法则

在第一章求函数的极限时，较困难的是求两个无穷小或两个无穷大之比的极限，这种极限可能存在也可能不存在，称这样的极限为未定式．若在自变量某一变化过程中，分子、分母都是无穷小时，称为$\dfrac{0}{0}$型未定式，如$\lim\limits_{x\to 0}\dfrac{\sin x}{x}$即$\dfrac{0}{0}$型未定式；若分子、分母都是无穷大时，称为$\dfrac{\infty}{\infty}$型未定式．本节介绍一种求这类极限的方法——洛必达法则．

一、$\dfrac{0}{0}$型和$\dfrac{\infty}{\infty}$型未定式

定理 1　设函数 $f(x)$、$g(x)$ 满足：

（1）$\lim\limits_{x\to x_0}f(x)=0,\lim\limits_{x\to x_0}g(x)=0$；

（2）在点 x_0 的某去心邻域 $\mathring{U}(x_0,\delta)$ 内，$f'(x)$ 和 $g'(x)$ 都存在，且 $g'(x)\neq 0$；

（3）$\lim\limits_{x\to x_0}\dfrac{f'(x)}{g'(x)}$存在或为无穷大．

则极限$\lim\limits_{x\to x_0}\dfrac{f(x)}{g(x)}$存在或为无穷大，且

$$\lim_{x\to x_0}\frac{f(x)}{g(x)}=\lim_{x\to x_0}\frac{f'(x)}{g'(x)}$$

定理 2　设函数 $f(x)$、$g(x)$ 满足：

（1）$\lim\limits_{x\to x_0}f(x)=\infty,\lim\limits_{x\to x_0}g(x)=\infty$；

（2）在点 x_0 的某去心邻域 $\mathring{U}(x_0,\delta)$ 内，$f'(x)$ 和 $g'(x)$ 都存在，且 $g'(x)\neq 0$；

（3）$\lim\limits_{x\to x_0}\dfrac{f'(x)}{g'(x)}$存在或为无穷大．

则极限$\lim\limits_{x\to x_0}\dfrac{f(x)}{g(x)}$存在或为无穷大，且

$$\lim_{x\to x_0}\frac{f(x)}{g(x)}=\lim_{x\to x_0}\frac{f'(x)}{g'(x)}$$

注意　定理 1 和定理 2 中自变量的变化过程 $x\to x_0$ 换为 $x\to\infty$、$x\to+\infty$、$x\to-\infty$，或 $x\to x_0^+$、$x\to x_0^-$ 中的任何一个时，可以证明其相应的结论仍然成立．利用这些结论连同定理 1、定理 2 求$\dfrac{0}{0}$型或$\dfrac{\infty}{\infty}$型未定式极限值的方法统称为**洛必达法则**．

例 1　求$\lim\limits_{x\to 0}\dfrac{\tan\alpha x}{\tan\beta x}$（$\alpha$、$\beta$ 为常量，$\beta\neq 0$）.

解　这是$\dfrac{0}{0}$型未定式．用洛必达法则，得

$$\lim_{x\to 0}\frac{\tan\alpha x}{\tan\beta x}=\lim_{x\to 0}\frac{\alpha\sec^2\alpha x}{\beta\sec^2\beta x}=\frac{\alpha}{\beta}$$

例 2　求$\lim\limits_{x\to 0}\dfrac{x-\sin x}{x^3}$.

解　这是$\dfrac{0}{0}$型未定式．用洛必达法则，得

$$\lim_{x\to 0}\frac{x-\sin x}{x^3}=\lim_{x\to 0}\frac{1-\cos x}{3x^2}$$

等式右端仍为$\dfrac{0}{0}$型未定式，再使用洛必达法则，有

$$\lim_{x\to 0}\frac{x-\sin x}{x^3}=\lim_{x\to 0}\frac{1-\cos x}{3x^2}=\lim_{x\to 0}\frac{\sin x}{6x}=\frac{1}{6}$$

例 3　求$\lim\limits_{x\to +\infty}\dfrac{\dfrac{\pi}{2}-\arctan x}{\dfrac{1}{x}}$.

解　这是$x\to+\infty$时的$\dfrac{0}{0}$型未定式．用洛必达法则，得

$$\lim_{x\to +\infty}\frac{\dfrac{\pi}{2}-\arctan x}{\dfrac{1}{x}}=\lim_{x\to +\infty}\frac{-\dfrac{1}{1+x^2}}{-\dfrac{1}{x^2}}=\lim_{x\to +\infty}\frac{x^2}{1+x^2}=1$$

例 4　求$\lim\limits_{x\to +\infty}\dfrac{\ln x}{x^n}(n>0)$.

解　这是$\dfrac{\infty}{\infty}$型未定式．由洛必达法则，得

$$\lim_{x\to +\infty}\frac{\ln x}{x^n}=\lim_{x\to +\infty}\frac{\dfrac{1}{x}}{nx^{n-1}}=\lim_{x\to +\infty}\frac{1}{nx^n}=0$$

例 5　求$\lim\limits_{x\to 0^+}\dfrac{\ln\sin x}{\ln x}$.

解　$\lim\limits_{x\to 0^+}\dfrac{\ln\sin x}{\ln x}=\lim\limits_{x\to 0^+}\dfrac{\dfrac{\cos x}{\sin x}}{\dfrac{1}{x}}=\lim\limits_{x\to 0^+}\dfrac{x}{\sin x}\cdot\cos x=1$

二、其他类型的未定式

除上述$\frac{0}{0}$型、$\frac{\infty}{\infty}$型未定式以外，还有其他类型的未定式，如$0\cdot\infty$、$\infty-\infty$、0^0、∞^0、1^∞等．求这些未定式的值，通常要将它们转化为$\frac{0}{0}$型或$\frac{\infty}{\infty}$型未定式，再用洛必达法则计算．下面以例题说明．

例 6　求$\lim\limits_{x\to0^+}x^a\cdot\ln x\,(a>0)$．

解　这是$0\cdot\infty$型未定式，可改成

$$\lim_{x\to0^+}x^a\cdot\ln x=\lim_{x\to0^+}\frac{\ln x}{\frac{1}{x^a}}$$

则等式右端是$\frac{\infty}{\infty}$型未定式，用洛必达法则，得

$$\lim_{x\to0^+}x^a\cdot\ln x=\lim_{x\to0^+}\frac{\ln x}{\frac{1}{x^a}}=\lim_{x\to0^+}\frac{\frac{1}{x}}{-\frac{a}{x^{a+1}}}=\lim_{x\to0^+}\left(-\frac{x^a}{a}\right)=0$$

例 7　求$\lim\limits_{x\to0}\left(\frac{1}{\sin x}-\frac{1}{x}\right)$．

解　这是$\infty-\infty$型未定式，可改写为

$$\lim_{x\to0}\left(\frac{1}{\sin x}-\frac{1}{x}\right)=\lim_{x\to0}\frac{x-\sin x}{x\sin x}$$

等式右端为$\frac{0}{0}$型未定式，由于当$x\to0$时，$\sin x$与x是等价无穷小，可以先把分母的$\sin x$用等价无穷小替换，再用洛必达法则，得

$$\lim_{x\to0}\left(\frac{1}{\sin x}-\frac{1}{x}\right)=\lim_{x\to0}\frac{x-\sin x}{x\sin x}=\lim_{x\to0}\frac{x-\sin x}{x^2}=\lim_{x\to0}\frac{1-\cos x}{2x}=\lim_{x\to0}\frac{\sin x}{2}=0$$

例 8　求$\lim\limits_{x\to1}x^{\frac{1}{1-x}}$．

解　这是1^∞型未定式．

设$y=x^{\frac{1}{1-x}}$，两边取对数得$\ln y=\frac{\ln x}{1-x}$，所以$y=e^{\frac{\ln x}{1-x}}$，又$\lim\limits_{x\to1}\frac{\ln x}{1-x}$是$\frac{0}{0}$型未定式，用洛必达法则，得

$$\lim_{x\to1}\frac{\ln x}{1-x}=\lim_{x\to1}\frac{\frac{1}{x}}{-1}=-1$$

所以

$$\lim_{x\to1}x^{\frac{1}{1-x}}=\lim_{x\to1}e^{\frac{\ln x}{1-x}}=e^{\lim\limits_{x\to1}\frac{\ln x}{1-x}}=e^{-1}$$

例 9　求$\lim\limits_{x\to 0^+} x^{\sin x}$.

解　这是 0^0 型未定式．因为

$$x^{\sin x}=e^{\sin x\cdot\ln x}$$

而$\lim\limits_{x\to 0^+}\sin x\ln x=\lim\limits_{x\to 0^+}\dfrac{\ln x}{\csc x}$，等式右端是$\dfrac{\infty}{\infty}$型未定式，用洛必达法则，得

$$\lim_{x\to 0^+}\sin x\ln x=\lim_{x\to 0^+}\frac{\ln x}{\csc x}=\lim_{x\to 0^+}\frac{1}{-x\csc x\cot x}=\lim_{x\to 0^+}\left(-\frac{\sin x}{x}\cdot\frac{\sin x}{\cos x}\right)=0$$

所以

$$\lim_{x\to 0^+}x^{\sin x}=\lim_{x\to 0^+}e^{\sin x\ln x}=e^{\lim\limits_{x\to 0}+\sin x\ln x}=e^0=1$$

例 10　求$\lim\limits_{x\to 0^+}(\cot x)^{\sin x}$.

解　这是∞^0型未定式．因为$(\cot x)^{\sin x}=e^{\sin x\ln\cot x}$,又

$$\lim_{x\to 0^+}\sin x\ln\cot x=\lim_{x\to 0^+}\frac{\ln\cot x}{\csc x}=\lim_{x\to 0^+}\frac{\tan x\cdot(-\csc^2 x)}{-\csc x\cdot\cot x}=\lim_{x\to 0^+}\frac{\sin x}{\cos^2 x}=0$$

所以

$$\lim_{x\to 0^+}(\cot x)^{\sin x}=e^0=1$$

通过上面的例题可见，洛必达法则在求极限的过程中是十分简单优越的．但是必须注意以下两点：

（1）只有$\dfrac{0}{0}$型和$\dfrac{\infty}{\infty}$型时才能使用洛必达法则．在连续使用该法则时，每一次都要检查所求极限是不是$\dfrac{0}{0}$型和$\dfrac{\infty}{\infty}$型未定式.

（2）用洛必达法则求未定式的值时，适当应用无穷小的替换可使极限简单化.

例 11　求$\lim\limits_{x\to 0}\dfrac{\tan x-x}{x^2\sin x}$.

解　这是$\dfrac{0}{0}$型未定式，可以用洛必达法则，但考虑到分母的导数比较繁琐，设法简化计算．由于当 $x\to 0$ 时，$\sin x$ 与 x 是等价无穷小，可进行替换，于是得

$$\lim_{x\to 0}\frac{\tan x-x}{x^2\sin x}=\lim_{x\to 0}\frac{\tan x-x}{x^3}$$

再利用洛必达法则，得

$$\lim_{x\to 0}\frac{\tan x-x}{x^3}=\lim_{x\to 0}\frac{\sec^2 x-1}{3x^2}=\lim_{x\to 0}\frac{\tan^2 x}{x^2}\cdot\frac{1}{3}=\frac{1}{3}$$

习题 3-7

利用洛必达法则求下列极限：

（1）$\lim\limits_{x\to 0}\dfrac{e^x-e^{-x}}{x}$；　　（2）$\lim\limits_{x\to 0}\dfrac{\ln(1+x)}{x}$；

（3）$\lim\limits_{x\to 0}\dfrac{\tan x-x}{x-\sin x}$；　　（4）$\lim\limits_{x\to 0^+}\dfrac{\ln\cot x}{\ln x}$；

(5) $\lim\limits_{x\to\frac{\pi}{2}}\frac{\tan x}{\tan 3x}$;

(6) $\lim\limits_{x\to+\infty}\frac{\ln\left(1+\frac{1}{x}\right)}{\operatorname{arccot} x}$;

(7) $\lim\limits_{x\to1}\left(\frac{x}{x-1}-\frac{1}{\ln x}\right)$;

(8) $\lim\limits_{x\to0}x\cot 2x$;

(9) $\lim\limits_{x\to0}\left(\frac{2}{\pi}\arccos x\right)^{\frac{1}{x}}$;

(10) $\lim\limits_{x\to0^+}\left(\frac{1}{x}\right)^{\tan x}$.

总习题三

1. 填空题.

(1) 已知$f'(x_0)=3$，则$\lim\limits_{x\to x_0}\frac{f(x)-f(x_0)}{x-x_0}=$________.

(2) 已知通过某导体横截面的电量Q与时间t的函数关系为$Q=t^2+2t$(库仑，C)，则导体在3s时电流强度为________.

(3) 已知函数$f(x)=\sin\frac{1}{x}$，则$f'\left(\frac{1}{\pi}\right)=$________.

(4) 设$y=\ln\sin x$，则$y''=$________.

(5) 设$f(x)$是可微的，则$d(e^{f(x)})=$________.

2. 选择题.

(1) 已知函数$f(x)=\begin{cases}1-x, & x\leqslant 0\\ e^{-x}, & x>0\end{cases}$，则$f(x)$在$x=0$处(　　).

A. 间断　　B. 连续但不可导　　C. $f'(0)=-1$　　D. $f'(0)=1$

(2) 若$f(u)$可导，且$y=f(\ln^2x)$，则$\frac{dy}{dx}=$(　　).

A. $f'(\ln^2x)$

B. $2\ln x f'(\ln^2x)$

C. $\frac{2\ln x}{x}[f(\ln^2x)]'$

D. $\frac{2\ln x}{x}f'(\ln^2x)$

(3) $y=\ln(1+x)$，则$y^{(5)}=$(　　).

A. $\frac{4!}{(1+x)^5}$

B. $-\frac{4!}{(1+x)^5}$

C. $\frac{5!}{(1+x)^5}$

D. $\frac{5!}{(1+x)^5}$

(4) 两条曲线$y=\frac{1}{x}$和$y=ax^2+b$在点$\left(2,\frac{1}{2}\right)$处相切，则常数$a$、$b$为(　　).

A. $a=\frac{1}{16}$，$b=\frac{3}{4}$

B. $a=-\frac{1}{16}$，$b=\frac{3}{4}$

C. $a=\frac{1}{16}$，$b=\frac{1}{4}$

D. $a=-\frac{1}{16}$，$b=\frac{1}{4}$

(5) 设以$10m^3/s$的速率将气体注入球形气球中，当气球半径为4m时，气球表面积的变化速率是（　　）.

A. $2\pi m^2/s$　　B. $4\pi m^2/s$　　C. $5m^2/s$　　D. $10m^2/s$

（6）函数 $y = x - \ln x$ 的单调增区间为（　　）.

A. $(1,+\infty)$　　B. $(0,+\infty)$

C. $(0,1)$　　D. $[0,+\infty)$

3. 计算下列函数的导数：

(1) $y = \frac{1}{x} + \sqrt{x} + \ln x + e^2$;　　(2) $y = \sin x + \arctan x + \cos\frac{\pi}{5}$;

(3) $y = (1 - x^2)\ln x$;　　(4) $y = \frac{\cos x}{1 - \sin x}$;

(5) $y = \cos^2 x$;　　(6) $y = \ln\sin(2x - 1)$.

4. 计算下列函数的微分：

(1) $y = \frac{1}{x} - 2\sin x + \tan x$;　　(2) $y = \ln x - \cos x + e^x$;

(3) $y = 2^x \ln x$;　　(4) $y = x^2 \cot x$;

(5) $y = \frac{1 - x}{1 + x}$;　　(6) $y = \frac{\ln x}{\sqrt{x}}$;

(7) $y = \arcsin\sqrt{x}$;　　(8) $y = \arctan e^{-x}$.

5. 设曲线 $y = 2x^2 + 3x - 26$ 在点 M 处的切线斜率为 15，求点 M 的坐标.

6. 求下列函数的单调区间与极值：

(1) $y = e^{-x}\sin x$;　　(2) $y = x - e^{-x}$.

7. 利用洛必达法则求下列极限：

(1) $\lim\limits_{x\to 1}\frac{\cos^2\frac{\pi}{2}x}{(x-1)^2}$;　　(2) $\lim\limits_{x\to+\infty}\frac{\ln(1+x)}{e^x}$;　　(3) $\lim\limits_{x\to 0}\left(\frac{1}{x} - \frac{1}{\ln(1+x)}\right)$;

(4) $\lim\limits_{x\to+\infty}(x + e^x)^{\frac{1}{x}}$;　　(5) $\lim\limits_{x\to 0^+}(\cos\sqrt{x})^{\frac{\pi}{x}}$;　　(6) $\lim\limits_{x\to\left(\frac{\pi}{2}\right)^-}(\tan x)^{2x-\pi}$.

第四章 不定积分

扫码查看本章课件

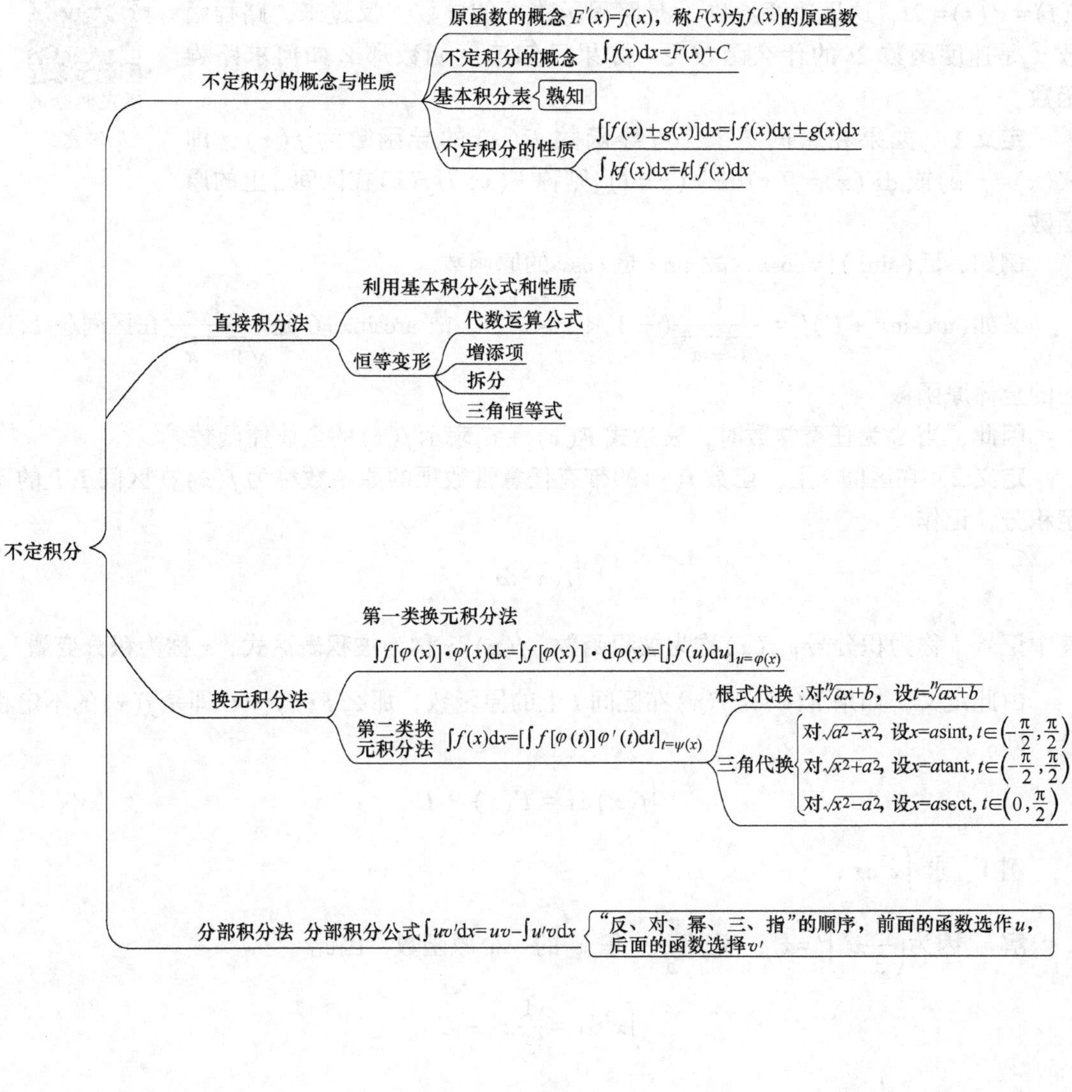

图 4-1 不定积分思维导图

在前面的微分学中我们讨论了求已知函数的导函数问题．但是，在科学与技术领域中还会遇到与此相反的问题：寻求一个可导函数，使它的导函数等于已知函数．这是积分学的基本问题之一.

第一节　不定积分的概念与性质

不定积分的概念

一、原函数与不定积分

引例［路程函数］　数学中有许多互逆运算，如加减法、乘除法、指数与对数运算等．我们知道，若物体的运动方程为 $s(t)=t^2$，则其速度为 $v(t)=s'(t)=2t$，这里速度函数 $2t$ 是路程函数 t^2 的导数．反过来，路程函数 t^2 是速度函数 $2t$ 的什么函数呢？如果已知速度函数那么如何求路程函数？

不定积分的几何意义

定义 1　如果在区间 I 上，可导函数 $F(x)$ 的导函数为 $f(x)$，即 $F'(x)=f(x)$ 或 $\mathrm{d}F(x)=f(x)\mathrm{d}x$　$(x\in I)$，则称 $F(x)$ 为 $f(x)$ 在区间 I 上的**原函数**.

例如，因 $(\sin x)'=\cos x$，故 $\sin x$ 是 $\cos x$ 的原函数.

又如 $(\arcsin x+C)'=\dfrac{1}{\sqrt{1-x^2}}(-1<x<1)$，故 $\arcsin x+C$ 是 $\dfrac{1}{\sqrt{1-x^2}}$ 在区间 $(-1,1)$ 内的全体原函数.

因此，当 C 为任意常数时，表达式 $F(x)+C$ 表示 $f(x)$ 的全体原函数.

定义 2　在区间 I 上，函数 $f(x)$ 的带有任意常数项的原函数称为 $f(x)$ 在区间 I 上的**不定积分**，记作

$$\int f(x)\mathrm{d}x$$

其中记号 $\int$ 称为积分号，$f(x)$ 称为**被积函数**，$f(x)\mathrm{d}x$ 称为**被积表达式**，x 称为**积分变量**.

由此定义，如果 $F(x)$ 是 $f(x)$ 在区间 I 上的原函数，那么 $F(x)+C$ 即是 $f(x)$ 的不定积分，即

$$\int f(x)\mathrm{d}x=F(x)+C$$

例 1　求 $\int x^2\mathrm{d}x$.

解　因为 $\left(\dfrac{1}{3}x^3\right)'=x^2$，所以 $\dfrac{1}{3}x^3$ 是 x^2 的一个原函数，因此

$$\int x^2\mathrm{d}x=\frac{1}{3}x^3+C$$

例 2　求 $\int\dfrac{1}{x}\mathrm{d}x$.

解　当 $x>0$ 时，由于 $(\ln x)'=\dfrac{1}{x}$，所以 $\ln x$ 是 $\dfrac{1}{x}$ 在 $(0,+\infty)$ 内的一个原函数．因此，

在$(0,+\infty)$内

$$\int \frac{1}{x}\mathrm{d}x = \ln x + C$$

当$x<0$时，由于$[\ln(-x)]'=\frac{1}{-x}(-1)=\frac{1}{x}$,所以$\ln(-x)$是$\frac{1}{x}$在$(-\infty,0)$内的一个原函数. 因此，在$(-\infty,0)$内

$$\int \frac{1}{x}\mathrm{d}x = \ln(-x) + C$$

把两者结合起来，可写作

$$\int \frac{1}{x}\mathrm{d}x = \ln|x| + C$$

案例 1 [曲线方程]　设曲线通过点$(1,2)$，且其上任一点处的切线斜率等于这点横坐标的 2 倍，求此曲线方程.

解　设所求的曲线方程为$y=f(x)$，按题设，曲线上任一点(x,y)处的切线斜率为

$$\frac{\mathrm{d}y}{\mathrm{d}x} = 2x$$

即$f(x)$是$2x$的一个原函数.

因为

$$\int 2x\mathrm{d}x = x^2 + C$$

故必有某个常数C，使$f(x)=x^2+C$，即曲线方程为$y=x^2+C$. 因所求曲线过点$(1,2)$，故

$$2 = 1 + C,\quad C = 1$$

于是所求曲线方程为

$$y = x^2 + 1$$

从不定积分的定义，即可知下述关系：

由于$\int f(x)\mathrm{d}x$是$f(x)$的原函数，所以

$$\frac{\mathrm{d}}{\mathrm{d}x}\left[\int f(x)\mathrm{d}x\right] = f(x) \quad 或 \quad \mathrm{d}\left[\int f(x)\mathrm{d}x\right] = f(x)\mathrm{d}x$$

又由于$F(x)$是$F'(x)$的原函数，所以

$$\int F'(x)\mathrm{d}x = F(x) + C \quad 或 \quad \int \mathrm{d}F(x) = F(x) + C$$

由此可见，微分运算（以记号 d 表示）与求不定积分的运算（简称积分运算，以记号$\int$表示）是互逆的. 当记号$\int$与 d 连在一起时，或者抵消，或者抵消后差一个常数.

二、基本积分公式

既然积分运算是微分运算的逆运算，所以从基本导数公式可以直接得到基本积分公式.

基本积分公式

例如，因为 $\left(\dfrac{x^{\mu+1}}{\mu+1}\right)' = x^{\mu}(\mu \neq -1)$ ，所以 $\dfrac{x^{\mu+1}}{\mu+1}$ 是 x^{μ} 的一个原函数，于是

$$\int x^{\mu}\mathrm{d}x = \frac{x^{\mu+1}}{\mu+1} + C \quad (\mu \neq -1)$$

类似地可以得到其他积分公式．下面把基本的积分公式列成一个表，表 4-1 通常叫做基本积分表.

表 4-1　基本积分公式表

(1) $\int k\mathrm{d}x = kx + C$（$k$ 是常数）	(2) $\int x^{\mu}\mathrm{d}x = \dfrac{x^{\mu+1}}{\mu+1} + C \quad (\mu \neq -1)$
(3) $\int \dfrac{1}{x}\mathrm{d}x = \ln\lvert x\rvert + C$	(4) $\int a^{x}\mathrm{d}x = \dfrac{a^{x}}{\ln a} + C$, $\int \mathrm{e}^{x}\mathrm{d}x = \mathrm{e}^{x} + C$
(5) $\int \cos x\mathrm{d}x = \sin x + C$	(6) $\int \sin x\mathrm{d}x = -\cos x + C$
(7) $\int \sec^{2}x\mathrm{d}x = \tan x + C$	(8) $\int \csc^{2}x\mathrm{d}x = -\cot x + C$
(9) $\int \dfrac{1}{\sqrt{1-x^{2}}}\mathrm{d}x = \arcsin x + C$	(10) $\int \dfrac{1}{1+x^{2}}\mathrm{d}x = \arctan x + C$
(11) $\int \sec x\tan x\mathrm{d}x = \sec x + C$	(12) $\int \csc x\cot x\mathrm{d}x = -\csc x + C$

以上 12 个基本积分公式是求不定积分的基础，必须熟记．下面举几个应用幂函数的积分公式（2）的例子.

例 3　求 $\int \dfrac{\mathrm{d}x}{x^{3}}$.

解　$\int \dfrac{\mathrm{d}x}{x^{3}} = \int x^{-3}\mathrm{d}x = \dfrac{x^{-3+1}}{-3+1} + C = -\dfrac{1}{2x^{2}} + C$

例 4　求 $\int x^{2}\sqrt{x}\,\mathrm{d}x$.

解　$\int x^{2}\sqrt{x}\,\mathrm{d}x = \int x^{\frac{5}{2}}\mathrm{d}x = \dfrac{x^{\frac{5}{2}+1}}{\dfrac{5}{2}+1} + C = \dfrac{2}{7}x^{\frac{7}{2}} + C = \dfrac{2}{7}x^{3}\sqrt{x} + C$

以上两个例子表明，有时被积函数实际是幂函数，但用分式或根式表示．遇到此情形，应先把它化为 x^{μ} 的形式，然后应用幂函数的积分公式（2）来求不定积分.

不定积分的性质

三、不定积分的性质

性质 1　设函数 $f(x)$ 及 $g(x)$ 的原函数存在，则

$$\int [f(x) \pm g(x)]\mathrm{d}x = \int f(x)\mathrm{d}x \pm \int g(x)\mathrm{d}x \tag{4-1}$$

性质 1 对于有限个函数都是成立的.

性质 2　设函数 $f(x)$ 的原函数存在，k 为非零常数，则

$$\int kf(x)\mathrm{d}x = k\int f(x)\mathrm{d}x$$

利用基本积分公式及不定积分的这两个性质，可以求一些简单函数的不定积分.

例 5　求 $\int (x^2 - \cos x + 3)\mathrm{d}x$.

解　$\int (x^2 - \cos x + 3)\mathrm{d}x = \int x^2\mathrm{d}x - \int \cos x\mathrm{d}x + \int 3\mathrm{d}x = \frac{1}{3}x^3 - \sin x + 3x + C$

注意　检验积分结果是否正确，只要对结果求导，看它的导数是否等于被积函数，相等时结果是正确的，否则结果是错误的.

例 6　求 $\int \frac{(\sqrt{x}+1)^2}{x}\mathrm{d}x$.

解

$$\begin{aligned}\int \frac{(\sqrt{x}+1)^2}{x}\mathrm{d}x &= \int \frac{x+2\sqrt{x}+1}{x}\mathrm{d}x \\ &= \int 1\mathrm{d}x + 2\int x^{-\frac{1}{2}}\mathrm{d}x + \int \frac{1}{x}\mathrm{d}x \\ &= x + 2\cdot\frac{1}{-\frac{1}{2}+1}x^{-\frac{1}{2}+1} + \ln|x| + C \\ &= x + 4\sqrt{x} + \ln|x| + C\end{aligned}$$

例 7　求 $\int \frac{1+2x^2}{x^2(1+x^2)}\mathrm{d}x$.

解　首先把被积函数作适当的恒等变形，化成基本积分公式表中的类型，再逐项积分：

$$\int \frac{1+2x^2}{x^2(1+x^2)}\mathrm{d}x = \int \frac{(1+x^2)+x^2}{x^2(1+x^2)}\mathrm{d}x = \int \frac{1}{x^2} + \frac{1}{1+x^2}\mathrm{d}x = -\frac{1}{x} + \arctan x + C$$

思考题　求 $\int \frac{1}{x^2(1+x^2)}\mathrm{d}x$.

例 8　求 $\int \tan^2 x\mathrm{d}x$.

解　基本积分表中没有这种类型的积分，先利用三角恒等式化成表中所列类型的积分，然后再逐项积分：

$$\int \tan^2 x\mathrm{d}x = \int (\sec^2 x - 1)\mathrm{d}x = \int \sec^2 x\mathrm{d}x - \int \mathrm{d}x = \tan x - x + C$$

例 9　求 $\int \frac{1}{\sin^2\frac{x}{2}\cos^2\frac{x}{2}}\mathrm{d}x$.

解　同上例一样，先利用三角恒等式变形，然后再积分：

$$\int \frac{1}{\sin^2\frac{x}{2}\cos^2\frac{x}{2}}\mathrm{d}x = \int \frac{1}{\left(\frac{\sin x}{2}\right)^2}\mathrm{d}x = 4\int \csc^2 x\mathrm{d}x = -4\cot x + C$$

案例 2［结冰厚度］ 若池塘结冰的速度由$\frac{dy}{dt}=k\sqrt{t}$确定，其中 y（单位：cm）是自结冰起到时刻 t（单位：h）冰的厚度，k 是正常数，求结冰厚度 y 关于时间 t 的函数.

解 由$\frac{dy}{dt}=k\sqrt{t}$，求不定积分，得

$$y(t)=\int k\sqrt{t}\,dt=k\frac{2}{3}t^{\frac{3}{2}}+C$$

由于 $t=0$ 时，池塘开始结冰，此时冰的厚度为 0，即 $y(0)=0$，代入上式得，$C=0$，所以

$$y(t)=\frac{2}{3}kt^{\frac{3}{2}}$$

案例 3［电流函数］ 某电路中电流关于时间的变化率为 $\frac{di}{dt}=4t-0.6t^2$，若 $t=0$ 时，$i=2$A，求电流 i 关于时间 t 的函数.

解 由 $\frac{di}{dt}=4t-0.6t^2$，求不定积分，得

$$i(t)=\int(4t-0.6t^2)\,dt=2t^2-0.2t^3+C$$

将 $i(0)=2$ 代入上式，得 $C=2$，所以

$$i(t)=2t^2-0.2t^3+2$$

习题 4-1

1. 选择题.

(1) 下列等式中成立的是（　　）.

A. $d\int f(x)\,dx=f(x)$　　B. $\frac{d}{dx}\int f(x)\,dx=f(x)\,dx$

C. $\frac{d}{dx}\int f(x)\,dx=f(x)+C$　　D. $d\int f(x)\,dx=f(x)\,dx$

(2) $\int e^{-x}dx=$（　　）.

A. e^{-x}　　B. $e^{-x}+c$

C. $-e^{-x}$　　D. $-e^{-x}+c$

2. 已知某曲线上任意一点切线的斜率等于 x，且曲线过点 $M(0,1)$，求曲线方程.

3. 一质点做变速直线运动，速度 $v(t)=3\cos t$，当 $t=0$ 时，质点与原点之间的距离为 $s_0=4$，求质点离原点的距离 s 和时间 t 的函数关系.

4. 计算下列不定积分：

(1) $\int(x^2+3\sqrt{x}+\ln 2)\,dx$；　　(2) $\int\left(\frac{1}{x}+\frac{1}{\sqrt{1-x^2}}-\frac{1}{1+x^2}\right)dx$；

(3) $\int(e^x-2\cos x+2)\,dx$；　　(4) $\int\left(x-\sin x+\frac{1}{x}\right)dx$；

(5) $\int\left(x^2+2^x+\frac{2}{x}\right)\mathrm{d}x$；　　(6) $\int\frac{x^2}{1+x^2}\mathrm{d}x$；

(7) $\int\left(1-\frac{1}{u}\right)^2\mathrm{d}u$；　　(8) $\int\frac{3x^2+5}{x^3}\mathrm{d}x$；

(9) $\int\frac{\cos 2x}{\cos x-\sin x}\mathrm{d}x$；　　(10) $\int\mathrm{e}^x(3-\mathrm{e}^{-x})\mathrm{d}x$；

(11) $\int\mathrm{e}^{x+2}\mathrm{d}x$；　　(12) $\int\left(\frac{\sin x}{2}+\frac{1}{\sin^2 x}\right)\mathrm{d}x$.

第二节　换元积分法

利用基本积分公式表与积分的性质，所能计算的不定积分是非常有限的．因此，有必要进一步来研究不定积分的求法．本节把复合函数的微分法反过来用于求不定积分，利用中间变量的代换，得到复合函数的积分法，称为**换元积分法**，简称**换元法**．换元法通常分为两类，下面先讲第一类换元法.

一、第一类换元法

第一类换元法

设$f(u)$具有原函数$F(u)$，即

$$F'(u)=f(u),\int f(u)\mathrm{d}u=F(u)+C$$

如果u是中间变量：$u=\varphi(x)$，且设$\varphi(x)$可微，那么，根据复合函数微分法，有

$$\mathrm{d}F[\varphi(x)]=f[\varphi(x)]\varphi'(x)\mathrm{d}x$$

从而根据不定积分的定义得

$$\int f[\varphi(x)]\varphi'(x)\mathrm{d}x=F[\varphi(x)]+C=\left[\int f(u)\mathrm{d}u\right]_{u=\varphi(x)}$$

于是有下述定理：

定理1(第一类换元积分法)　设$f(u)$具有原函数$F(u)$，$u=\varphi(x)$可导，则有换元积分公式

$$\int f[\varphi(x)]\cdot\varphi'(x)\mathrm{d}x=\int f[\varphi(x)]\cdot\mathrm{d}\varphi(x)=\left[\int f(u)\mathrm{d}u\right]_{u=\varphi(x)}\tag{4-2}$$

由此定理可见，虽然$\int f[\varphi(x)]\varphi'(x)\mathrm{d}x$是一个整体的记号，但从形式上看，被积表达式中的$\mathrm{d}x$也可以当作变量$x$的微分来对待，从而微分等式$\varphi'(x)\mathrm{d}x=\mathrm{d}u$可以方便地应用到被积表达式中来，我们在上节第一节中已经这样用了，那里把积分$\int F'(x)\mathrm{d}x$记作$\int\mathrm{d}F(x)$，就是按微分$F'(x)\mathrm{d}x=\mathrm{d}F(x)$，把被积表达式$F'(x)\mathrm{d}x$记作$\mathrm{d}F(x)$.

如何应用公式（4-2）来求不定积分？设要求$\int g(x)\mathrm{d}x$，如果函数$g(x)$可以化为$g(x)=f[\varphi(x)]\varphi'(x)$，那么

$$\int g(x)\mathrm{d}x=\int f[\varphi(x)]\varphi'(x)\mathrm{d}x=\int f[\varphi(x)]\mathrm{d}\varphi(x)=\left[\int f(u)\mathrm{d}u\right]_{u=\varphi(x)}$$

这样，函数 $g(x)$ 的积分就转化为函数 $f(u)$ 的积分．如果能求得 $f(u)$ 的原函数，那么也就得到了 $g(x)$ 的原函数.

例 1 求 $\int 2\cos 2x\mathrm{d}x$.

解 被积函数中，$\cos 2x$ 是一个复合函数：$\cos 2x=\cos u$，$u=2x$，常数因子恰好是中间变量 u 的导数．因此作变换 $u=2x$，便有

$$\int 2\cos 2x\mathrm{d}x=\int\cos 2x\cdot 2\mathrm{d}x=\int\cos 2x\cdot(2x)'\mathrm{d}x=\int\cos u\mathrm{d}u=\sin u+C$$

再以 $u=2x$ 代入，即得

$$\int 2\cos 2x\mathrm{d}x=\sin 2x+C$$

例 2 求 $\int(1-2x)^{100}\mathrm{d}x$.

解 被积函数 $(1-2x)^{100}=u^{100}$，$u=1-2x$，这里缺少 $\frac{\mathrm{d}u}{\mathrm{d}x}=-2$ 这样一个因子，但因 $\frac{\mathrm{d}u}{\mathrm{d}x}$ 是个常数，故可改变系数凑出这个因子：

$$(1-2x)^{100}=-\frac{1}{2}(1-2x)^{100}\cdot(-2)=-\frac{1}{2}(1-2x)^{100}\cdot(1-2x)'$$

于是令 $u=1-2x$，便有

$$\begin{aligned}\int(1-2x)^{100}\mathrm{d}x&=\int-\frac{1}{2}(1-2x)^{100}\cdot(1-2x)'\mathrm{d}x\\&=-\frac{1}{2}\int(1-2x)^{100}\mathrm{d}(1-2x)\\&=-\frac{1}{2}\int u^{100}\mathrm{d}u\\&=-\frac{1}{2}\cdot\frac{1}{101}u^{101}+C\\&=-\frac{1}{202}(1-2x)^{101}+C\end{aligned}$$

在对上述换元法比较熟悉以后，可不必写出中间变量.

例 3 求 $\int 2x\mathrm{e}^{x^2}\mathrm{d}x$.

解 $\int 2x\mathrm{e}^{x^2}\mathrm{d}x=\int\mathrm{e}^{x^2}(x^2)'\mathrm{d}x=\int\mathrm{e}^{x^2}\mathrm{d}(x^2)=\int\mathrm{e}^u\mathrm{d}u=\mathrm{e}^u+C=\mathrm{e}^{x^2}+C$

例 4 求 $\int\frac{1}{a^2+x^2}\mathrm{d}x\ (a\neq 0)$.

解 $\int\frac{1}{a^2+x^2}\mathrm{d}x=\int\frac{1}{a^2}\cdot\frac{1}{1+\left(\frac{x}{a}\right)^2}\mathrm{d}x=\frac{1}{a}\int\frac{1}{1+\left(\frac{x}{a}\right)^2}\mathrm{d}\frac{x}{a}=\frac{1}{a}\arctan\frac{x}{a}+C$

在上例中，实际上已经用了变量代换 $u=\frac{x}{a}$，并在求出积分 $\frac{1}{a}\int\frac{1}{1+u^2}\mathrm{d}u$ 之后，代回

了原积分变量 x，只是没有把这些步骤写出来而已.

例5　求 $\int \frac{dx}{\sqrt{a^2-x^2}}(a>0)$.

解　$\int \frac{dx}{\sqrt{a^2-x^2}}=\int \frac{1}{a}\frac{dx}{\sqrt{1-\left(\frac{x}{a}\right)^2}}=\int \frac{d\frac{x}{a}}{\sqrt{1-\left(\frac{x}{a}\right)^2}}=\arcsin\frac{x}{a}+C$

例6　求 $\int \frac{\sqrt{1+\ln x}}{x}dx$.

解　$\int \frac{\sqrt{1+\ln x}}{x}dx=\int (1+\ln x)^{\frac{1}{2}}d(\ln x)$

$$=\int (1+\ln x)^{\frac{1}{2}}d(1+\ln x)$$

$$=\frac{2}{3}(1+\ln x)^{\frac{3}{2}}+C$$

例7　求 $\int \tan x dx$.

解　$\int \tan x dx=\int \frac{\sin x}{\cos x}dx=-\int \frac{1}{\cos x}d(\cos x)=-\ln|\cos x|+C$

类似可得

$$\int \cot x dx=\ln|\sin x|+C$$

从以上几例可见，第一类换元积分法是一种非常有效的积分法．首先，必须熟悉基本积分公式，对积分公式应广义地理解，如对公式 $\int \frac{1}{x}dx=\ln|x|+C$，应理解为 $\int \frac{1}{u}du=\ln|u|+C$，其中 u 可以是 x 的任一可微函数；其次，应熟悉微分运算，针对具体的积分要选准某个基本积分公式，凑微分使变量一致．凑微分时，常用的微分式有：

$a dx=d(ax)$；　　$dx=\frac{1}{a}d(ax+b)$；

$x dx=\frac{1}{2}d(x^2)$；　　$x^2dx=\frac{1}{3}d(x^3)$；

$\frac{1}{x}dx=d\ln x$；　　$\frac{1}{\sqrt{x}}dx=2d\sqrt{x}$；

$\frac{1}{x^2}dx=-d\frac{1}{x}$；　　$e^x dx=de^x$；

$\sin x dx=-d(\cos x)$；　　$\cos x dx=d\sin x$；

$\frac{1}{1+x^2}dx=d\arctan x$；　　$\frac{1}{\sqrt{1-x^2}}dx=d\arcsin x$；

$\frac{x}{\sqrt{1+x^2}}dx=d\sqrt{1+x^2}$；　　$\sec^2 x dx=d\tan x$.

事实上，只要积分计算需要，每一个微分式都可以用来凑微分.

例 8　求 $\int \csc x\mathrm{d}x$.

解

方法一　$\int \csc x\mathrm{d}x = \int \frac{1}{\sin x}\mathrm{d}x = \int \frac{1}{2\sin\frac{x}{2}\cos\frac{x}{2}}\mathrm{d}x = \int \frac{1}{2\tan\frac{x}{2}\cos^2\frac{x}{2}}\mathrm{d}x$

$$= \int \frac{1}{2}\frac{\sec^2\frac{x}{2}}{\tan\frac{x}{2}}\mathrm{d}x = \int \frac{1}{\tan\frac{x}{2}}\mathrm{d}\left(\tan\frac{x}{2}\right) = \ln\left|\tan\frac{x}{2}\right| + C$$

方法二　$\int \csc x\mathrm{d}x = \int \frac{\csc x(\csc x - \cot x)}{\csc x - \cot x}\mathrm{d}x = \int \frac{1}{\csc x - \cot x}\mathrm{d}(\csc x - \cot x)$

$$= \ln|\csc x - \cot x| + C$$

利用结果 $\int \csc x\mathrm{d}x = \ln|\csc x - \cot x| + C$，可求得积分 $\int \sec x\mathrm{d}x$ ：

$$\int \sec x\mathrm{d}x = \int \csc\left(x + \frac{\pi}{2}\right)\mathrm{d}\left(x + \frac{\pi}{2}\right) = \ln\left|\csc\left(x + \frac{\pi}{2}\right) - \cot\left(x + \frac{\pi}{2}\right)\right| + C$$

$= \ln|\sec x + \tan x| + C$

例 9　求 $\int \sin 2x\mathrm{d}x$.

解

方法一　$\int \sin 2x\mathrm{d}x = \frac{1}{2}\int \sin 2x\mathrm{d}(2x) = -\frac{1}{2}\cos 2x + C$

方法二　$\int \sin 2x\mathrm{d}x = 2\int \sin x\cos x\mathrm{d}x = 2\int \sin x\mathrm{d}(\sin x) = \sin^2 x + C$

方法三　$\int \sin 2x\mathrm{d}x = 2\int \sin x\cos x\mathrm{d}x = -2\int \cos x\mathrm{d}(\cos x) = -\cos^2 x + C$

例 8 和例 9 表明，同一个不定积分，选择不同的积分方法，得到的结果形式可能不同，这是完全正常的．首先，可以用导数验证它们的正确性；再则，只要找到 $f(x)$ 的一个原函数 $F(x)$，其不定积分为 $\int f(x)\mathrm{d}x = F(x) + C$ ，这一个原函数可以不相同．在例 8 中，

$$\tan\frac{x}{2} = \frac{\sin\frac{x}{2}}{\cos\frac{x}{2}} = \frac{2\sin^2\frac{x}{2}}{\sin x} = \frac{1 - \cos x}{\sin x} = \csc x - \cot x$$

故

$$\int \csc x\mathrm{d}x = \ln\left|\tan\frac{x}{2}\right| + C = \ln|\csc x - \cot x| + C$$

在例 9 中，

$$-\frac{1}{2}\cos 2x = -\frac{1}{2}(1 - 2\sin^2 x) = \sin^2 x - \frac{1}{2}$$

$$-\cos^2 x = \sin^2 x - 1$$

三种解法的原函数仅差一个常数，都包含到任意常数 C 中．由此可见，在不定积分中任意常数是不可缺少的.

例 10　求 $\int \sin^3 x\mathrm{d}x$.

解　$\int \sin^3 x\mathrm{d}x = \int \sin^2 x\sin x\mathrm{d}x = -\int (1-\cos^2 x)\mathrm{d}(\cos x) = -\cos x + \frac{1}{3}\cos^3 x + C$

例 11　求 $\int \sin^2 x\cos^5 x\mathrm{d}x$.

解

$$\begin{aligned}\int \sin^2 x\cos^5 x\mathrm{d}x &= \int \sin^2 x\cos^4 x\cos x\mathrm{d}x\\ &= \int \sin^2 x(1-\sin^2 x)^2\mathrm{d}(\sin x)\\ &= \int (\sin^2 x - 2\sin^4 x + \sin^6 x)\mathrm{d}(\sin x)\\ &= \frac{1}{3}\sin^3 x - \frac{2}{5}\sin^5 x + \frac{1}{7}\sin^7 x + C\end{aligned}$$

例 12　求 $\int \sec^6 x\mathrm{d}x$.

解

$$\begin{aligned}\int \sec^6 x\mathrm{d}x &= \int (\sec^2 x)^2\sec^2 x\mathrm{d}x\\ &= \int (1+\tan^2 x)^2\mathrm{d}(\tan x)\\ &= \int (1+2\tan^2 x+\tan^4 x)\mathrm{d}(\tan x)\\ &= \tan x + \frac{2}{3}\tan^3 x + \frac{1}{5}\tan^5 x + C\end{aligned}$$

例 13　求 $\int \frac{2x+1}{x^2+4x+5}\mathrm{d}x$.

解

$$\begin{aligned}\int \frac{2x+1}{x^2+4x+5}\mathrm{d}x &= \int \frac{2x+4-3}{x^2+4x+5}\mathrm{d}x\\ &= \int \frac{2x+4}{x^2+4x+5}\mathrm{d}x - 3\int \frac{1}{1+(x+2)^2}\mathrm{d}x\\ &= \int \frac{\mathrm{d}(x^2+4x+5)}{x^2+4x+5} - 3\int \frac{1}{1+(x+2)^2}\mathrm{d}(x+2)\\ &= \ln(x^2+4x+5) - 3\arctan(x+2) + C\end{aligned}$$

二、第二类换元法

第二类换元法

定理 2　（第二类换元积分法）设函数 $x=\varphi(t)$ 单调、可导，并且 $\varphi'(t)\neq 0$. 又设 $f[\varphi(t)]\varphi'(t)$ 的原函数存在，则有换元公式

$$\int f(x)\mathrm{d}x = \left[\int f[\varphi(t)]\varphi'(t)\mathrm{d}t\right]_{t=\psi(x)} \tag{4-3}$$

其中 $t=\psi(x)$ 是 $x=\varphi(t)$ 的反函数.

例 14　求积分$\int \frac{1}{1-\sqrt{2x+1}}dx$.

解　设$\sqrt{2x+1}=t$，则$x=\frac{t^2-1}{2}$，$dx=tdt$，于是

$$\int \frac{1}{1-\sqrt{2x+1}}dx=\int \frac{t}{1-t}dt=-\int \frac{(t-1)+1}{t-1}dt=-t-\ln|t-1|+C$$
$$=-\sqrt{2x+1}-\ln\left|\sqrt{2x+1}-1\right|+C$$

例 15　求$\int \sqrt{a^2-x^2}dx(a>0)$.

解　求这个积分的困难在于有根式$\sqrt{a^2-x^2}$，但可以利用三角公式$\sin^2 t+\cos^2 t=1$来化去根式.

设$x=a\sin t$，$-\frac{\pi}{2}<t<\frac{\pi}{2}$，则

$$\sqrt{a^2-x^2}=\sqrt{a^2-a^2\sin^2 t}=a\cos t, dx=a\cos t dt$$

于是根式化成了三角式，所求积分化为

$$\int \sqrt{a^2-x^2}dx=\int a\cos t\cdot a\cos t dt$$
$$=a^2\int \frac{1+\cos 2t}{2}dt$$
$$=\frac{a^2}{2}\left(\int dt+\int \cos 2t dt\right)$$
$$=\frac{a^2}{2}t+\frac{a^2}{2}\sin t\cos t+C$$

由于$x=a\sin t$，$-\frac{\pi}{2}<t<\frac{\pi}{2}$，所以

$$\sin t=\frac{x}{a}, t=\arcsin\frac{x}{a},\quad \cos t=\sqrt{1-\sin^2 t}=\sqrt{1-\left(\frac{x}{a}\right)^2}=\frac{\sqrt{a^2-x^2}}{a}$$

因此

$$\int \sqrt{a^2-x^2}dx=\frac{a^2}{2}\arcsin\frac{x}{a}+\frac{1}{2}x\sqrt{a^2-x^2}+C$$

例 16　求$\int \frac{dx}{\sqrt{a^2+x^2}}(a>0)$.

解　设$x=a\tan t$，$-\frac{\pi}{2}<t<\frac{\pi}{2}$，则$\sqrt{a^2+x^2}=\sqrt{a^2+a^2\tan^2 t}=a\sec t$，$dx=a\sec^2 t dt$，于是

$$\int \frac{dx}{\sqrt{a^2+x^2}}=\int \frac{a\sec^2 t}{a\sec t}dt=\int \sec t dt=\ln|\sec t+\tan t|+C$$

为了把$\sec t$及$\tan t$换成x的函数，根据$\tan t=\frac{x}{a}$作辅助直角三角形（图 4-2），于是有

$$\sec t=\frac{\sqrt{a^2+x^2}}{a}，且 \sec t+\tan t>0$$

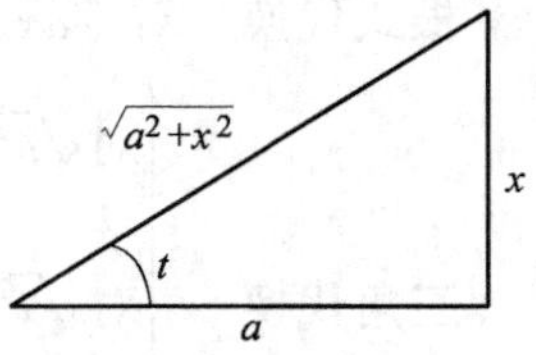

图 4-2

因此

$$\int\frac{\mathrm{d}x}{\sqrt{a^2+x^2}}=\ln\left(\frac{x}{a}+\frac{\sqrt{a^2+x^2}}{a}\right)+C=\ln\left(x+\sqrt{x^2+a^2}\right)+C_1$$

其中 $C_1=C-\ln a$.

例 17　求 $\int\frac{\mathrm{d}x}{\sqrt{x^2-a^2}}(a>0)$.

解　当 $x>a$ 时，设 $x=a\sec t$，$0<t<\frac{\pi}{2}$，则 $\sqrt{x^2-a^2}=\sqrt{a^2\sec^2t-a^2}=a\tan t$，$\mathrm{d}x=a\sec t\tan t\mathrm{d}t$，于是

$$\int\frac{\mathrm{d}x}{\sqrt{x^2-a^2}}=\int\frac{a\sec t\tan t}{a\tan t}\mathrm{d}t=\int\sec t\mathrm{d}t=\ln(\sec t+\tan t)+C$$

为了把 $\sec t$ 及 $\tan t$ 换成 x 的函数，我们根据 $\sec t=\frac{x}{a}$ 作辅助直角三角形（图 4-3），得到

$$\tan t=\frac{\sqrt{x^2-a^2}}{a}$$

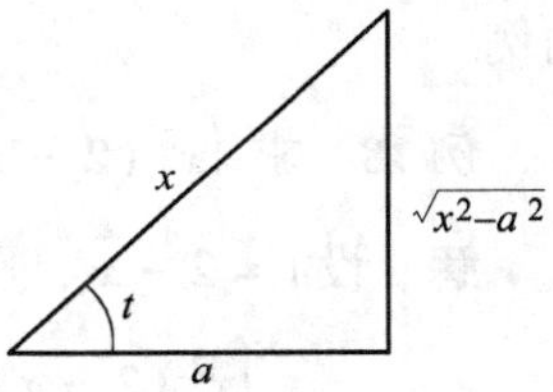

图 4-3

因此

$$\int\frac{\mathrm{d}x}{\sqrt{x^2-a^2}}=\ln\left(\frac{x}{a}+\frac{\sqrt{x^2-a^2}}{a}\right)+C=\ln\left(x+\sqrt{x^2-a^2}\right)+C_1$$

其中 $C_1=C-\ln a$.

当 $x<-a$ 时，令 $x=-u$，则 $u>a$. 由上面结果，有

$$\begin{aligned}\int\frac{\mathrm{d}x}{\sqrt{x^2-a^2}}&=-\int\frac{\mathrm{d}u}{\sqrt{u^2-a^2}}\\&=-\ln(u+\sqrt{u^2-a^2})+C\\&=-\ln(-x+\sqrt{x^2-a^2})+C\\&=\ln\frac{-x-\sqrt{x^2-a^2}}{a^2}+C\\&=\ln\left(-x-\sqrt{x^2-a^2}\right)+C_2\end{aligned}$$

其中 $C_2=C-2\ln a$.

把在 $x>a$ 及 $x<-a$ 内的结果结合起来，可写作

$$\int\frac{\mathrm{d}x}{\sqrt{x^2-a^2}}=\ln\left|x+\sqrt{x^2-a^2}\right|+C$$

第二类换元积分法是基本积分方法之一，由上述四例可见，使用第二类换元法的关键在于选择适当的变换 $x=\varphi(t)$，消除被积式中的根号．最常见的形式有：

根式代换 对 $\sqrt[n]{ax+b}$，设 $t=\sqrt[n]{ax+b}$；

$$
\text{三角代换}\begin{cases}\text{对}\sqrt{a^2-x^2}\text{，设 } x=a\sin t,\ t\in\left(-\dfrac{\pi}{2},\dfrac{\pi}{2}\right);\\ \text{对}\sqrt{x^2+a^2}\text{，设 } x=a\tan t,\ t\in\left(-\dfrac{\pi}{2},\dfrac{\pi}{2}\right);\\ \text{对}\sqrt{x^2-a^2}\text{，设 } x=a\sec t,\ t\in\left(0,\dfrac{\pi}{2}\right).\end{cases}
$$

变量替换后，原来关于 x 的不定积分转化为关于 t 的不定积分，在求得关于 t 的不定积分后，必须代回原变量．在进行三角函数换元时，可借助直角三角形中函数边与角的关系．

在使用第二类换元法的同时，应注意根据需要，随时与被积函数的恒等变形、不定积分的性质、第一类换元法等结合使用．

第二类换元法并不局限于上述四种基本形式，它也是非常灵活的方法．应根据所给被积函数在积分时的困难所在，选择适当的变量替换，转化成便于求积的形式，请看下面两例．

例 18 求 $\int x^2(2-x)^{10}\mathrm{d}x$．

解 设 $t=2-x$，则 $x=2-t$，$\mathrm{d}x=-\mathrm{d}t$，于是

$$
\begin{aligned}
\int x^2(2-x)^{10}\mathrm{d}x&=\int(2-t)^2t^{10}(-\mathrm{d}t)\\
&=-\int(4-4t+t^2)t^{10}\mathrm{d}t\\
&=\int(-4t^{10}+4t^{11}-t^{12})\mathrm{d}t\\
&=-\frac{4}{11}t^{11}+\frac{1}{3}t^{12}-\frac{1}{13}t^{13}+C\\
&=-\frac{4}{11}(2-x)^{11}+\frac{1}{3}(2-x)^{12}-\frac{1}{13}(2-x)^{13}+C
\end{aligned}
$$

例 19 求 $\int\dfrac{\mathrm{d}x}{\sqrt{\mathrm{e}^x+1}}$．

解 设 $\sqrt{\mathrm{e}^x+1}=t$，则 $x=\ln(t^2-1)$，$\mathrm{d}x=\dfrac{2t}{t^2-1}\mathrm{d}t$，于是

$$
\begin{aligned}
\int\frac{\mathrm{d}x}{\sqrt{\mathrm{e}^x+1}}&=\int\frac{1}{t}\cdot\frac{2t}{t^2-1}\mathrm{d}t\\
&=\int\frac{2}{t^2-1}\mathrm{d}t\\
&=\int\left(\frac{1}{t-1}-\frac{1}{t+1}\right)\mathrm{d}t\\
&=\int\frac{1}{t-1}\mathrm{d}(t-1)-\int\frac{1}{t+1}\mathrm{d}(t+1)
\end{aligned}
$$

$$= \ln(t-1) - \ln(t+1) + C$$
$$= \ln\frac{t-1}{t+1} + C$$
$$= \ln\frac{\sqrt{e^x+1}-1}{\sqrt{e^x+1}+1} + C$$

本节某些例题的结果，可以作为补充的积分公式（基本积分公式见表4-1），把它们列于下面便于今后使用（其中常数 $a>0$）：

(13) $\int \tan x\mathrm{d}x = -\ln|\cos x| + C$；

(14) $\int \cot x\mathrm{d}x = \ln|\sin x| + C$；

(15) $\int \sec x\mathrm{d}x = \ln|\sec x + \tan x| + C$；

(16) $\int \csc x\mathrm{d}x = \ln|\csc x - \cot x| + C$；

(17) $\int \frac{\mathrm{d}x}{a^2+x^2} = \frac{1}{a}\arctan\frac{x}{a} + C$；

(18) $\int \frac{\mathrm{d}x}{x^2-a^2} = \frac{1}{2a}\ln\left|\frac{x-a}{x+a}\right| + C$；

(19) $\int \frac{\mathrm{d}x}{\sqrt{a^2-x^2}} = \arcsin\frac{x}{a} + C$；

(20) $\int \frac{\mathrm{d}x}{\sqrt{a^2+x^2}} = \ln\left(x+\sqrt{x^2+a^2}\right) + C$；

(21) $\int \frac{\mathrm{d}x}{\sqrt{x^2-a^2}} = \ln\left|x+\sqrt{x^2-a^2}\right| + C$.

习题 4-2

1. 请在下列括号中填写正确的内容：

(1) $\mathrm{d}x = (\quad)\mathrm{d}(ax)$；

(2) $\mathrm{d}x = (\quad)\mathrm{d}(2-3x)$；

(3) $x\mathrm{d}x = (\quad)\mathrm{d}(2x^2-1)$；

(4) $\frac{1}{x^2}\mathrm{d}x = \mathrm{d}(\quad)$；

(5) $e^{-x}\mathrm{d}x = (\quad)\mathrm{d}(e^{-x})$；

(6) $xe^{x^2}\mathrm{d}x = e^{x^2}\mathrm{d}(\quad) = (\quad)\mathrm{d}(e^{x^2})$；

(7) $\sin 2x\mathrm{d}x = (\quad)\mathrm{d}(\cos 2x)$；

(8) $\cos\frac{x}{2}\mathrm{d}x = (\quad)\mathrm{d}\left(\sin\frac{x}{2}\right)$；

(9) $\frac{1}{x}\mathrm{d}x = \mathrm{d}(\quad)$；

(10) $\frac{\ln x}{x}\mathrm{d}x = \ln x\mathrm{d}(\quad) = \mathrm{d}(\quad)$；

(11) $\frac{1}{\sqrt{x}}\mathrm{d}x = \mathrm{d}(\quad)$；

(12) $\frac{1}{\sqrt{2-3x}}\mathrm{d}x = (\quad)\mathrm{d}\sqrt{2-3x}$；

(13) $\frac{1}{2-3x}dx = (\quad)d(\ln(2-3x))$ ；

(14) $\frac{1}{\sqrt{4-x^2}}dx = (\quad)d\left(\arcsin\frac{x}{2}\right)$ ；

(15) $\frac{1}{4+x^2}dx = (\quad)d\left(\arctan\frac{x}{2}\right)$ ；

(16) $\sec^2 x dx = d(\quad)$.

2. 用第一类换元积分法求下列不定积分：

(1) $\int \sin 3x dx$ ；

(2) $\int \sqrt{1-2x}\, dx$ ；

(3) $\int \frac{1}{1+x}dx$ ；

(4) $\int \cos(2x-5)dx$ ；

(5) $\int \frac{1}{x\ln x}dx$ ；

(6) $\int 2\cos^2 x dx$ ；

(7) $\int \frac{x-1}{x^2+1}dx$ ；

(8) $\int (1-3x)^9 dx$ ；

(9) $\int \frac{x^2}{1+x^3}dx$ ；

(10) $\int \frac{\arctan x}{1+x^2}dx$ ；

(11) $\int \frac{1}{\sqrt{1-x^2}\arcsin x}dx$ ；

(12) $\int \frac{1}{(1-x)^2}dx$ ；

(13) $\int \frac{1}{\sqrt{9-4x^2}}dx$ ；

(14) $\int \frac{1}{x^2}\cos\frac{1}{x}dx$ ；

(15) $\int x e^{-x^2} dx$ ；

(16) $\int \frac{1}{1+\cos x}dx$.

3. 用第二类换元积分法求下列不定积分：

(1) $\int \frac{\sqrt{x}}{1+x}dx$ ；

(2) $\int \frac{x^2}{\sqrt[3]{2-x}}dx$ ；

(3) $\int \frac{\sqrt{1-x^2}}{x}dx$ ；

(4) $\int \frac{x}{\sqrt{x^2+1}}dx$ ；

(5) $\int x\sqrt{x-2}\, dx$ ；

(6) $\int \frac{1}{\sqrt{x^2-1}}dx$ ；

(7) $\int \frac{x}{2\sqrt{x-1}}dx$ ；

(8) $\int \frac{\sqrt{x}}{1-x}dx$ ；

(9) $\int \frac{x}{\sqrt{4-x^2}}dx$ ；

(10) $\int \frac{1}{\sqrt{1+2x^2}}dx$.

第三节　分部积分法

分部积分法

前面在复合函数求导法则的基础上,得到了换元积分法．现在利用两个函数乘积的求导法则,来推得另一个求积分的基本方法——**分部积分法**．

设函数 $u=u(x)$ 及 $v=v(x)$ 具有连续的导数．两个函数乘积的导数公式为

$$(uv)' = u'v + uv'$$

移项，得

$$uv' = (uv)' - u'v$$

对上式两边求不定积分，得

$$\int uv'\mathrm{d}x = uv - \int u'v\mathrm{d}x \tag{4-4}$$

公式（4-4）称为**分部积分公式**．如果求 $\int uv'\mathrm{d}x$ 有困难，而求 $\int vu'\mathrm{d}x$ 比较容易时，分部积分公式就可以发挥作用了.

为简便起见，也可以把公式（4-4）写成下面的形式：

$$\int u\mathrm{d}v = uv - \int v\mathrm{d}u \tag{4-5}$$

下面通过例题来说明如何运用这个重要公式.

例 1　求 $\int x\cos x\mathrm{d}x$．

解　用分部积分法的第一步是选择 u 和 v'.

现在设 $u=x$，$v'=\cos x$，则 $u'=1$，$v=\sin x$，代入分部积分公式（4-4），得

$$\int x\cos x\mathrm{d}x = x\sin x - \int \sin x\mathrm{d}x$$

而 $\int u'v\mathrm{d}x = \int \sin x\mathrm{d}x$ 容易积出，所以

$$\int x\cos x\mathrm{d}x = x\sin x + \cos x + C$$

求这个积分时，如果设 $u=\cos x$，$v'=x$，则

$$u' = -\sin x, v = \frac{x^2}{2}$$

于是

$$\int x\cos x\mathrm{d}x = \frac{x^2}{2}\cos x + \int \frac{x^2}{2}\sin x\mathrm{d}x$$

上式右端的积分比原积分更不容易求出.

由此可见，应用分部积分法时，恰当的选取 u 和 v' 是一个关键．选取 u 和 v' 一般要考虑两点：一是 v 要容易求得；二是 $\int u'v\mathrm{d}x$ 要比 $\int uv'\mathrm{d}x$ 容易积出．假如被积函数是两类基本初等函数的乘积，很多情况下我们可采用如下规则来选择 u 和 v'.

按照反三角函数、对数函数、幂函数、三角函数、指数函数的顺序（即“反、对、

幂、三、指”的顺序），把排在前面的那类函数选作 u，而把排在后面的那类函数选作 v'.

例 2　求 $\int x\ln x\mathrm{d}x$.

解　设 $u=\ln x$，$v'=x$，则 $u'=\dfrac{1}{x}$，$v=\dfrac{x^2}{2}$，于是

$$\int x\ln x\mathrm{d}x=\frac{x^2}{2}\ln x-\int\frac{x^2}{2}\cdot\frac{1}{x}\mathrm{d}x=\frac{x^2}{2}\ln x-\int\frac{x}{2}\mathrm{d}x=\frac{x^2}{2}\ln x-\frac{x^2}{4}+C$$

例 3　求 $\int x^2\mathrm{e}^x\mathrm{d}x$.

解　设 $u=x^2$，$v'=\mathrm{e}^x$，则 $u'=2x$，$v=\mathrm{e}^x$，于是

$$\int x^2\mathrm{e}^x\mathrm{d}x=x^2\mathrm{e}^x-2\int x\mathrm{e}^x\mathrm{d}x$$

这里 $\int x\mathrm{e}^x\mathrm{d}x$ 比 $\int x^2\mathrm{e}^x\mathrm{d}x$ 容易积出，因为被积函数中 x 的幂次前者比后者降低了一次，那么对 $\int x\mathrm{e}^x\mathrm{d}x$ 再使用一次分部积分法就可以了．于是

$$\int x^2\mathrm{e}^x\mathrm{d}x=x^2\mathrm{e}^x-2\int x\mathrm{e}^x\mathrm{d}x=x^2\mathrm{e}^x-2(x\mathrm{e}^x-\mathrm{e}^x)+C=\mathrm{e}^x(x^2-2x+2)+C$$

例 4　求 $\int\arccos x\mathrm{d}x$.

解　设 $u=\arccos x$，$v'=1$，则 $u'=-\dfrac{1}{\sqrt{1-x^2}}$，$v=x$，于是

$$\begin{aligned}\int\arccos x\mathrm{d}x&=x\arccos x+\int\frac{x}{\sqrt{1-x^2}}\mathrm{d}x\\&=x\arccos x-\frac{1}{2}\int(1-x^2)^{-\frac{1}{2}}\mathrm{d}(1-x^2)\\&=x\arccos x-\sqrt{1-x^2}+C\end{aligned}$$

在分部积分法运用比较熟练以后，就不必再写出哪一部分选作 u，哪一部分选作 v'. 只要把被积表达式凑成 $u\mathrm{d}v$ 的形式，应用分部积分公式（4-5）积分.

例 5　求 $\int x\arctan x\mathrm{d}x$.

解

$$\begin{aligned}\int x\arctan x\mathrm{d}x&=\frac{1}{2}\int\arctan x\mathrm{d}(x^2)\\&=\frac{1}{2}x^2\arctan x-\frac{1}{2}\int x^2\cdot\frac{1}{1+x^2}\mathrm{d}x\\&=\frac{1}{2}x^2\arctan x-\frac{1}{2}\int\left(1-\frac{1}{1+x^2}\right)\mathrm{d}x\\&=\frac{1}{2}x^2\arctan x-\frac{1}{2}(x-\arctan x)+C\\&=\frac{1}{2}(x^2+1)\arctan x-\frac{1}{2}x+C\end{aligned}$$

下面两个例子中所用的方法也是比较典型的.

例 6　求 $\int e^x \sin x dx$.

解　$\int e^x \sin x dx = \int \sin x d(e^x) = e^x \sin x - \int e^x d(\sin x) = e^x \sin x - \int e^x \cos x dx$

等式右端的积分与等式左端的积分是同一类型的. 对右端的积分再用一次分部积分法，得

$$\int e^x \sin x dx = e^x \sin x - \int \cos x d(e^x) = e^x \sin x - e^x \cos x + \int e^x d(\cos x) = e^x \sin x - e^x \cos x - \int e^x \sin x dx$$

由于上式右端的第三项就是所求的积分 $\int e^x \sin x dx$，把它移到等号左边去，再两端同除以 2，便得

$$\int e^x \sin x dx = \frac{1}{2} e^x (\sin x - \cos x) + C$$

例 7　求 $\int \sec^3 x dx$.

解

$$\begin{aligned}\int \sec^3 x dx &= \int \sec x \cdot \sec^2 x dx \\ &= \int \sec x d(\tan x) \\ &= \sec x \tan x - \int \sec x \tan^2 x dx \\ &= \sec x \tan x - \int \sec x (\sec^2 x - 1) dx \\ &= \sec x \tan x - \int \sec^3 x dx + \int \sec x dx \\ &= \sec x \tan x + \ln|\sec x + \tan x| - \int \sec^3 x dx\end{aligned}$$

由于上式右端的第三项就是所求的积分 $\int \sec^3 x dx$，把它移到等号左边去，再两端同除以 2，便得

$$\int \sec^3 x dx = \frac{1}{2}(\sec x \tan x + \ln|\sec x + \tan x|) + C$$

习题 4-3

用分部积分法计算下列不定积分：

(1) $\int x e^x dx$；　　(2) $\int x^2 \ln x dx$；

(3) $\int x \sin x dx$；　　(4) $\int \ln x dx$；

(5) $\int x 2^x dx$；　　(6) $\int x^2 \cos x dx$；

(7) $\int \arcsin x dx$；　　(8) $\int x \sin 2x dx$；

(9) $\int x^2\arctan x\mathrm{d}x$；　　　(10) $\int \mathrm{e}^x\cos x\mathrm{d}x$.

总习题四

1. 填空题.

(1) $\int \sin x\mathrm{d}x =$ ________.

(2) $\int \mathrm{e}^{-x}\mathrm{d}x =$ ________.

(3) $\int \cos 3x\mathrm{d}x =$ ________.

(4) 已知 $\int f(x)\mathrm{d}x = F(x) + C$，则 $\int \frac{f(\ln x)}{x}\mathrm{d}x =$ ________.

(5) 设 $f(x)$ 为连续函数，则 $\int f^2(x)\mathrm{d}f(x) =$ ________.

(6) 已知 $\int f(x)\mathrm{d}x = x^2\mathrm{e}^{2x} + C$，则 $f(x)=$ ________.

2. 求下列不定积分：

(1) $\int \frac{1}{x^2(1+x^2)}\mathrm{d}x$；　　　(2) $\int 2\sin^2\frac{x}{2}\mathrm{d}x$；

(3) $\int \sin(1+3x)\mathrm{d}x$；　　　(4) $\int \frac{\mathrm{d}x}{x\sqrt{1-\ln^2 x}}$；

(5) $\int \cos\sqrt{x+1}\mathrm{d}x$；　　　(6) $\int \frac{\mathrm{e}^x}{1+\mathrm{e}^x}\mathrm{d}x$；

(7) $\int \frac{1-\cos x}{x-\sin x}\mathrm{d}x$；　　　(8) $\int x^2\sin x\mathrm{d}x$.

第五章　定积分及其应用

扫码查看本章课件

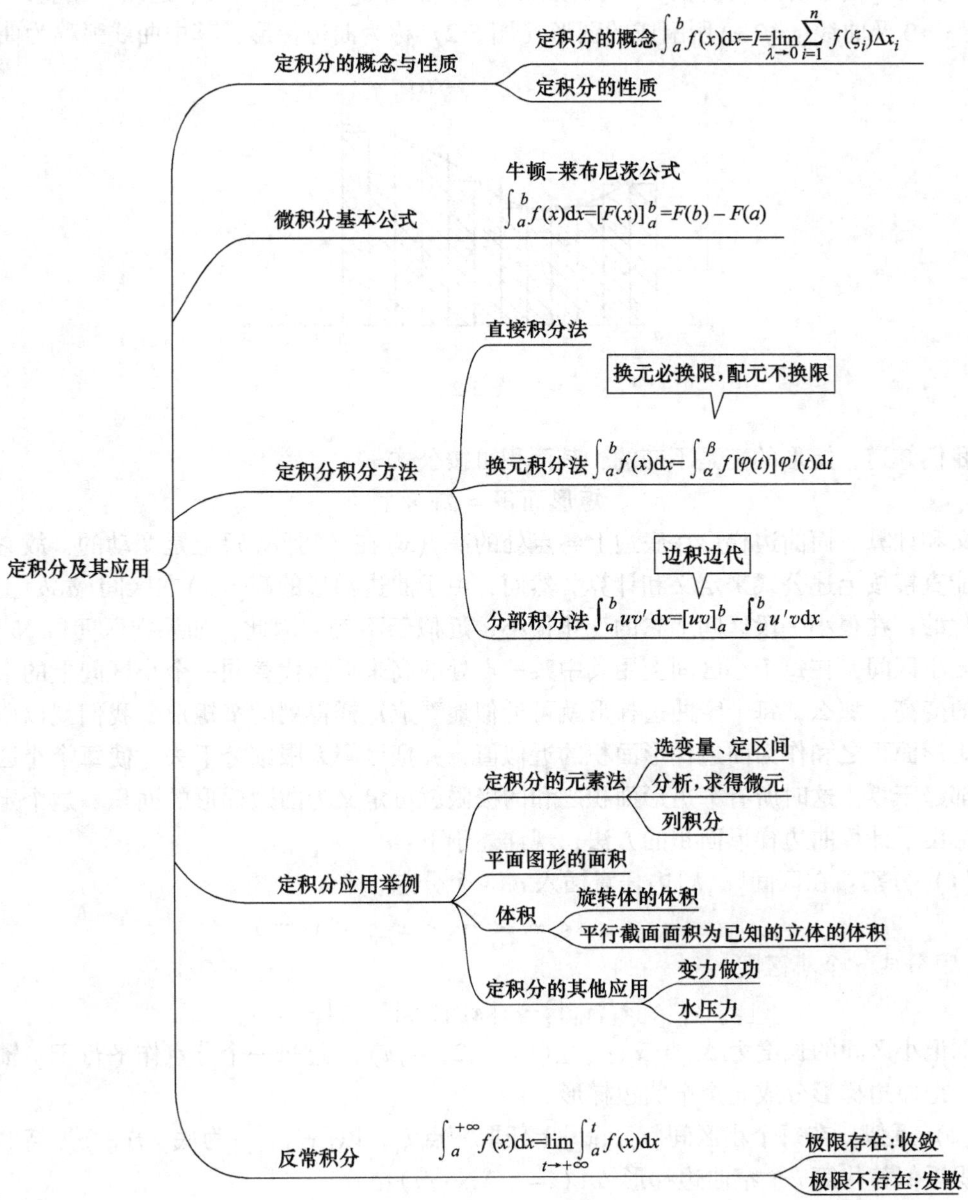

图 5-1　定积分思维导图

本章讨论积分学的另一个基本问题——定积分．我们先从几何与物理问题出发引出定积分的定义，然后讨论它的性质与计算方法，举例说明定积分在实际问题中的一些应用，最后简要介绍反常积分的概念和计算．

第一节　定积分的概念与性质

曲边梯形的面积

一、定积分问题举例

引例 1［曲边梯形的面积］　设函数 $y=f(x)$ 在区间 $[a,b]$ 上非负、连续．由直线 $x=a$，$x=b$，$y=0$ 及曲线 $y=f(x)$ 所围成的图形（图 5-2）称为曲边梯形，其中曲线弧称为曲边．

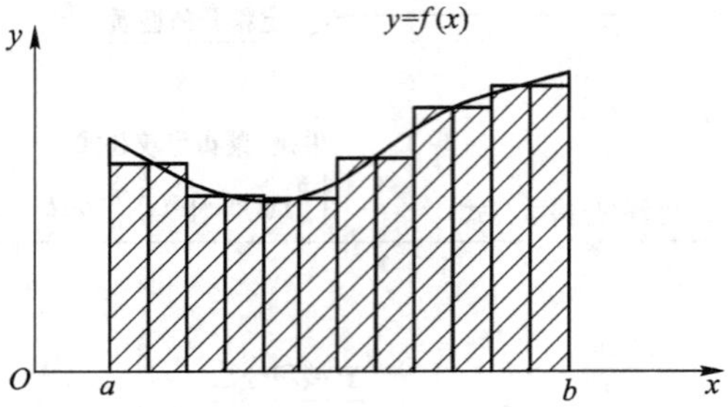

图 5-2

我们知道，矩形的高是不变的，其面积可按公式

$$矩形面积 = 高 \times 底$$

来定义和计算．而曲边梯形在底边上各点处的高 $f(x)$ 在区间 $[a,b]$ 上是变动的，故它的面积不能直接按上述公式来定义和计算．然而，由于曲边梯形的高 $f(x)$ 在区间 $[a,b]$ 上是连续变化的，在很小一段区间上它的变化很小，近似于不变．因此，如果把区间 $[a,b]$ 划分为许多小区间，在每个小区间上用其中某一点处的高来近似代替同一个小区间上的窄曲边梯形的变高，那么，每个窄曲边梯形就可近似地看成这样得到的窄矩形．我们就以所有这些窄矩形面积之和作为曲边梯形面积的近似值，并把区间无限细分下去，使每个小区间的长度都趋于零，这时所有窄矩形面积之和的极限就可定义为曲边梯形的面积．这个定义同时也给出了计算曲边梯形面积的方法，现详述于下：

（1）分割：在区间 $[a,b]$ 内任意插入 $n-1$ 个分点：

$$a = x_0 < x_1 < x_2 < \cdots < x_{n-1} < x_n = b$$

把 $[a,b]$ 分成 n 个小区间：

$$[x_0,x_1],[x_1,x_2],\cdots,[x_{i-1},x_i],\cdots,[x_{n-1},x_n]$$

并分别记小区间的长度为 $\Delta x_i = x_i - x_{i-1}(i = 1,2,\cdots,n)$，过每一个分点作平行于 y 轴的直线段，把曲边梯形分成 n 个窄曲边梯形．

（2）近似：在每个小区间 $[x_{i-1},x_i]$ 上任取一点 ξ_i，以 $[x_{i-1},x_i]$ 为底，$f(\xi_i)$ 为高的窄矩形面积近似替代第 i 个窄曲边梯形 $\Delta A_i(i=1,2,\cdots,n)$：

$$\Delta A_i \approx f(\xi_i)\Delta x_i \quad (i = 1,2,\cdots,n)$$

（3）求和：把 n 个窄矩形面积之和作为所求曲边梯形面积 A 的近似值：

$$A = \sum_{i=1}^{n} \Delta A_i \approx \sum_{i=1}^{n} f(\xi_i)\Delta x_i$$

（4）逼近：显然，分点越多每个小曲边梯形越窄，所求得的曲边梯形面积 A 的近似值就越接近曲边梯形面积 A 的精确值，记 $\lambda=\max\{\Delta x_1,\Delta x_2,\cdots,\Delta x_n\}$，令 $\lambda\to0$，取上述和式极限，便得曲边梯形的面积

$$A = \lim_{\lambda\to0}\sum_{i=1}^{n} f(\xi_i)\Delta x_i$$

引例 2［变速直线运动的路程］ 设某物体做直线运动，已知速度 $v=v(t)$ 是时间间隔 $[T_1,T_2]$ 上 t 的连续函数，且 $v(t)\geqslant0$，计算在这段时间内物体经过的路程 s.

我们知道，对于匀速直线运动，有公式

$$\text{路程} = \text{速度} \times \text{时间}$$

但是，在现在讨论的问题中，速度不是常量而是随时间变化的变量，因此，所求路程不能直接按匀速直线运动的路程公式来计算．然而，物体运动的速度函数是连续变化的，在很短一段时间内，速度的变化很小，近似于匀速．因此，如果把时间间隔分小，在小时间段内，以匀速运动代替变速运动，那么，就可算出部分路程的近似值；再求和，得到整个路程的近似值；最后，通过对时间间隔无限细分的极限过程，这时所有部分路程的近似值之和的极限，就是所求变速直线运动的路程的精确值．具体步骤如下：

（1）分割：在时间间隔 $[T_1,T_2]$ 内任意插入 $n-1$ 个分点：

$$T_1=t_0<t_1<t_2<\cdots<t_{n-1}<t_n=T_2$$

把 $[T_1,T_2]$ 分成 n 个小段

$$[t_0,t_1],[t_1,t_2],\cdots,[t_{i-1},t_i],\cdots,[t_{n-1},t_n]$$

并分别记各小段时间长为 $\Delta t_i=t_i-t_{i-1}(i=1,2,\cdots,n)$.

（2）近似：在时间间隔 $[t_{i-1},t_i]$ 上任取一个时刻 $\tau_i(t_{i-1}\leqslant\tau_i\leqslant t_i)$，以 τ_i 时的速度 $v(\tau_i)$ 来代替 $[t_{i-1},t_i]$ 上各个时刻的速度，得到部分路程 Δs_i 的近似值

$$\Delta s_i \approx v(\tau_i)\Delta t_i \quad (i=1,2,\cdots,n)$$

（3）求和：这 n 部分路程的近似值之和就是所求变速直线运动路程 s 的近似值

$$s \approx \sum_{i=1}^{n} v(\tau_i)\Delta t_i$$

（4）逼近：记 $\lambda=\max\{\Delta t_1,\Delta t_2,\cdots,\Delta t_n\}$，当 $\lambda\to0$ 时，取上述和式的极限，即得变速直线运动的路程

$$s = \lim_{\lambda\to0}\sum_{i=1}^{n} v(\tau_i)\Delta t_i$$

二、定积分的定义

定积分的概念

由上述两例可见，虽然所计算的量不同，但它们都取决于一个函数及其自变量的变化区间；其次，计算这些量的方法与步骤是相同的，均归结为具有相同结构的一种特定和式的极限，如

面积 $$A = \lim_{\lambda\to0}\sum_{i=1}^{n} f(\xi_i)\Delta x_i$$

路程
$$s=\lim_{\lambda\to 0}\sum_{i=1}^{n}v(\tau_i)\Delta t_i$$

抛开这些问题的具体意义，抓住它们在数量关系上共同的本质与特性加以概括，我们就可以抽象出下述定积分的定义.

定义　设函数 $f(x)$ 在 $[a,b]$ 上有界，在 $[a,b]$ 中任意插入 $n-1$ 个分点
$$a=x_0<x_1<x_2<\cdots<x_{n-1}<x_n=b$$
把区间 $[a,b]$ 分为 n 个小区间 $[x_{i-1},x_i]$ $(i=1,2,\cdots,n)$，小区间长度分别记为 $\Delta x_i=x_i-x_{i-1}$ $(i=1,2,\cdots,n)$，在小区间 $[x_{i-1},x_i]$ 上任取一点 ξ_i，作和式
$$\sum_{i=1}^{n}f(\xi_i)\Delta x_i$$
记 $\lambda=\max\{\Delta x_1,\ \Delta x_2,\ \cdots,\ \Delta x_n\}$，如果不论对 $[a,b]$ 怎样划分，也不论在小区间 $[x_{i-1},x_i]$ 上点 ξ_i 怎样取法，只要当 $\lambda\to 0$ 时，上述和式总趋于确定的极限 I，则称这个极限 I 为函数 $f(x)$ 在区间 $[a,b]$ 上的定积分（简称积分），记作 $\int_a^b f(x)\mathrm{d}x$，即
$$\int_a^b f(x)\mathrm{d}x=I=\lim_{\lambda\to 0}\sum_{i=1}^{n}f(\xi_i)\Delta x_i \tag{5-1}$$
其中 $f(x)$ 称为**被积函数**，$f(x)\mathrm{d}x$ 称为**被积表达式**，x 称为**积分变量**，a 称为**积分下限**，b 称为**积分上限**，$[a,b]$ 称为**积分区间**.

根据定义，前面所讨论的两个实际问题可以分别表述如下：

曲线 $y=f(x)$ $(f(x)\geqslant 0)$、两条直线 $x=a$、$x=b$ 与 x 轴所围成的曲边梯形的面积 A 等于函数 $f(x)$ 在区间 $[a,b]$ 上的定积分，即
$$A=\int_a^b f(x)\mathrm{d}x$$

物体以变速 $v=v(t)$ $(v(t)\geqslant 0)$ 做直线运动，从时刻 $t=T_1$ 到时刻 $t=T_2$，物体经过的路程 s 等于函数 $v(t)$ 在区间 $[T_1,T_2]$ 上的定积分，即
$$s=\int_{T_1}^{T_2}v(t)\mathrm{d}t$$

对于定积分的定义，需要注意：

（1）当和 $\sum\limits_{i=1}^{n}f(\xi_i)\Delta x_i$ 的极限存在时，其极限值 I 仅与被积函数 $f(x)$ 及积分区间 $[a,b]$ 有关. 如果既不改变被积函数 f，也不改变积分区间 $[a,b]$，而只把积分变量 x 改写成其他字母，例如 t 或 u，这时和的极限 I 不变，也就是定积分的值不变，即
$$\int_a^b f(x)\mathrm{d}x=\int_a^b f(t)\mathrm{d}t=\int_a^b f(u)\mathrm{d}u$$
这就是说，定积分的值只与被积函数及积分区间有关，而与积分变量的记法无关.

（2）为了以后计算及应用方便，对定积分作补充规定：

当 $a=b$ 时，
$$\int_a^b f(x)\mathrm{d}x=\int_a^a f(x)\mathrm{d}x=0$$

当 $a>b$ 时，

$$\int_a^b f(x)\,dx = -\int_b^a f(x)\,dx$$

例 1　利用定义计算定积分 $\int_0^1 x^2 dx$.

解　因为被积函数 $f(x)=x^2$ 在积分区间 $[0,1]$ 上连续，而连续函数一定可积，所以定积分的值与区间 $[0,1]$ 的分法及点 ξ_i 的取法无关．因此，为了便于计算，不妨把区间 $[0,1]$ 分为 n 等份，这样，每个小区间 $[x_{i-1},x_i]$ 的长度为 $\Delta x_i=\frac{1}{n}$，分点为 $x_i=\frac{i}{n}$. 取 $\xi_i=\frac{i}{n}$，作积分和

$$\begin{aligned}\sum_{i=1}^{n} f(\xi_i)\Delta x_i &= \sum_{i=1}^{n}\xi_i^2\Delta x_i = \sum_{i=1}^{n}\left(\frac{i}{n}\right)^2\cdot\frac{1}{n}\\ &= \frac{1}{n^3}\sum_{i=1}^{n} i^2 = \frac{1}{n^3}\cdot\frac{1}{6}n(n+1)(2n+1)\\ &= \frac{1}{6}\left(1+\frac{1}{n}\right)\left(2+\frac{1}{n}\right)\end{aligned}$$

因为 $\lambda=\frac{1}{n}$，当 $\lambda\to 0$ 时，$n\to\infty$，上式两端取极限即得

$$\int_0^1 x^2 dx = \lim_{\lambda\to 0}\sum_{i=1}^{n} f(\xi_i)\Delta x_i = \lim_{n\to\infty}\frac{1}{6}\left(1+\frac{1}{n}\right)\left(2+\frac{1}{n}\right) = \frac{1}{3}$$

三、定积分的几何意义

在 $[a,b]$ 上 $f(x)\geqslant 0$ 时，我们已经知道，定积分 $\int_a^b f(x)\,dx$ 在几何上表示由曲线 $y=f(x)$、两条直线 $x=a$、$x=b$ 与 x 轴所围成的曲边梯形的面积（图 5-3）.

在 $[a,b]$ 上 $f(x)\leqslant 0$ 时，由曲线 $y=f(x)$、两条直线 $x=a$、$x=b$ 与 x 轴所围成的曲边梯形位于 x 轴的下方，定积分 $\int_a^b f(x)\,dx$ 在几何上表示上述曲边梯形面积的负值（图 5-4）.

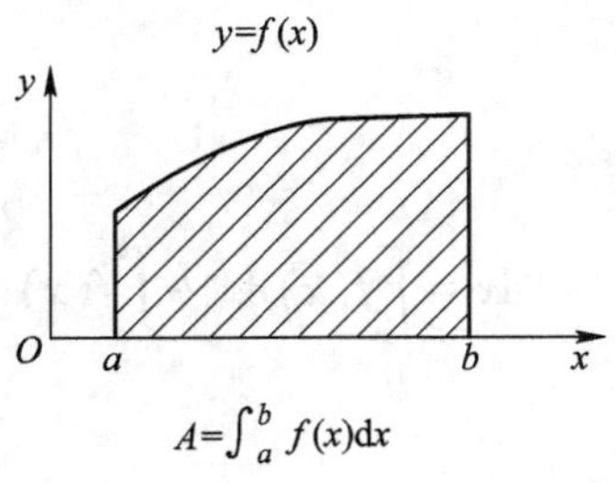

图 5-3

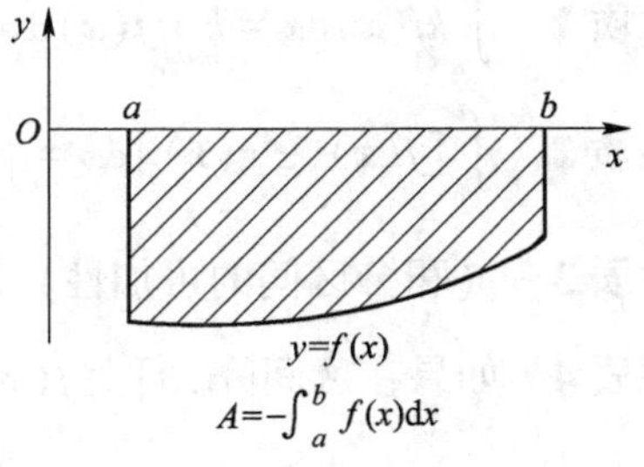

图 5-4

在 $[a,b]$ 上 $f(x)$ 既取得正值又取得负值时，函数的图形某些部分在 x 轴上方，而其他部分在 x 轴下方，此时定积分 $\int_a^b f(x)\,dx$ 表示 x 轴上方图形面积减去 x 轴下方图形面积所得之差（图 5-5）.

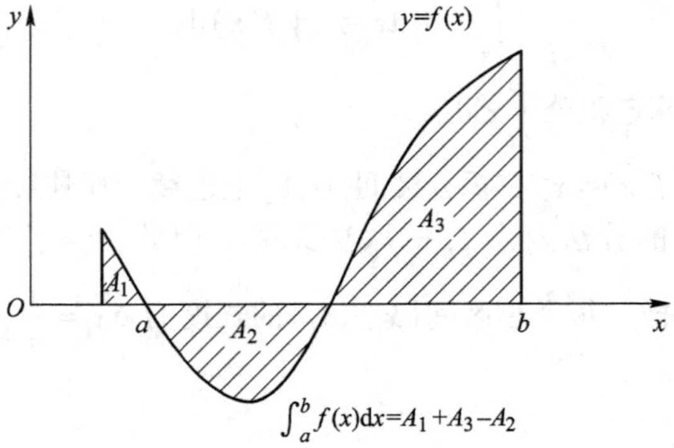

图 5-5

例 2　用定积分的几何意义求 $\int_1^2 (x-3)\mathrm{d}x$.

解　由于在区间[1,2]上 $y=x-3<0$，所以该定积分表示由函数 $y=x-3$ 在区间[1,2]上曲线 $y=x-3$ 和直线 $x=1$，$x=2$，$y=0$ 所围图形（图 5-6）面积的负值．该图形是底为 1 和 2，高为 1 的梯形，其面积为

$$\frac{1}{2}(1+2)\times 1=\frac{3}{2}$$

故

$$\int_1^2 (x-3)\mathrm{d}x=-\frac{3}{2}$$

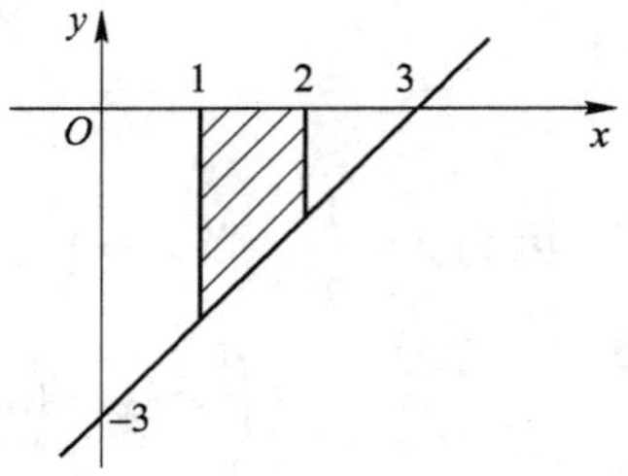

图 5-6

四、定积分的性质

按定积分的定义，即通过积分和的极限来求定积分是十分困难的，必须寻求定积分的有效计算方法．下面介绍的定积分的基本性质有助于定积分的计算，也有助于对定积分的理解．假定函数在所讨论的区间上都是可积的，则有

性质 1　$\int_a^b kf(x)\mathrm{d}x=k\int_a^b f(x)\mathrm{d}x$（$k$ 为常数）.

性质 2　$\int_a^b [f(x)\pm g(x)]\mathrm{d}x=\int_a^b f(x)\mathrm{d}x\pm\int_a^b g(x)\mathrm{d}x$.

性质 3　（积分区间的可加性）对任意实数 c，$\int_a^b f(x)\mathrm{d}x=\int_a^c f(x)\mathrm{d}x+\int_c^b f(x)\mathrm{d}x$.

性质 4　如果在区间$[a,b]$上 $f(x)\equiv k$，则

$$\int_a^b k\mathrm{d}x=k(b-a)$$

性质 5　如果在区间$[a,b]$上 $f(x)\geqslant 0$，则

$$\int_a^b f(x)\mathrm{d}x\geqslant 0\quad(a<b)$$

推论 1　如果在区间$[a,b]$上 $f(x)\leqslant g(x)$，则

$$\int_a^b f(x)\,dx \leqslant \int_a^b g(x)\,dx \quad (a < b)$$

推论 2　$\left|\int_a^b f(x)\,dx\right| \leqslant \int_a^b |f(x)|\,dx \quad (a < b).$

性质 6（定积分估值定理）　若函数 $f(x)$ 在区间 $[a,b]$ 上连续，如果 m 与 M 分别是函数 $f(x)$ 在区间上的最小值与最大值，则有

$$m(b-a) \leqslant \int_a^b f(x)\,dx \leqslant M(b-a)$$

例 3　估计定积分 $\int_{-1}^{1} e^{-x^2}dx$ 的值.

解　先求函数 $f(x)=e^{-x^2}$ 在区间 $[-1,1]$ 上的最大值和最小值.

因为 $f'(x)=-2xe^{-x^2}$，令 $f'(x)=0$，得驻点 $x=0$. 比较函数 $f(x)$ 在驻点及区间端点处的函数值

$$f(0)=1, f(-1)=f(1)=\frac{1}{e}$$

故最小值 $m=\frac{1}{e}$，最大值 $M=1$，又因区间长度为 2，由估值定理得

$$\frac{2}{e} \leqslant \int_{-1}^{1} e^{-x^2}dx \leqslant 2$$

性质 7（定积分中值定理）　若函数 $f(x)$ 在区间 $[a,b]$ 上连续，则至少存在一点 $\xi \in [a,b]$，使

$$\int_a^b f(x)\,dx = f(\xi)(b-a) \quad (a \leqslant \xi \leqslant b)$$

定积分中值定理有如下几何解释：在区间 $[a,b]$ 上至少存在一点 ξ，使得以 $[a,b]$ 为底边、以连续曲线 $y=f(x)$ $(f(x)\geqslant 0)$ 为曲边的曲边梯形的面积等于同一底边而高为 $f(\xi)$ 的一个矩形的面积（图 5-7）.

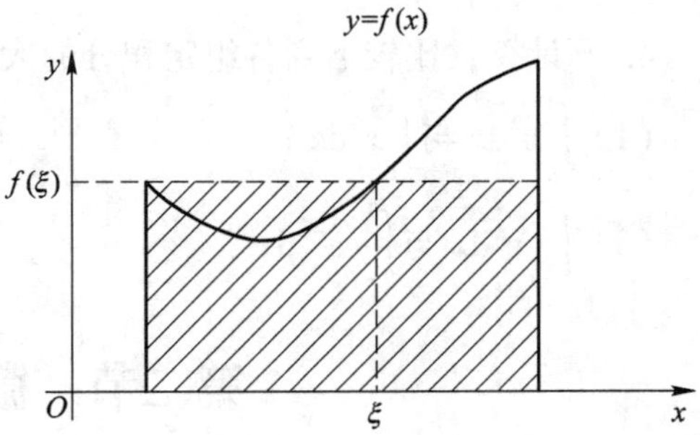

图 5-7

$f(\xi)=\frac{1}{b-a}\int_a^b f(x)\,dx$ 称为**函数 $f(x)$ 在区间 $[a,b]$ 上的平均值**. 例如按图 5-7，$f(\xi)$ 可看作图中曲边梯形的平均高度. 又如物体以变速 $v(t)$ 做直线运动，在时间区间 $[T_1,T_2]$ 上经过的路程为 $\int_{T_1}^{T_2} v(t)\,dt$，因此，

$$v(\xi)=\frac{1}{T_2-T_1}\int_{T_1}^{T_2} v(t)\,dt, \quad \xi \in [T_1,T_2]$$

便是运动物体在这段时间内的平均速度.

习题 5-1

1. 在定积分定义中的"$\lambda\to 0$"是否可以换成"$n\to\infty$"，为什么？

2. 设 $f(x)$ 是连续函数，且 $f(x)=x^2+2\int_0^1 f(t)\,\mathrm{d}t$，试求：

(1) $\int_0^1 f(x)\,\mathrm{d}x$；　　(2) $f(x)$.

3. 试用定积分表示图 5-8 中阴影部分的面积.

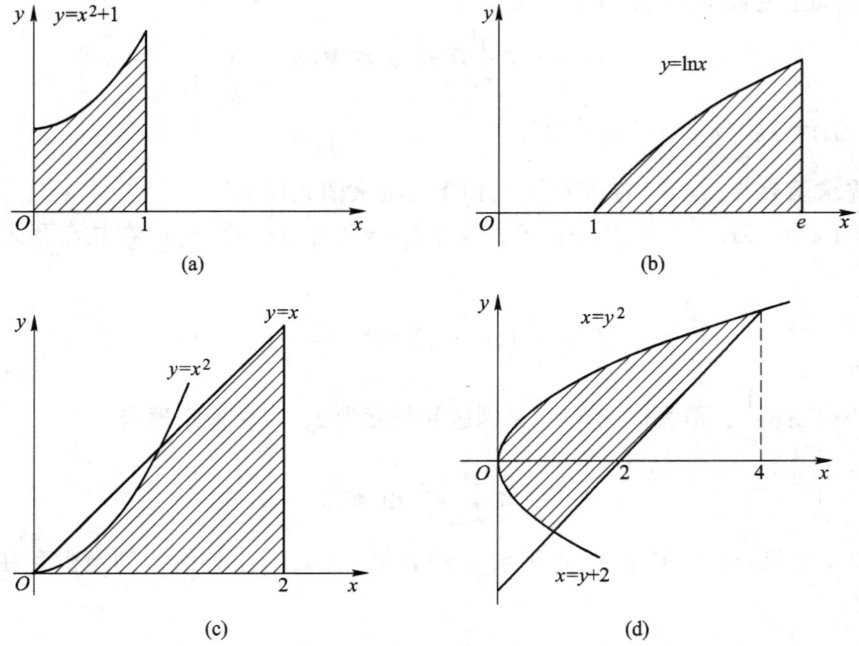

图 5-8

4. 不计算，比较下列各组定积分的大小：

(1) $\int_0^1 x^2\mathrm{d}x$ 与 $\int_0^1 x^3\mathrm{d}x$；　　(2) $\int_1^e \ln^2 x\mathrm{d}x$ 与 $\int_1^e \ln x\mathrm{d}x$；

(3) $\int_{-1}^0 \mathrm{e}^x\mathrm{d}x$ 与 $\int_{-1}^0 \mathrm{e}^{-x}\mathrm{d}x$；　　(4) $\int_0^\pi \sin x\mathrm{d}x$ 与 $\int_0^\pi \cos x\mathrm{d}x$.

第二节　微积分基本公式

微积分基本公式

在上一节中，我们利用定积分的定义和几何意义解决了简单函数的定积分计算问题，但对于复杂函数的定积分计算问题，我们仅利用以上知识无法解决. 在本节中，我们将揭示定积分与不定积分的内在联系，从而找到一个计算定积分的有效、简便的方法.

引例[列车何时制动]　列车进站时必须减速，若列车减速后的速度为 $v(t)=1-\frac{1}{3}t$（单位：km/min），问列车应在离站台多远的地方开始减速？

解　当列车速度为 $v(t)=1-\frac{1}{3}t=0$ 时停下，解出 $t=3(\mathrm{min})$. 由上节知识有

$$s(3)=\int_0^3 v(t)\,\mathrm{d}t$$

而由速度与路程的关系 $v(t)=s'(t)$，可得

$$s(t)=\int v(t)\,\mathrm{d}t=\int\left(1-\frac{1}{3}t\right)\mathrm{d}t=t-\frac{1}{6}t^2+C$$

将 $s(0)=0$ 代入上式得，$C=0$，于是

$$s(t)=t-\frac{1}{6}t^2, s(3)=1.5(\mathrm{km})$$

综合上边几个式子得

$$s(3)=\int_0^3 v(t)\,\mathrm{d}t=t-\frac{1}{6}t^2\Big|_{t=3}=1.5(\mathrm{km})$$

即列车在距站台 1.5km 处开始减速.

通过该案例的求解可以看出，求函数的定积分 $\int_0^3 v(t)\,\mathrm{d}t$ 可以转化为求函数的不定积分 $\int v(t)\,\mathrm{d}t$.

定理　如果函数 $F(x)$ 是连续函数 $f(x)$ 在区间 $[a,b]$ 上的一个原函数，则

$$\int_a^b f(x)\,\mathrm{d}x=F(b)-F(a)=[F(x)]_a^b \tag{5-2}$$

上式称为牛顿–莱布尼茨（Newton-leibniz）公式．这个公式进一步揭示了定积分与被积函数的原函数或不定积分之间的联系，因此也被称为**微积分基本公式**．这是定积分计算的基本方法，它为微积分的创立和发展奠定了基础．

例 1　计算第一节中的定积分 $\int_0^1 x^2\mathrm{d}x$.

解　由于 $\frac{1}{3}x^3$ 是 x^2 的一个原函数，所以

$$\int_0^1 x^2\mathrm{d}x=\left[\frac{1}{3}x^3\right]_0^1=\frac{1}{3}\cdot 1^3-\frac{1}{3}\cdot 0^3=\frac{1}{3}$$

例 2　计算 $\int_{-1}^{\sqrt{3}}\frac{\mathrm{d}x}{1+x^2}$.

解　由于 $\arctan x$ 是 $\frac{1}{1+x^2}$ 的一个原函数，所以

$$\int_{-1}^{\sqrt{3}}\frac{\mathrm{d}x}{1+x^2}=[\arctan x]_{-1}^{\sqrt{3}}=\arctan\sqrt{3}-\arctan(-1)=\frac{\pi}{3}-\left(-\frac{\pi}{4}\right)=\frac{7}{12}\pi$$

当计算不定积分用到凑微分方法时，计算定积分的过程可如下例表述．

例 3　计算 $\int_0^1(2x-1)^{100}\mathrm{d}x$.

解　$\int_0^1(2x-1)^{100}\mathrm{d}x=\frac{1}{2}\int_0^1(2x-1)^{100}\mathrm{d}(2x-1)=\frac{1}{2}\left[\frac{1}{101}(2x-1)^{101}\right]_0^1$

$$=\frac{1}{202}[1^{101}-(-1)^{101}]=\frac{1}{101}$$

案例 1［收入预测］ 中国的收入正在逐年提高．据统计，某城市 2015 年的人均年收入为 21914 元（人民币），假设这一人均收入以速度 $v(t)=600\cdot(1.05)^t$（单位：元/年）增长，这里 t 是 2015 年底开始计算起的年数，估算 2022 年该城市的人均年收入是多少？

解 设第 t 年该城市的人均年收入为 $R(t)$．因为 $\frac{\mathrm{d}R}{\mathrm{d}t}=v(t)$，由变化率求总该变量，得从 2016 年到 2022 年这 7 年间的人均年收入的总增长为

$$R=\int_0^7 600\cdot(1.05)^t\mathrm{d}t=600\int_0^7(1.05)^t\mathrm{d}t=600\frac{(1.05)^t}{\ln 1.05}\Bigg|_0^7\approx 5006.3(\text{元})$$

所以，2022 年该城市的人均年收入约为

$$21914+5006.3=26920.3(\text{元})$$

案例 2［放射物泄漏］ 环保局近日对一起放射性碘物质泄漏事件进行调查，检测结果显示，大气的辐射水平是可接受的最大限度的 4 倍，于是，环保部门下令当地居民立即撤离这一地区．已知该物质放射源的辐射水平按下式衰减：$R(t)=R_0\mathrm{e}^{-0.004t}$，其中 $R(t)$ 是时刻 t 的辐射水平（单位：mR/h），R_0 是初始 $(t=0)$ 的辐射水平，t 按小时计算．

（1）你能估计出多久后，该地区的居民可以搬回该地居住．

（2）假设可接受的辐射水平的最大限度为 0.6mR/h，那么降低到这一水平时已经泄漏出去的放射性物质的总量是多少？

解

（1）原则上，当辐射水平达到可接受的辐射水平时，居民就可以搬回该地居住，所以设需要 t_1 小时该地降低到可接受辐射水平，即

$$R(t_1)=R_0\mathrm{e}^{-0.004t_1}=\frac{1}{4}R_0$$

解得 $t_1=500\ln 2\approx 346.6(\mathrm{h})$，即需要约 346.6h，居民可搬回该地居住．

（2）若可接受辐射水平的最大限度为 0.6mR/h，则 $\frac{1}{4}R_0=0.6$，解得 $R_0=2.4$．放射源从 $t=0$ 到 $t=500\ln 2(\mathrm{h})$ 泄漏的放射物总量 W 为

$$W=\int_{0^-}^{500\ln 2}2.4\mathrm{e}^{-0.004t}\mathrm{d}t=-600\cdot(\mathrm{e}^{-0.004t})\Big|_0^{500\ln 2}=450(\mathrm{mR})$$

习题 5-2

1. 计算下列定积分：

（1）$\int_0^1(x^2+\mathrm{e}^x)\mathrm{d}x$；

（2）$\int_0^1(2x^2-\sqrt[3]{x}+1)\mathrm{d}x$；

（3）$\int_{-\frac{1}{2}}^{\frac{1}{2}}\frac{\mathrm{d}x}{\sqrt{1-x^2}}$；

（4）$\int_0^{\frac{\pi}{2}}2\sin^2\frac{x}{2}\mathrm{d}x$；

（5）$\int_1^2\left(x^2-\frac{1}{x}\right)^2\mathrm{d}x$；

（6）$\int_{-2}^{-1}\frac{\mathrm{d}x}{x^2+4x+5}$．

2.［销量］某销售代理商发现，他在第 t 个月的销售商品数量为 $2t+5$，求该销售商第一年的销售总量．

3. ［功率与功］在电学中，功 W 与功率 P 之间的关系为 $P=\dfrac{dW}{dt}$. 如果功率 $P=12t-4t^2$，求 3s 内的功 .

4. ［电流与电量］设导线在时刻 t（单位：s）的电流强度为 $i(t)=0.006t\sqrt{t^2+1}$，求在时间间隔$[1,4]$s 内流过导线横截面的电量 $Q(t)$（单位：A）.

第三节　定积分的换元积分法与分部积分法

由牛顿–莱布尼茨公式知道，计算定积分可以通过求被积函数的原函数在上限和下限处的函数值的差实现 . 在第四章中我们应用换元积分法和分部积分法可以求一些函数的原函数，因此在一定条件下，可以用换元积分法和分部积分法来计算定积分 .

一、换元积分法

换元积分法

定理　假设函数 $f(x)$ 在区间 $[a,b]$ 上连续，函数 $x=\varphi(t)$ 满足条件：

(1) $\varphi(\alpha)=a,\varphi(\beta)=b$；

(2) 在区间 $[\alpha,\beta]$（或 $[\beta,\alpha]$）上 $\varphi(t)$ 单调且有连续导数 . 则有

$$\int_a^b f(x)\,dx=\int_\alpha^\beta f[\varphi(t)]\varphi'(t)\,dt$$

上式称为定积分的换元积分公式 .

例 1　求 $\displaystyle\int_{-1}^{1}\frac{x}{\sqrt{5-4x}}dx$.

解　令 $\sqrt{5-4x}=t$，则 $x=\dfrac{1}{4}(5-t^2)$，$dx=-\dfrac{1}{2}tdt$. 当 $x=-1$ 时，$t=3$；当 $x=1$ 时，$t=1$，于是

$$\int_{-1}^{1}\frac{x}{\sqrt{5-4x}}dx=\int_3^1\frac{5-t^2}{4}\frac{1}{t}\left(-\frac{1}{2}t\right)dt=\int_3^1\frac{1}{8}(t^2-5)\,dt=\left[\frac{1}{8}\left(\frac{1}{3}t^3-5t\right)\right]_3^1=\frac{1}{6}$$

由例 1 可见，不定积分的换元法和定积分的换元法之间的区别在于：不定积分的换元法在求得关于新变量 t 的积分后，必须代回原变量 x；而定积分的换元法在积分变量由 x 变成 t 的同时，其积分限也由 $x=a$ 和 $x=b$ 相应地换成 $t=\alpha$ 和 $t=\beta$，在完成关于变量 t 的积分后，直接用 t 的上下限 β 和 α 代入计算定积分的值，而不必代回原变量 .

例 2　求 $\displaystyle\int_{\frac{1}{2}}^{\frac{\sqrt{2}}{2}}\frac{1}{x^2\sqrt{1-x^2}}dx$.

解　令 $x=\sin t$，则 $dx=\cos t dt$，$t=\arcsin x$，当 $x=\dfrac{1}{2}$ 时，$t=\dfrac{\pi}{6}$；当 $x=\dfrac{\sqrt{2}}{2}$ 时，$t=\dfrac{\pi}{4}$，于是

$$\int_{\frac{1}{2}}^{\frac{\sqrt{2}}{2}}\frac{1}{x^2\sqrt{1-x^2}}dx=\int_{\frac{\pi}{6}}^{\frac{\pi}{4}}\frac{\cos t}{\sin^2 t\cos t}dt=\int_{\frac{\pi}{6}}^{\frac{\pi}{4}}\csc^2 t\,dt=\sqrt{3}-1$$

例 3　求 $\int_{2}^{\sqrt{2}} \frac{1}{x\sqrt{x^2-1}}dx$.

解　令 $x=\sec t\left(0<t<\frac{\pi}{2}\right)$，则 $dx=\sec t\tan t dt$，$t=\arccos\frac{1}{x}(x>1)$．当 $x=2$ 时，$t=\frac{\pi}{3}$；当 $x=\sqrt{2}$时，$t=\frac{\pi}{4}$. 于是

$$\int_{2}^{\sqrt{2}} \frac{1}{x\sqrt{x^2-1}}dx = \int_{\frac{\pi}{3}}^{\frac{\pi}{4}} dt = -\frac{\pi}{12}$$

二、分部积分法

分部积分法

设 $u(x)$、$v(x)$在$[a,b]$上具有连续导数 $u'(x)$、$v'(x)$，则有

$$(uv)' = u'v + uv'$$

故

$$\int_a^b (uv)'dx = \int_a^b u'vdx + \int_a^b uv'dx$$

于是

$$\int_a^b uv'dx = [uv]_a^b - \int_a^b u'vdx$$

或

$$\int_a^b udv = [uv]_a^b - \int_a^b vdu$$

这就是定积分的分部积分公式．公式表明原函数已经积出的部分可以先用上下限代入．

例 4　计算 $\int_0^{\frac{1}{2}} \arcsin x dx$.

解　$\int_0^{\frac{1}{2}} \arcsin x dx = [x\arcsin x]_0^{\frac{1}{2}} - \int_0^{\frac{1}{2}} x d\arcsin x = \frac{1}{2}\frac{\pi}{6} - \int_0^{\frac{1}{2}} \frac{x}{\sqrt{1-x^2}}dx$

$$= \frac{\pi}{12} + \frac{1}{2}\int_0^{\frac{1}{2}} \frac{1}{\sqrt{1-x^2}}d(1-x^2) = \frac{\pi}{12} + [\sqrt{1-x^2}]_0^{\frac{1}{2}}$$

$$= \frac{\pi}{12} + \frac{\sqrt{3}}{2} - 1$$

例 5　计算 $\int_0^1 e^{\sqrt{x}}dx$.

解　设$\sqrt{x}=t$，则 $x=t^2$，$dx=2tdt$，当 $x=0$ 时，$t=0$；当 $x=1$ 时，$t=1$. 于是

$$\int_0^1 e^{\sqrt{x}}dx = 2\int_0^1 te^t dt = 2\int_0^1 t\,de^t = 2[te^t]_0^1 - 2\int_0^1 e^t dt = 2e - 2(e-1) = 2$$

案例 1［电能］　在电力需求的电涌时期，消耗电能的速度 r 可以近似地表示为 $r=te^{-t}$（t 的单位：h）．求在$[0,2]$内消耗的总电能 E(单位：J）．

解 由变化率求总改变量得

$$E=\int_0^2 r\mathrm{d}t=\int_0^2 t\mathrm{e}^{-t}\mathrm{d}t=-\int_0^2 t\mathrm{d}\mathrm{e}^{-t}=(-t\mathrm{e}^{-t})\Big|_0^2-\int_0^2\mathrm{e}^{-t}\mathrm{d}(-t)$$

$$=-2\mathrm{e}^{-2}-0-(\mathrm{e}^{-t})\Big|_0^2\approx 0.594(\mathrm{J})$$

案例 2 [污染] 某工厂排出大量废气，造成了严重污染，于是工厂通过减产来控制废气的排放量，若第 t 年废气的排放量为

$$C(t)=\frac{20\ln(t+1)}{(t+1)^2}$$

求该厂在 $t=0$ 到 $t=5$ 年间排出的废气总量.

解 因为该厂在$[t,t+\mathrm{d}t]$时间段排出的废气量（废气量微元）为

$$\mathrm{d}W=C(t)\mathrm{d}t=\frac{20\ln(t+1)}{(t+1)^2}\mathrm{d}t$$

所以该厂在 $t=0$ 到 $t=5$ 年间排出的废气总量为

$$W=\int_0^5 C(t)\mathrm{d}t=\int_0^5\frac{20\ln(t+1)}{(t+1)^2}\mathrm{d}t=20\int_0^5\ln(t+1)\mathrm{d}\left(-\frac{1}{t+1}\right)$$

$$=20\left\{\left[-\frac{1}{t+1}\ln(t+1)\right]\Big|_0^5+\int_0^5\frac{1}{t+1}\mathrm{d}\ln(t+1)\right\}$$

$$=-\frac{20}{6}\ln6-20\left(\frac{1}{t+1}\right)\Big|_0^5=-\frac{20}{6}\ln6-\frac{20}{6}+20$$

$$\approx 10.6941$$

习题 5-3

1. 用换元积分法求下列定积分：

(1) $\int_0^1\sqrt{4+5x}\,\mathrm{d}x$； (2) $\int_0^1\mathrm{e}^{x+2}\mathrm{d}x$；

(3) $\int_0^{\frac{\pi}{4}}\sin\left(2x+\frac{\pi}{4}\right)\mathrm{d}x$； (4) $\int_0^1(1-3x)^2\mathrm{d}x$；

(5) $\int_1^2\frac{1}{2x+1}\mathrm{d}x$； (6) $\int_0^1\frac{1}{\sqrt{4+5x}-1}\mathrm{d}x$；

(7) $\int_{-\frac{\sqrt{2}}{2}}^0\frac{x+1}{\sqrt{1-x^2}}\mathrm{d}x$； (8) $\int_4^9\frac{\sqrt{x}}{\sqrt{x}-1}\mathrm{d}x$；

(9) $\int_0^2\sqrt{4-x^2}\,\mathrm{d}x$； (10) $\int_0^4\sqrt{x^2+9}\,\mathrm{d}x$.

2. 用分部积分法求下列定积分：

(1) $\int_0^{\pi}x\sin x\mathrm{d}x$； (2) $\int_0^1 x\mathrm{e}^x\mathrm{d}x$；

(3) $\int_1^{\mathrm{e}}(x-1)\ln x\mathrm{d}x$； (4) $\int_0^1\arctan\sqrt{x}\,\mathrm{d}x$.

3. ［传染病模型］在传染病流行期间人们被传染患病的速度可以近似地表示为 $r=1000te^{-0.5t}$（单位：人/天），t 为传染病开始流行的天数．问

（1）什么时候人们患病速度最快？

（2）前 10 天共有多少人患病？

第四节　定积分应用举例

在本章第一节，我们从实际问题出发引进了定积分的概念．在几何、物理等各个领域，有许多问题都可用定积分予以解决．本节首先阐明定积分的元素法，再举例说明定积分的具体应用．

一、定积分的元素法

元素法

由第一节的实例（曲边梯形的面积和变速直线运动的路程）分析可见，用定积分表达某个量 Q 分为四个步骤：

第一步，分割．把所求的量 Q 分割成许多部分量 ΔQ_i，这需要选择一个被分割的变量 x 和被分割的区间$[a,b]$．例如，对曲边梯形面积 A，选择曲边 $f(x)=x^2$ 中的自变量 x 作为被分割的变量，被分割的区间是$[0,1]$．

第二步，近似．考察任一小区间$[x_{i-1},x_i]$上 Q 的部分量 ΔQ_i 的近似值．对曲边梯形面积 A，在小区间$[x_{i-1},x_i]$上，以小矩形面积 $f(\xi_i)\Delta x_i$ 代替小曲边梯形面积 ΔA_i，即 $\Delta A_i\approx f(\xi_i)\Delta x_i$．

第三步，求和．$Q\approx\sum\limits_{i=1}^{n}\Delta Q_i=\sum\limits_{i=1}^{n}f(\xi_i)\Delta x_i$．

第四步，逼近．取极限得 $Q=\lim\limits_{\lambda\to 0}\sum\limits_{i=1}^{n}f(\xi_i)\Delta x_i=\int_a^b f(x)\mathrm{d}x$．

在实际应用中上述四步可简化成三步，突出了第二步并简化了记号，使用起来比较方便，其步骤如下：

第一步，**选变量**．选取某个变量 x 作为被分割的变量，它就是积分变量，并确定 x 的变化区间$[a,b]$，它就是积分区间．

第二步，**找微元**．设想把区间$[a,b]$分成 n 个小区间，其中任意一个小区间用$[x,x+\mathrm{d}x]$表示，小区间的长度 $\Delta x=\mathrm{d}x$，所求的量 Q 对应于小区间$[x,x+\mathrm{d}x]$的部分量记作 ΔQ，并取 $\xi=x$，求出部分量 ΔQ 的近似值 $\Delta Q\approx f(x)\mathrm{d}x$.

近似值 $f(x)\mathrm{d}x$ 称为量 Q 的微元（或元素），记作 $\mathrm{d}Q$，即 $\mathrm{d}Q=f(x)\mathrm{d}x$.

第三步，**列积分**．以量 Q 的微元 $\mathrm{d}Q=f(x)\mathrm{d}x$ 为被积表达式，在$[a,b]$上积分，便得所求量 Q，即

$$Q=\int_a^b f(x)\mathrm{d}x$$

上述把某个量表达为定积分的简化方法称为定积分的**元素法（或微元法）**．下面我们结合具体例子来介绍元素法的应用．

二、平面图形的面积

平面图形的面积

例 1　求由抛物线 $y=x^2$ 与直线 $y=2x$ 所围成的平面图形面积．

解　联立方程 $\begin{cases} y=x^2 \\ y=2x \end{cases}$，解得两曲线的交点为 $(0,0)$ 和 $(2,4)$．如图 5-9 所示，选择 x 为积分变量，积分区间为 $[0,2]$．考察任一小区间 $[x,x+\mathrm{d}x]$ 上一个窄条的面积，用高为 $2x-x^2$，宽为 $\mathrm{d}x$ 的小矩形面积近似，即得面积微元为 $\mathrm{d}A=(2x-x^2)\,\mathrm{d}x$，于是所围区域面积为

$$A=\int_0^2 (2x-x^2)\,\mathrm{d}x=\left[x^2-\frac{x^3}{3}\right]_0^2=\frac{4}{3}$$

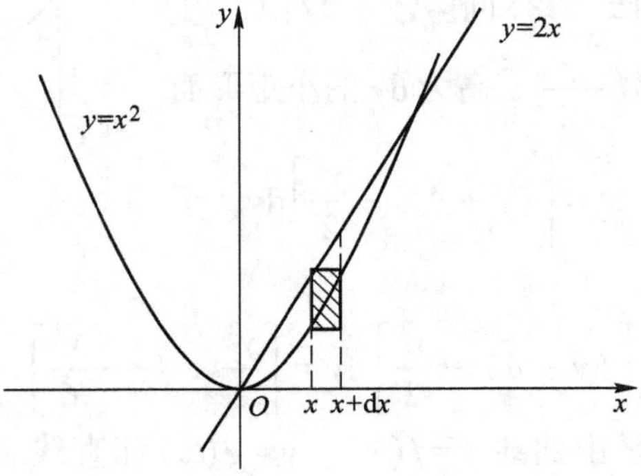

图 5-9

例 2　求椭圆 $\dfrac{x^2}{a^2}+\dfrac{y^2}{b^2}=1$ 所围成的面积 $(a>0,b>0)$．

解　由对称性知，所求面积是第一象限部分的面积的 4 倍．

选积分变量为 x，积分区间为 $[0,a]$，对应于 $[0,a]$ 中任一小区间 $[x,x+\mathrm{d}x]$（图 5-10）的窄条面积近似为 $\mathrm{d}A=y\,\mathrm{d}x=\dfrac{b}{a}\sqrt{a^2-x^2}\,\mathrm{d}x$，于是椭圆面积为

$$A=4\int_0^a \frac{b}{a}\sqrt{a^2-x^2}\,\mathrm{d}x$$

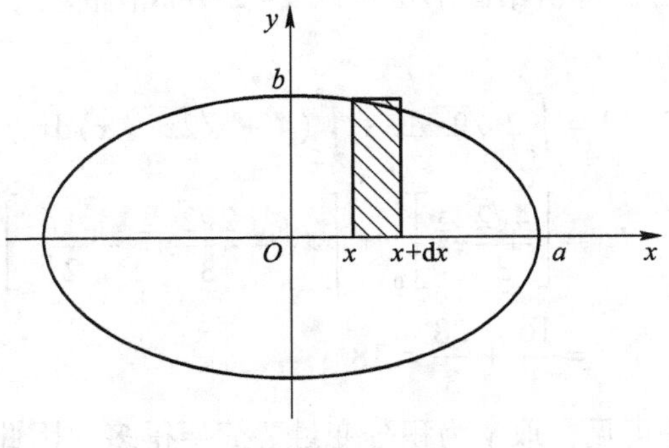

图 5-10

用换元法计算这个积分，设 $x=a\sin t$，$t=\arcsin\dfrac{x}{a}$，$dx=a\cos t dt$，当 $x=0$ 时，$t=0$；当 $x=a$ 时，$t=\dfrac{\pi}{2}$. 于是

$$A=4\int_0^a \frac{b}{a}\sqrt{a^2-x^2}\,dx=\frac{4b}{a}\int_0^{\frac{\pi}{2}} a^2\cos^2 t dt=4ab\cdot\frac{1}{2}\cdot\frac{\pi}{2}=\pi ab$$

例 3　求由抛物线 $y^2=2x$ 与直线 $y=x-4$ 所围成的平面图形面积.

解　联立方程 $\begin{cases}y^2=2x\\ y=x-4\end{cases}$，解得两曲线的交点为 $(2,-2)$ 和 $(8,4)$. 如图 5-11 所示，选择 y 为积分变量，积分区间为 $[-2,4]$，考察任一小区间 $[y,y+dy]$ 上一个窄条的面积，用宽为 $(y+4)-\dfrac{y^2}{2}$，高为 dy 的小矩形面积近似，即得面积微元为 $dA=\left[(y+4)-\dfrac{y^2}{2}\right]dy$，于是所围区域面积为

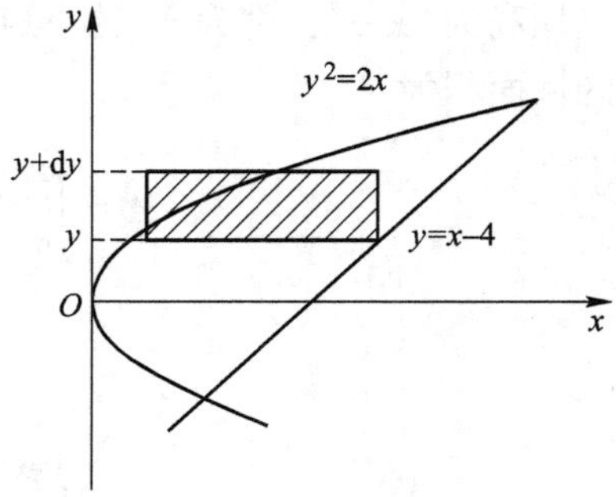

图 5-11

$$A=\int_{-2}^{4}\left[(y+4)-\frac{y^2}{2}\right]dy=\left[\frac{y^2}{2}+4y-\frac{y^3}{6}\right]_{-2}^{4}=18$$

一般地，若平面图形是由曲线 $y=f(x)$，$y=g(x)$ 和直线 $x=a$，$x=b$ 围成，$f(x)\geqslant g(x)$，则其面积可对 x 积分得到

$$A=\int_a^b[f(x)-g(x)]dx$$

若平面图形是由曲线 $x=\varphi(y)$，$x=\psi(y)$ 和直线 $y=c$，$y=d$ 围成，且 $\varphi(y)\geqslant\psi(y)$，则其面积可对 y 积分得到

$$A=\int_c^d[\varphi(y)-\psi(y)]dy$$

事实上，例 3 也可以选择 x 为积分变量，积分区间是 $[0,8]$. 但是，当小区间 $[x,x+dx]$ 取在 $[0,2]$ 中时，面积微元为 $dA=[\sqrt{2x}-(-\sqrt{2x})]dx=2\sqrt{2x}\,dx$；而当小区间取在 $[2,8]$ 中时，面积微元为 $dA=[\sqrt{2x}-(x-4)]dx=(4+\sqrt{2x}-x)dx$. 因此，积分区间须分成 $[0,2]$ 和 $[2,8]$ 两部分，即所给图形由直线 $x=2$ 分成两部分，分别计算两部分面积再相加，得所求面积，即

$$\begin{aligned}A&=\int_0^2 2\sqrt{2x}\,dx+\int_2^8(4+\sqrt{2x}-x)dx\\&=\left[\frac{4\sqrt{2}}{3}x^{\frac{3}{2}}\right]_0^2+\left[4x+\frac{2\sqrt{2}}{3}x^{\frac{3}{2}}-\frac{1}{2}x^2\right]_2^8\\&=\frac{16}{3}+\frac{38}{3}=18\end{aligned}$$

注意　比较两种算法可见，取 y 为积分变量要简便得多. 因此，对具体问题应选择积分简便的计算方法.

三、体积

（一）旋转体的体积

旋转体的体积

由连续曲线 $y=f(x)$ 与直线 $x=a$，$x=b$ 及 x 轴围成的曲边梯形，绕 x 轴旋转一周而成的旋转体，如图 5-12 所示．现在讨论它的体积 V 的计算方法．

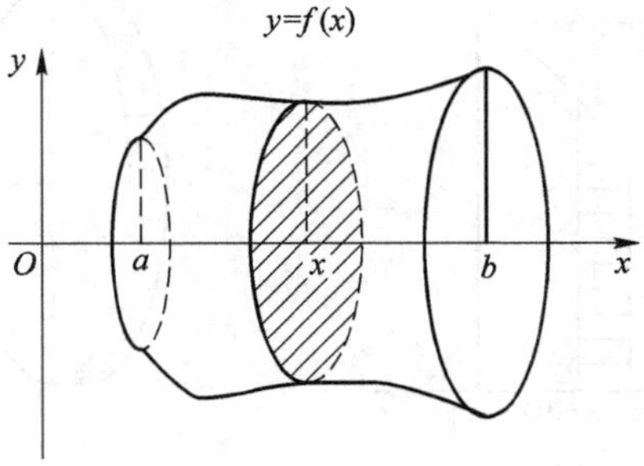

图 5-12

取 x 为积分变量，积分区间为 $[a,b]$．在 $[a,b]$ 上任取一小区间 $[x,x+\mathrm{d}x]$，相应的窄曲边梯形绕 x 轴旋转而成的薄片的体积近似于以 $f(x)$ 为底半径，$\mathrm{d}x$ 为高的扁圆柱体的体积，从而得到体积微元为

$$\mathrm{d}V=\pi\left[f(x)\right]^2\mathrm{d}x$$

于是，旋转体的体积为

$$V=\int_a^b\pi\left[f(x)\right]^2\mathrm{d}x$$

例 4　设平面图形由曲线 $y=2\sqrt{x}$ 与直线 $x=1$ 及 $y=0$ 围成，试求：

（1）绕 x 轴旋转而成的旋转体体积；

（2）绕 y 轴旋转而成的旋转体体积．

旋转体体积动画演示

解

（1）取 x 为积分变量，积分区间为 $[0,1]$，对应于小区间 $[x,x+\mathrm{d}x]$ 的小旋转体体积 ΔV，用小矩形（图 5-13(a) 中的阴影部分）绕 x 轴旋转而成的小圆柱体［图 5-13（b）］体积作为近似，即得体积微元为

$$\mathrm{d}V=\pi\left(2\sqrt{x}\right)^2\mathrm{d}x$$

于是，绕 x 轴旋转而成的旋转体体积为

$$V_x=\int_0^1\pi\left(2\sqrt{x}\right)^2\mathrm{d}x=4\pi\int_0^1x\mathrm{d}x=4\pi\left[\frac{1}{2}x^2\right]_0^1=2\pi$$

（2）方法一　取 y 为积分变量，积分区间为 $[0,2]$，对应于小区间［y，$y+\mathrm{d}y$］的小旋转体体积 ΔV，用小矩形（图 5-14(a) 中的阴影部分）绕 y 轴旋转所得空心圆柱体（图 5-14(b)）体积作为近似，而空心圆柱体体积等于以 $\mathrm{d}y$ 为高、半径为 1 的圆柱体体积减去半径为 $\frac{1}{4}y^2$ 的圆柱体体积，即得体积微元为

$$dV = \pi \cdot 1^2 \cdot dy - \pi\left(\frac{1}{4}y^2\right)^2 dy = \pi\left(1 - \frac{1}{16}y^4\right)dy$$

于是，绕 y 轴旋转的旋转体体积为

$$V_y = \int_0^2 \pi\left(1 - \frac{1}{16}y^4\right)dy = \pi\left[y - \frac{1}{80}y^5\right]_0^2 = \frac{8}{5}\pi$$

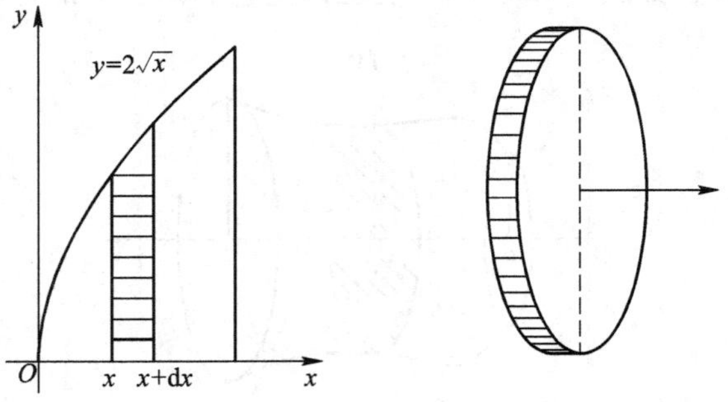

(a)　　(b)

图 5-13

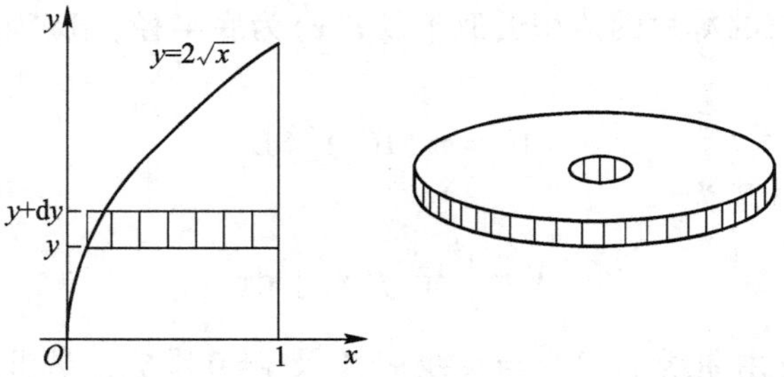

(a)　　(b)

图 5-14

方法二　求上述平面图形绕 y 轴旋转而成的旋转体体积 V_y 时，若选择 x 为积分变量，则对应于区间$[0,1]$上的任一小区间$[x,x+dx]$的小窄曲边梯形用高为 $2\sqrt{x}$、宽为 dx 的矩形近似（图 5-14（a）），这一小窄矩形绕 y 轴旋转而成的旋转体，是高为 $2\sqrt{x}$、内半径为 x、厚度为 dx 的圆筒侧壁，其体积近似于高为 $2\sqrt{x}$、宽为 $2\pi x$、厚度为 dx 的矩形薄片的体积，故体积微元为

$$dV = 2\pi x \cdot 2\sqrt{x} \cdot dx$$

于是，

$$V_y = \int_0^1 2\pi x \cdot 2\sqrt{x}\,dx = 4\pi\int_0^1 x^{\frac{3}{2}}dx = 4\pi\left[\frac{2}{5}x^{\frac{5}{2}}\right]_0^1 = \frac{8\pi}{5}$$

注意　本题所给平面图形绕 y 轴旋转而成的旋转体的体积的计算可用上述两种方法．方法一即所谓的切片法，比较直观，将外圆柱体的体积减去曲线 $x=\frac{1}{4}y^2$、直线 $y=2$ 和 y

轴所围平面图形绕 y 轴旋转所得的旋转体的体积而得．方法二是所谓的剥壳法，计算简便，体积微元是一个“薄壳”，一层层“包上”即得所求旋转体的体积．

一般地，由平面图形 $0\leqslant a\leqslant x\leqslant b$，$0\leqslant y\leqslant f(x)$ 绕 y 轴旋转而成的旋转体体积为

$$V=2\pi\int_a^b xf(x)\,\mathrm{d}x$$

（二）平行截面面积为已知的立体的体积

对于一般的空间立体，如果它与某一轴线（如 x 轴）相垂直的平面的截面面积 $A(x)\,(a\leqslant x\leqslant b)$ 是一已知的连续函数，如图 5-15 所示，则根据元素法可得体积微元为

$$\mathrm{d}V=A(x)\,\mathrm{d}x$$

于是，立体体积为

$$V=\int_a^b A(x)\,\mathrm{d}x$$

案例 1［楔形体体积］　设底面半径为 a 的圆柱体，被过圆柱底面直径 AB，且与底面成 α 角的平面所截，求截下的楔形体的体积，如图 5-16 所示．

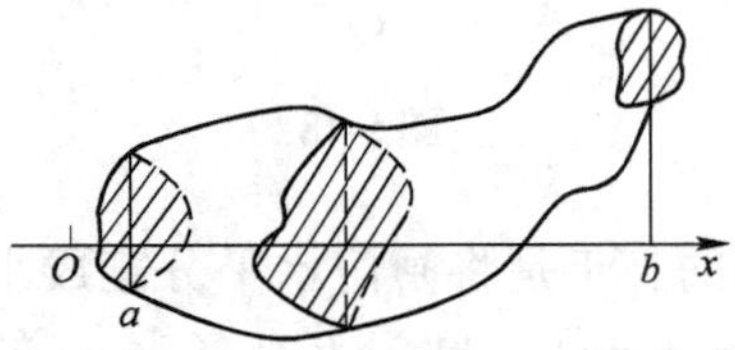

图 5-15

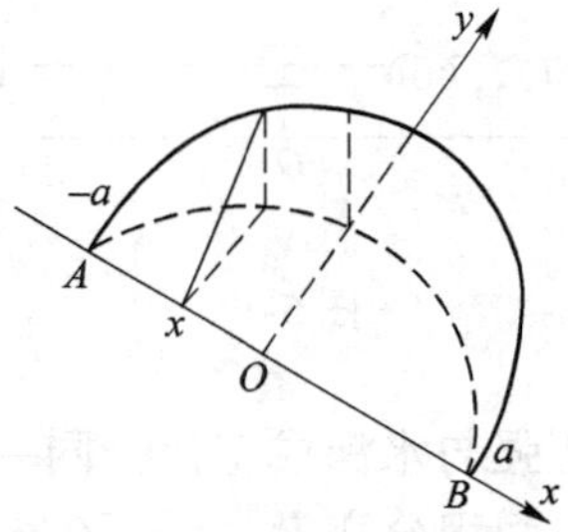

图 5-16

解　取坐标系如图 5-16 所示，过任一点 x 作垂直于 x 轴的截面，截面都是直角三角形，其面积为

$$A(x)=\frac{1}{2}\sqrt{a^2-x^2}\cdot\sqrt{a^2-x^2}\tan\alpha=\frac{1}{2}(a^2-x^2)\tan\alpha$$

取 x 为积分变量，积分区间为 $[-a,a]$，与小区间 $[x,x+\mathrm{d}x]$ 对应的体积 $\Delta V\approx A(x)\,\mathrm{d}x$，因此楔形体的体积为

$$V=\int_{-a}^{a}A(x)\,\mathrm{d}x=\int_{-a}^{a}\frac{1}{2}(a^2-x^2)\tan\alpha\,\mathrm{d}x=\frac{2}{3}a^3\tan\alpha$$

四、定积分的其他应用

案例 2［变力做功］　已知 1N 的力能使某弹簧拉长 1cm，求使弹簧拉长 5cm 拉力所做的功．

解　取弹簧的平衡点作为原点建立坐标系，如图 5-17 所示．

由胡克定律知，在弹性限度内拉长弹簧所需的力 F 与拉长长度 x 成正比，即

$$F=kx$$

其中 k 为劲度系数．已知拉长 $x=1\mathrm{cm}=0.01\mathrm{m}$，需力 $F=1\mathrm{N}$，于是 $k=100\mathrm{N/m}$，即

$$F = 100x$$

在区间$[0,0.05]$中任一小区间$[x,x+\mathrm{d}x]$上拉力所做的功，即功的微元

$$\mathrm{d}W = F\mathrm{d}x = 100x\mathrm{d}x$$

于是，拉力使弹簧拉长 5cm＝0.05m 所做的功为

$$W = \int_0^{0.05} 100x\mathrm{d}x = [50x^2]_0^{0.05} = 0.125(\mathrm{J})$$

案例 3［水的压力］ 设有一等腰三角形闸门，垂直置于水中，底边与水面相齐，已知闸门底边长为 a（单位：m），高为 h（单位：m），试求闸门的一侧所受的压力．

解 建立坐标系如图 5-18 所示，则三角形的一条腰的方程是

$$y = \frac{a}{2}\left(1 - \frac{x}{h}\right)$$

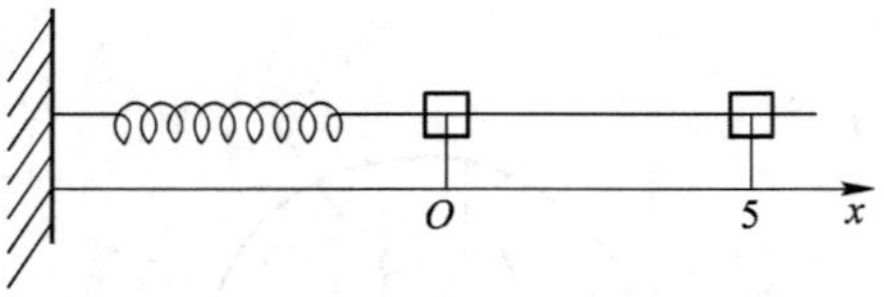

图 5-17

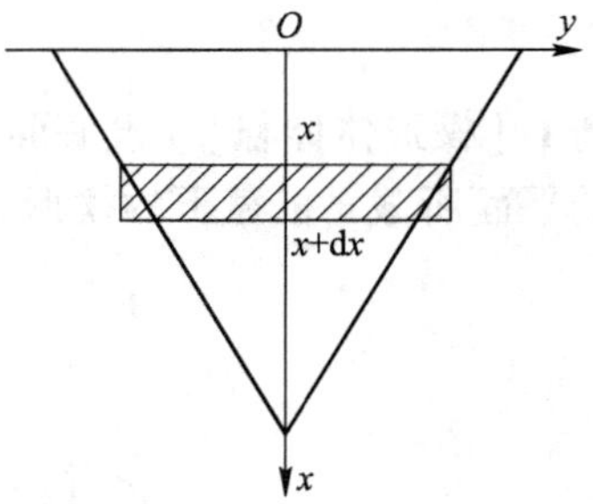

图 5-18

因为压强与水深成正比，同一深度的压强是相同的，于是将闸门水平分割成小横条，即取变量 x 为积分变量，$x \in [0,h]$．对应小区间 $[x,x+\mathrm{d}x]$，闸门上有高为 $\mathrm{d}x$ 的小条，其面积为

$$\Delta A \approx \mathrm{d}A = 2y\mathrm{d}x = a\left(1 - \frac{x}{h}\right)\mathrm{d}x \quad (\mathrm{m}^2)$$

其上的压强近似等于 $gx(\mathrm{kN/m^2})$，g 为重力加速度，故其上所受的水压力

$$\Delta F \approx \mathrm{d}F = agx\left(1 - \frac{x}{h}\right)\mathrm{d}x \quad (\mathrm{kN})$$

于是整个闸门所受的水压力为

$$F = \int_0^h agx\left(1 - \frac{x}{h}\right)\mathrm{d}x = ag\left(\frac{1}{2}x^2 - \frac{1}{3h}x^3\right)\Bigg|_0^h = \frac{g}{6}ah^2 \quad (\mathrm{kN})$$

习题 5-4

1. 求由下列各组曲线所围平面图形的面积：

（1）$xy=1$，$y=x$，$x=2$；　（2）$y=\mathrm{e}^x$，$y=\mathrm{e}^{-x}$，$x=1$；

（3）$x=y^2$，$y=x^2$；　（4）$y=x^2$，$x+y=2$．

2. 求抛物线 $y=-x^2+4x-3$ 及其在点$(0,-3)$和$(3,0)$处的切线所围平面图形的面积．

3. 求椭圆$\frac{x^2}{a^2}+\frac{y^2}{b^2}=1$绕 x 轴旋转所成旋转体的体积．

4. 平面图形由 $y=\sin x(0\leqslant x\leqslant\pi)$ 和 $y=0$ 围成，试求该图形分别绕 x 轴和 y 轴旋转所得旋转体的体积 .

5. 平面图形由 $y=2x-x^2$ 和 $y=0$ 围成，试求该图形分别绕 x 轴和 y 轴旋转所得旋转体的体积 .

6. 试用两种方法计算由 $y=(x-1)(x-2)$ 和 $y=0$ 所围图形绕 y 轴旋转所得旋转体的体积 .

7. ［抽水做功］一横截面为等腰梯形的贮水池，梯形上底长 6m、下底长 4m、深 2m、长 8m，要把满池水抽到距离水池上方 20m 的水塔中，问需做功多少？

8. ［水压力］某下水道的横截面是直径为 3m 的圆，水平铺设，下水道内水深 1.5m，求与下水道垂直的闸门所受的压力 .

第五节 反常积分

前面讨论的定积分，其积分区间是有限区间 . 但是，在一些实际应用中，往往会遇到积分区间是无限区间，如将火箭发射到远离地球的太空中去，计算克服地心引力做功，就需要考虑积分区间为无限的积分 . 因此，有必要推广定积分概念，即讨论积分区间为无限的情形，从而形成“反常积分”的概念 .

定义 设函数 $f(x)$ 在区间 $[a,+\infty)$ 上连续，取 $t>a$，如果极限 $\lim\limits_{t\to+\infty}\int_a^t f(x)\,dx$ 存在，则称此极限为函数 $f(x)$ 在无穷区间 $[a,+\infty)$ 上的**反常积分**，记作 $\int_a^{+\infty}f(x)\,dx$，即

$$\int_a^{+\infty}f(x)\,dx=\lim_{t\to+\infty}\int_a^t f(x)\,dx$$

这时也称反常积分 $\int_a^{+\infty}f(x)\,dx$ **收敛**；如果上述极限不存在，则称反常积分 $\int_a^{+\infty}f(x)\,dx$ **发散**.

类似地，设函数 $f(x)$ 在区间 $(-\infty,b]$ 上连续，取 $t<b$，如果极限 $\lim\limits_{t\to-\infty}\int_t^b f(x)\,dx$ 存在，则称此极限为函数 $f(x)$ 在无穷区间 $(-\infty,b]$ 上的反常积分，记作 $\int_{-\infty}^b f(x)\,dx$，即

$$\int_{-\infty}^b f(x)\,dx=\lim_{t\to-\infty}\int_t^b f(x)\,dx$$

这时也称反常积分 $\int_{-\infty}^b f(x)\,dx$ 收敛；如果上述极限不存在，则称反常积分 $\int_{-\infty}^b f(x)\,dx$ 发散 .

设函数 $f(x)$ 在区间 $(-\infty,+\infty)$ 上连续，如果反常积分 $\int_{-\infty}^0 f(x)\,dx$ 和 $\int_0^{+\infty}f(x)\,dx$ 都收敛，则称上述两反常积分之和为函数 $f(x)$ 在区间 $(-\infty,+\infty)$ 上的反常积分，记作 $\int_{-\infty}^{+\infty}f(x)\,dx$，即

$$\int_{-\infty}^{+\infty}f(x)\,dx=\int_{-\infty}^0 f(x)\,dx+\int_0^{+\infty}f(x)\,dx=\lim_{a\to-\infty}\int_a^0 f(x)\,dx+\lim_{b\to+\infty}\int_0^b f(x)\,dx$$

这时也称反常积分 $\int_{-\infty}^{+\infty} f(x)\,\mathrm{d}x$ 收敛；如果反常积分 $\int_{-\infty}^{0} f(x)\,\mathrm{d}x$ 和 $\int_{0}^{+\infty} f(x)\,\mathrm{d}x$ 有一个发散，则反常积分 $\int_{-\infty}^{+\infty} f(x)\,\mathrm{d}x$ 发散．

上述反常积分统称为无穷限的反常积分．

设 $F(x)$ 是 $f(x)$ 的一个原函数，则 $\int_a^x f(t)\,\mathrm{d}t = F(x) - F(a)$．记

$$F(+\infty) = \lim_{x\to+\infty} F(x),\ F(-\infty) = \lim_{x\to-\infty} F(x)$$

于是三种无限区间的反常积分可表示为

$$\int_a^{+\infty} f(x)\,\mathrm{d}x = F(+\infty) - F(a) = [F(x)]_a^{+\infty}$$

$$\int_{-\infty}^{b} f(x)\,\mathrm{d}x = F(b) - F(-\infty) = [F(x)]_{-\infty}^{b}$$

$$\int_{-\infty}^{+\infty} f(x)\,\mathrm{d}x = F(+\infty) - F(-\infty) = [F(x)]_{-\infty}^{+\infty}$$

例 1　求 $\int_{-\infty}^{+\infty} \frac{1}{1+x^2}\mathrm{d}x$．

解　$\int_{-\infty}^{+\infty} \frac{1}{1+x^2}\mathrm{d}x = [\arctan x]_{-\infty}^{+\infty} = \frac{\pi}{2} - \left(\frac{\pi}{2}\right) = \pi$

这一结果的几何意义是曲线 $y=\frac{1}{1+x^2}$ 与 x 轴之间的图形虽然可以向两边无限延伸，但有有限的面积．

例 2　讨论反常积分 $\int_a^{+\infty} \frac{1}{x^p}\mathrm{d}x$ 的收敛性（$a>0$）．

解　当 $p=1$ 时，$\int_a^{+\infty} \frac{1}{x}\mathrm{d}x = [\ln x]_a^{+\infty} = +\infty$

当 $p \neq 1$ 时，$\int_a^{+\infty} \frac{1}{x^p}\mathrm{d}x = \left[\frac{x^{1-p}}{1-p}\right]_a^{+\infty} = \begin{cases} +\infty, & p<1 \\ \frac{a^{1-p}}{p-1}, & p>1 \end{cases}$

例 3　讨论反常积分 $\int_{-\infty}^{0} \cos x\,\mathrm{d}x$ 的收敛性．

解　$\int_{-\infty}^{0} \cos x\,\mathrm{d}x = [\sin x]_{-\infty}^{0}$，而极限 $\lim_{x\to-\infty} \sin x$ 不存在，所以反常积分 $\int_{-\infty}^{0} \cos x\,\mathrm{d}x$ 发散．

例 4　求 $\int_{-\infty}^{+\infty} \frac{2x+3}{x^2+2x+2}\mathrm{d}x$．

解

$$\int_{-\infty}^{+\infty} \frac{2x+3}{x^2+2x+2}\mathrm{d}x = \int_{-\infty}^{+\infty} \left[\frac{2x+2}{x^2+2x+2} + \frac{1}{(x+1)^2+1}\right]\mathrm{d}x$$
$$= [\ln(x^2+2x+2) + \arctan(x+1)]_{-\infty}^{+\infty}$$

因为 $\lim_{x\to+\infty} [\ln(x^2+2x+2)+\arctan(x+1)] = +\infty$，所以 $\int_{-\infty}^{+\infty} \frac{2x+3}{x^2+2x+2}\mathrm{d}x$ 发散．

在计算反常积分时，也可运用换元积分法和分部积分法．

例 5　求 $\int_1^{+\infty}\frac{1}{x\sqrt{1+x^2}}\mathrm{d}x$.

解　令 $x=\tan t$，$x=1$ 时，$t=\frac{\pi}{4}$；$x\to+\infty$ 时，$t\to\frac{\pi}{2}$，于是

$$\int_1^{+\infty}\frac{1}{x\sqrt{1+x^2}}\mathrm{d}x=\int_{\frac{\pi}{4}}^{\frac{\pi}{2}}\frac{\sec^2 t}{\tan t\sec t}\mathrm{d}t=\int_{\frac{\pi}{4}}^{\frac{\pi}{2}}\csc t\mathrm{d}t=\left[\ln(\csc t-\cot t)\right]_{\frac{\pi}{4}}^{\frac{\pi}{2}}=\ln(\sqrt{2}+1)$$

这里，经换元后，反常积分变成了定积分，自然是收敛的．

习题 5-5

讨论下列反常积分的收敛性，若收敛，求出其值：

(1) $\int_1^{+\infty}\frac{1}{x^2}\mathrm{d}x$；　　(2) $\int_0^{+\infty}x\mathrm{e}^{-x^2}\mathrm{d}x$；

(3) $\int_5^{+\infty}\frac{1}{x(x+15)}\mathrm{d}x$；　　(4) $\int_0^{+\infty}\frac{\ln x}{x}\mathrm{d}x$；

(5) $\int_0^{+\infty}\sin x\mathrm{d}x$；　　(6) $\int_{-\infty}^{+\infty}\frac{1}{x^2+x+1}\mathrm{d}x$.

总习题五

1. 填空题．

(1) $\int_{-1}^{0}x^2\mathrm{d}x=$ ________.

(2) $\int_0^1(2x^2-1)\mathrm{d}x=$ ________.

(3) $\int_0^{\frac{\pi}{2}}\cos x\mathrm{d}x=$ ________.

(4) $\int_{-\frac{\pi}{2}}^{0}\sin x\mathrm{d}x=$ ________.

(5) $\int_0^1\frac{1}{\sqrt{1-x^2}}\mathrm{d}x=$ ________.

(6) $\int_0^1\frac{1}{1+x^2}\mathrm{d}x=$ ________.

(7) 设 $f(x)$ 为连续函数，则 $\int_{-a}^{a}x^2[f(x)-f(-x)]\mathrm{d}x=$ ________.

(8) 设 $f(x)$ 有连续的导数，$f(b)=5$，$f(a)=3$，则 $\int_a^b f'(x)\mathrm{d}x=$ ________.

(9) 设 $F(x)=\int_0^x t\cos^2 t\mathrm{d}t$，则 $F'\left(\frac{\pi}{4}\right)=$ ________.

(10) 设 $f(x)=\int_0^{x^2}t\sqrt[3]{1+t^2}\mathrm{d}t$，则 $f'(x)=$ ________.

(11) 若反常积分 $\int_{-\infty}^{+\infty}\frac{k}{1+x^2}\mathrm{d}x=1$，则常数 $k=$ ________.

(12) 若 $\int_a^b \frac{f(x)}{f(x)+g(x)}dx = 1$，则 $\int_a^b \frac{g(x)}{f(x)+g(x)}dx =$ ________ .

2. 用适当方法计算下列定积分：

(1) $\int_0^1 (4x^3 - 3x^2 + 1)dx$ ；　(2) $\int_0^1 (x^2 + e^x)dx$ ；

(3) $\int_1^2 \left(\sqrt{x} + \frac{1}{\sqrt{x}}\right)^2 dx$ ；　(4) $\int_0^2 2xe^{x^2}dx$ ；

(5) $\int_1^e \frac{dx}{x(2x+1)}$ ；　(6) $\int_0^{\frac{\pi}{2}} \frac{\sin x\cos x}{1+\cos^2 x}dx$；

(7) $\int_0^4 \frac{1}{1+\sqrt{x}}dx$ ；　(8) $\int_0^1 \frac{1}{x^2+x+1}dx$；

(9) $\int_0^{\frac{4}{3}} \frac{x+1}{\sqrt{x^2+1}}dx$ ；　(10) $\int_1^e (x-1)\ln x dx$.

3. ［装饰窗面积］一栋商务楼的装饰窗为由曲线 $y=x^3$ 与 $y=\sqrt{x}$ 所围成的图形，求此图形的面积.

4. ［艺术品体积］一陶瓷艺术品可以看成是由曲线 $x=\sqrt{2-y}$、直线 $y=x$ 及 y 轴所围平面图形绕 x 轴旋转一周所得到的，试根据定积分知识计算出该陶瓷艺术品的体积.

5. ［电量与电流］设导线在时刻 t（单位：s）的电流强度为 $i(t)=\sin\omega t$，求在时间间隔[0,1]内流过导线横截面的电量 $Q(t)$（单位：A）.

第六章　微　分　方　程

扫码查看本章课件

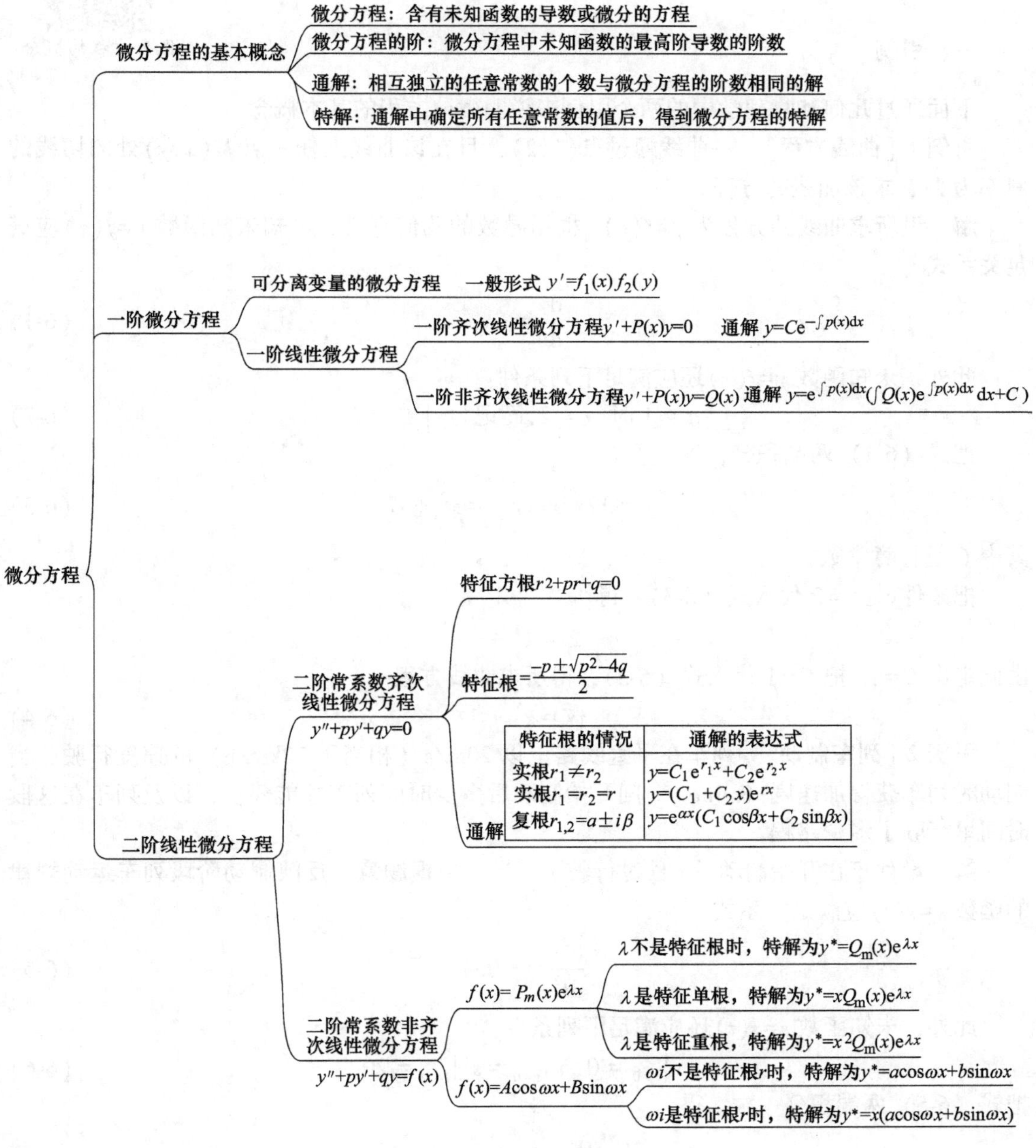

图 6-1　微分方程思维导图

在工程技术和实际生活中，经常要寻求表示客观事物的变量之间的函数关系．在许多问题中，往往不能直接找出所需要的函数关系，但是根据问题所提供的条件，有时可以列出含有要找的函数及其导数或微分的关系式，这样的关系式就是所谓的微分方程．微分方程建立以后，对它进行研究，求出未知函数，这就是解微分方程．微分方程在电路分析、传染病的传播过程和人口的预测与控制等方面有着广泛的应用．本章重点研究常见的微分方程的解法，并结合实际案例探讨用微分方程建立数学模型的一般思想方法．

第一节　微分方程的基本概念

微分方程的概念

一、引例

下面通过几何和物理学中的两个引例来说明微分方程的基本概念．

引例 1 [曲线方程]　一曲线通过点(1,2)，且在该曲线上任一点 $M(x,y)$ 处的切线的斜率为 $2x$，求该曲线的方程．

解　设所求曲线的方程为 $y=f(x)$．根据导数的几何意义，可知未知函数 $y=f(x)$ 应满足关系式

$$\frac{\mathrm{d}y}{\mathrm{d}x}=2x \tag{6-1}$$

此外，未知函数 $y=f(x)$ 还应满足下列条件：

$$x=1\text{ 时},y=2,\text{简记为}y|_{x=1}=2 \tag{6-2}$$

把式（6-1）两端积分，得

$$y=\int 2x\mathrm{d}x,\text{即 }y=x^2+C \tag{6-3}$$

其中 C 是任意常数．

把条件 $y|_{x=1}=2$ 代入式（6-3），得

$$2=1^2+C$$

由此定出 $C=1$. 把 $C=1$ 代入式（6-3），得所求曲线方程

$$y=x^2+1 \tag{6-4}$$

引例 2 [列车制动]　列车在平直线路上以 20m/s（相当于 72km/h）的速度行驶，当制动时列车获得加速度 $-0.4\mathrm{m/s^2}$. 问开始制动后多少时间列车才能停住，以及列车在这段时间里行驶了多少路程？

解　设列车在开始制动后 t 秒时行驶了 s 米．根据题意，反映制动阶段列车运动规律的函数 $s=s(t)$ 应满足关系式

$$\frac{\mathrm{d}^2s}{\mathrm{d}t^2}=-0.4 \tag{6-5}$$

此外，未知函数 $s=s(t)$ 还应满足下列条件：

$$s|_{t=0}=0,\ v|_{t=0}=s'|_{t=0}=20 \tag{6-6}$$

把式（6-5）两端积分一次，得

$$v=\frac{\mathrm{d}s}{\mathrm{d}t}=-0.4t+C_1 \tag{6-7}$$

再积分一次，得

$$s=-0.2t^2+C_1t+C_2 \tag{6-8}$$

这里 C_1、C_2 都是任意常数．

把条件 $v|_{t=0}=s'|_{t=0}=20$ 代入式（6-7），得 $20=C_1$；

把条件 $s|_{t=0}=0$ 代入式（6-8）得 $0=C_2$.

把 C_1、C_2 的值代入式（6-7）及式（6-8），得

$$v=-0.4t+20 \tag{6-9}$$

$$s=-0.2t^2+20t \tag{6-10}$$

在式（6-9）中令 $v=0$，得到列车从开始制动到完全停住所需的时间

$$t=\frac{20}{0.4}=50(\mathrm{s})$$

再把 $t=50$ 代入式（6-9），得到列车在制动阶段行驶的路程

$$s=-0.2\times50^2+20\times50=500(\mathrm{m})$$

二、微分方程的基本概念

上述两个引例中的关系式（6-1）和式（6-5）都含有未知函数的导数，它们都是微分方程．一般地，含有未知函数的导数（或微分）的方程，叫做**微分方程**．有时简称方程．

微分方程中所出现的未知函数的最高阶导数的阶数，叫做**微分方程的阶**．例如，方程式（6-1）是一阶微分方程；方程式（6-5）是二阶微分方程．又如，方程

$$xy+y'=x$$

是一阶微分方程．方程

$$y'''+2y''+3y=\sin2x$$

是三阶微分方程．

如果将某个函数及其导数代入微分方程中，使该方程成为恒等式，这个函数就叫做**微分方程的解**．例如，引例 1 中函数式（6-3）和式（6-4）都是方程式（6-1）的解；引例 2 中函数式（6-8）和式（6-10）都是方程式（6-5）的解．

如果微分方程的解中相互独立的任意常数的个数与微分方程的阶数相同，这样的解叫做**微分方程的通解**．例如，引例 1 中函数式（6-3）是方程式（6-1）的通解；引例 2 中函数式（6-8）是方程式（6-5）的通解．

由于通解中有任意常数，所以它不能完全确定地反映某一客观事物的规律性．要完全确定地反映客观事物的规律性，必须确定这些常数的值．为此，要根据问题的实际情况，提出确定这些常数的条件．例如，引例 1 中的条件式（6-2），引例 2 中的条件式（6-6），便是这样的条件．

所谓给所有任意常数以确定的值，其含义是指解必须满足某种指定的附加条件，这种条件叫做**初始条件**．

确定了通解中的任意常数以后，就得到**微分方程的特解**．例如，引例 1 中函数式（6-4）是方程式（6-1）的特解；引例 2 中函数式（6-10）是方程式（6-5）的特解．

例题　设有方程 $y'-2y=0$，试问：函数（1）$y=\sin2x$；（2）$y=e^{2x}$；（3）$y=3e^{2x}$ 中哪些是方程的解？哪个是满足初始条件 $y|_{x=0}=1$ 的特解？

解

（1）$y=\sin 2x$，$y'=2\cos 2x$，把 y 与 y' 代入 $y'-2y=0$，得

$$\text{左边}=2\cos 2x-2\sin 2x\neq 0=\text{右边}$$

所以 $y=\sin 2x$ 不是方程 $y'-2y=0$ 的解．

（2）$y=e^{2x}$，$y'=2e^{2x}$，把 y 与 y' 代入 $y'-2y=0$，得

$$\text{左边}=2e^{2x}-2e^{2x}=0=\text{右边}$$

又将 $x=0$ 代入 $y=e^{2x}$ 中，得 $y|_{x=0}=1$. 所以 $y=e^{2x}$ 是方程 $y'-2y=0$ 的解，并且是满足初始条件 $y|_{x=0}=1$ 的特解．

（3）$y=3e^{2x}$，$y'=6e^{2x}$，把 y 与 y' 代入 $y'-2y=0$，得

$$\text{左边}=6e^{2x}-6e^{2x}=0=\text{右边}$$

而将 $x=0$ 代入 $y=3e^{2x}$ 中，得 $y|_{x=0}=3$. 所以 $y=3e^{2x}$ 是方程 $y'-2y=0$ 的解，但不是满足初始条件 $y|_{x=0}=1$ 的特解．

求微分方程满足给定初始条件的特解，这样的问题叫做**初值问题**．

微分方程的解的图形是一条曲线，叫做**微分方程的积分曲线**．由于通解中含有任意常数，所以它的图形是具有某种共同性质的积分曲线族．积分曲线族中各条曲线的形状一样，位置在纵向上有差距，而特解的图形是积分曲线族中满足初始条件的一条特定的积分曲线．

习题 6-1

1. 选择题.

（1）微分方程 $\frac{d^2y}{dx^2}+\left(\frac{dy}{dx}\right)^3+2x^4=0$ 的阶数是（　　）.

A. 1　　B. 2　　C. 3　　D. 4

（2）下列微分方程中，是一阶方程的是（　　）.

A. $y'=x^2+2y$　　B. $y''+(y')^2+e^x-2y=0$

C. $\frac{d^2y}{dx^2}+xy=0$　　D. $\frac{d^3y}{dx^3}+\frac{y}{2x}=xy$

（3）方程 $\frac{d^3y}{dx^3}+e^{2x}\cdot\frac{d^2y}{dx^2}-y=x$ 的通解中应包含的任意常数的个数为（　　）.

A. 1　　B. 2　　C. 3　　D. 4

（4）函数（　　）是微分方程 $y'+\frac{y}{x}=x$ 的解.

A. $\frac{x^2}{3}+1$　　B. $\frac{x^3}{3}+\frac{1}{x}$　　C. $-\frac{x^2}{3}+1$　　D. $\frac{x^2}{3}+\frac{1}{x}$

2. 验证下列函数（其中 C 为任意常数）是否是相应的微分方程的解，是通解还是特解？

（1）$xy'=2y$，$y=Cx^2$，$y=x^2$；

（2）$y''=-y$，$y=\sin x$，$y=3\sin x-4\cos x$；

（3）$\frac{dy}{dx}=2y$，$y=e^x$，$y=Ce^{2x}$.

第二节　可分离变量的微分方程

一阶微分方程的一般形式是

$$y' = f(x, y) \tag{6-11}$$

本节和下节，将讨论两类一阶微分方程的解法．

一、已分离变量的微分方程

形如

$$f_1(y)\,\mathrm{d}y = f_2(x)\,\mathrm{d}x \tag{6-12}$$

的一阶微分方程称为**已分离变量的微分方程**．

方程式（6-12）的特点是左端只含 y 的函数乘微分 $\mathrm{d}y$，右端只含 x 的函数乘微分 $\mathrm{d}x$. 设函数 $f_1(y)$ 和 $f_2(x)$ 是连续的，将式（6-12）两边同时积分，便得

$$\int f_1(y)\,\mathrm{d}y = \int f_2(x)\,\mathrm{d}x$$

这个方程确定了 y 是 x 的隐函数，它就是微分方程式（6-12）的解．

例 1　求微分方程 $\cos y\mathrm{d}y = x^2\mathrm{d}x$ 的通解．

解　所给方程是已分离变量的方程，将方程两边同时积分，

$$\int \cos y\mathrm{d}y = \int x^2\mathrm{d}x$$

得

$$\sin y = \frac{1}{3}x^3 + C$$

所以，便得所给微分方程的通解 $\sin y = \frac{1}{3}x^3 + C$.

注意　微分方程的解可以是隐函数的形式．

例 2　求微分方程 $\frac{\mathrm{d}y}{y} = 2x\mathrm{d}x\,(y \neq 0)$ 的通解．

解　所给方程是已分离变量方程，将方程两边同时积分

$$\int \frac{\mathrm{d}y}{y} = \int 2x\mathrm{d}x$$

得

$$\ln|y| = x^2 + C_1$$

取指数函数得

$$|y| = \mathrm{e}^{x^2+C_1} = \mathrm{e}^{C_1}\mathrm{e}^{x^2}, \text{即 } y = \pm\mathrm{e}^{C_1}\mathrm{e}^{x^2}$$

令 $C = \pm\mathrm{e}^{C_1}$，便得所给微分方程的通解 $y = C\mathrm{e}^{x^2}$.

注意　今后为了书写方便，可不必先取 $\ln|y|$，只需在积分时写成 $\ln y$，同时常数 C_1 写成 $\ln C$. 即例 2 解中的积分可写成 $\ln y = x^2 + \ln C$，化简得 $y = \mathrm{e}^{x^2+\ln C} = C\mathrm{e}^{x^2}$，其中 C 是任意常数，今后遇到类似问题均可这样处理．

可分离变量的微分方程

二、可分离变量的微分方程

能够转化为已分离变量方程的微分方程称为**可分离变量的微分方程**，

其一般形式为

$$M_1(x)M_2(y)\mathrm{d}x + N_1(x)N_2(y)\mathrm{d}y = 0 \tag{6-13}$$

或

$$y' = f_1(x)f_2(y) \tag{6-14}$$

方程式（6-13）的特点是微分的系数可分解为只依赖于 x 和只依赖于 y 的因子的乘积．当 $N_1(x)M_2(y) \neq 0$ 时，用它除方程式（6-13）的两端，得

$$\frac{N_2(y)}{M_2(y)}\mathrm{d}y = -\frac{M_1(x)}{N_1(x)}\mathrm{d}x$$

同样，方程式（6-14）可化为

$$\frac{\mathrm{d}y}{f_2(y)} = f_1(x)\mathrm{d}x \quad (f_2(y) \neq 0)$$

这就是前面讨论过的已分离变量的方程．

例 3　求微分方程 $(1 + \mathrm{e}^x)yy' = \mathrm{e}^x$ 满足初始条件 $y|_{x=0} = 0$ 的特解．

解　分离变量后得

$$y\mathrm{d}y = \frac{\mathrm{e}^x}{1 + \mathrm{e}^x}\mathrm{d}x$$

两端积分

$$\int y\mathrm{d}y = \int \frac{\mathrm{e}^x}{1 + \mathrm{e}^x}\mathrm{d}x$$

得

$$\frac{y^2}{2} = \ln(1 + \mathrm{e}^x) + \ln C$$

即该方程的通解为

$$\frac{y^2}{2} = \ln C(1 + \mathrm{e}^x)$$

将初始条件 $y|_{x=0} = 0$ 代入通解，得 $0 = \ln 2C$，即 $C = \frac{1}{2}$. 故所求特解为

$$\frac{y^2}{2} = \ln\frac{1 + \mathrm{e}^x}{2}$$

例 4　求微分方程 $(\mathrm{e}^{x+y} - \mathrm{e}^x)\mathrm{d}x + (\mathrm{e}^{x+y} + \mathrm{e}^y)\mathrm{d}y = 0$ 满足初始条件 $y|_{x=0} = 1$ 的特解．

解　方程变形为

$$\mathrm{e}^x(\mathrm{e}^y - 1)\mathrm{d}x + (\mathrm{e}^x + 1)\mathrm{e}^y\mathrm{d}y = 0$$

两端积分

$$\int \frac{\mathrm{e}^x}{\mathrm{e}^x + 1}\mathrm{d}x + \int \frac{\mathrm{e}^y}{\mathrm{e}^y - 1}\mathrm{d}y = \ln C$$

得

$$\ln(\mathrm{e}^x + 1) + \ln(\mathrm{e}^y - 1) = \ln C$$

所以通解为

$$(\mathrm{e}^x + 1)(\mathrm{e}^y - 1) = C$$

将初始条件 $y|_{x=0} = 1$ 代入通解，得

$$(\mathrm{e}^0 + 1)(\mathrm{e}^1 - 1) = 2(\mathrm{e} - 1) = C$$

故所求特解为

$$(\mathrm{e}^y - 1)(\mathrm{e}^x + 1) = 2(\mathrm{e} - 1)$$

案例 1［降落伞下落］　设降落伞从跳伞塔下落后，所受空气阻力与速度成正比，并设降落伞离开跳伞塔时速度为零，求降落伞下落速度与时间的函数关系．

降落伞下落速度

解　设降落伞下落速度为 $v(t)$，降落伞在空中下落时，同时受到重力与空气阻力的作用．重力大小为 mg，方向与 v 一致．阻力大小为 kv（k 为比例系数），方向与 v 相反，从而降落伞所受外力为

$$F = mg - kv$$

根据牛顿第二运动定律

$$F = ma \quad (\text{其中 } a \text{ 为加速度})$$

得函数 $v(t)$ 应满足的方程为

$$m\frac{\mathrm{d}v}{\mathrm{d}t} = mg - kv \tag{6-15}$$

按题意，初始条件为 $v|_{t=0}=0$.

将方程式（6-15）分离变量，得

$$\frac{\mathrm{d}v}{mg-kv} = \frac{\mathrm{d}t}{m}$$

两端积分

$$\int\frac{\mathrm{d}v}{mg-kv} = \int\frac{\mathrm{d}t}{m}$$

考虑到 $mg - kv > 0$，得

$$-\frac{1}{k}\ln(mg-kv) = \frac{t}{m} + C_1$$

即

$$mg - kv = \mathrm{e}^{-\frac{k}{m}t-kC_1}$$

或

$$v = \frac{mg}{k} + C\mathrm{e}^{-\frac{k}{m}t} \quad \left(C = -\frac{\mathrm{e}^{-kC_1}}{k}\right) \tag{6-16}$$

这就是方程式（6-15）的通解．

将初始条件 $v|_{t=0}=0$ 代入式（6-16），得 $C = -\dfrac{mg}{k}$.

于是所求降落伞下落速度与时间的函数关系为

$$v = \frac{mg}{k}\left(1 - \mathrm{e}^{-\frac{k}{m}t}\right) \tag{6-17}$$

由式（6-17）可以看出，随着时间 t 的增大，速度 v 逐渐接近于常数 $\dfrac{mg}{k}$，且不会超过 $\dfrac{mg}{k}$，也就是说，跳伞后开始阶段是加速运动，但以后逐渐接近于匀速运动．

案例 2［国民生产总值］　已知 2009 年我国国民的生产总值为 80423 亿元，如果能保持每年 8%的相对增长率，问 2020 年我国的国民生产总值是多少？

解　设 $t=0$ 为 2009 年，并设第 t 年我国的国民生产总值为 $P(t)$．由题意知，从 2009 年起，$P(t)$ 的相对增长率为 8%，即

$$\frac{\frac{dP(t)}{dt}}{P(t)} = 8\%$$

即
$$\frac{dP(t)}{P(t)} = 8\%dt, 且 P(0) = 80423$$

两边积分得

$$\ln P(t) = 0.08t + \ln C$$

所以通解为

$$P(t) = Ce^{0.08t}$$

代入初始条件 $P(0)=80423$ 得 $C=80423$，所以从 2009 年起第 t 年我国的国民生产总值为

$$P(t) = 80423e^{0.08t}$$

将 $t=2020-2009=11$ 代入上式，得 2020 年我国国民生产总值的预测值为

$$P(11) = 80423e^{0.08\times 11} \approx 193891.787(亿元)$$

习题 6-2

1. 求下列微分方程的通解：

（1）$dy-\sqrt{y}dx=0$；（2）$x\ln x \cdot y'-y=0$；

（3）$y'+e^{x}y=0$；（4）$xy'-y\ln y=0$.

2. 求下列微分方程满足所给初值条件的特解：

（1）$y'\sin x=y\ln y$，$y|_{x=\frac{\pi}{2}}=e$；（2）$\sqrt{1-x^2}y'=x$，$y|_{x=0}=0$.

3. 将一个加热到 100℃ 的物体，放在 0℃ 的恒温环境中冷却，若 50min 时物体的温度为 50℃. 求物体温度的变化规律.（提示：牛顿冷却定律指出，物体在空气中冷却的速率与其瞬时温度和空气温度之差成正比）

4. 某水塘原有 50000t 清水（不含有害杂质），从时间 $t=0$ 开始，含有 5%有害杂质的浊水流入该水塘. 流入的速度为 2t/min，在塘中充分混合（不考虑沉淀）后又以 2t/min 的速度流出水塘. 问经过多长时间后水塘中有害物质的浓度达到 4%？并分析塘中有害物质的最终浓度为多少.

第三节 一阶线性微分方程

一阶线性微分方程

案例 1 [RL 回路] 有一个电路如图 6-2 所示，其中电源电动势 $E=E_m\sin\omega t$（E_m、ω 都是常量），自感 L 与电阻 R 都是常量，若开始时（$t=0$）回路电流为 i_0，求任一时刻 t 的电流 $i(t)$.

分析 由电学知道，总电动势等于电源电动势 E 减去自感 L 产生的电动势 $L\frac{di}{dt}$. 再由欧姆定律知，总电动势又等于电阻 R 乘以电流 $i(t)$，所以得

$$E-L\frac{di}{dt}=Ri，即\frac{di}{dt}+\frac{R}{L}i=\frac{E}{L}$$

把 $E=E_m\sin\omega t$ 代入上式，得

$$\frac{di}{dt}+\frac{R}{L}i=\frac{E_m\sin\omega t}{L}$$

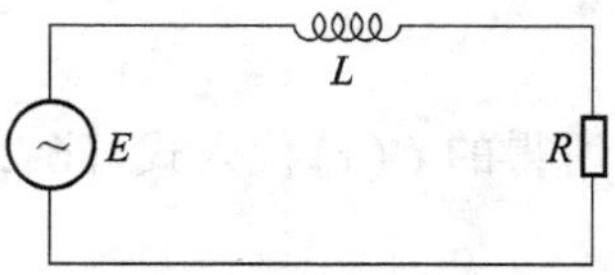

图 6-2

该微分方程不能分离变量求解，再观察该方程的特点，未知函数 $i(t)$ 及其导数 $\frac{di}{dt}$ 都是一次的．

形如

$$y'+P(x)y=Q(x) \tag{6-18}$$

的方程叫做**一阶线性微分方程**，其中 $P(x)$ 和 $Q(x)$ 是已知的连续函数．一阶线性微分方程的特点是方程中未知函数 y 及其导数 y' 都是一次的．

如果 $Q(x)\equiv 0$，方程式（6-18）变为

$$y'+P(x)y=0 \tag{6-19}$$

方程式（6-19）称为**一阶齐次线性微分方程**，如果 $Q(x)$ 不恒等于零，方程式（6-18）则称为**一阶非齐次线性微分方程**．

先求一阶齐次线性微分方程的通解．

方程式（6-19）是一个可分离变量的方程．分离变量，得

$$\frac{dy}{y}=-P(x)dx$$

两端积分，得

$$\ln y=-\int P(x)dx+\ln C$$

故一阶齐次线性微分方程式（6-19）的通解为

$$y=Ce^{-\int P(x)dx} \tag{6-20}$$

例如方程

$$y'+2xy=0$$

利用方程式（6-20）得其通解为

$$y=Ce^{-\int P(x)dx}=Ce^{-\int 2xdx}=Ce^{-x^2}$$

注意到方程式（6-18）和式（6-19）左端结构相同，我们假设方程式（6-18）具有和方程式（6-19）相似结构的解，自然 C 不再是常数，而应是 x 的函数 $C(x)$，只要确定了这个函数即可得到方程式（6-18）的解．

设

$$y=C(x)e^{-\int P(x)dx} \tag{6-21}$$

是一阶非齐次线性微分方程式（6-18）的解，于是

$$y'=C'(x)e^{-\int P(x)dx}-C(x)P(x)e^{-\int P(x)dx} \tag{6-22}$$

将式（6-21）和式（6-22）代入方程式（6-18）中，得

$$C'(x)e^{-\int P(x)dx}-C(x)P(x)e^{-\int P(x)dx}+C(x)P(x)e^{-\int P(x)dx}=Q(x)$$

即　　$$C'(x)e^{-\int P(x)dx}=Q(x)\quad 或\quad C'(x)=Q(x)e^{\int P(x)dx}$$

积分，可得

$$C(x) = \int Q(x) e^{\int P(x)dx} dx + C$$

将所得的 $C(x)$ 代入式（6-21）中，即得一阶非齐线性微分方程式（6-18）的通解公式

$$y = e^{-\int P(x)dx}\left(\int Q(x) e^{\int P(x)dx} dx + C\right) \tag{6-23}$$

上述这种把一阶齐次线性方程通解中的常数 C 变易为待定函数 $C(x)$，然后求出一阶非齐次线性微分方程通解的方法称为**常数变易法**.

将式（6-23）改写成两项之和

$$y = Ce^{-\int P(x)dx} + e^{-\int P(x)dx}\int Q(x) e^{\int P(x)dx} dx$$

上式右端第一项是对应的一阶齐次线性方程式（6-19）的通解，第二项是一阶非齐次线性微分方程式（6-18）的一个特解（在式（6-18）的通解式（6-23）中取 $C=0$ 便得此特解）. 由此可得下面定理.

定理（一阶非齐次线性微分方程通解的结构）　一阶非齐次线性微分方程的通解等于对应的一阶齐次线性方程的通解与一阶非齐次线性方程的一个特解之和.

例 1　求方程 $\frac{dy}{dx} - \frac{2y}{x+1} = (x+1)^{\frac{5}{2}}$ 的通解.

解　这是一阶非齐次线性方程.

方法一　常数变易法.

先求对应的齐次线性方程 $\frac{dy}{dx} - \frac{2y}{x+1} = 0$ 的通解.

分离变量，得

$$\frac{dy}{y} = \frac{2dx}{x+1} \quad (y \neq 0)$$

两端积分，得

$$\ln y = 2\ln(x+1) + \ln C$$

于是，齐次线性方程的通解为

$$y = C(x+1)^2$$

令 $y = C(x)(x+1)^2$，代入所给非齐次线性方程，得

$$C'(x)(x+1)^2 + 2C(x)(x+1) - \frac{2}{x+1}C(x)(x+1)^2 = (x+1)^{\frac{5}{2}}$$

$$C'(x) = (x+1)^{\frac{1}{2}}$$

两端积分，得

$$C(x) = \frac{2}{3}(x+1)^{\frac{3}{2}} + C$$

于是得所求方程的通解为

$$y = (x+1)^2\left[\frac{2}{3}(x+1)^{\frac{3}{2}} + C\right]$$

方法二　公式法.

这里
$$P(x)=-\frac{2}{x+1},Q(x)=(x+1)^{\frac{5}{2}}$$

由公式（6-23）得原方程的通解

$$\begin{aligned}y&=\mathrm{e}^{-\int P(x)\mathrm{d}x}\left[\int Q(x)\mathrm{e}^{\int P(x)\mathrm{d}x}\mathrm{d}x+C\right]\\&=\mathrm{e}^{-\int\left(-\frac{2}{x+1}\right)\mathrm{d}x}\left[\int(x+1)^{\frac{5}{2}}\mathrm{e}^{\int\left(-\frac{2}{x+1}\right)\mathrm{d}x}\mathrm{d}x+C\right]\\&=(x+1)^2\left[\frac{2}{3}(x+1)^{\frac{3}{2}}+C\right]\end{aligned}$$

例 2　求方程 $\frac{\mathrm{d}y}{\mathrm{d}x}=\frac{y}{x+y^3}$ 的通解．

解　原方程不是关于 y、$\frac{\mathrm{d}y}{\mathrm{d}x}$ 的线性方程，现改写为

$$\frac{\mathrm{d}x}{\mathrm{d}y}-\frac{1}{y}x=y^2$$

就变成了关于 x、$\frac{\mathrm{d}x}{\mathrm{d}y}$ 的线性方程．

用公式法求解，因为

$$P(y)=-\frac{1}{y},Q(y)=y^2$$

由公式得原方程的通解为

$$x=\mathrm{e}^{-\int P(y)\mathrm{d}y}\left(\int Q(y)\mathrm{e}^{\int P(y)\mathrm{d}y}\mathrm{d}y+C\right)=\mathrm{e}^{\int\frac{1}{y}\mathrm{d}y}\left(\int y^2\mathrm{e}^{-\int\frac{1}{y}\mathrm{d}y}\mathrm{d}y+C\right)=Cy+\frac{y^3}{2}$$

案例 1［RL 回路］分析解答：

在此只求电源电动势为常量 E 的情形，即求解一阶线性非齐次微分方程 $\frac{\mathrm{d}i}{\mathrm{d}t}+\frac{R}{L}i=\frac{E}{L}$，这里 $P(t)=\frac{R}{L}$，$Q(t)=\frac{E}{L}$. 代入通解公式（6-23），得

$$i=\mathrm{e}^{-\int\frac{R}{L}\mathrm{d}t}\left(\int\frac{E}{L}\mathrm{e}^{\int\frac{R}{L}\mathrm{d}t}\mathrm{d}t+C\right)=\mathrm{e}^{-\frac{R}{L}t}\left(\frac{E}{R}\mathrm{e}^{\frac{R}{L}t}+C\right)=\frac{E}{R}+C\mathrm{e}^{-\frac{R}{L}t}$$

由初始条件 $i|_{t=0}=i_0$，确定 $C=i_0-\frac{E}{R}$，则所求电流为

$$i=\frac{E}{R}+\left(i_0-\frac{E}{R}\right)\mathrm{e}^{-\frac{R}{L}t}$$

从解中可知，无论初始电流有多大，当 $t\to+\infty$ 时，$i(t)$ 都趋于定值$\frac{E}{R}$.

思考题　在案例 1 中，当电源电动势为交流电 $E=E_{\mathrm{m}}\sin\omega t$ 时，电流的变化情况 $i(t)$？

案例 2［刑侦中死亡时间的鉴定］　某小镇发生命案，法医于下午 6 点到达现场，测得此时尸体的温度为 34℃，1h 后又测得尸体的温度为 32℃. 假设室温为常温 21℃. 警方经过反复排查，圈定了两名犯罪嫌疑人张某和李某，但两人均辩称自己无罪，并陈述了各自当日下

犯罪嫌疑人的确定

午的活动情况．张某称，他下午一直在办公室，5 点下班后离开．李某称，下午一直上班，4 点 30 分左右接到电话后离开，两人所说均被证实，从两人上班地点到案发现场只需要 10min，试分析两人能否都排除嫌疑？

解 设尸体在 t 时刻的温度为 $T(t)$，根据牛顿冷却定律，可得如下初值问题，

$$\begin{cases}\dfrac{dT}{dt}=-k(T-21)\\T(0)=34\\T(1)=32\end{cases}$$

解得特解

$$T(t)=21+13e^{-0.167t}$$

设死者死亡时为正常体温 37℃，即 $T=37$，由上式求出死亡时间

$$t=\frac{1}{0.167}\cdot\ln\frac{13}{16}\approx-1.25(\mathrm{h})$$

由此推断出，死者的死亡时间为 6：00-1：15=4：45，即下午 4：45 左右，因此李某有作案时间，不能排除嫌疑，张某无作案时间．

习题 6-3

1. 判别下列微分方程属于何种类型：

(1) $x\mathrm{d}y+y^2\sin x\mathrm{d}x=0$； (2) $\dfrac{\mathrm{d}y}{\mathrm{d}t}+3y=e^{3t}$；

(3) $(x+1)y'-3y=e^x(1+x^2)$； (4) $(x^2+1)y'+2xy=\cos x$.

2. 求下列微分方程的通解：

(1) $y'+2y=1$； (2) $y'-\dfrac{2}{x+1}y=(1+x)^2$；

(3) $\dfrac{\mathrm{d}y}{\mathrm{d}x}-3xy=2x$； (4) $\dfrac{\mathrm{d}y}{\mathrm{d}x}+y=e^{-x}$；

(5) $x^2\mathrm{d}y+(2xy-x^2)\mathrm{d}x=0$； (6) $y'-\dfrac{2y}{x}=x^2\sin 3x$.

3. 求下列微分方程满足所给初始条件的特解：

(1) $xy'+y=e^x$，$y|_{x=1}=0$；

(2) $y'+y\cos x=e^{-\sin x}$，$y|_{x=0}=0$.

4. 已知一曲线在任一点处的切线斜率等于 $2x+y$，并且该曲线通过原点，试求此曲线方程．

5. 在一个含有电阻 R，电容 C，电源 E 的 RC 串联回路中，若电容上没有初始电量，并且 $R=100\Omega$，$C=0.01\mathrm{F}$，$E=400\cos 2t\mathrm{V}$，求在任意时刻 t 电路中的电流强度？（提示：在 RC 串联回路中，由回路电流定律，知电容上的电量 q 满足微分方程 $\dfrac{\mathrm{d}q}{\mathrm{d}t}+\dfrac{1}{RC}q=\dfrac{E}{R}$）

第四节　二阶常系数齐次线性微分方程

引例［弹簧的运动方程］　将一弹簧置于油中，其运动满足以下微分方程

$$\frac{d^2s}{dt^2}+3\frac{ds}{dt}+2s=0$$

二阶常系数齐次线性微分方程的概念

此方程为二阶微分方程，其特点是：未知函数及其一阶、二阶导数都是一次的，且未知函数及其导数的系数均为常数．

形如

$$y''+py'+qy=f(x) \tag{6-24}$$

的微分方程（其中 p，q 为常数），称为**二阶常系数线性微分方程**．方程右端的 $f(x)$ 称为**自由项**．

当 $f(x)\equiv 0$ 时，方程式（6-24）为

$$y''+py'+qy=0 \tag{6-25}$$

称为**二阶常系数齐次线性微分方程**．

当 $f(x)$ 不恒等于零时，方程式（6-24）称为**二阶常系数非齐次线性微分方程**．

为了求解二阶常系数线性微分方程，先对二阶常系数齐次线性微分方程解的性质和通解结构作一些讨论．

一、二阶齐次线性微分方程解的性质和通解结构

二阶齐次线性微分方程的通解结构

二阶常系数齐次线性微分方程式（6-25）的解，具有下面的性质．

定理 1　如果函数 $y_1(x)$ 与 $y_2(x)$ 是方程式（6-25）的两个解，那么

$$y=C_1y_1(x)+C_2y_2(x) \tag{6-26}$$

也是式（6-25）的解，其中 C_1、C_2 是任意常数．

证明　因为 y_1、y_2 是方程式（6-25）的两个解，所以

$$y_1''+py_1'+qy_1=0,\quad y_2''+py_2'+qy_2=0$$

将式（6-26）代入式（6-25）左端，得

$$\begin{aligned}\text{左端}&=(C_1y_1''+C_2y_2'')+P(x)(C_1y_1'+C_2y_2')+Q(x)(C_1y_1+C_2y_2)\\&=C_1(y_1''+py_1'+qy_1)+C_2(y_2''+py_2'+qy_2)\\&=C_1\cdot 0+C_2\cdot 0\\&=0=\text{右端}\end{aligned}$$

故 $y=C_1y_1(x)+C_2y_2(x)$ 是方程式（6-25）的解．

例 1　设 $y''-y'-2y=0$，验证：$y_1=e^{-x}$、$y_2=e^{2x}$、$y_3=e^{1-x}$ 均为方程的解，并证明 $C_1e^{-x}+C_2e^{2x}$ 是原方程的通解，而 $C_1e^{-x}+C_2e^{1-x}$ 是原方程的解但不是通解．

证明　把 y_1 代入方程，得

$$\text{左端}=y_1''-y_1'-2y_1=e^{-x}-(-e^{-x})-2e^{-x}=0=\text{右端}$$

所以 $y_1=e^{-x}$ 是方程 $y''-y'-2y=0$ 的解．

同理，把 y_2、y_3 分别代入方程，依次得

$$左端 = y_2'' - y_2' - 2y_2 = 4e^{2x} - 2e^{2x} - 2e^{2x} = 0 = 右端$$

$$左端 = y_3'' - y_3' - 2y_3 = e^{1-x} - (-e^{1-x}) - 2e^{1-x} = 0 = 右端$$

所以 $y_2 = e^{2x}$、$y_3 = e^{1-x}$ 也是方程 $y'' - y' - 2y = 0$ 的解．

由定理 1 可得，$C_1y_1 + C_2y_2$（C_1、C_2 是任意常数）是原方程的解．又因为两个任意常数 C_1、C_2 相互独立，且方程是二阶的，因此 $C_1y_1 + C_2y_2$ 是 $y'' - y' - 2y = 0$ 的通解．

而 $C_1y_1 + C_3y_3 = e^{-x}(C_1 + C_3e) = Cy_1$（其中 $C = C_1 + C_3e$）实质上只含有一个任意常数，所以 $C_1y_1 + C_2y_3$ 是原方程的解但不是通解．

由例 1 可见，$\dfrac{y_1}{y_2} = \dfrac{e^{-x}}{e^{2x}} = e^{-3x} \neq$ 常数（称 $y_1 = e^{-x}$ 与 $y_2 = e^{2x}$ 线性无关），所以 $C_1y_1 + C_2y_2$ 是 $y'' - y' - 2y = 0$ 的通解．而 $\dfrac{y_3}{y_1} = \dfrac{e^{1-x}}{e^{-x}} = e =$ 常数（称 $y_1 = e^{-x}$ 与 $y_3 = e^{1-x}$ 线性相关），于是 $C_1y_1 + C_2y_3$ 中的常数可以合并成一个常数，因此它不能作为原方程的通解．

定理 2（二阶常系数齐次线性方程通解的结构定理）　如果函数 $y_1(x)$、$y_2(x)$ 是二阶常系数齐次线性微分方程式（6-25）的两个线性无关的特解，则方程式（6-25）的通解为

$$y = C_1y_1(x) + C_2y_2(x)$$

其中 C_1、C_2 是任意常数．

二、二阶常系数齐次线性微分方程的解法

二阶常系数齐次线性微分方程的解法

现在我们研究二阶常系数齐次线性微分方程式（6-25）的解法．

我们知道，指数函数 $y = e^{rx}$（r 为常数）的各阶导数仍为指数函数 e^{rx} 乘以一个常数，而且方程式（6-25）的系数是常数．因此，要使方程式（6-25）的左端为零，可以设想方程式（6-25）的一个特解为 $y = e^{rx}$，其中 r 为待定常数．

据此，将 $y = e^{rx}$ 代入方程式（6-25），得

$$(e^{rx})'' + p(e^{rx})' + qe^{rx} = 0, 即\ e^{rx}(r^2 + pr + q) = 0$$

由于 $e^{rx} \neq 0$，故得

$$r^2 + pr + q = 0 \tag{6-27}$$

因此，只要待定常数 r 满足方程式（6-27），所得的函数 $y = e^{rx}$ 就是方程式（6-25）的解，我们称一元二次方程式（6-27）是微分方程式（6-25）的**特征方程**，特征方程式（6-27）的根 r 称为方程式（6-25）的**特征根**．

由于特征方程式（6-27）是一元二次方程，它的根 $r_{1,2} = \dfrac{-p \pm \sqrt{p^2 - 4q}}{2}$，所以特征根 r_1、r_2 就有三种不同的情形，分别讨论如下．

（一）特征方程有两个不相等的实根（$r_1 \neq r_2$）

这时方程式（6-25）有两个特解 $y_1 = e^{r_1x}$、$y_2 = e^{r_2x}$，且 y_1、y_2 线性无关（即 $\dfrac{y_1}{y_2} = e^{(r_1 - r_2)x} \neq$ 常数），则方程式（6-25）的通解为

$$y = C_1e^{r_1x} + C_2e^{r_2x}$$

例 2　求微分方程 $y''-2y'-3y=0$ 的通解.

解　特征方程为

$$r^2-2r-3=0,\text{即}(r+1)(r-3)=0$$

得特征根 $r_1=-1$，$r_2=3$. 因为 $r_1\neq r_2$，故所求方程的通解为

$$y=C_1\mathrm{e}^{-x}+C_2\mathrm{e}^{3x}$$

（二）特征方程有两个相等的实根$\left(r_1=r_2=-\dfrac{p}{2}\right)$

这时方程式（6-25）只有一个特解 $y_1=\mathrm{e}^{r_1x}$，还需要找出与 y_1 线性无关的另一个特解 y_2.

设 $y_2=u(x)\mathrm{e}^{r_1x}$是方程式（6-25）的另一个解，对 $y_2=u(x)\mathrm{e}^{r_1x}$求导，得

$$y_2'=\mathrm{e}^{r_1x}(u'+r_1u),\ y_2''=\mathrm{e}^{r_1x}(u''+2r_1u'+r_1^2u)$$

将 y_2、y_2' 和 y_2'' 代入方程式（6-25），得

$$\mathrm{e}^{r_1x}[(u''+2r_1u'+r_1^2u)+p(u'+r_1u)+qu]=0$$

整理得

$$u''+(2r_1+p)u'+(r_1^2+pr_1+q)u=0$$

因为 r_1 是特征方程式（6-27）的重根，所以

$$r_1^2+pr_1+q=0\text{ 且 }2r_1+p=0\quad\left(\text{因为 }r_1=-\frac{p}{2}\right)$$

于是

$$u''=0$$

对上式积分两次，得

$$u=C_1x+C_2$$

其中 C_1、C_2 是任意常数. 令 $C_1=1$、$C_2=0$，得

$$u(x)=x$$

于是得到方程式（6-25）的另一个解

$$y_2=x\mathrm{e}^{r_1x}$$

又因为 y_1、y_2 线性无关，所以方程式（6-25）的通解为

$$y=C_1\mathrm{e}^{r_1x}+C_2x\mathrm{e}^{r_1x}$$

或

$$y=(C_1+C_2x)\mathrm{e}^{r_1x}$$

例 3　求微分方程 $y''-6y'+9y=0$ 的通解.

解　特征方程为

$$r^2-6r+9=0,\ \text{即}(r-3)^2=0$$

得两个相等的特征根 $r_1=r_2=3$，故所求方程的通解为

$$y=(C_1+C_2x)\mathrm{e}^{3x}$$

例 4　求微分方程 $4\dfrac{\mathrm{d}^2s}{\mathrm{d}t^2}-4\dfrac{\mathrm{d}s}{\mathrm{d}t}+s=0$，满足初始条件$s\big|_{t=0}=1$、$\dfrac{\mathrm{d}s}{\mathrm{d}t}\Big|_{t=0}=3$ 时的特解.

解　特征方程为

$$4r^2-4r+1=0,\text{即}(2r-1)^2=0$$

特征根为 $r_1=r_2=\dfrac{1}{2}$，因此，所给方程的通解为

$$s=(C_1+C_2t)e^{\frac{1}{2}t}$$

将上式求导，得

$$\frac{ds}{dt}=\frac{1}{2}(C_1+C_2t)e^{\frac{1}{2}t}+C_2e^{\frac{1}{2}t}$$

将初始条件$s|_{t=0}=1$、$\left.\frac{ds}{dt}\right|_{t=0}=3$代入以上两式，得

$$C_1=1, C_2=\frac{5}{2}$$

于是所求满足初始条件的特解为

$$s=\left(1+\frac{5}{2}t\right)e^{\frac{1}{2}t}$$

（三）特征方程有一对共轭复根（$r_1=\alpha+i\beta$，$r_2=\alpha-i\beta$）

这时，$y_1=e^{(\alpha+i\beta)x}$，$y_2=e^{(\alpha-i\beta)x}$是方程式（6-25）的两个复值函数的特解，使用起来不方便，为了得出实值函数形式的特解，根据欧拉公式

$$e^{i\beta}=\cos\beta+i\sin\beta$$

将y_1、y_2改写为

$$y_1=e^{(\alpha+i\beta)x}=e^{\alpha x}e^{i\beta x}=e^{\alpha x}(\cos\beta x+i\sin\beta x)$$
$$y_2=e^{(\alpha-i\beta)x}=e^{\alpha x}e^{-i\beta x}=e^{\alpha x}(\cos\beta x-i\sin\beta x)$$

取方程式（6-25）的另两个特解

$$\overline{y_1}=\frac{1}{2}(y_1+y_2)=e^{\alpha x}\cos\beta x$$

$$\overline{y_2}=\frac{1}{2i}(y_1-y_2)=e^{\alpha x}\sin\beta x$$

$$\frac{\overline{y_2}}{\overline{y_1}}=\tan\beta x\neq 常数$$

即$\overline{y_1}$与$\overline{y_2}$线性无关，从而得到方程式（6-25）的通解为

$$y=e^{\alpha x}(C_1\cos\beta x+C_2\sin\beta x)$$

例 5 求微分方程$y''-2y'+5y=0$的通解.

解 特征方程为

$$r^2-2r+5=0$$

得特征根

$$r_{1,2}=\frac{2\pm\sqrt{-16}}{2}=1\pm 2i$$

这是一对共轭复根，实部$\alpha=1$，虚部$\beta=2$，故所求方程的通解为

$$y=e^{x}(C_1\cos 2x+C_2\sin 2x)$$

综上，求二阶常系数齐次线性微分方程式（6-25）通解的步骤如下：

（1）写出特征方程 $r^2+pr+q=0$；

（2）求出特征根 r_1、r_2；

（3）按表 6-1 写出微分方程的通解.

表 6-1　二阶常系数齐次线性微分方程通解

特征方程 $r^2+pr+q=0$ 的两个根 r_1，r_2	微分方程 $y''+py'+qy=0$ 的通解
两个不等实根 $r_1 \neq r_2$	$y=C_1e^{r_1x}+C_2e^{r_2x}$
两个相等实根 $r_1=r_2=r$	$y=(C_1+C_2x)e^{rx}$
一对共轭复根 $r_{1,2}=\alpha \pm i\beta$	$y=e^{\alpha x}(C_1\cos\beta x+C_2\sin\beta x)$

习题 6-4

1. 求下列微分方程的通解：

（1）$y''-10y'-11y=0$；　（2）$y''+4y'+4y=0$；

（3）$y''-4y'+13y=0$；　（4）$y''+y=0$；

（5）$y''-5y'=0$；　（6）$4y''+4y'+y=0$.

2. 求下列微分方程满足所给初值条件的特解：

（1）$y''-3y'-4y=0$，$y|_{x=0}=0$，$y'|_{x=0}=-5$；

（2）$y''+25y=0$，$y|_{x=0}=2$，$y'|_{x=0}=15$；

（3）$y''+4y'+29y=0$，$y|_{x=0}=0$，$y'|_{x=0}=15$.

第五节　二阶常系数非齐次线性微分方程

一、二阶常系数非齐次线性微分方程的性质和通解结构

二阶常系数非齐次线性微分方程的一般形式是

$$y''+py'+qy=f(x) \tag{6-28}$$

现在我们研究方程式（6-28）的性质.

定理　如果 y^* 是非齐次线性方程式（6-28）的一个特解，Y 是方程式（6-28）对应的齐次线性方程 $y''+py'+qy=0$ 的通解，则

$$y=Y+y^* \tag{6-29}$$

就是非齐次线性方程式（6-28）的通解.

由于上节已知如何求二阶常系数齐次线性方程 $y''+py'+qy=0$ 的通解，因此若要求二阶常系数非齐次线性方程式（6-28）的通解，现在只需解决如何求方程式（6-28）的一个特解 y^* 的问题.

下面介绍当方程式（6-28）中的 $f(x)$ 取两种常见形式时求特解 y^* 的方法．这种方法的特点是不用积分就可以求出 y^* 来，通常称为待定系数法.

二、$f(x)=P_m(x)e^{\lambda x}$ 型

设方程式（6-28）的右端 $f(x)=P_m(x)e^{\lambda x}$，其中 λ 是常数，$P_m(x)$ 是一个已知的 x 的

m 次多项式

$$P_m(x) = a_0x^m + a_1x^{m-1} + \cdots + a_{m-1}x + a_m$$

这时，方程式（6-28）成为

$$y'' + py' + qy = P_m(x)e^{\lambda x} \tag{6-30}$$

我们知道，方程式（6-30）的特解 y^* 是使方程式（6-30）成为恒等式的函数．由于方程式（6-30）的右端是多项式与指数函数 $e^{\lambda x}$ 的乘积，而多项式与指数函数乘积的各阶导数仍是多项式与指数函数的乘积，根据方程式（6-30）左端各项的系数均为常数的特点，可以设想方程式（6-30）的特解为某个多项式 $Q(x)$ 与 $e^{\lambda x}$ 的乘积．我们设方程式（6-30）的特解为

$$y^* = Q(x)e^{\lambda x}$$

则

$$y^{*\prime} = Q'(x)e^{\lambda x} + \lambda Q(x)e^{\lambda x}$$

$$y^{*\prime\prime} = Q''(x)e^{\lambda x} + 2\lambda Q'(x)e^{\lambda x} + \lambda^2 Q(x)e^{\lambda x}$$

代入方程式（6-30）整理，得

$$Q''(x) + (2\lambda + p)Q'(x) + (\lambda^2 + p\lambda + q)Q(x) = P_m(x) \tag{6-31}$$

下面分三种情形来讨论：

（1）若 λ 不是方程式（6-30）对应的齐线性方程的特征根，则 $\lambda^2 + p\lambda + q \neq 0$，而方程式（6-31）的左端的最高次幂项在 $Q(x)$ 内，要使式（6-31）两端恒等，$Q(x)$ 必须与 $P_m(x)$ 是同次多项式，即 $Q(x)$ 应为 m 次多项式，因此可设方程式（6-30）的一个特解为

$$y^* = Q_m(x)e^{\lambda x}$$

其中 $Q_m(x) = b_0x^m + b_1x^{m-1} + \cdots + b_{m-1}x + b_m$（$b_0$、$b_1$、…、$b_{m-1}$、$b_m$ 是待定系数）．

将 y^*、$y^{*\prime}$、$y^{*\prime\prime}$ 代入方程式（6-30）中，比较等式两端 x 的同次幂的系数，即可定出系数 b_0、b_1、…、b_{m-1}、b_m，从而得到方程式（6-30）的特解 y^*.

（2）若 λ 是方程式（6-30）对应的齐线性方程的特征单根，则 $\lambda^2 + p\lambda + q = 0$，而 $2\lambda + p \neq 0$，这时式（6-31）式变成 $Q''(x) + (2\lambda + p)Q'(x) = P_m(x)$，要使此式两端恒等，$Q'(x)$ 与 $P_m(x)$ 必须是同次多项式，即 $Q'(x)$ 应为 m 次多项式，因此，可设方程式(6-30)的一个特解为

$$y^* = xQ_m(x)e^{\lambda x}$$

求出 $y^{*\prime}$ 和 $y^{*\prime\prime}$ 后，把它们代入方程式（6-30），经化简整理后，使用与情形（1）中类似的方法求出 $Q_m(x)$ 中的待定系数，即可得到特解 y^*.

（3）若 λ 是方程式（6-30）对应的齐线性方程的特征重根，则有 $\lambda^2 + p\lambda + q = 0$ 及 $2\lambda + p = 0$，这时式（6-31）变成 $Q''(x) = P_m(x)$，要使此式两端恒等，$Q''(x)$ 与 $P_m(x)$ 必须是同次多项式，即 $Q''(x)$ 应为 m 次多项式，因此，可设方程式（6-30）的一个特解为

$$y^* = x^2Q_m(x)e^{\lambda x}$$

求出 $y^{*\prime}$ 和 $y^{*\prime\prime}$ 后，把它们代入方程式（6-30），用类似前面的方法求出 $Q_m(x)$ 中的待定系数，即可得到特解 y^*.

综上所述，对于二阶常系数非齐线性微分方程式（6-30），可设特解为

$$y^* = x^kQ_m(x)e^{\lambda x} \tag{6-32}$$

其中 $Q_m(x)$ 与 $P_m(x)$ 是同次多项式，而 k 按 λ 不是特征根，是特征单根或重根依次取 0，1，或 2.

特殊情形，当 $\lambda=0$ 时，$f(x)=P_m(x)e^{\lambda x}$ 化为 $f(x)=P_m(x)$，可设特解为

$$y^* = x^k Q_m(x) \tag{6-33}$$

其中 $Q_m(x)$ 与 $P_m(x)$ 是同次多项式，k 的取法与式（6-32）相同.

当 $P_m(x)$ 为常数 a 时，$f(x)=P_m(x)e^{\lambda x}$ 化为 $f(x)=ae^{\lambda x}$，可设特解为

$$y^* = bx^k e^{\lambda x} \tag{6-34}$$

其中 k 的取法与式（6-32）相同.

例 1　求微分方程 $y''-3y'+2y=xe^{2x}$ 的通解.

解　特征方程为

$$r^2-3r+2=0$$

解得特征根 $r_1=1$，$r_2=2$. 所以原方程对应的齐线性方程的通解为

$$Y=C_1e^x+C_2e^{2x}$$

因为 $f(x)=xe^{2x}$，$\lambda=2$ 是单特征根，$P_m(x)=x$ 是一次多项式，由式（6-32）设特解为

$$y^*=x(b_0x+b_1)e^{2x}=(b_0x^2+b_1x)e^{2x}$$

对 y^* 求导，得

$$y^{*\prime}=[2b_0x^2+(2b_1+2b_0)x+b_1]e^{2x}$$

$$y^{*\prime\prime}=[4b_0x^2+(8b_0+4b_1)x+(2b_0+4b_1)]e^{2x}$$

将 y^*、$y^{*\prime}$、$y^{*\prime\prime}$ 代入原方程，化简后约去 e^{2x}，得

$$2bx+(2b_0+b_1)=x$$

分别比较 x 的系数和常数项，得

$$\begin{cases}2b_0=1\\2b_0+b_1=0\end{cases}$$

解得 $b_0=\dfrac{1}{2}$，$b_1=-1$. 得特解

$$y^*=x\left(\frac{1}{2}x-1\right)e^{2x}$$

故原方程的通解为

$$y=Y+y^*=C_1e^x+C_2e^{2x}+x\left(\frac{1}{2}x-1\right)e^{2x}$$

例 2　求微分方程 $y''+4y=\dfrac{1}{2}x$ 满足 $y|_{x=0}=0$、$y'|_{x=0}=0$ 的解.

解　特征方程为

$$r^2+4=0$$

解得特征根为 $r_{1,2}=\pm 2i$，所以对应的齐线性方程的通解为

$$Y=C_1\cos 2x+C_2\sin 2x$$

由于 $\lambda=0$ 不是特征方程的根，故设 $y^*=ax+b$，得

$$y^{*\prime}=a, y^{*\prime\prime}=0$$

把 y^*、$y^{*\prime}$、$y^{*\prime\prime}$代入原方程，得

$$4(ax+b)=\frac{1}{2}x$$

由待定系数法$\begin{cases}4a=\dfrac{1}{2}\\4b=0\end{cases}$，得$\begin{cases}a=\dfrac{1}{8}\\b=0\end{cases}$，所以 $y^*=\dfrac{1}{8}x$.

通解为

$$y=C_1\cos 2x+C_2\sin 2x+\frac{1}{8}x$$

又由 $y|_{x=0}=0$；得 $C_1=0$；$y'|_{x=0}=0$，得 $C_2=-\dfrac{1}{16}$，故特解为

$$y=-\frac{1}{16}\sin 2x+\frac{1}{8}x$$

三、$f(x)=A\cos\omega x+B\sin\omega x$ 型

如果二阶常系数齐线性方程式（6-31）的右端为

$$f(x)=A\cos\omega x+B\sin\omega x$$

其中 A、B、ω 为实数，这时方程（6-31）成为

$$y''+py'+qy=A\cos\omega x+B\sin\omega x \tag{6-35}$$

我们知道，这种类型的三角函数的一阶导数、二阶导数仍为三角函数．可以证明，方程（6-35）的特解为

$$y^*=x^k(a\cos\omega x+b\sin\omega x) \tag{6-36}$$

其中 a 和 b 是待定常数，k 为整数．

（1）当 ωi 不是特征根 r 时，$k=0$；

（2）当 ωi 是特征根 r 时，$k=1$.

例 3 求微分方程 $y''+3y'+2y=20\cos 2x$ 的通解．

解 所给方程是二阶常系数非齐线性方程，对应的齐线性方程的特征方程为

$$r^2+3r+2=0,\text{即}(r+1)(r+2)=0$$

特征根为 $r_1=-1$，$r_2=-2$. 对应的齐线性方程的通解为

$$Y=C_1e^{-x}+C_2e^{-2x}$$

因为 $\omega i=2i$ 不是特征方程的根，所以设特解

$$y^*=a\cos 2x+b\sin 2x$$

求导，得

$$y^{*\prime}=-2a\sin 2x+2b\cos 2x,y^{*\prime\prime}=-4a\cos 2x-4b\sin 2x$$

代入原方程，得

$$(-2a+6b)\cos 2x+(-2b-6a)\sin 2x=20\cos 2x$$

比较两端同类项的系数，有

$$\begin{cases}-2a+6b=20\\-2b-6a=0\end{cases}$$

求得

$$\begin{cases} a = -1 \\ b = 3 \end{cases}$$

于是，所求特解为

$$y^* = -\cos 2x + 3\sin 2x$$

故原方程的通解为

$$y = C_1 e^{-x} + C_2 e^{-2x} - \cos 2x + 3\sin 2x$$

例 4　求微分方程 $y'' + y = 4\sin x$ 的通解．

解　对应齐线性方程的特征方程为 $r^2+1=0$，特征根为 $r_{1,2}=\pm i$. 其通解为

$$Y = C_1\cos x + C_2\sin x$$

因为方程右端 $f(x)=4\sin x$ 属于 $f(x)=A\cos\omega x+B\sin\omega x$ 类型，其中 $\omega=1$、$A=0$、$B=4$. 而 $\omega i=i$ 是特征方程的根，取 $k=1$，可设特解为

$$y^* = x(a\cos x + b\sin x)$$

求导得

$$y^{*\prime} = (a\cos x + b\sin x) + x(-a\sin x + b\cos x)$$

$$y^{*\prime\prime} = -2a\sin x + 2b\cos x - x(a\cos x + b\sin x)$$

代入原方程，化简得

$$-2a\sin x + 2b\cos x = 4\sin x$$

比较同类项系数，有

$$\begin{cases} a = -2 \\ b = 0 \end{cases}$$

于是，所求特解为

$$y^* = -2x\cos x$$

故原方程的通解为

$$y = C_1\cos x + C_2\sin x - 2x\cos x$$

习题 6-5

1. 求下列微分方程的通解：

(1) $y'' + y' - 2y = 2e^x$；　(2) $y'' + 2y' + y = 5e^{-x}$；

(3) $y'' - 4y' + 4y = e^{-2x}$；　(4) $y'' - y' = 7e^{-x}$；

(5) $y'' - y = 4\sin x$；　(6) $y'' - 2y' + 5y = \cos 2x$.

2. 求下列微分方程满足所给初值条件的特解：

(1) $y'' - 3y' + 2y = 5$，$y|_{x=0} = 1$，$y'|_{x=0} = 2$；

(2) $y'' - y = 4xe^x$，$y|_{x=0} = 0$，$y'|_{x=0} = 1$.

总习题六

1. 选择题．

(1) 下列函数中，(　　) 为微分方程 $y'' + y = 0$ 的通解．

A. $y=c\sin x$　　B. $y=c_1\sin x+c_2\cos x$

C. $y=c\cos x$　　D. $y=\sin x+c\cos x$

(2) 下列方程中是可分离变量的微分方程为（　　）.

A. $y'=\sin(x+y)$　　B. $y'+2xy=x^2$

C. $x\mathrm{d}y+(y+1)\mathrm{d}x=0$　　D. $y'+\sin xy=0$

(3) 下列方程中是一阶线性微分方程的为（　　）.

A. $y'+\sin y=x^2$　　B. $y'+y\sin x=x^2$

C. $y'+y^2=x$　　D. $yy'+xy=x$

(4) 下列各组函数中线性相关的为（　　）.

A. $e^x\sin x$ 与 $e^x\sin 2x$　　B. $e^x\sin x$ 与 $2e^x\sin x$

C. $e^{2x}\sin x$ 与 $e^x\sin x$　　D. $e^x\sin x$ 与 $e^{2x}\sin 2x$

(5) 微分方程 $y''+y=0$ 的特征根为（　　）.

A. $r_1=-1$，$r_2=0$　　B. $r_1=r_2=-1$

C. $r_1=r_2=0$　　D. $r_{1,2}=\pm i$

2. 求下列微分方程的通解：

(1) $xy'=y^3$；　　(2) $\dfrac{\mathrm{d}y}{\mathrm{d}x}=\dfrac{y}{y-1}\cdot\dfrac{1}{x}$；

(3) $y'-xy=xe^{x^2}$；　　(4) $y'+y\tan x=\sin 2x$；

(5) $y''+8y'+15y=0$；　　(6) $y''-4y'+4y=0$；

(7) $y''+2y'+5y=0$；　　(8) $y''+3y'=0$.

3. 求下列微分方程满足所给初值条件的特解：

(1) $\dfrac{\mathrm{d}x}{y}+\dfrac{\mathrm{d}y}{x}=0$，$y|_{x=3}=4$；

(2) $\dfrac{\mathrm{d}y}{\mathrm{d}x}+\dfrac{2y}{x}=\dfrac{x-1}{x^2}$，$y|_{x=1}=0$；

(3) $4y''+4y'+y=0$，$y|_{x=0}=2$，$y'|_{x=0}=0$.

4. [曲线方程] 一曲线过点$(1,1)$，且曲线上任意点 $M(x,y)$处的切线与过原点的直线 OM 垂直，求此曲线方程.

5. [马尔萨斯人口模型] 如果设时刻 t 世界人口总数为 $x(t)$，并假设人口的相对增长率为 $k>0$，则马尔萨斯人口模型为$\dfrac{\mathrm{d}x}{\mathrm{d}t}=kx$ 且 $x(0)=x_0$，求时刻 t 世界人口的总数 $x(t)$.

6. [体内药物分析] 给某病人静脉注射茶碱药物，一次性注射 43.2mg，目的是为了减轻病人强烈的气喘，你可以想象药物是进入了一个容积为 35000mL 的分割区间（这一容积就是人体内药物可以达到的空间的总体积），药物离开病人身体的速度与体内药物量的多少成正比，比例常数为 0.082，又假设病人身体内最初不含这种药物，试求该病人体内药物浓度 $c(t)$.

第七章 无穷级数

扫码查看本章课件

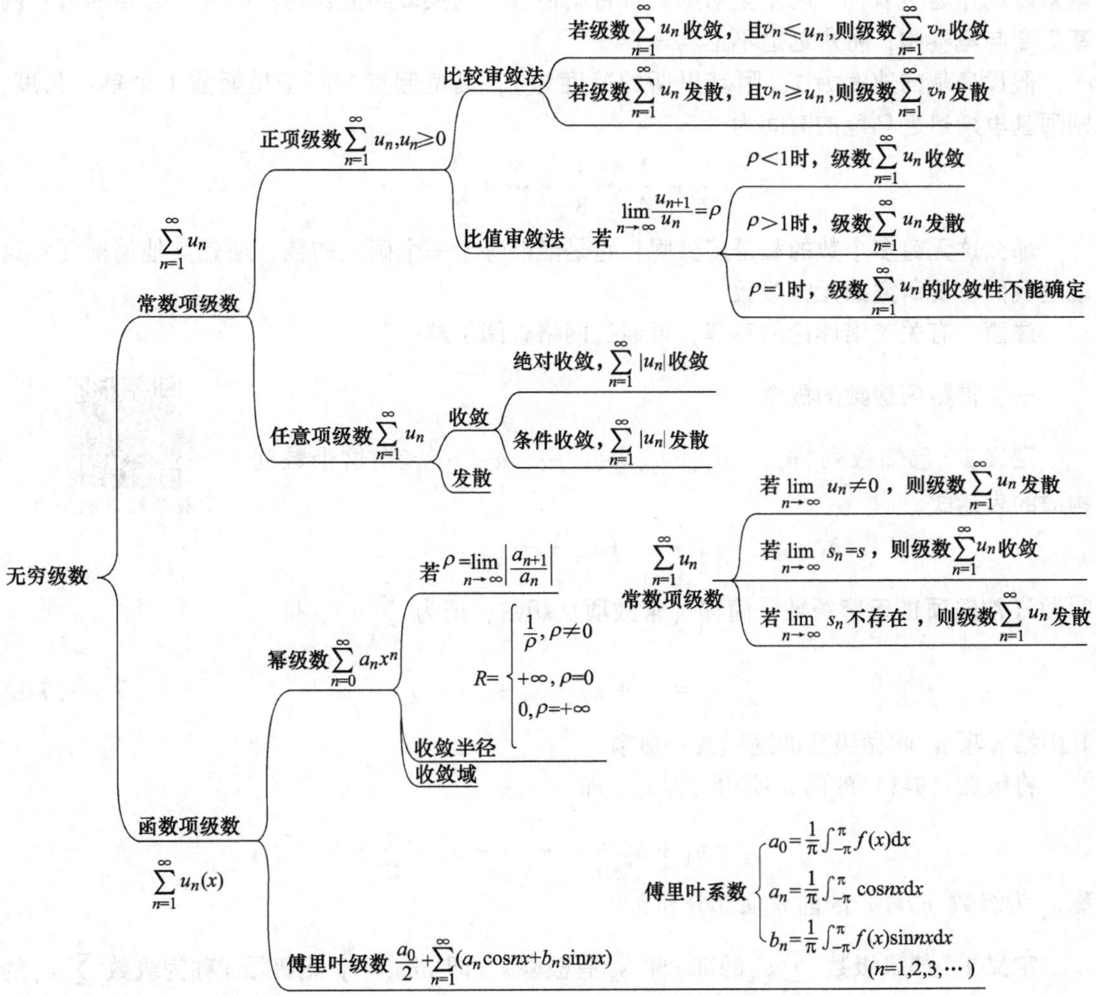

图 7-1 无穷级数思维导图

从数列的极限概念基础上发展起来的无穷级数是高等数学的重要组成部分，它在表示函数、研究函数性质及数值计算等方面都有重要应用．本章首先介绍常数项级数的基本内容，再研究函数项级数的知识，着重讨论如何将函数展开成傅里叶级数的问题．

第一节　常数项级数的概念与性质

芝诺悖论动画

引例［芝诺悖论-阿基里斯追不上乌龟］　一位古希腊学者芝诺（Zeno，约公元前496~约前425）曾提出一个著名的“追龟”诡辩题．乌龟素以动作迟缓著称，阿基里斯则是古希腊传说中的英雄和擅长跑步的神．芝诺断言：阿基里斯与龟赛跑，将永远追不上乌龟！

假设乌龟的速度为1，阿基里斯的速度为2，乌龟起点在阿基里斯前1个单位长度，则阿基里斯追赶乌龟的时间为

$$\frac{1}{2}+\frac{1}{4}+\frac{1}{8}+\cdots+\frac{1}{2^n}+\cdots$$

那么这无穷多个数的和是多少呢？它是能够等于一个确定的数，还是其他情况呢？这就是我们将要研究的无穷级数．

注意　有关芝诺悖论的解释，可通过网络查阅了解．

一、常数项级数的概念

常数项级数的概念

定义1　已知数列$\{u_n\}$：u_1，u_2，u_3，…，u_n，…，由这个数列构成的表达式

$$u_1+u_2+u_3+\cdots+u_n+\cdots$$

叫做**（常数项）无穷级数**，简称**（常数项）级数**，记为$\sum\limits_{n=1}^{\infty}u_n$，即

$$\sum_{n=1}^{\infty}u_n=u_1+u_2+u_3+\cdots+u_n+\cdots \tag{7-1}$$

其中第n项u_n叫做级数的**通项**或**一般项**．

将级数（7-1）的前n项和记为s_n，即

$$s_n=u_1+u_2+u_3+\cdots+u_n=\sum_{k=1}^{n}u_k$$

称s_n为级数（7-1）的前n项部分和．

定义2　如果级数$\sum\limits_{n=1}^{\infty}u_n$的部分和$s_n$有极限$s$，即$\lim\limits_{n\to\infty}s_n=s$，则极限$s$称为级数$\sum\limits_{n=1}^{\infty}u_n$的和，记为$\sum\limits_{n=1}^{\infty}u_n=s$，也称为级数$\sum\limits_{n=1}^{\infty}u_n$**收敛**；否则称级数$\sum\limits_{n=1}^{\infty}u_n$**发散**．

通过上述定义可以发现，判断一个级数$\sum\limits_{n=1}^{\infty}u_n$的敛散性问题，可归结为其部分和数列$\{s_n\}$是否有极限．

例1　证明级数$\sum\limits_{n=1}^{\infty}\dfrac{1}{n(n+1)}$收敛，且其和为1．

证明　级数的通项

$$u_n=\frac{1}{n(n+1)}=\frac{1}{n}-\frac{1}{n+1}$$

部分和

$$\begin{aligned}s_n&=\frac{1}{1\cdot 2}+\frac{1}{2\cdot 3}+\cdots+\frac{1}{n(n+1)}\\&=\left(1-\frac{1}{2}\right)+\left(\frac{1}{2}-\frac{1}{3}\right)+\cdots+\left(\frac{1}{n}-\frac{1}{n+1}\right)\\&=1-\frac{1}{n+1}\end{aligned}$$

所以$\lim\limits_{n\to\infty}s_n=1$，从而级数 $\sum\limits_{n=1}^{\infty}\frac{1}{n(n+1)}$ 收敛，且其和为 1.

例 2　判别等比级数（几何级数）$a+aq+aq^2+\cdots+aq^{n-1}+\cdots(a\neq 0)$ 的收敛性.

解　当公比 $q\neq 1$ 时，前 n 项和

$$s_n=a+aq+aq^2+\cdots+aq^{n-1}=a\cdot\frac{1-q^n}{1-q}$$

若$|q|<1$，则$\lim\limits_{n\to\infty}q^n=0$，于是

$$\lim_{n\to\infty}s_n=\lim_{n\to\infty}a\frac{1-q^n}{1-q}=\frac{a}{1-q}$$

若$|q|>1$，则$\lim\limits_{n\to\infty}|q|^n=\infty$，所以$\lim\limits_{n\to\infty}s_n=\infty$，级数发散.

若 $q=1$，则级数成为 $a+a+a+\cdots$，于是 $s_n=na$，$\lim\limits_{n\to\infty}s_n=\infty$，级数发散.

若 $q=-1$，则级数成为 $a-a+a-a+\cdots$，当 n 为奇数时，$s_n=a$；当 n 为偶数时，$s_n=0$. 所以当 $n\to\infty$ 时，s_n 无极限，级数发散.

综合上述结果，我们得到：

$$等比级数\sum_{n=1}^{\infty}aq^{n-1}(a\neq 0)\begin{cases}收敛 & |q|<1\\ 发散 & |q|\geqslant 1\end{cases}$$

思考题　大家知道 $0.\dot{3}=\frac{1}{3}$，你能试着求 $0.\dot{4}=?$ 吗.

例 3　证明级数 $\ln 2+\ln\frac{3}{2}+\ln\frac{4}{3}+\cdots+\ln\frac{n+1}{n}+\cdots$ 发散.

证明　级数的通项

$$u_n=\ln\frac{n+1}{n}=\ln(n+1)-\ln n$$

部分和

$$s_n=\ln 2+(\ln 3-\ln 2)+(\ln 4-\ln 3)+\cdots+[\ln(n+1)-\ln n]=\ln(n+1)$$

$$\lim_{n\to\infty}S_n=+\infty$$

所以级数是发散的.

例 4　证明调和级数 $\sum\limits_{n=1}^{\infty}\frac{1}{n}$ 是发散的.

证明　取前 2^n 项和

$$
\begin{aligned}
s_{2^n} &= 1+\frac{1}{2}+\frac{1}{3}+\frac{1}{4}+\cdots+\frac{1}{2^n}\\
&= 1+\frac{1}{2}+\left(\frac{1}{3}+\frac{1}{4}\right)+\left(\frac{1}{5}+\cdots+\frac{1}{8}\right)+\cdots+\left(\frac{1}{2^{n-1}+1}+\cdots+\frac{1}{2^n}\right)\\
&> \frac{1}{2}+\left(\frac{1}{4}+\frac{1}{4}\right)+\left(\frac{1}{8}+\cdots+\frac{1}{8}\right)+\cdots+\left(\frac{1}{2^n}+\cdots+\frac{1}{2^n}\right)\\
&= \frac{1}{2}+\cdots+\frac{1}{2}=\frac{n}{2}\to+\infty \quad (n\to\infty)
\end{aligned}
$$

所以级数是发散的 .

二、级数的基本性质

性质 1　若级数 $\sum_{n=1}^{\infty} u_n$ 收敛于和 s，k 为常数，则 $\sum_{n=1}^{\infty} ku_n$ 也收敛，且其和为 ks.

推论　若级数 $\sum_{n=1}^{\infty} u_n$ 发散，常数 $k\neq0$，则 $\sum_{n=1}^{\infty} ku_n$ 也发散 .

性质 2　若级数 $\sum_{n=1}^{\infty} u_n$，$\sum_{n=1}^{\infty} v_n$ 都收敛，其和分别为 s 和 σ，则级数 $\sum_{n=1}^{\infty}(u_n\pm v_n)$ 也收敛，且其和为 $s\pm\sigma$.

性质 3　在级数 $\sum_{n=1}^{\infty} u_n$ 中，去掉、添加或改变有限项，不会改变级数的敛散性 .

性质 4　若级数 $\sum_{n=1}^{\infty} u_n$ 收敛，则对该级数的项任意加括号后所成的级数，

$$(u_1+\cdots+u_{n_1})+(u_{n_1+1}+\cdots+u_{n_2})+\cdots+(u_{n_{k-1}+1}+\cdots+u_{n_k})+\cdots$$

仍收敛，且其和不变 .

注意　合并后的级数收敛并不能保证原级数收敛 . 例如 $\sum_{n=1}^{\infty}(1-1)$ 收敛于零，但去掉括号后，级数 1−1+1−1+1−1+…却是发散的 .

推论　如果级数添加括号后所成级数发散，则原级数必发散 .

性质 5（级数收敛的必要条件）　若级数 $\sum_{n=1}^{\infty} u_n$ 收敛，则 $\lim\limits_{n\to\infty} u_n=0$.

注意　$\lim\limits_{n\to\infty} u_n=0$ 只是级数 $\sum_{n=1}^{\infty} u_n$ 收敛的必要条件，而不是充分条件 . 如例 3 中级数 $\sum_{n=1}^{\infty}\ln\frac{n+1}{n}$，有 $\lim\limits_{n\to\infty} u_n=\lim\limits_{n\to\infty}\ln\frac{n+1}{n}=0$，但该级数是发散的 .

性质 5 的逆否命题可叙述为：

推论　若 $\lim\limits_{n\to\infty} u_n\neq0$，则级数 $\sum_{n=1}^{\infty} u_n$ 必发散 .

例 5　证明级数 $\frac{1}{2}+\frac{2}{3}+\cdots+\frac{n}{n+1}+\cdots$ 是发散的 .

证明　$\lim\limits_{n\to\infty}u_n=\lim\limits_{n\to\infty}\dfrac{n}{n+1}=1$，由以上推论知，级数 $\sum\limits_{n=1}^{\infty}\dfrac{n}{n+1}$ 是发散的．

习题 7-1

1. 写出下列级数的展开形式，至少写出前五项：

(1) $\sum\limits_{n=1}^{\infty}\dfrac{1}{2n+1}$；　(2) $\sum\limits_{n=1}^{\infty}3^n$；

(3) $\sum\limits_{n=1}^{\infty}\dfrac{n!}{2}$；　(4) $\sum\limits_{n=1}^{\infty}(-1)^{n-1}\dfrac{2n+1}{n+1}$．

2. 根据级数收敛与发散的定义或级数的性质，判别下列级数的收敛性：

(1) $\sum\limits_{n=1}^{\infty}\dfrac{n}{2n+1}$；　(2) $\sum\limits_{n=1}^{\infty}\dfrac{1}{3^n}$；

(3) $\sum\limits_{n=1}^{\infty}(\sqrt{n+1}-\sqrt{n})$；　(4) $\sum\limits_{n=1}^{\infty}\left(\dfrac{4}{3}\right)^n$；

(5) $\sum\limits_{n=1}^{\infty}\dfrac{1}{(2n-1)(2n+1)}$；　(6) $\sum\limits_{n=1}^{\infty}\sin\dfrac{n\pi}{3}$．

第二节　正项级数及其审敛法

比较审敛法

一、正项级数的概念

一般的常数项级数，它的各项可以是正数、负数或零．现在我们先讨论各项都是正数或零的级数，这种级数称为**正项级数**．正项级数特别重要，以后将看到许多级数的收敛性问题，可归结为正项级数的收敛性问题．

设级数 $\sum\limits_{n=1}^{\infty}u_n(u_n\geqslant 0,\ n=1,\ 2,\ \cdots)$ 为正项级数，因为正项级数的每一项都是非负的，所以部分和数列 $\{S_n\}$ 是一个单调增加数列，即 $S_n\geqslant S_{n-1}$．由正项级数的这个特点，得到如下的结论．

基本定理　正项级数 $\sum\limits_{n=1}^{\infty}u_n$ 收敛的充分必要条件是它的部分和数列 $\{S_n\}$ 有界．

根据基本定理，可得关于正项级数的一个基本的审敛法．

二、比较审敛法

定理 1（比较审敛法）　设 $\sum\limits_{n=1}^{\infty}u_n$ 和 $\sum\limits_{n=1}^{\infty}v_n$ 都是正项级数，且 $u_n\leqslant v_n(n=1,2,\cdots)$．

(1) 若级数 $\sum\limits_{n=1}^{\infty}v_n$ 收敛，则级数 $\sum\limits_{n=1}^{\infty}u_n$ 收敛；

(2) 若级数 $\sum\limits_{n=1}^{\infty}u_n$ 发散，则级数 $\sum\limits_{n=1}^{\infty}v_n$ 发散．

例 1　讨论 p-级数 $\sum_{n=1}^{\infty}\frac{1}{n^p}$ 的收敛性，其中常数 $p>0$.

解　当 $0<p<1$ 时，因为 $\frac{1}{n^p}>\frac{1}{n}$，且调和级数 $\sum_{n=1}^{\infty}\frac{1}{n}$ 是发散的，由比较审敛法知，级数 $\sum_{n=1}^{\infty}\frac{1}{n^p}$ 当 $0<p<1$ 时是发散的.

当 $p>1$ 时，取前 2^n-1 项和

$$
\begin{aligned}
S_{2^n-1} &= 1+\frac{1}{2^p}+\frac{1}{3^p}+\frac{1}{4^p}+\cdots+\frac{1}{(2^n-1)^p} \\
&= 1+\left(\frac{1}{2^p}+\frac{1}{3^p}\right)+\left(\frac{1}{4^p}+\cdots+\frac{1}{7^p}\right)+\cdots+\left[\frac{1}{(2^{n-1})^p}+\cdots+\frac{1}{(2^n-1)^p}\right] \\
&\leqslant 1+\frac{2}{2^p}+\frac{4}{4^p}+\frac{8}{8^p}+\cdots+\frac{2^{n-1}}{(2^{n-1})^p} \\
&= 1+\frac{1}{2^{p-1}}+\frac{1}{4^{p-1}}+\frac{1}{8^{p-1}}+\cdots+\frac{1}{(2^{n-1})^{p-1}} \\
&= 1+\frac{1}{2^{p-1}}+\left(\frac{1}{2^{p-1}}\right)^2+\left(\frac{1}{2^{p-1}}\right)^3+\cdots+\left(\frac{1}{2^{p-1}}\right)^{n-1}
\end{aligned}
$$

它为公比是 $\frac{1}{2^{p-1}}$ 几何级数的前 n 项的和，故

$$
S_{2^n-1}\leqslant\frac{1-\left(\frac{1}{2^{p-1}}\right)^n}{1-\frac{1}{2^{p-1}}}\leqslant\frac{1}{1-\frac{1}{2^{p-1}}}\quad\left(p>1,\frac{1}{2^{p-1}}<1\right)
$$

即 S_{2^n-1} 有上界，又因为对任意 n，$n\leqslant 2^{n-1}$，所以 $S_n\leqslant S_{2^n-1}$，从而 $\{S_n\}$ 有界，所以此时级数收敛.

综合上述结果，可以得到：

$$
\sum_{n=1}^{\infty}\frac{1}{n^p}\begin{cases}\text{收敛} & p>1\\ \text{发散} & p\leqslant 1\end{cases}
$$

注意　p-级数与等比级数是两类重要的正项级数，利用比较审敛法考察一些正项级数的收敛性时，常采用它们作为比较的基准级数.

例 2　判别级数 $\sum_{n=1}^{\infty}\frac{1}{n\cdot 2^n}$ 的收敛性.

解　因为 $\frac{1}{n\cdot 2^n}\leqslant\frac{1}{2^n}$，而级数 $\sum_{n=1}^{\infty}\frac{1}{2^n}$ 是以 $\frac{1}{2}$ 为公比的等比级数，它是收敛的，由比较审敛法知，级数 $\sum_{n=1}^{\infty}\frac{1}{n\cdot 2^n}$ 是收敛的.

例 3　判别级数 $\sum_{n=1}^{\infty}\frac{1}{\sqrt{n(n+1)}}$ 的收敛性.

解　因为 $n(n+1)<(n+1)^2$，所以

$$\frac{1}{\sqrt{n(n+1)}} > \frac{1}{n+1}$$

又级数

$$\sum_{n=1}^{\infty} \frac{1}{n+1} = \frac{1}{2} + \frac{1}{3} + \cdots + \frac{1}{n+1} + \cdots$$

是调和级数 $\sum_{n=1}^{\infty} \frac{1}{n}$ 去掉第一项所成的级数，由级数的性质知它是发散的，再由比较审敛法知，级数 $\sum_{n=1}^{\infty} \frac{1}{\sqrt{n(n+1)}}$ 是发散的.

比较审敛法还有更便于应用的极限形式.

定理 2（极限审敛法）　设 $\sum_{n=1}^{\infty} u_n$ 是正项级数，如果：

（1）有 $p>1$，使 $\lim_{n\to\infty} n^p \cdot u_n = l$，则级数 $\sum_{n=1}^{\infty} u_n$ 收敛；

（2）若 $\lim_{n\to\infty} n \cdot u_n = l \neq 0$ 或 $\lim_{n\to\infty} n \cdot u_n = +\infty$，则级数 $\sum_{n=1}^{\infty} u_n$ 发散.

例 4　判别级数 $\sum_{n=1}^{\infty} \sin\frac{1}{n}$ 的收敛性.

解　$\lim_{n\to\infty} n \cdot \sin\frac{1}{n} = \lim_{n\to\infty} \frac{\sin\frac{1}{n}}{\frac{1}{n}} = 1 \neq 0$，由极限审敛法知，级数 $\sum_{n=1}^{\infty} \sin\frac{1}{n}$ 是发散的.

例 5　判别级数 $\sum_{n=1}^{\infty} \ln\left(1+\frac{1}{n^2}\right)$ 的收敛性.

解　$\lim_{n\to\infty} \frac{\ln\left(1+\frac{1}{n^2}\right)}{\frac{1}{n^2}} = 1$，由极限审敛法知，级数 $\sum_{n=1}^{\infty} \ln\left(1+\frac{1}{n^2}\right)$ 是收敛的.

三、比值审敛法

用比较审敛法判别级数的收敛性时，如果将待审级数与等比级数作比较，并表示成极限形式，便得到比值审敛法. 这种方法的应用十分方便.

比值审敛法

定理 3（比值审敛法，达郎贝尔（D′Alembert）判别法）　若正项级数 $\sum_{n=1}^{\infty} u_n$ 的后项与前项之比值的极限等于 ρ：

$$\lim_{n\to\infty} \frac{u_{n+1}}{u_n} = \rho$$

则当$\rho<1$时，级数$\sum\limits_{n=1}^{\infty}u_n$收敛；$\rho>1$（或$\lim\limits_{n\to\infty}\dfrac{u_{n+1}}{u_n}=\infty$）时级数$\sum\limits_{n=1}^{\infty}u_n$发散；$\rho=1$时级数$\sum\limits_{n=1}^{\infty}u_n$可能收敛也可能发散．

注意 如果正项级数的一般项中含有**乘方或阶乘**因式时，可试用比值审敛法．

例 6 判别级数$\sum\limits_{n=1}^{\infty}\dfrac{n}{3^n}$的收敛性．

解 $\lim\limits_{n\to\infty}\dfrac{u_{n+1}}{u_n}=\lim\limits_{n\to\infty}\dfrac{\dfrac{n+1}{3^{n+1}}}{\dfrac{n}{3^n}}=\dfrac{1}{3}<1$，由比值审敛法知，级数$\sum\limits_{n=1}^{\infty}\dfrac{n}{3^n}$收敛．

例 7 判别级数$\sum\limits_{n=1}^{\infty}\dfrac{1}{1+a^n}(a>0)$的收敛性．

解 $\lim\limits_{n\to\infty}\dfrac{u_{n+1}}{u_n}=\lim\limits_{n\to\infty}\dfrac{1+a^n}{1+a^{n+1}}$

若$a>1$，则$\lim\limits_{n\to\infty}\left(\dfrac{1}{a}\right)^n=0$，于是

$$\lim_{n\to\infty}\frac{1+a^n}{1+a^{n+1}}=\lim_{n\to\infty}\frac{\dfrac{1}{a^{n+1}}+\dfrac{1}{a}}{\dfrac{1}{a^{n+1}}+1}=\frac{1}{a}<1$$

所以级数$\sum\limits_{n=1}^{\infty}\dfrac{1}{1+a^n}(a>0)$收敛．

若$a<1$，则$\lim\limits_{n\to\infty}a^n=0$，于是

$$\lim_{n\to\infty}\frac{u_{n+1}}{u_n}=\lim_{n\to\infty}\frac{1+a^n}{1+a^{n+1}}=1$$

不能用比值审敛法判断级数的收敛性．但$a<1$，有$\lim\limits_{n\to\infty}u_n=\lim\limits_{n\to\infty}\dfrac{1}{1+a^n}=1\neq0$，故级数$\sum\limits_{n=1}^{\infty}\dfrac{1}{1+a^n}$发散．

当$a=1$时，$a^n=1$，$u_n=\dfrac{1}{2}$；级数$\sum\limits_{n=1}^{\infty}\dfrac{1}{2}$是发散的．

综合以上结果知，当$a>1$时级数$\sum\limits_{n=1}^{\infty}\dfrac{1}{1+a^n}$收敛，当$a\leqslant1$时级数$\sum\limits_{n=1}^{\infty}\dfrac{1}{1+a^n}$发散．

例 8 判别级数$\sum\limits_{n=1}^{\infty}\dfrac{2^n\cdot n!}{n^n}$的收敛性．

解 $\dfrac{u_{n+1}}{u_n}=\dfrac{2^{n+1}\cdot(n+1)!}{(n+1)^{n+1}}\cdot\dfrac{n^n}{2^n\cdot n!}=2\cdot\left(\dfrac{n}{n+1}\right)^n=2\cdot\dfrac{1}{\left(1+\dfrac{1}{n}\right)^n}$

所以 $\lim\limits_{n\to\infty}\dfrac{u_{n+1}}{u_n}=\lim\limits_{n\to\infty}\dfrac{2}{\left(1+\dfrac{1}{n}\right)^n}=\dfrac{2}{\mathrm{e}}<1$，故级数 $\sum\limits_{n=1}^{\infty}\dfrac{2^n\cdot n!}{n^n}$ 收敛.

例 9　判别级数 $\sum\limits_{n=1}^{\infty}\dfrac{1}{n^n}$ 的收敛性.

解　$\dfrac{u_{n+1}}{u_n}=\dfrac{n^n}{(n+1)^{n+1}}=\left(\dfrac{n}{n+1}\right)^n\cdot\dfrac{1}{n+1}=\dfrac{1}{\left(1+\dfrac{1}{n}\right)^n}\cdot\dfrac{1}{n+1}$

所以 $\lim\limits_{n\to\infty}\dfrac{u_{n+1}}{u_n}=\dfrac{1}{\mathrm{e}}\cdot 0=0<1$，故级数 $\sum\limits_{n=1}^{\infty}\dfrac{1}{n^n}$ 收敛.

习题 7-2

判别下列正项级数的收敛性：

(1) $\sum\limits_{n=1}^{\infty}\dfrac{1}{(n+1)(n+3)}$；　(2) $\sum\limits_{n=0}^{\infty}\dfrac{1}{2n+1}$；

(3) $\sum\limits_{n=1}^{\infty}\dfrac{n+1}{n(n+2)}$；　(4) $\sum\limits_{n=1}^{\infty}\dfrac{3^n}{n^2}$；

(5) $\sum\limits_{n=1}^{\infty}n^2\sin\dfrac{\pi}{2^n}$；　(6) $\sum\limits_{n=1}^{\infty}\dfrac{3^n}{n\cdot 2^n}$.

第三节　任意项级数

当常数项级数 $\sum\limits_{n=1}^{\infty}u_n$ 的各项为任意常数时，称为**任意项级数**. 若级数 $\sum\limits_{n=1}^{\infty}u_n$ 的项是正负项相间的，称为**交错级数**. 首先来研究交错级数的审敛法.

一、交错级数及其审敛法

交错级数中的项正负相间，即

$$\sum_{n=1}^{\infty}(-1)^{n-1}u_n=u_1-u_2+u_3-\cdots,\text{其中 } u_n>0\quad(n=1,2,\cdots)$$

定理 1（莱布尼茨定理）　如果交错级数 $\sum\limits_{n=1}^{\infty}(-1)^{n-1}u_n$，$u_n>0$ 满足：

(1) $u_n\geqslant u_{n+1}$，$n=1, 2, \cdots$；

(2) $\lim\limits_{n\to\infty}u_n=0$，则级数 $\sum\limits_{n=1}^{\infty}(-1)^{n-1}u_n$ 收敛.

例 1　证明交错级数 $1-\dfrac{1}{2}+\dfrac{1}{3}-\dfrac{1}{4}+\cdots+(-1)^{n-1}\dfrac{1}{n}+\cdots$ 是收敛的.

证明　$u_n=\dfrac{1}{n}>0$，满足 $u_n=\dfrac{1}{n}>\dfrac{1}{n+1}=u_{n+1}(n=1, 2, \cdots)$，且 $\lim\limits_{n\to\infty}u_n=\lim\limits_{n\to\infty}\dfrac{1}{n}=0$，

由莱布尼茨定理知，级数 $\sum_{n=1}^{\infty}(-1)^{n-1}\frac{1}{n}$ 收敛．

例 2　判别交错级数 $\sum_{n=1}^{\infty}(-1)^{n-1}\frac{1}{n\cdot 3^n}$ 收敛性．

解　$u_n=\frac{1}{n\cdot 3^n}>0$，$\frac{1}{n\cdot 3^n}>\frac{1}{(n+1)\cdot 3^{n+1}}$，且 $\lim_{n\to\infty}u_n=\lim_{n\to\infty}\frac{1}{n\cdot 3^n}=0$，所以级数收敛．

二、任意项级数、绝对收敛与条件收敛

现在讨论任意项级数 $\sum_{n=1}^{\infty}u_n$ 的审敛法．将级数的各项 u_n 取绝对值，得正项级数 $\sum_{n=1}^{\infty}|u_n|$，任意项级数 $\sum_{n=1}^{\infty}u_n$，$u_n\in R$ 的收敛性与正项级数 $\sum_{n=1}^{\infty}|u_n|$ 的收敛性有如下关系．

定理 2　若正项级数 $\sum_{n=1}^{\infty}|u_n|$ 收敛，则任意项级数 $\sum_{n=1}^{\infty}u_n$ 必收敛．

注意　此定理的逆定理并不成立．如任意项级数 $\sum_{n=1}^{\infty}(-1)^{n-1}\frac{1}{n}$ 收敛，而调和级数 $\sum_{n=1}^{\infty}\frac{1}{n}$ 却是发散的．

绝对收敛与条件收敛

定义　若级数 $\sum_{n=1}^{\infty}|u_n|$ 收敛，则称任意项级数 $\sum_{n=1}^{\infty}u_n$ **绝对收敛**；若任意项级数 $\sum_{n=1}^{\infty}u_n$ 收敛，而级数 $\sum_{n=1}^{\infty}|u_n|$ 发散，则称级数 $\sum_{n=1}^{\infty}u_n$ **条件收敛**．

由此可知，一个绝对收敛的级数必定是收敛的，但当级数 $\sum_{n=1}^{\infty}|u_n|$ 发散时不能确定级数 $\sum_{n=1}^{\infty}u_n$ 的敛散性．由上述定义可知，$\sum_{n=1}^{\infty}(-1)^{n-1}\frac{1}{n}$ 是条件收敛的．

判别任意项级数收敛还是发散，有如下定理：

定理 3　设 $\sum_{n=1}^{\infty}u_n$ 为任意项级数，如果 $\lim_{n\to\infty}\left|\frac{u_{n+1}}{u_n}\right|=\lambda$，则：

（1）当 $\lambda<1$ 时，级数 $\sum_{n=1}^{\infty}u_n$ 绝对收敛；

（2）当 $\lambda>1$ 或 $\lim_{n\to\infty}\frac{u_{n+1}}{u_n}=\infty$ 时，级数 $\sum_{n=1}^{\infty}u_n$ 发散；

（3）当 $\lambda=1$ 时，级数 $\sum_{n=1}^{\infty}u_n$ 可能收敛也可能发散．

例 3　判别级数 $\frac{1}{2}-\frac{1}{2}\cdot\frac{1}{2^2}+\frac{1}{3}\cdot\frac{1}{2^3}+\cdots+(-1)^{n+1}\frac{1}{n}\cdot\frac{1}{2^n}+\cdots$ 的收敛性．若收敛，是绝对收敛还是条件收敛？

解 由定理 3，$\lim\limits_{n\to\infty}\left|\dfrac{u_{n+1}}{u_n}\right| = \lim\limits_{n\to\infty}\dfrac{\dfrac{1}{n+1}\cdot\dfrac{1}{2^{n+1}}}{\dfrac{1}{n}\cdot\dfrac{1}{2^n}} = \lim\limits_{n\to\infty}\left(\dfrac{n}{n+1}\cdot\dfrac{1}{2}\right) = \dfrac{1}{2} < 1$，所以级数 $\sum\limits_{n=1}^{\infty}(-1)^{n+1}\dfrac{1}{n}\cdot\dfrac{1}{2^n}$ 绝对收敛．

例 4 判别级数 $\sum\limits_{n=1}^{\infty}(-1)^{n-1}\dfrac{2^n}{2n-1}$ 收敛性．

解 $\lim\limits_{n\to\infty}\left|\dfrac{u_{n+1}}{u_n}\right| = \lim\limits_{n\to\infty}\dfrac{\dfrac{2^{n+1}}{2n+1}}{\dfrac{2^n}{2n-1}} = 2 > 1$，所以级数 $\sum\limits_{n=1}^{\infty}(-1)^{n-1}\dfrac{2^n}{2n-1}$ 是发散的．

例 5 判别级数 $\sum\limits_{n=1}^{\infty}\dfrac{\sin n\alpha}{n^2}(\alpha > 0)$ 的收敛性．

解 对于给定的 α，随着 n 的取值不同，$\sin n\alpha$ 可取正值也可取负值，故级数 $\sum\limits_{n=1}^{\infty}\dfrac{\sin n\alpha}{n^2}$ 是任意项级数，先考虑正项级数

$$\sum_{n=1}^{\infty}|u_n| = \sum_{n=1}^{\infty}\left|\frac{\sin n\alpha}{n^2}\right| = \sum_{n=1}^{\infty}\frac{|\sin n\alpha|}{n^2}$$

显然

$$|u_n| = \frac{|\sin n\alpha|}{n^2} \leqslant \frac{1}{n^2}$$

而级数 $\sum\limits_{n=1}^{\infty}\dfrac{1}{n^2}$ 收敛，由比较审敛法知，$\sum\limits_{n=1}^{\infty}\left|\dfrac{\sin n\alpha}{n^2}\right|$ 收敛，故级数 $\sum\limits_{n=1}^{\infty}\dfrac{\sin n\alpha}{n^2}$ 绝对收敛．

习题 7-3

判别下列级数的收敛性，若是收敛的，是绝对收敛还是条件收敛？

(1) $\sum\limits_{n=1}^{\infty}(-1)^{n-1}\dfrac{1}{\sqrt{n}}$；　　(2) $\sum\limits_{n=1}^{\infty}(-1)^{n-1}\dfrac{1}{\sqrt{2n-1}}$；

(3) $\sum\limits_{n=1}^{\infty}(-1)^{n-1}\left(\dfrac{2}{3}\right)^n$；　　(4) $\sum\limits_{n=1}^{\infty}(-1)^{n-1}\dfrac{n}{3^{n-1}}$．

第四节 幂 级 数

函数项级数的概念

一、函数项级数

前几节研究的是常数项级数，即级数的各项都是常数．如果级数的各项都是定义在某个区间 I 上的函数，即称该级数为**函数项级数**，一般可表示为

$$u_1(x) + u_2(x) + u_3(x) + \cdots + u_n(x) + \cdots \quad (x \in I) \tag{7-2}$$

当 x 取确定值，如 $x=x_0\in I$ 时，则函数项级数就变成一个常数项级数 $\sum_{n=1}^{\infty}u_n(x_0)$．如果这个常数项级数收敛，则称 x_0 为函数项级数式（7-2）的**收敛点**；如果该常数项级数发散，称 x_0 为函数项级数式（7-2）的**发散点**．一个函数项级数收敛点的全体称为它的**收敛域**．对于收敛域内的任意点 x，函数项级数式（7-2）成为一个收敛的常数项级数，因而它有一个确定的和．因此，收敛域上的函数项级数式（7-2）的和是 x 的函数，记作 $S(x)$，称为函数项级数式（7-2）的**和函数**，其定义域为收敛域，即在收敛域上

$$S(x)=u_1(x)+u_2(x)+u_3(x)+\cdots+u_n(x)+\cdots$$

若用 $S_n(x)$ 表示函数项级数式（7-2）的前 n 项和

$$S_n(x)=u_1(x)+u_2(x)+u_3(x)+\cdots+u_n(x)$$

则在其收敛域上，有

$$\lim_{n\to\infty}S_n(x)=S(x)$$

二、幂级数及其收敛性

函数项级数中简单而常见的一类级数就是各项都是幂函数的函数项级数，它的形式是

$$a_0+a_1x+a_2x+\cdots+a_nx^n+\cdots \tag{7-3}$$

称为**幂级数**，记作 $\sum_{n=0}^{\infty}a_nx^n$，其中常数 a_0，a_1，a_2，…，a_n，…叫做**幂级数的系数**．例如

$$1+x+x^2+\cdots+x^n+\cdots$$

$$1+x+\frac{1}{2!}x^2+\cdots+\frac{1}{n!}x^n+\cdots$$

都是幂级数．

对于幂级数式（7-3），主要研究它的收敛域以及它在收敛域上的性质．

先看一个例子，即考察幂级数

$$1+x+x^2+\cdots+x^n+\cdots$$

的收敛性．实质上是一个以 x 为公比的等比级数，当 $|x|<1$ 时，这个级数收敛，当 $|x|\geqslant 1$ 时，这个级数发散，故其收敛域为开区间（-1，1）．

对于幂级数 $\sum_{n=0}^{\infty}a_nx^n$，显然 $x=0$ 为它的一个收敛点，且收敛于 a_0. 对于任意点 x_1，幂级数 $\sum_{n=0}^{\infty}a_nx_1^n$ 为任意项级数，根据比值审敛法，

$$\lim_{n\to\infty}\left|\frac{u_{n+1}}{u_n}\right|=\lim_{n\to\infty}\left|\frac{a_{n+1}x_1^{n+1}}{a_nx_1^n}\right|=\lim_{n\to\infty}\left|\frac{a_{n+1}}{a_n}\right|\cdot|x_1|$$

等式右端的极限中 $|x_1|$ 是给定的，a_n 是幂级数的系数．

$$若\lim_{n\to\infty}\left|\frac{a_{n+1}}{a_n}\right|=\rho(存在)$$

则当所给的 x_1 使 $\rho|x_1|<1$ 时，点 x_1 是幂级数 $\sum_{n=0}^{\infty}a_nx^n$ 的收敛点；若 x_1 使 $\rho|x_1|>1$ 时，则点 x_1 是幂级数 $\sum_{n=0}^{\infty}a_nx^n$ 的发散点；若 x_1 使 $\rho|x_1|=1$，仍需讨论．于是得下面的定理．

定理 1 对于幂级数 $\sum_{n=0}^{\infty} a_n x^n$，如果$\lim_{n\to\infty}\left|\frac{a_{n+1}}{a_n}\right|=\rho$，则：

(1) 若$0<\rho<+\infty$，当$|x|<\frac{1}{\rho}$时，幂级数 $\sum_{n=0}^{\infty} a_n x^n$ 绝对收敛，当$|x|>\frac{1}{\rho}$时幂级数 $\sum_{n=0}^{\infty} a_n x^n$ 发散；

(2) 若$\rho=0$，对任意 x，幂级数 $\sum_{n=0}^{\infty} a_n x^n$ 绝对收敛；

(3) 若$\rho=+\infty$，幂级数 $\sum_{n=0}^{\infty} a_n x^n$ 仅在点 $x=0$ 收敛.

这个定理说明，当$0<\rho<+\infty$时，幂级数 $\sum_{n=0}^{\infty} a_n x^n$ 在开区间$\left(-\frac{1}{\rho},\ \frac{1}{\rho}\right)$内绝对收敛；在$\left(-\infty,\ -\frac{1}{\rho}\right)$，$\left(\frac{1}{\rho},\ +\infty\right)$内发散；在 $x=-\frac{1}{\rho}$，$x=\frac{1}{\rho}$处的收敛性不确定．这两点是使幂级数绝对收敛的点与使幂级数发散的点的分界点，这两点到原点的距离都是$\frac{1}{\rho}$.

令 $R=\frac{1}{\rho}$，称 R 为幂级数 $\sum_{n=0}^{\infty} a_n x^n$ 的**收敛半径**，开区间$(-R,R)$称为幂级数的**收敛开区间**．由该定理知，当$\rho=0$时，幂级数处处收敛，规定此时收敛半径为$R=+\infty$，收敛区间为$(-\infty,+\infty)$；当$\rho=+\infty$时，幂级数仅在 $x=0$ 处收敛，规定收敛半径为 $R=0$. 定理 1 给出了求幂级数的收敛半径的方法，可以改写成以下形式.

定理 2 对于幂级数 $\sum_{n=0}^{\infty} a_n x^n$，如果

$$\lim_{n\to\infty}\left|\frac{a_{n+1}}{a_n}\right|=\rho$$

则其收敛半径

$$R=\begin{cases}\frac{1}{\rho}, & \rho\neq 0\\ +\infty, & \rho=0\\ 0, & \rho=+\infty\end{cases}$$

幂级数更一般的形式为

$$a_0+a_1(x-x_0)+a_2(x-x_0)^2+\cdots+a_n(x-x_0)^n+\cdots \tag{7-4}$$

在幂级数式（7-4）中，令 $x-x_0=t$，则幂级数式（7-4）就化为幂级数式（7-3）的形式.

例 1 求幂级数 $\sum_{n=1}^{\infty}\frac{x^n}{n}$ 的收敛半径与收敛域.

解 因为

$$\rho=\lim_{n\to\infty}\left|\frac{a_{n+1}}{a_n}\right|=\lim_{n\to\infty}\frac{\frac{1}{n+1}}{\frac{1}{n}}=1$$

所以收敛半径 $R=\frac{1}{\rho}=1$，级数的收敛开区间为（-1，1）.

对于端点 $x=1$，级数成为调和级数 $\sum_{n=0}^{\infty}\frac{1}{n}$，是发散的；对于端点 $x=-1$，级数成为交错级数 $\sum_{n=0}^{\infty}\frac{(-1)^n}{n}$，是收敛的．因此，幂级数的收敛域为[-1,1).

例 2　求幂级数 $1+x+\frac{1}{2!}x^2+\cdots+\frac{1}{n!}x^n+\cdots$ 的收敛域．

解　因为

$$\rho=\lim_{n\to\infty}\left|\frac{a_{n+1}}{a_n}\right|=\lim_{n\to\infty}\frac{\frac{1}{(n+1)!}}{\frac{1}{n!}}=\lim_{n\to\infty}\frac{1}{n+1}=0$$

所以收敛半径 $R=+\infty$，从而收敛域为$(-\infty,+\infty)$.

例 3　求幂级数 $\sum_{n=1}^{\infty}n!\,x^n$ 的收敛域（记号 $0!=1$）.

解　因为

$$\rho=\lim_{n\to\infty}\left|\frac{a_{n+1}}{a_n}\right|=\lim_{n\to\infty}\frac{(n+1)!}{n!}=\lim_{n\to\infty}(n+1)=+\infty$$

所以收敛半径 $R=0$，即级数仅在 $x=0$ 处收敛．

例 4　求幂级数 $\sum_{n=1}^{\infty}\frac{2n-1}{2^{2n-1}}\cdot x^n$ 的收敛域．

解　因为

$$\rho=\lim_{n\to\infty}\left|\frac{a_{n+1}}{a_n}\right|=\frac{1}{4}\lim_{n\to\infty}\frac{2n+1}{2n-1}=\frac{1}{4}$$

所以收敛半径 $R=4$，收敛开区间为$(-4,4)$.

当 $x=4$ 时，级数为

$$\sum_{n=0}^{\infty}\frac{2n-1}{2^{2n-1}}4^n=\sum_{n=0}^{\infty}2(2n-1)$$

因为 $\lim_{n\to\infty}2(2n-1)=+\infty$，所以该级数发散.

当 $x=-4$ 时，级数为

$$\sum_{n=0}^{\infty}\frac{2n-1}{2^{2n-1}}(-4)^n=\sum_{n=0}^{\infty}(-1)^n2(2n-1)$$

也是发散的．所以级数的收敛域为$(-4,4)$.

例 5　求幂级数 $\sum_{n=1}^{\infty}(-1)^n\frac{(x+1)^n}{\sqrt{n(n+1)}}$ 的收敛域．

解　令 $t=x+1$，则

$$\sum_{n=1}^{\infty}(-1)^n\frac{(x+1)^n}{\sqrt{n(n+1)}}=\sum_{n=1}^{\infty}(-1)^n\frac{t^n}{\sqrt{n(n+1)}}$$

$$\rho=\lim_{n\to\infty}\left|\frac{a_{n+1}}{a_n}\right|=\lim_{n\to\infty}\sqrt{\frac{n}{n+2}}=1$$

收敛半径 $R=1$. 级数 $\sum\limits_{n=1}^{\infty}(-1)^n\frac{t^n}{\sqrt{n(n+1)}}$ 收敛开区间为$(-1,1)$，即 $-1<t<1$，得 $-2<x<0$.

所以原级数 $\sum\limits_{n=1}^{\infty}(-1)^n\frac{(x+1)^n}{\sqrt{n(n+1)}}$ 的收敛区间为$(-2,0)$.

当 $x=-2$ 时，级数为

$$\sum_{n=1}^{\infty}(-1)^n\frac{(-1)^n}{\sqrt{n(n+1)}}=\sum_{n=1}^{\infty}\frac{1}{\sqrt{n(n+1)}}$$

是发散的；

当 $x=0$ 时，级数为

$$\sum_{n=1}^{\infty}(-1)^n\frac{1}{\sqrt{n(n+1)}}$$

是收敛的．所以幂级数 $\sum\limits_{n=1}^{\infty}(-1)^n\frac{(x+1)^n}{\sqrt{n(n+1)}}$ 收敛域为$(-2,0]$.

通过例 5 可得，级数 $\sum\limits_{n=0}^{\infty}a_n(x-x_0)^n$ 在点 $x=x_0$ 处必收敛，其和为 a_0，且其收敛开区间为 (x_0-R,x_0+R)，其中 R 为收敛半径．

三、幂级数的运算

定理 3　设幂级数

$$a_0+a_1x+a_2x^2+\cdots+a_nx^n+\cdots$$

$$b_0+b_1x+b_2x^2+\cdots+b_nx^n+\cdots$$

的收敛区间分别为$(-R_1,R_1)$及$(-R_2,R_2)$，其和函数分别为$f(x)$与$g(x)$，即

$$\sum_{n=0}^{\infty}a_nx^n=f(x),x\in(-R_1,R_1)$$

$$\sum_{n=0}^{\infty}b_nx^n=g(x),x\in(-R_2,R_2)$$

则在较小区间$(-R,R)$(即 $R=\min\{R_1,R_2\}$)上，两个幂级数可作加法、减法、乘法运算：

$$\sum_{n=0}^{\infty}a_nx^n\pm\sum_{n=0}^{\infty}b_nx^n=\sum_{n=0}^{\infty}(a_n\pm b_n)x^n=f(x)+g(x),x\in(-R,R)$$

$$\sum_{n=0}^{\infty}a_nx^n\cdot\sum_{n=0}^{\infty}b_nx^n=a_0b_0+(a_0b_1+a_1b_0)x+\cdots+(a_0b_n+a_1b_{n-1}+\cdots+a_nb_0)x^n+\cdots,$$

$$x\in(-R,R)$$

可见，两个幂级数的加、减、乘运算与两个多项式的相应运算完全相同．除代数运算外，幂级数在收敛域内还可以进行微分与积分运算．

定理 4　设幂级数 $\sum\limits_{n=0}^{\infty}a_nx^n$ 的收敛域为区间 I，则它的和函数 $S(x)$ 在收敛域 I 上连续．

定理 5　设幂级数 $\sum\limits_{n=0}^{\infty}a_nx^n$ 的收敛半径为 $R(R>0)$，则其和函数 $S(x)$ 在收敛开区间

$(-R,R)$内可导，且有逐项求导公式

$$S'(x)=\left(\sum_{n=0}^{\infty}a_nx^n\right)'=\sum_{n=0}^{\infty}(a_nx^n)'=\sum_{n=0}^{\infty}na_nx^{n-1},\quad x\in(-R,\ R)$$

逐项求导后所得幂级数的收敛半径仍为 R.

由于逐项求导后的级数仍为幂级数，因此幂级数的和函数 $S(x)$ 在收敛开区间内有任意阶导数.

定理 6　设幂级数 $\sum\limits_{n=0}^{\infty}a_nx^n$ 的收敛半径为 $R(R>0)$，则其和函数 $S(x)$ 在收敛开区间 $(-R,R)$ 内可积，且有逐项积分公式

$$\int_0^x S(x)\mathrm{d}x=\int_0^x\left(\sum_{n=0}^{\infty}a_nx^n\right)\mathrm{d}x=\sum_{n=0}^{\infty}\int_0^x a_nx^n\mathrm{d}x=\sum_{n=0}^{\infty}\frac{a_n}{n+1}x^{n+1},\quad x\in(-R,\ R)$$

幂级数在代数运算和微分与积分运算上的这些性质，在求幂级数的和函数时常常用到. 比如，已知幂级数 $\sum\limits_{n=0}^{\infty}x^n$ 的收敛域为 $(-1,1)$，且和函数 $S(x)=\dfrac{1}{1-x}$，即

$$\frac{1}{1-x}=1+x+x^2+\cdots+x^n+\cdots,\quad x\in(-1,1)$$

显然和函数 $S(x)$ 在 $(-1,\ 1)$ 内是连续的. 由定理 5，逐项求导有

$$\frac{1}{(1-x)^2}=1+2x+3x^2+\cdots+nx^{n-1}+\cdots,\quad x\in(-1,1)$$

再由定理 6，逐项积分，有

$$\int_0^x\frac{1}{1-x}\mathrm{d}x=\int_0^x(1+x+x^2+\cdots+x^n+\cdots)\mathrm{d}x,\quad x\in(-1,1)$$

即

$$-\ln(1-x)=x+\frac{x^2}{2}+\frac{x^3}{3}+\cdots+\frac{x^{n+1}}{n+1}+\cdots,\quad x\in(-1,1)$$

例 6　求幂级数 $\sum\limits_{n=0}^{\infty}\dfrac{x^{2n+1}}{2n+1}$ 的收敛域与和函数.

解　所给幂级数缺少偶次幂项，用比值审敛法求收敛区间.

$$\lim_{n\to\infty}\left|\frac{\dfrac{x^{2n+3}}{2n+3}}{\dfrac{x^{2n+1}}{2n+1}}\right|=\lim_{n\to\infty}\frac{2n+1}{2n+3}\cdot x^2=x^2$$

由 $x^2<1$ 得 $-1<x<1$，即收敛区间为 $(-1,1)$.

当 $x=-1$ 时，级数为 $-\sum\limits_{n=0}^{\infty}\dfrac{1}{2n+1}$，是发散的；$x=1$ 时，级数为 $\sum\limits_{n=0}^{\infty}\dfrac{1}{2n+1}$ 也是发散的，故级数的收敛域为 $(-1,1)$.

设和函数为 $S(x)$，即

$$S(x)=\sum_{n=0}^{\infty}\frac{x^{2n+1}}{2n+1},\quad x\in(-1,\ 1)$$

由定理 5，逐项求导有

$$S'(x)=\sum_{n=0}^{\infty}x^{2n}=1+x^2+x^4+\cdots=\frac{1}{1-x^2},\ x\in(-1,\ 1)$$

再从 0 到 x 求积分，有

$$\int_0^x S'(x)\,\mathrm{d}x=\frac{1}{2}\int_0^x\left(\frac{1}{1-x}+\frac{1}{1+x}\right)\mathrm{d}x=\frac{1}{2}\ln\frac{1+x}{1-x}$$

所以　$S(x)-S(0)=\int_0^x S'(x)\,\mathrm{d}x=\int_0^x\frac{1}{1-x^2}\mathrm{d}x=\frac{1}{2}\ln\frac{1+x}{1-x},\ x\in(-1,\ 1)$

而 $S(0)=0$，所以 $S(x)=\frac{1}{2}\ln\frac{1+x}{1-x}$，即

$$\sum_{n=0}^{\infty}\frac{x^{2n+1}}{2n+1}=\frac{1}{2}\ln\frac{1+x}{1-x},\quad x\in(-1,1)$$

习题 7-4

1. 求下列幂级数的收敛域：

(1) $\sum_{n=1}^{\infty}nx^n$；　(2) $\sum_{n=1}^{\infty}\frac{x^n}{n\cdot 4^n}$；

(3) $\sum_{n=1}^{\infty}(-1)^n\frac{x^n}{n^2}$；　(4) $\sum_{n=0}^{\infty}(-1)^n\frac{x^n}{\sqrt{(n+1)(n+2)}}$；

(5) $\sum_{n=1}^{\infty}\frac{2^n}{n^2+1}x^n$；　(6) $\sum_{n=1}^{\infty}\frac{(x-2)^n}{n}$.

2. 求下列幂级数的和函数：

(1) $\sum_{n=1}^{\infty}(-1)^{n-1}\frac{x^n}{n}$；　(2) $\sum_{n=1}^{\infty}(-1)^n\frac{x^{2n-1}}{2n-1}$.

第五节　傅里叶级数

傅里叶级数

本节讨论由三角函数组成的函数项级数，即所谓三角级数，着重研究如何把周期函数展开成三角级数.

一、问题引出

自然界中有许多周期运动，如单摆、弹簧的自由振动，正弦交流电的电流等. 这种周期运动在数学上是用周期函数来描述的，正弦函数是一种常见而简单的周期函数. 例如描述简谐振动的函数

$$y=A\sin(\omega t+\varphi)$$

就是以$\frac{2\pi}{\omega}$为周期的正弦函数. 其中 y 表示动点的位置，t 表示时间，A 为振幅，ω 为角频率，φ 为初相.

在实际问题中，还有一些复杂的周期运动（如热传导、机械振动、电工技术中的非正弦周期电压及电流等)，在数学上是非正弦的周期性函数. 为研究方便，需将它表示为一

系列正弦函数的和，也就是需要将一个以$\frac{2\pi}{\omega}$为周期的非正弦函数$f(t)$表示为

$$f(t)=A_0+\sum_{n=1}^{\infty}A_n\sin(n\omega t+\varphi_n)\quad (A_0,A_n,\varphi_n,\omega \text{ 为常数}) \tag{7-5}$$

它的物理意义就是把一个比较复杂的周期运动看成许多不同频率的简谐振动的叠加．在电工学上，这种展开称为谐波分析．其中常数项A_0称为$f(t)$的直流分量；$A_1\sin(\omega t+\varphi_1)$称为一次谐波（又称为基波）；$A_2\sin(\omega t+\varphi_2)$，$A_3\sin(\omega t+\varphi_3)$，⋯依次称为二次谐波，三次谐波，等等．

为了以后讨论方便起见，将式（7-5）中的正弦函数按三角公式变形，得

$$f(t)=A_0+\sum_{n=1}^{\infty}(A_n\sin n\omega t\cos\varphi_n+A_n\cos n\omega t\sin\varphi_n)=\frac{a_0}{2}+\sum_{n=1}^{\infty}(a_n\cos n\omega t+b_n\sin n\omega t) \tag{7-6}$$

其中$A_0=\frac{a_0}{2}$，$a_n=A_n\sin\varphi_n$，$b_n=A_n\cos\varphi_n$.

当角频率$\omega=1$时，周期$T=\frac{2\pi}{\omega}=2\pi$，式（7-6）可以改写为

$$\frac{a_0}{2}+\sum_{n=1}^{\infty}(a_n\cos nx+b_n\sin nx) \tag{7-7}$$

一般地，形如（7-7）式的级数叫做**傅里叶（Fourier）级数**，其中a_0，a_n，$b_n(n=1,2,3,\cdots)$都是常数，也称为三角级数．

二、周期为 2π 的函数展开成傅里叶级数

将以2π为周期的周期函数展开成三角级数式（7-7），我们自然要问：系数a_0，a_1，b_1，⋯与函数$f(x)$之间存在怎样的关系？下面给出定义．

定义　设$f(x)$是周期为2π的周期函数，有公式

$$\begin{cases} a_0=\dfrac{1}{\pi}\displaystyle\int_{-\pi}^{\pi}f(x)\,\mathrm{d}x \\ a_n=\dfrac{1}{\pi}\displaystyle\int_{-\pi}^{\pi}f(x)\cos nx\,\mathrm{d}x\quad(n=1,2,\cdots) \\ b_n=\dfrac{1}{\pi}\displaystyle\int_{-\pi}^{\pi}f(x)\sin nx\,\mathrm{d}x\quad(n=1,2,\cdots) \end{cases} \tag{7-8}$$

如果公式（7-8）中的积分都存在，这时它们定出的系数a_0，a_1，b_1，⋯叫做函数$f(x)$的**傅里叶系数**．

可以证明周期函数$f(x)$的傅里叶级数在$f(x)$的连续点上收敛于$f(x)$，即在$f(x)$的连续点上有

$$f(x)=\frac{a_0}{2}+\sum_{n=1}^{\infty}(a_n\cos nx+b_n\sin nx) \tag{7-9}$$

案例 1［脉冲矩形波］　脉冲矩形波的信号函数$f(x)$是以2π为周期的周期函数，它在$[-\pi,\pi)$上的表达式为

$$f(x)=\begin{cases}-1, & -\pi\leqslant x<0\\ 1, & 0\leqslant x<\pi\end{cases}$$

将$f(x)$展开成傅里叶级数.

解　函数$f(x)$的图像，如图 7-2 所示.

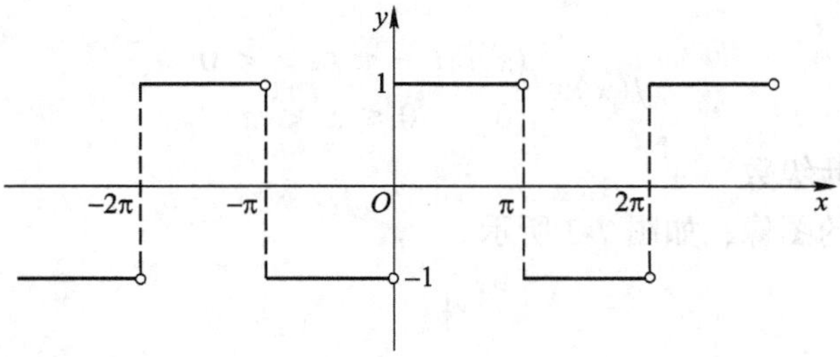

图 7-2

在$f(x)$的连续区间 $-\infty<x<+\infty$，且 $x\neq k\pi$（$k\in\mathbf{Z}$）处，$f(x)$的傅里叶级数收敛于$f(x)$.

由公式（7-8）计算傅里叶系数如下：

$$a_0=\frac{1}{\pi}\int_{-\pi}^{\pi}f(x)\mathrm{d}x=\frac{1}{\pi}\left[\int_{-\pi}^{0}(-1)\mathrm{d}x+\int_{0}^{\pi}\mathrm{d}x\right]=\frac{1}{\pi}(-\pi+\pi)=0$$

$$a_n=\frac{1}{\pi}\int_{-\pi}^{\pi}f(x)\cos nx\mathrm{d}x=\frac{1}{\pi}\left[\int_{-\pi}^{0}(-\cos nx)\mathrm{d}x+\int_{0}^{\pi}\cos nx\mathrm{d}x\right]=0$$

$$b_n=\frac{1}{\pi}\int_{-\pi}^{\pi}f(x)\sin nx\mathrm{d}x=\frac{1}{\pi}\left[\int_{-\pi}^{0}(-\sin nx)\mathrm{d}x+\int_{0}^{\pi}\sin nx\mathrm{d}x\right]$$

$$=\frac{2}{n\pi}(1-\cos n\pi)=\frac{2}{n\pi}[1-(-1)^n]=\begin{cases}\dfrac{4}{n\pi}, & n\text{ 为奇数}\\ 0, & n\text{ 为偶数}\end{cases}$$

即

$$b_1=\frac{4}{\pi},b_3=\frac{4}{3\pi},b_5=\frac{4}{5\pi},\cdots;b_2=b_4=b_6=\cdots=0$$

将所求得的系数代入式（7-9），就得到$f(x)$的傅里叶级数展开式为

$$f(x)=\frac{4}{\pi}\left[\sin x+\frac{1}{3}\sin 3x+\frac{1}{5}\sin 5x+\cdots+\frac{1}{2k-1}\sin(2k-1)x+\cdots\right]$$

$$(x\in\mathbf{R},\ x\neq k\pi,\ k\in\mathbf{Z})$$

上式表明：脉冲矩形波是由一系列不同频率的正弦波叠加而成的，这些正弦波的频率依次为基波频率的奇数倍.

总结：设$f(x)$是周期为 2π 的周期函数，将$f(x)$展开成傅里叶级数的步骤如下：

（1）作出$f(x)$的图像，确定$f(x)$的连续区间，即为$f(x)$展开成傅里叶级数的收敛区间；

（2）由公式（7-8）计算傅里叶系数 a_0、a_n、b_n；

（3）写出$f(x)$的傅里叶级数，即

$$f(x)=\frac{a_0}{2}+\sum_{n=1}^{\infty}(a_n\cos nx+b_n\sin nx)$$

并指明收敛区间．

案例 2 ［锯齿脉冲信号］ 锯齿脉冲信号函数$f(x)$的周期为2π，且在$[-\pi,\pi)$上表达式为

$$f(x)=\begin{cases}x, & -\pi\leqslant x<0\\ 0, & 0\leqslant x<\pi\end{cases}$$

将$f(x)$展开成傅里叶级数．

解 函数$f(x)$的图像，如图 7-3 所示．

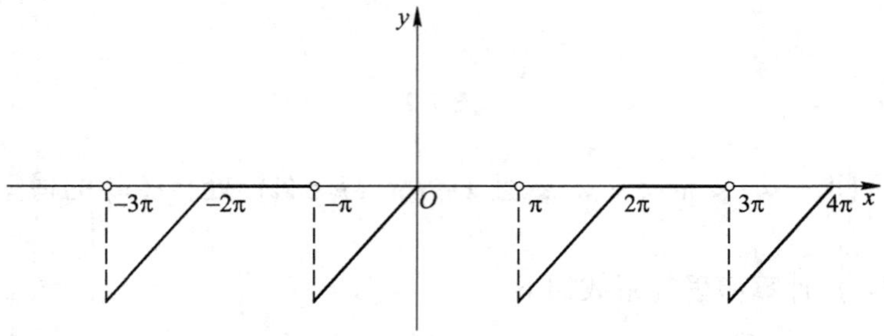

图 7-3

$f(x)$的连续区间为$x\in\mathbf{R}$，$x\neq(2k-1)\pi$，$k\in\mathbf{Z}$.

由公式（7-8）计算傅里叶系数：

$$a_0=\frac{1}{\pi}\int_{-\pi}^{\pi}f(x)\,\mathrm{d}x=\frac{1}{\pi}\int_{-\pi}^{0}x\,\mathrm{d}x=-\frac{\pi}{2}$$

$$a_n=\frac{1}{\pi}\int_{-\pi}^{\pi}f(x)\cos nx\,\mathrm{d}x=\frac{1}{\pi}\int_{-\pi}^{0}x\cos nx\,\mathrm{d}x$$

$$=\frac{1}{n^2\pi}[1-\cos n\pi]=\begin{cases}\dfrac{2}{n^2\pi}, & n\text{ 为奇数}\\ 0, & n\text{ 为偶数}\end{cases}$$

即
$$a_1=\frac{2}{\pi},a_3=\frac{2}{9\pi},a_5=\frac{2}{25\pi},\cdots;a_2=a_4=a_6=\cdots=0$$

$$b_n=\frac{1}{\pi}\int_{-\pi}^{\pi}f(x)\sin nx\,\mathrm{d}x=\frac{1}{\pi}\int_{-\pi}^{0}x\sin nx\,\mathrm{d}x=\frac{(-1)^{n+1}}{n}\quad(n=1,2,3,\cdots)$$

即
$$b_1=1,b_2=-\frac{1}{2},b_3=\frac{1}{3},b_4=-\frac{1}{4},\cdots$$

将所求得的系数代入式（7-9），就得到$f(x)$的傅里叶级数展开式为

$$f(x)=-\frac{\pi}{4}+\frac{2}{\pi}\left(\cos x+\frac{1}{9}\cos 3x+\frac{1}{25}\cos 5x+\cdots\right)+$$
$$\left(\sin x-\frac{1}{2}\sin 2x+\frac{1}{3}\sin 3x-\frac{1}{4}\sin 4x+\cdots\right)$$
$$(x\in\mathbf{R},\ x\neq(2k-1)\pi,\ k\in\mathbf{Z})$$

三、正弦级数与余弦级数

由于奇、偶函数在对称区间上的积分有特殊的性质：

$$\int_{-a}^{a} f(x)\,\mathrm{d}x = \begin{cases} 0, & f(x)\text{ 为奇函数} \\ 2\int_{0}^{a} f(x)\,\mathrm{d}x, & f(x)\text{ 为偶函数} \end{cases}$$

应用这一性质，函数的傅里叶级数可以简化计算 .

如果 $f(x)$ 为奇函数，则傅里叶系数为

$$a_0 = \frac{1}{\pi}\int_{-\pi}^{\pi} f(x)\,\mathrm{d}x = 0$$

$$a_n = \frac{1}{\pi}\int_{-\pi}^{\pi} f(x)\cos nx\,\mathrm{d}x = 0 \quad (n = 1,2,3,\cdots)$$

$$b_n = \frac{2}{\pi}\int_{0}^{\pi} f(x)\sin nx\,\mathrm{d}x \quad (n = 1,2,3,\cdots)$$

那么 $f(x)$ 的傅里叶级数为 $\sum\limits_{n=1}^{\infty} b_n \sin nx$，这种只含有正弦项的傅里叶级数称为**正弦级数** .

如果 $f(x)$ 为偶函数，则傅里叶系数为

$$a_0 = \frac{1}{\pi}\int_{-\pi}^{\pi} f(x)\,\mathrm{d}x = \frac{2}{\pi}\int_{0}^{\pi} f(x)\,\mathrm{d}x$$

$$a_n = \frac{1}{\pi}\int_{-\pi}^{\pi} f(x)\cos nx\,\mathrm{d}x = \frac{2}{\pi}\int_{0}^{\pi} f(x)\cos nx\,\mathrm{d}x \quad (n = 1,2,3,\cdots)$$

$$b_n = \frac{1}{\pi}\int_{-\pi}^{\pi} f(x)\sin nx\,\mathrm{d}x = 0 \quad (n = 1,2,3,\cdots)$$

那么 $f(x)$ 的傅里叶级数为：$\dfrac{a_0}{2} + \sum\limits_{n=1}^{\infty} a_n \cos nx$，这种只含有常数项和余弦项的傅里叶级数称为**余弦级数** .

案例 3［单脉冲信号函数］ 设一周期为 2π 的单脉冲信号函数 $f(x)$ 在 $[-\pi,\pi]$ 的表达式为 x，将函数 $f(x)$ 展为傅里叶级数 .

解 函数 $f(x)$ 的图像，如图 7-4 所示 .

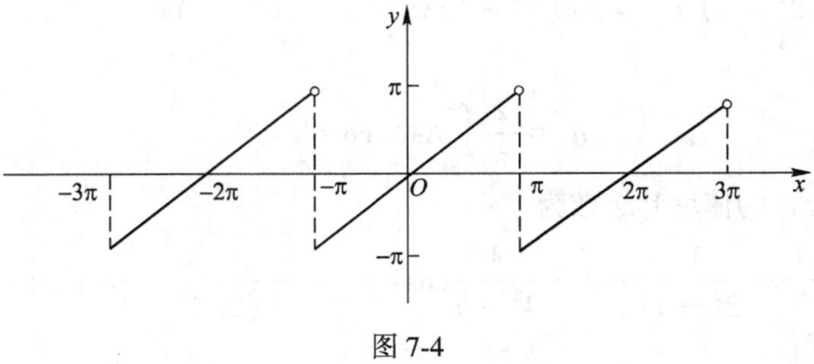

图 7-4

$f(x)$ 的连续点为 $x \in \mathbf{R}$，$x \neq (2k-1)\pi$，$k \in \mathbf{Z}$.

由于 $f(x)$ 为奇函数，所以 $a_0 = 0, a_n = 0 (n = 1,2,3,\cdots)$，

$$b_n=\frac{2}{\pi}\int_0^{\pi}x\sin nx\mathrm{d}x=-\frac{2}{n}\cos nx=\frac{2}{n}(-1)^{n+1}\quad(n=1,2,3,\cdots)$$

即
$$b_1=2,b_2=-1,b_3=\frac{2}{3},\cdots$$

所以$f(x)$的傅里叶级数为

$$f(x)=2\left[\sin x-\frac{1}{2}\sin 2x+\frac{1}{3}\sin 3x-\frac{1}{4}\sin 4x+\cdots+\frac{(-1)^{n+1}}{n}\sin nx+\cdots\right]$$
$$(x\in\mathbf{R},\ x\neq(2k-1)\pi,\ k\in\mathbf{Z})$$

案例 4 [整流电压]　交流电经过整流得到电压为$u(t)=E|\sin t|$(E是正的常数)，将$u(t)$展为傅里叶级数.

解　函数$u(t)$的图像，如图 7-5 所示.

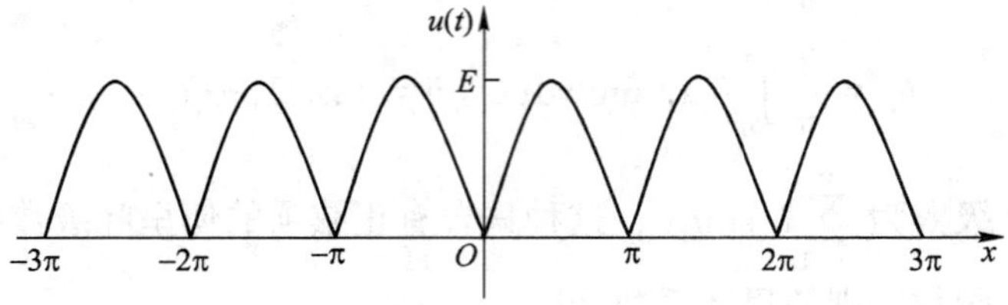

图 7-5

$u(t)$的连续区间为$t\in\mathbf{R}$.

因为$f(x)$为偶函数，所以$b_n=0(n=1,2,3,\cdots)$,

$$a_0=\frac{2}{\pi}\int_0^{\pi}u(t)\mathrm{d}t=\frac{2}{\pi}\int_0^{\pi}E\sin t\mathrm{d}t=\frac{4}{\pi}E$$

$$a_n=\frac{2}{\pi}\int_0^{\pi}u(t)\cos nt\mathrm{d}t=\frac{2}{\pi}\int_0^{\pi}E\sin t\cos nt\mathrm{d}t$$

$$=\frac{E}{\pi}\left[\frac{1-\cos(n+1)\pi}{n+1}+\frac{\cos(n-1)\pi-1}{n-1}\right]=\begin{cases}0, & n\text{ 为奇数}(n\neq1)\\ -\dfrac{4E}{(n^2-1)\pi}, & n\text{ 为偶数}\end{cases}$$

即　$a_2=-\dfrac{4E}{(2^2-1)\pi},a_4=-\dfrac{4E}{(4^2-1)\pi},a_6=-\dfrac{4E}{(6^2-1)\pi},\cdots;a_3=a_5=a_7=\cdots=0$

再计算a_1.

$$a_1=\frac{2}{\pi}\int_0^{\pi}E\sin t\cos t\mathrm{d}t=0$$

所以函数$u(t)$的傅里叶级数为

$$u(t)=\frac{4E}{\pi}\left[\frac{1}{2}-\frac{1}{2^2-1}\cos 2t-\frac{1}{4^2-1}\cos 4t-\cdots-\frac{1}{(2n)^2-1}\cos 2nt-\cdots\right]$$
$$=\frac{4E}{\pi}\left[\frac{1}{2}-\frac{1}{1\cdot 3}\cos 2t-\frac{1}{3\cdot 5}\cos 4t-\cdots-\frac{1}{(2n-1)(2n+1)}\cos 2nt-\cdots\right],t\in\mathbf{R}$$

习题 7-5

将下列周期为 2π 的函数 $f(x)$ 展开成傅里叶级数：

（1）$f(x)=\begin{cases}0, & -\pi\leqslant x<0\\ 1 & 0\leqslant x<\pi\end{cases}$；　（2）$f(x)=\begin{cases}x, & -\pi\leqslant x<0\\ -x, & 0\leqslant x<\pi\end{cases}$.

总习题七

1. 选择题.

（1）级数 $\sum_{n=1}^{\infty}\frac{1}{n^2}$（　）.

A. 收敛　B. 发散　C. 既不收敛也不发散

（2）级数 $\sum_{n=1}^{\infty}\frac{1}{\sqrt{n}}$（　）.

A. 收敛　B. 发散　C. 既不收敛也不发散

（3）级数 $\sum_{n=1}^{\infty}\left(-\frac{1}{5}\right)^n$（　）.

A. 收敛　B. 发散　C. 既不收敛也不发散

2. 判断下列正项级数的收敛性：

（1）$\sum_{n=1}^{\infty}\frac{1}{n^2-4n+5}$；　（2）$\sum_{n=1}^{\infty}\frac{3^n}{n^3\cdot 2^n}$；

（3）$\sum_{n=1}^{\infty}\frac{n!}{n^n}$；　（4）$\sum_{n=1}^{\infty}\frac{2\cdot 5\cdot\cdots\cdot(3n-1)}{1\cdot 5\cdot\cdots\cdot(4n-3)}$.

3. 判断下列级数是绝对收敛还是条件收敛或发散：

（1）$\sum_{n=1}^{\infty}(-1)^{n-1}\frac{n}{3^{n-1}}$；　（2）$\sum_{n=1}^{\infty}(-1)^{n-1}\frac{1}{\sqrt{n^2+2}}$；

（3）$\sum_{n=1}^{\infty}(-1)^{n-1}\frac{\ln n}{n!}$；　（4）$\sum_{n=1}^{\infty}(-1)^{n-1}\frac{n+1}{n}$.

4. 求下列幂级数的收敛域：

（1）$\sum_{n=1}^{\infty}\frac{x^n}{n(n+1)}$；　（2）$\sum_{n=1}^{\infty}n(x-1)^n$.

5. 将以 2π 为周期的周期函数 $f(x)=\pi+x(-\pi\leqslant x<\pi)$ 展开成傅里叶级数.

第八章 线性代数

扫码查看本章课件

- 线性代数
  - 行列式
    - 二阶行列式 $D=\begin{vmatrix}a_{11} & a_{12}\\ a_{21} & a_{22}\end{vmatrix}=a_{11}a_{22}-a_{12}a_{21}$
    - 三阶行列式 $D=\begin{vmatrix}a_{11} & a_{12} & a_{13}\\ a_{21} & a_{22} & a_{23}\\ a_{31} & a_{32} & a_{33}\end{vmatrix}=a_{11}a_{22}a_{33}+a_{12}a_{23}a_{31}+a_{13}a_{21}a_{32}-a_{13}a_{22}a_{31}-a_{12}a_{21}a_{33}-a_{11}a_{23}a_{32}$
    - n阶行列式
      - 余子式，记作M_{ij}
      - 代数余子式，记作$A_{ij}=(-1)^{i+j}M_{ij}$
    - 行列式的性质
      - 转置行列式，记作D^T
      - 上、下三角行列式　等于主对角线之积
    - 克莱姆法则 $x_1=\frac{D_1}{D}$ $x_2=\frac{D_2}{D}$ $x_3=\frac{D_3}{D}$
    - 计算行列式的方法
      - 对角线展开法　适用于二阶、三阶行列式的计算
      - 按行展开法$D=a_{i1}A_{i1}+a_{i2}A_{i2}+\cdots+a_{in}A_{in}(i=1,2,3,\cdots n)$　降低行列式的阶数
      - 化零化三角求行列式的值
  - 矩阵
    - 矩阵的概念　简记为$A=[a_{ij}]_{m\times n}$
    - 几种特殊的矩阵
      - 零矩阵
      - 行矩阵、列矩阵
      - 转置矩阵　记作A^T
      - n阶方阵
        - 对角矩阵
        - 单位矩阵　记作I(或E)
        - 三角矩阵
          - 上三角矩阵
          - 下三角矩阵
        - 对称矩阵
        - n阶行列式$|A|$
      - 伴随矩阵A^*
    - 同型矩阵　两个矩阵的行数和列数分别相同
    - 矩阵相等　两个同型矩阵的对应元素分别相等
    - 矩阵的运算
      - 矩阵的加、减运算　只有当两个矩阵为同型矩阵时，才可以进行加、减运算
      - 数与矩阵的乘法运算　用数k乘以矩阵的每一个元素而得的矩阵
      - 矩阵与矩阵的乘法运算
        - 只有当左矩阵的列数等于右矩阵的行数时，两矩阵才能相乘
        - 积矩阵的行数等于左矩阵的行数，列数等于右矩阵的列数
      - 逆矩阵
        - 逆矩阵的概念　$AA^{-1}=A^{-1}A=I$
        - 逆矩阵的求法
          - 公式法 $A^{-1}=\frac{1}{|A|}A^*$
          - 矩阵的初等变换法　$[A\vdots I]\to[I\vdots A^{-1}]$
        - 求线性方程组的解　$AX=B$　$X=A^{-1}B$
        - 求矩阵方程的解
          - $AX=C$　$X=A^{-1}C$
          - $XA=C$　$X=CA^{-1}$
          - $AXB=C$　$X=A^{-1}CB^{-1}$
      - 矩阵的秩
        - 矩阵的初等变换
          - 互换变换 $r_i\leftrightarrow r_j$或$c_i\leftrightarrow c_j$
          - 倍乘变换kr_i或kc_i
          - 倍加变换r_i+kr_j或c_i+kc_j
        - 阶梯形矩阵
          - 首非零元的列标随着行标的递增而严格递增
          - 矩阵的零行位于矩阵的最下方(或无零行)
        - 矩阵秩的求法
          - 定义法:非零子式的最高阶数
          - 初等行变换法：阶梯形矩阵的非零行的行数
  - 线性方程组
    - 高斯消元法
      - 计算系数行列式的值
      - 当系数行列式的值不等于0时，写出增广矩阵
      - 对增广矩阵施行初等行变换，使系数矩阵化为单位矩阵I
      - 写出方程组的解
    - 齐次线性方程组
      - 若$r=n$，方程组只有零解
      - 若$r<n$，方程组有无穷多组非零解(n是未知数个数)
    - 非齐次线性方程组
      - 若$r(A)\neq r(\widetilde{A})$，方程组无解
      - 若$r(A)=r(\widetilde{A})$，方程组有解
        - 若$r=n$，方程组有唯一解
        - 若$r<n$，方程组有无穷多组解(n是未知数个数)

图 8-1　线性代数思维导图

在科学技术中，经常遇到解线性方程组的问题，行列式和矩阵是求解线性方程组的有力工具．行列式、矩阵都是线性代数的重要内容，它们是数学许多分支研究和应用的重要工具．本章将介绍行列式、矩阵的概念及相关运算，矩阵的秩，线性方程组的求解．

第一节　行列式的定义与性质

二阶行列式

一、二阶行列式

行列式概念的形成源于求解方程个数和未知量个数相等的线性方程组．

设有二元一次方程组：

$$\begin{cases} a_{11}x_1 + a_{12}x_2 = b_1 & (1) \\ a_{21}x_1 + a_{22}x_2 = b_2 & (2) \end{cases} \tag{8-1}$$

其中 x_1、x_2 为未知数，a_{11}、a_{12}、a_{21}、a_{22}为未知数的系数，b_1、b_2 为常数项．用加减消元法解方程组（8-1）：

将 $(1) \times a_{22} - (2) \times a_{12}$，消去 x_2，得$(a_{11}a_{22} - a_{12}a_{21})x_1 = b_1a_{22} - b_2a_{12}$；

将 $(2) \times a_{11} - (1) \times a_{21}$，消去 x_1，得$(a_{11}a_{22} - a_{12}a_{21})x_2 = b_2a_{11} - b_1a_{21}$．

当 $a_{11}a_{22}-a_{12}a_{21} \neq 0$ 时，得方程组的解为

$$\begin{cases} x_1 = \dfrac{b_1a_{22} - b_2a_{12}}{a_{11}a_{22} - a_{12}a_{21}} \\ x_2 = \dfrac{b_2a_{11} - b_1a_{21}}{a_{11}a_{22} - a_{12}a_{21}} \end{cases} \tag{8-2}$$

在式（8-2）中，分母都是 $a_{11}a_{22} - a_{12}a_{21}$，其中 a_{11}、a_{12}、a_{21}、a_{22} 是方程组中未知数的系数，按它们在方程组中的位置排列成一个正方形，如图 8-2 所示．

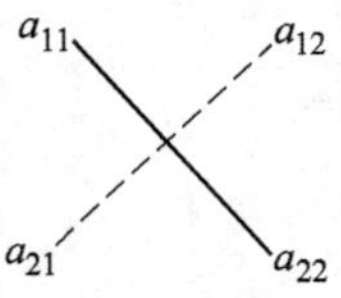

图 8-2

可以看出 $a_{11}a_{22}-a_{12}a_{21}$ 为实线（**主对角线**）连接的两个数之积减去虚线（**次对角线**）连接的两个数之积，把这个数定义为**二阶行列式**，并记作

$$\boldsymbol{D} = \begin{vmatrix} a_{11} & a_{12} \\ a_{21} & a_{22} \end{vmatrix} = a_{11}a_{22} - a_{12}a_{21}$$

其中 a_{11}、a_{12}、a_{21}、a_{22}称为二阶行列式的**元素**，横排称为**行**，纵排称为**列**，$a_{ij}(i=1,2;j=1,2)$表示行列式的第 i 行第 j 列的元素，i 称为**行标**，j 称为**列标**．$a_{11}a_{22}-a_{12}a_{21}$ 称为行列式 $\begin{vmatrix} a_{11} & a_{12} \\ a_{21} & a_{22} \end{vmatrix}$ 的**展开式**．

按照此规则，可以将式（8-2）中的分子也写成行列式的形式，即

$$\boldsymbol{D}_1 = \begin{vmatrix} b_1 & a_{12} \\ b_2 & a_{22} \end{vmatrix} = b_1a_{22} - b_2a_{12}，\boldsymbol{D}_2 = \begin{vmatrix} a_{11} & b_1 \\ a_{21} & b_2 \end{vmatrix} = b_2a_{11} - b_1a_{21}$$

其中 $D_i(i=1,2)$表示把 D 中第 i 列换成方程组（8-1）中常数列得到的行列式．

于是方程组（8-1）的解为：

$$\begin{cases} x_1 = \dfrac{\boldsymbol{D}_1}{\boldsymbol{D}} \\ x_2 = \dfrac{\boldsymbol{D}_2}{\boldsymbol{D}} \end{cases} \quad (\boldsymbol{D} \neq 0)$$

其中 $\boldsymbol{D}$ 是由方程组中 x_1、x_2 的系数按原来的位置次序组成的行列式，称为**系数行列式**.

例 1　展开并计算下列行列式.

(1) $\begin{vmatrix} 3 & 1 \\ -2 & 5 \end{vmatrix}$；

(2) $\begin{vmatrix} \sin\alpha & -\cos\alpha \\ \cos\alpha & \sin\alpha \end{vmatrix}$.

解

(1) $\begin{vmatrix} 3 & 1 \\ -2 & 5 \end{vmatrix} = 3 \times 5 - 1 \times (-2) = 17$

(2) $\begin{vmatrix} \sin\alpha & -\cos\alpha \\ \cos\alpha & \sin\alpha \end{vmatrix} = \sin^2\alpha - (-\cos^2\alpha) = 1$

例 2　用行列式法解线性方程组 $\begin{cases} 3x - 2y = 2 \\ 2x - 3y = -1 \end{cases}$.

解　因为系数行列式 $\boldsymbol{D} = \begin{vmatrix} 3 & -2 \\ 2 & -3 \end{vmatrix} = -9 - (-4) = -5 \neq 0$，且 $\boldsymbol{D}_1 = \begin{vmatrix} 2 & -2 \\ -1 & -3 \end{vmatrix} = -6 - 2 = -8$，$\boldsymbol{D}_2 = \begin{vmatrix} 3 & 2 \\ 2 & -1 \end{vmatrix} = -3 - 4 = -7$. 所以，方程组的解为

$$\begin{cases} x = \dfrac{\boldsymbol{D}_1}{\boldsymbol{D}} = \dfrac{8}{5} \\ y = \dfrac{\boldsymbol{D}_2}{\boldsymbol{D}} = \dfrac{7}{5} \end{cases}$$

二、三阶行列式

三阶行列式

我们看到，在引入二阶行列式以后，方程组（8-1）的解（8-2）变得简单化，为了使三元一次方程组

$$\begin{cases} a_{11}x_1 + a_{12}x_2 + a_{13}x_3 = b_1 \\ a_{21}x_1 + a_{22}x_2 + a_{23}x_3 = b_2 \\ a_{31}x_1 + a_{32}x_2 + a_{33}x_3 = b_3 \end{cases} \tag{8-3}$$

的解也简单化，我们引入三阶行列式的定义.

定义　$\begin{vmatrix} a_{11} & a_{12} & a_{13} \\ a_{21} & a_{22} & a_{23} \\ a_{31} & a_{32} & a_{33} \end{vmatrix}$ 称为**三阶行列式**，并用表达式 $a_{11}a_{22}a_{33} + a_{21}a_{32}a_{13} + a_{31}a_{23}a_{12} - a_{31}a_{22}a_{13} - a_{21}a_{12}a_{33} - a_{11}a_{23}a_{32}$ 的值来定义，即

$$\begin{vmatrix} a_{11} & a_{12} & a_{13} \\ a_{21} & a_{22} & a_{23} \\ a_{31} & a_{32} & a_{33} \end{vmatrix} = a_{11}a_{22}a_{33} + a_{21}a_{32}a_{13} + a_{31}a_{23}a_{12} - a_{31}a_{22}a_{13} - a_{21}a_{12}a_{33} - a_{11}a_{23}a_{32}$$

$$a_{11}a_{22}a_{33} + a_{21}a_{32}a_{13} + a_{31}a_{23}a_{12} - a_{31}a_{22}a_{13} - a_{21}a_{12}a_{33} - a_{11}a_{23}a_{32}$$

称为**三阶行列式的展开式**. 三阶行列式展开式共6项，即3!项，每项都是不同行不同列三个元素的乘积，其中有三个正项和三个负项. 为便于记忆，把构成每一项的三个元素分别用实线和虚线连接起来，用实线连接的三个元素之积附有“+”号，用虚线连接的三个元素之积附有“-”号，这种展开三阶行列式的方法称为**对角线展开法**. 如图8-3所示.

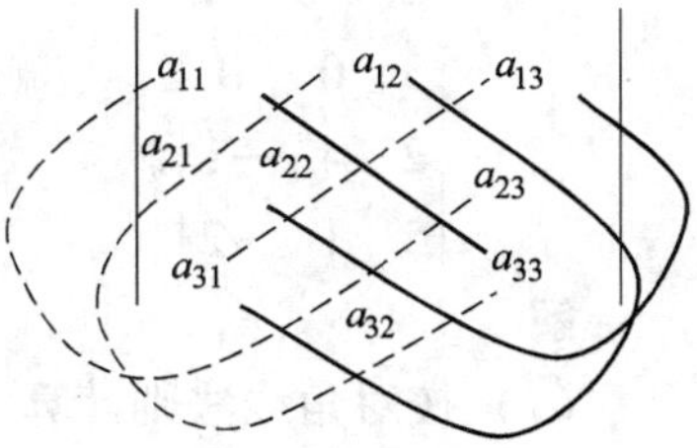

图8-3

对于三元一次方程组（8-3）引入三阶行列式：

$$\boldsymbol{D} = \begin{vmatrix} a_{11} & a_{12} & a_{13} \\ a_{21} & a_{22} & a_{23} \\ a_{31} & a_{32} & a_{33} \end{vmatrix}, \ \boldsymbol{D}_1 = \begin{vmatrix} b_1 & a_{12} & a_{13} \\ b_2 & a_{22} & a_{23} \\ b_3 & a_{32} & a_{33} \end{vmatrix}$$

$$\boldsymbol{D}_2 = \begin{vmatrix} a_{11} & b_1 & a_{13} \\ a_{21} & b_2 & a_{23} \\ a_{31} & b_3 & a_{33} \end{vmatrix}, \ \boldsymbol{D}_3 = \begin{vmatrix} a_{11} & a_{12} & b_1 \\ a_{21} & a_{22} & b_2 \\ a_{31} & a_{32} & b_3 \end{vmatrix}$$

则可以验证

若$\boldsymbol{D} \neq 0$，则方程组有唯一解为$x_1 = \dfrac{\boldsymbol{D}_1}{\boldsymbol{D}}$，$x_2 = \dfrac{\boldsymbol{D}_2}{\boldsymbol{D}}$，$x_3 = \dfrac{\boldsymbol{D}_3}{\boldsymbol{D}}$.

这种当系数行列式$\boldsymbol{D} \neq 0$时，用行列式求线性方程组的解的法则称为**克莱姆**（Cramer）**法则**. 其中$\boldsymbol{D} = \begin{vmatrix} a_{11} & a_{12} & a_{13} \\ a_{21} & a_{22} & a_{23} \\ a_{31} & a_{32} & a_{33} \end{vmatrix}$称为三元线性方程组（8-3）的系数行列式，$\boldsymbol{D}_i (i=1,2,3)$是把$\boldsymbol{D}$中的第$i$列换成常数列$b_1$、$b_2$、$b_3$得到的.

克莱姆法则适用于线性方程组中方程的个数和未知量的个数相等且系数行列式不等于零的情况，未知量的个数可以是$n(n \geqslant 2)$个.

由三阶行列式的定义可以得到

$$\begin{vmatrix} a_{11} & a_{12} & a_{13} \\ a_{21} & a_{22} & a_{23} \\ a_{31} & a_{32} & a_{33} \end{vmatrix} = a_{11}\begin{vmatrix} a_{22} & a_{23} \\ a_{32} & a_{33} \end{vmatrix} - a_{12}\begin{vmatrix} a_{21} & a_{23} \\ a_{31} & a_{33} \end{vmatrix} + a_{13}\begin{vmatrix} a_{21} & a_{22} \\ a_{31} & a_{32} \end{vmatrix}$$

若记$\boldsymbol{A}_{11} = \begin{vmatrix} a_{22} & a_{23} \\ a_{32} & a_{33} \end{vmatrix}$，$\boldsymbol{A}_{12} = -\begin{vmatrix} a_{21} & a_{23} \\ a_{31} & a_{33} \end{vmatrix}$，$\boldsymbol{A}_{13} = \begin{vmatrix} a_{21} & a_{22} \\ a_{31} & a_{32} \end{vmatrix}$，则有

$$\begin{vmatrix} a_{11} & a_{12} & a_{13} \\ a_{21} & a_{22} & a_{23} \\ a_{31} & a_{32} & a_{33} \end{vmatrix} = a_{11}\boldsymbol{A}_{11} + a_{12}\boldsymbol{A}_{12} + a_{13}\boldsymbol{A}_{13}$$

这种计算行列式的方法称为**按行展开法**.

例 3　计算下列三阶行列式：

(1) $\begin{vmatrix} 3 & 4 & -5 \\ 10 & 5 & -1 \\ 2 & 3 & 2 \end{vmatrix}$;

(2) $\begin{vmatrix} 3 & 0 & 0 \\ 2 & 4 & -1 \\ 5 & 1 & -2 \end{vmatrix}$.

解

(1) 按对角线法则计算

$$\begin{vmatrix} 3 & 4 & -5 \\ 10 & 5 & -1 \\ 2 & 3 & 2 \end{vmatrix} = 3\times5\times2+(-5)\times10\times3+4\times(-1)\times2-$$

$$(-5)\times5\times2-3\times3\times(-1)-4\times10\times2$$

$$=-149$$

(2) 因为 $a_{12}=a_{13}=0$，所以按第一行展开，即

$$\begin{vmatrix} 3 & 0 & 0 \\ 2 & 4 & -1 \\ 5 & 1 & -2 \end{vmatrix} = 3\begin{vmatrix} 4 & -1 \\ 1 & -2 \end{vmatrix} = 3(-8+1)=-21$$

例 4　解方程组 $\begin{cases} 2x-y+z=0 \\ 3x+2y-5z=1 \\ x+3y-2z=4 \end{cases}$.

解　先计算系数行列式

$$\boldsymbol{D}=\begin{vmatrix} 2 & -1 & 1 \\ 3 & 2 & -5 \\ 1 & 3 & -2 \end{vmatrix}=28\neq0$$

并且 $\boldsymbol{D}_1=\begin{vmatrix} 0 & -1 & 1 \\ 1 & 2 & -5 \\ 4 & 3 & -2 \end{vmatrix}=13$，$\boldsymbol{D}_2=\begin{vmatrix} 2 & 0 & 1 \\ 3 & 1 & -5 \\ 1 & 4 & -2 \end{vmatrix}=47$，$\boldsymbol{D}_3=\begin{vmatrix} 2 & -1 & 0 \\ 3 & 2 & 1 \\ 1 & 3 & 4 \end{vmatrix}=21$. 所以，方程组的解为

$$x=\frac{\boldsymbol{D}_1}{\boldsymbol{D}}=\frac{13}{28},\ y=\frac{\boldsymbol{D}_2}{\boldsymbol{D}}=\frac{47}{28},\ z=\frac{\boldsymbol{D}_3}{\boldsymbol{D}}=\frac{3}{4}$$

例 5　解方程 $\begin{vmatrix} x-1 & 0 & 1 \\ 0 & x-2 & 0 \\ 1 & 0 & x-1 \end{vmatrix}=0$.

解　因为 $\begin{vmatrix} x-1 & 0 & 1 \\ 0 & x-2 & 0 \\ 1 & 0 & x-1 \end{vmatrix}=(x-1)(x-2)(x-1)-(x-2)=x(x-2)^2=0$,

所以原方程的解为 $x_1=0$，$x_2=x_3=2$.

三、n 阶行列式

n 阶行列式

从上面的讨论可知，三阶行列式可以由三个二阶行列式来定义，仿照这种定义方式，可定义三阶及以上的行列式．三阶以上的行列式称为**高阶行列式**．

一般地，$n(n\geqslant 2,n$ 是正整数$)$阶行列式可以用 $n-1$ 阶行列式来定义.

n 阶行列式由 n^2 个元素构成，记作 $\boldsymbol{D}=\begin{vmatrix} a_{11} & a_{12} & \cdots & a_{1n} \\ a_{21} & a_{22} & \cdots & a_{2n} \\ \vdots & \vdots & \ddots & \vdots \\ a_{n1} & a_{n2} & \cdots & a_{nn} \end{vmatrix}$，其中 a_{ij}是第 i 行第 j 列元素（i，j=1，2，3，…，n）．划去 a_{ij}所在行和列，剩下元素构成的行列式，称为元素 a_{ij}的**余子式**，记作 $\boldsymbol{M}_{ij}$．$(-1)^{i+j}M_{ij}$称为元素 a_{ij}的**代数余子式**，记作 $\boldsymbol{A}_{ij}$，即

$$\boldsymbol{A}_{ij}=(-1)^{i+j}\boldsymbol{M}_{ij}$$

$n(n\geqslant 2,n$ 是正整数$)$阶行列式的值等于它的某一行各元素与其对应的代数余子式乘积的和．即

$$\boldsymbol{D}=\begin{vmatrix} a_{11} & a_{12} & \cdots & a_{1n} \\ a_{21} & a_{22} & \cdots & a_{2n} \\ \vdots & \vdots & \ddots & \vdots \\ a_{n1} & a_{n2} & \cdots & a_{nn} \end{vmatrix}=a_{i1}\boldsymbol{A}_{i1}+a_{i2}\boldsymbol{A}_{i2}+\cdots+a_{in}\boldsymbol{A}_{in}\quad(i=1,2,3,\cdots,n)$$

这种计算行列式的方法称为**按行展开法**．

例 6　计算行列式 $\boldsymbol{D}=\begin{vmatrix} 0 & a_{12} & 0 & 0 \\ 0 & 0 & 0 & a_{24} \\ a_{31} & 0 & 0 & 0 \\ 0 & 0 & a_{43} & 0 \end{vmatrix}$的值.

解　按第一行展开

$$\boldsymbol{D}=\begin{vmatrix} 0 & a_{12} & 0 & 0 \\ 0 & 0 & 0 & a_{24} \\ a_{31} & 0 & 0 & 0 \\ 0 & 0 & a_{43} & 0 \end{vmatrix}=a_{12}\cdot(-1)^{1+2}\begin{vmatrix} 0 & 0 & a_{24} \\ a_{31} & 0 & 0 \\ 0 & a_{43} & 0 \end{vmatrix}$$

$$=-a_{12}\cdot a_{24}(-1)^{1+3}\begin{vmatrix} a_{31} & 0 \\ 0 & a_{43} \end{vmatrix}=-a_{12}a_{24}a_{31}a_{43}$$

四、行列式的性质

行列式的性质

利用行列式的定义直接计算行列式比较麻烦，为了进一步简化行列式的计算，下面介绍行列式的一些基本性质.

将一个行列式 $\boldsymbol{D}$ 的行与列依次互换所得到的行列式称为 $\boldsymbol{D}$ 的**转置行**

列式，记作 $\boldsymbol{D}^{\mathrm{T}}$.

如 $\boldsymbol{D}=\begin{vmatrix}-2 & 3 & 2\\1 & -1 & 2\\1 & 4 & 1\end{vmatrix}$，则 $\boldsymbol{D}^{\mathrm{T}}=\begin{vmatrix}-2 & 1 & 1\\3 & -1 & 4\\2 & 2 & 1\end{vmatrix}$.

性质 1　行列式的值与它的转置行列式的值相等，即 $\boldsymbol{D}=\boldsymbol{D}^{\mathrm{T}}$.

例 7　求行列式 $\begin{vmatrix}a_{11} & a_{12} & a_{13}\\0 & a_{22} & a_{23}\\0 & 0 & a_{33}\end{vmatrix}$ 的值.

解　由性质 1 及三阶行列式的展开式得

$$\begin{vmatrix}a_{11} & a_{12} & a_{13}\\0 & a_{22} & a_{23}\\0 & 0 & a_{33}\end{vmatrix}=\begin{vmatrix}a_{11} & 0 & 0\\a_{12} & a_{22} & 0\\a_{13} & a_{23} & a_{33}\end{vmatrix}=a_{11}\begin{vmatrix}a_{22} & 0\\a_{23} & a_{33}\end{vmatrix}=a_{11}a_{22}a_{33}$$

称 $\begin{vmatrix}a_{11} & a_{12} & a_{13}\\0 & a_{22} & a_{23}\\0 & 0 & a_{33}\end{vmatrix}$ 为**上三角行列式**，$\begin{vmatrix}a_{11} & 0 & 0\\a_{12} & a_{22} & 0\\a_{13} & a_{23} & a_{33}\end{vmatrix}$ 为**下三角行列式**.

结论　上三角行列式或下三角行列式的值等于其主对角线元素的乘积.

性质 2　行列式中的任意两行（列）互换，行列式的值改变符号.

在计算行列式时，为了便于书写及复查，引入记号：

以 r 表示行，以 c 表示列. 互换第 i 行（列）和第 j 行（列），记作 $r_i\leftrightarrow r_j(c_i\leftrightarrow c_j)$.

例 8　计算 $\boldsymbol{D}=\begin{vmatrix}0 & 4 & 3\\-1 & 2 & 4\\0 & 0 & 3\end{vmatrix}$.

解　由性质 2 及例 7 得

$$\boldsymbol{D}=\begin{vmatrix}0 & 4 & 3\\-1 & 2 & 4\\0 & 0 & 3\end{vmatrix}\overset{r_1\leftrightarrow r_2}{=}-\begin{vmatrix}-1 & 2 & 4\\0 & 4 & 3\\0 & 0 & 3\end{vmatrix}=-(-12)=12$$

推论　行列式中某两行（列）对应元素相同，行列式的值为零.

性质 3　若用一常数 k 乘行列式中的某一行（列）的各元素等于用 k 乘以原行列式. 也就是说，行列式中的某一行（列）的各元素有一公因子时，可把公因子提到行列式记号的外边.

例 9　计算 $\boldsymbol{D}=\begin{vmatrix}1 & 0 & -1\\8 & 16 & 24\\2 & 0 & 1\end{vmatrix}$ 的值.

解　$\boldsymbol{D}=\begin{vmatrix}1 & 0 & -1\\8 & 16 & 24\\2 & 0 & 1\end{vmatrix}=8\begin{vmatrix}1 & 0 & -1\\1 & 2 & 3\\2 & 0 & 1\end{vmatrix}=8\times 6=48$

推论　行列式中某一行（列）元素都为零，行列式的值为零.

性质 4　行列式中某两行（列）对应元素成比例，行列式的值为零.

性质 5　如果行列式的某一行（列）的元素都是二项式，则此行列式等于把这些二项式各取一项作相应行（列），而其余行（列）为不变的两个行列式的和. 如

$$\begin{vmatrix} a_{11} & a_{12} & a_{13} \\ a_{21}+b_1 & a_{22}+b_2 & a_{23}+b_3 \\ a_{31} & a_{32} & a_{33} \end{vmatrix} = \begin{vmatrix} a_{11} & a_{12} & a_{13} \\ a_{21} & a_{22} & a_{23} \\ a_{31} & a_{32} & a_{33} \end{vmatrix} + \begin{vmatrix} a_{11} & a_{12} & a_{13} \\ b_1 & b_2 & b_3 \\ a_{31} & a_{32} & a_{33} \end{vmatrix}$$

例 10　计算 $\boldsymbol{D}=\begin{vmatrix} 3 & 1 & 2 \\ 290 & 106 & 196 \\ 5 & -3 & 2 \end{vmatrix}$ 的值.

解　$$\boldsymbol{D}=\begin{vmatrix} 3 & 1 & 2 \\ 290 & 106 & 196 \\ 5 & -3 & 2 \end{vmatrix}=\begin{vmatrix} 3 & 1 & 2 \\ 300-10 & 100+6 & 200-4 \\ 5 & -3 & 2 \end{vmatrix}$$

$$=\begin{vmatrix} 3 & 1 & 2 \\ 300 & 100 & 200 \\ 5 & -3 & 2 \end{vmatrix}+\begin{vmatrix} 3 & 1 & 2 \\ -10 & 6 & -4 \\ 5 & -3 & 2 \end{vmatrix}=0$$

性质 6　如果把行列式的某一行（列）的每一个元素，加上另一行（列）对应元素的 k 倍，那么所得的行列式与原行列式的值相等.

引入记号：第 i 行（列）的每一个元素加上第 j 行（列）的对应元素的 k 倍记作

$$r_i + kr_j(c_i + kc_j)$$

性质 6 在行列式的计算中起着很重要的作用．我们往往逐行（列）选择适当的 k，且多次运用性质 6，使行列式化为上三角行列式，再求得行列式的值.

例 11　计算 $\boldsymbol{D}=\begin{vmatrix} 1 & -5 & 3 \\ -5 & 1 & 3 \\ 2 & 0 & 1 \end{vmatrix}$.

解　$$\boldsymbol{D}=\begin{vmatrix} 1 & -5 & 3 \\ -5 & 1 & 3 \\ 2 & 0 & 1 \end{vmatrix}\overset{\substack{r_2+5r_1 \\ r_3+(-2)r_1}}{=}\begin{vmatrix} 1 & -5 & 3 \\ 0 & -24 & 18 \\ 0 & 10 & -5 \end{vmatrix}=6\times5\begin{vmatrix} 1 & -5 & 3 \\ 0 & -4 & 3 \\ 0 & 2 & -1 \end{vmatrix}$$

$$\overset{r_2+2r_3}{=}30\begin{vmatrix} 1 & -5 & 3 \\ 0 & 0 & 1 \\ 0 & 2 & -1 \end{vmatrix}\overset{r_2\leftrightarrow r_3}{=}-30\begin{vmatrix} 1 & -5 & 3 \\ 0 & 2 & -1 \\ 0 & 0 & 1 \end{vmatrix}=-30\times2=-60$$

性质 7　行列式某一行（列）的各元素与另一行（列）的对应元素的代数余子式的乘积的和等于零. 如

$a_{11}\boldsymbol{A}_{21}+a_{12}\boldsymbol{A}_{22}+a_{13}\boldsymbol{A}_{23}=0$，$a_{11}\boldsymbol{A}_{31}+a_{12}\boldsymbol{A}_{32}+a_{13}\boldsymbol{A}_{33}=0$ 等.

综合行列式按行展开法和性质 7，可以得到：

按行展开，有

$$\sum_{t=1}^{n} a_{it}\boldsymbol{A}_{jt}=\begin{cases}\boldsymbol{D}, i=j\\ 0, i\neq j\end{cases}$$

按列展开，有

$$\sum_{t=1}^{n} a_{ti}\boldsymbol{A}_{tj}=\begin{cases}\boldsymbol{D}, i=j\\ 0, i\neq j\end{cases}$$

习题 8-1

1. 填空题.

（1）三阶行列式 $\boldsymbol{D}=\begin{vmatrix} 2 & 1 & 3 \\ -1 & 0 & 1 \\ 4 & -2 & -5 \end{vmatrix}$ 中元素 a_{32} 的余子式 $\boldsymbol{M}_{32}=$________________.

（2）四阶行列式 $\boldsymbol{D}=\begin{vmatrix} 6 & -2 & 1 & 7 \\ 0 & 3 & 2 & 5 \\ 1 & 4 & 3 & 2 \\ 2 & 1 & -2 & 0 \end{vmatrix}$ 中元素 a_{43} 的代数余子式 $\boldsymbol{A}_{43}=$______________.

2. 计算下列行列式的值：

（1）$\begin{vmatrix} -1 & -2 \\ 2 & 3 \end{vmatrix}$；　　（2）$\begin{vmatrix} \cos x & -\sin x \\ \sin x & \cos x \end{vmatrix}$；　　（3）$\begin{vmatrix} a & a^2 \\ b & ab \end{vmatrix}$；

（4）$\begin{vmatrix} 2 & 1 & 3 \\ 1 & 1 & 1 \\ 0 & 0 & 1 \end{vmatrix}$；　　（5）$\begin{vmatrix} 1 & 2 & 3 \\ 3 & 1 & 2 \\ 2 & 3 & 1 \end{vmatrix}$；　　（6）$\begin{vmatrix} 1 & a & a^2 \\ 1 & b & b^2 \\ 1 & c & c^2 \end{vmatrix}$.

3. 解方程 $\begin{vmatrix} 1 & x-1 & 1 \\ 0 & 0 & x-2 \\ x-3 & 0 & 1 \end{vmatrix}=0.$

4. 解方程组：

（1）$\begin{cases} x_1+3x_2+x_3=5 \\ x_1+x_2+5x_3=-7 \\ 2x_1+3x_2-3x_3=14 \end{cases}$；　　（2）$\begin{cases} 2x_1-x_2+3x_3=3 \\ 3x_1+x_2-5x_3=0 \\ 4x_1-x_2+x_3=3 \end{cases}$.

第二节　矩阵的概念及其运算

矩阵的概念是从许多实际问题中抽象出来的，它在自然科学、工程技术和经济管理等许多学科中有着广泛的应用．我们首先学习矩阵的概念及其运算.

一、引例

引例 1　某户居民第三季度每月水（t）、电（kW · h）、天然气（m^3）的使用情况可以用三行三列的数表表示为

$$\begin{array}{c} \\ 7月 \\ 8月 \\ 9月 \end{array}\begin{array}{c} \begin{array}{ccc} 水 & 电 & 气 \end{array} \\ \begin{bmatrix} 10 & 190 & 15 \\ 11 & 185 & 13 \\ 9 & 170 & 16 \end{bmatrix} \end{array}$$

引例 2　把方程组 $\begin{cases} x_1 + 2x_2 + 5x_3 = -9 \\ x_1 - x_2 + 3x_3 = 2 \\ 3x_1 - 6x_2 - x_3 = 25 \end{cases}$ 中未知数的系数和常数项分离出来，按原来的位置次序排成一个数表

$$\begin{bmatrix} 1 & 2 & 5 & -9 \\ 1 & -1 & 3 & 2 \\ 3 & -6 & -1 & 25 \end{bmatrix}$$

二、矩阵的基本概念

定义 1　由 $m \times n$ 个数 a_{ij}（$i=1, 2, \cdots, m$；$j=1, 2, \cdots, n$）排成 m 行 n 列，并用方（或圆）括弧括起来构成的数表称为 m 行 n 列矩阵．矩阵一般用大写英文字母 $\boldsymbol{A}$、$\boldsymbol{B}$、…表示.

矩阵的概念

如 $\boldsymbol{A}=\begin{bmatrix} a_{11} & a_{12} & \cdots & a_{1n} \\ a_{21} & a_{22} & \cdots & a_{2n} \\ \vdots & \vdots & \ddots & \vdots \\ a_{m1} & a_{m2} & \cdots & a_{mn} \end{bmatrix}$，其中 a_{ij} 称为矩阵 $\boldsymbol{A}$ 的元素，m 行 n 列矩阵 $\boldsymbol{A}$ 可简写为 $\boldsymbol{A}=[a_{ij}]_{m\times n}$.

根据矩阵中元素的特点，有如下特殊矩阵：

（1）**零矩阵**　元素都是零的矩阵，记作 $\boldsymbol{O}_{m\times n}$ 或 $\boldsymbol{O}$.

（2）**列矩阵**　只有一列元素的矩阵．如 $\boldsymbol{A}=\begin{bmatrix} a_1 \\ a_2 \\ \vdots \\ a_n \end{bmatrix}$ 为列矩阵.

（3）**行矩阵**　只有一行元素的矩阵．如 $\boldsymbol{A}=[a_1\ a_2\ \cdots\ a_n]$ 为行矩阵.

（4）**n 阶方阵**　$m=n$ 时的矩阵．n 阶方阵中从左上角到右下角的对角线称为**主对角线**.

（5）**对角矩阵**　不在主对角线上的元素都为 0 的方阵.

（6）**单位矩阵**　主对角线上的元素都为 1 的对角矩阵，记作 $\boldsymbol{I}$（或 $\boldsymbol{E}$）．即

$$\boldsymbol{I}=\begin{bmatrix} 1 & 0 & \cdots & 0 \\ 0 & 1 & \cdots & 0 \\ \vdots & \vdots & \ddots & \vdots \\ 0 & 0 & \cdots & 1 \end{bmatrix}$$

（7）**三角矩阵**　主对角线一侧所有元素都为 0 的方阵．分为：

上三角矩阵　$\boldsymbol{L}_{上}=\begin{bmatrix} a_{11} & a_{12} & \cdots & a_{1n} \\ 0 & a_{22} & \cdots & a_{2n} \\ \vdots & \vdots & \ddots & \vdots \\ 0 & 0 & \cdots & a_{nn} \end{bmatrix}$

下三角矩阵

$$L_{下}=\begin{bmatrix} a_{11} & 0 & \cdots & 0 \\ a_{21} & a_{22} & \cdots & 0 \\ \vdots & \vdots & \ddots & \vdots \\ a_{n1} & a_{n2} & \cdots & a_{nn} \end{bmatrix}$$

（8）**转置矩阵**　把矩阵 A 的行列互换所得的矩阵称为矩阵 A 的转置矩阵，记作 A^{T}. 即

矩阵 $A=\begin{bmatrix} a_{11} & a_{12} & \cdots & a_{1n} \\ a_{21} & a_{22} & \cdots & a_{2n} \\ \vdots & \vdots & \ddots & \vdots \\ a_{m1} & a_{m2} & \cdots & a_{mn} \end{bmatrix}$ 的转置矩阵 $A^{\mathrm{T}}=\begin{bmatrix} a_{11} & a_{21} & \cdots & a_{m1} \\ a_{12} & a_{22} & \cdots & a_{m2} \\ \vdots & \vdots & \ddots & \vdots \\ a_{1n} & a_{2n} & \cdots & a_{mn} \end{bmatrix}$.

显然，一个矩阵的转置矩阵的转置矩阵是其本身，即 $(A^{\mathrm{T}})^{\mathrm{T}}=A$. 可见，一个矩阵与它的转置矩阵互为转置矩阵.

（9）**对称矩阵**　$a_{ij}=a_{ji}(i,j=1,2,\cdots,n)$ 的方阵.

对于任何一个对称矩阵，有：$A^{\mathrm{T}}=A$.

若两个矩阵的行数和列数分别相同，则称这两个矩阵为**同型矩阵**. 如矩阵 $A=[a_{ij}]_{m\times n}$ 与矩阵 $B=[b_{ij}]_{m\times n}$ 都是 m 行 n 列的矩阵，因此 A 与 B 为同型矩阵.

如果矩阵 A 与矩阵 B 为同型矩阵，且两矩阵的对应元素相等，则称矩阵 A 与 B 为**相等矩阵**，记作 $A=B$. 即若有矩阵 $A=[a_{ij}]_{m\times n}$、矩阵 $B=[b_{ij}]_{m\times n}$，且 $a_{ij}=b_{ij}$（$i=1, 2, \cdots, m$；$j=1, 2, \cdots, n$），则 $A=B$.

例 1　已知 $A=\begin{bmatrix} 1 & a & 3 \\ b+c & 5 & 6 \end{bmatrix}$，$B=\begin{bmatrix} 1 & 2 & 3 \\ 4 & 5 & c-a \end{bmatrix}$，且 $A=B$，求 a、b、c.

解　由矩阵相等的定义，有

$$\begin{cases} a=2 \\ b+c=4 \\ c-a=6 \end{cases}$$

解得

$$a=2,\ b=-4,\ c=8$$

案例 1 [产值表]　某企业生产 5 种产品，各种产品的季度产值（单位：万元）见表 8-1.

表 8-1　各种产品的季度产值

产　品	A	B	C	D	E
第一季度	78	58	75	78	64
第二季度	90	70	85	54	76
第三季度	95	75	90	90	80
第四季度	89	70	82	80	76

这个季度产值可以排成一个 4 行 5 列的产值矩阵 $\begin{pmatrix} 78 & 58 & 75 & 78 & 64 \\ 90 & 70 & 85 & 54 & 76 \\ 95 & 75 & 90 & 90 & 80 \\ 89 & 70 & 82 & 80 & 76 \end{pmatrix}$，它具体描述

了这家企业各种产品在各季度的产值，同时也揭示了产值随季节变化的季增长规律以及年产量等情况.

案例 2［田忌赛马］　《史记》中有这样一个故事：战国时期，有一天，齐王要田忌和他赛马，规定每次每个人从自己的上中下三等马中各选一匹来赛，并约定：每有一匹马获胜可获得千两黄金，每有一匹马落后要付千两黄金．当时，齐王每一等次的马都比田忌同样等次的马强，因而，如果田忌要用自己的上等马、中等马、下等马分别与齐王的上中下等马比赛的话，田忌要输三次，因而要输黄金三千两．但结果田忌没有输，反而赢了一千两黄金．这是怎么回事？

原来，在赛马前，田忌的谋士孙膑给他出了一个主意，让田忌的下等马对齐王的上等马，用自己的上等马对齐王的中等马，用自己的中等马对齐王的下等马．这样田忌不仅没输掉黄金三千两，还赢了一千两.

下面用+1 表示田忌赢得千金，用−1 表示田忌输千金．由于同一等级的赛马，齐王的马比田忌的马好，于是齐王和田忌选择不同马参赛可排成表格，见表 8-2.

表 8-2　参赛表

项　目		田　忌		
		上等马	中等马	下等马
齐王	上等马	−1	1	1
	中等马	−1	−1	1
	下等马	−1	−1	−1

此表可用矩阵表示为$\begin{pmatrix} -1 & 1 & 1 \\ -1 & -1 & 1 \\ -1 & -1 & -1 \end{pmatrix}$．通过数据可知，田忌输多赢少，且只有当田忌采取孙膑的谋略时，才能获胜.

三、矩阵的运算

矩阵的运算

（一）矩阵的加、减运算

定义 2　设矩阵 $\boldsymbol{A}=[a_{ij}]_{m\times n}$与矩阵 $\boldsymbol{B}=[b_{ij}]_{m\times n}$为同型矩阵，规定矩阵 $\boldsymbol{A}$ 与 $\boldsymbol{B}$ 的加、减运算为

$$\boldsymbol{A} \pm \boldsymbol{B} = [a_{ij} \pm b_{ij}]_{m\times n}$$

注意　只有当两个矩阵为同型矩阵时，才可以进行加、减运算.

矩阵的加法满足以下运算律：

（1）交换律：$\boldsymbol{A}+\boldsymbol{B}=\boldsymbol{B}+\boldsymbol{A}$；

（2）结合律：$(\boldsymbol{A}+\boldsymbol{B})+\boldsymbol{C}=\boldsymbol{A}+(\boldsymbol{B}+\boldsymbol{C})$.

例 2　已知 $\boldsymbol{A}=\begin{bmatrix} 5 & 6 & -7 \\ 4 & 3 & 1 \end{bmatrix}$，$\boldsymbol{B}=\begin{bmatrix} 6 & 8 & -4 \\ 9 & -1 & 3 \end{bmatrix}$，求 $\boldsymbol{A}+\boldsymbol{B}$ 和 $\boldsymbol{A}-\boldsymbol{B}$.

解　$\boldsymbol{A}+\boldsymbol{B}=\begin{bmatrix} 11 & 14 & -11 \\ 13 & 2 & 4 \end{bmatrix}$，$\boldsymbol{A}-\boldsymbol{B}=\begin{bmatrix} -1 & -2 & -3 \\ -5 & 4 & -2 \end{bmatrix}$.

例 3　已知 $\boldsymbol{A}=\begin{bmatrix}1 & 3 & 5\\3 & 2 & -4\\5 & -4 & 3\end{bmatrix}$，求 $\boldsymbol{A}+\boldsymbol{A}^{\mathrm{T}}$.

解　$\boldsymbol{A}^{\mathrm{T}}=\begin{bmatrix}1 & 3 & 5\\3 & 2 & -4\\5 & -4 & 3\end{bmatrix}$，$\boldsymbol{A}+\boldsymbol{A}^{\mathrm{T}}=\begin{bmatrix}2 & 6 & 10\\6 & 4 & -8\\10 & -8 & 6\end{bmatrix}$.

例 4　设 $\boldsymbol{A}=\begin{bmatrix}1 & 5 & 1\\1 & 2 & -3\\9 & -5 & 3\end{bmatrix}$，$\boldsymbol{B}=\begin{bmatrix}1 & x_1 & x_2\\x_1 & 2 & x_3\\x_2 & x_3 & 3\end{bmatrix}$，$\boldsymbol{C}=\begin{bmatrix}0 & y_1 & y_2\\-y_1 & 0 & y_3\\-y_2 & -y_3 & 0\end{bmatrix}$，并且 $\boldsymbol{A}=\boldsymbol{B}+\boldsymbol{C}$，求矩阵 $\boldsymbol{B}$、$\boldsymbol{C}$.

解　根据矩阵的加法和矩阵相等的概念，有

$$\begin{cases}x_1+y_1=5\\x_1-y_1=1\end{cases},\begin{cases}x_2+y_2=1\\x_2-y_2=9\end{cases},\begin{cases}x_3+y_3=-3\\x_3-y_3=-5\end{cases}$$

解得

$$\begin{cases}x_1=3\\y_1=2\end{cases},\begin{cases}x_2=5\\y_2=-4\end{cases},\begin{cases}x_3=-4\\y_3=1\end{cases}$$

所以 $\boldsymbol{B}=\begin{bmatrix}1 & 3 & 5\\3 & 2 & -4\\5 & -4 & 3\end{bmatrix}$，$\boldsymbol{C}=\begin{bmatrix}0 & 2 & -4\\-2 & 0 & 1\\4 & -1 & 0\end{bmatrix}$.

案例 3［库存清单］　矩阵 $\boldsymbol{S}$ 给出了某家具商店 2 月份各种沙发、椅子和餐桌的订货量，从生产车间运到商店的家具有三种款式：古式、普通、现代，矩阵 $\boldsymbol{T}$ 给出了 1 月末仓库中各种家具数量的清单：

$$\begin{matrix} & \text{古式} & \text{普通} & \text{现代} \end{matrix}\qquad\begin{matrix} & \text{古式} & \text{普通} & \text{现代} \end{matrix}$$

$$\boldsymbol{S}=\begin{pmatrix}2 & 0 & 1\\10 & 2 & 4\\2 & 4 & 6\end{pmatrix}\begin{matrix}\text{沙发}\\\text{椅子}\\\text{餐桌}\end{matrix},\quad \boldsymbol{T}=\begin{pmatrix}12 & 10 & 15\\40 & 15 & 17\\17 & 42 & 18\end{pmatrix}\begin{matrix}\text{沙发}\\\text{椅子}\\\text{餐桌}\end{matrix}$$

（1）矩阵 $\boldsymbol{S}$ 中 10 代表什么意思？

（2）计算 $\boldsymbol{T}-\boldsymbol{S}$，并解释其实际意义.

解

（1）矩阵 $\boldsymbol{S}$ 中的 10 表示 2 月份古式椅子的订货量为 10 张.

（2）$\boldsymbol{T}-\boldsymbol{S}=\begin{pmatrix}10 & 10 & 14\\30 & 13 & 13\\15 & 38 & 12\end{pmatrix}$，表示 2 月末仓库中各种家具的库存量.

（二）数与矩阵的乘法运算

定义 3　设 $k\in\boldsymbol{R}$，$\boldsymbol{A}=\begin{bmatrix}a_{11} & a_{12} & \cdots & a_{1n}\\a_{21} & a_{22} & \cdots & a_{2n}\\\vdots & \vdots & \ddots & \vdots\\a_{m1} & a_{m2} & \cdots & a_{mn}\end{bmatrix}$，把用数 k 乘以矩阵的每一个元素而得的

矩阵称为 k 与 $\boldsymbol{A}$ 的乘法，简称数乘．即

$$k\boldsymbol{A}=k\begin{bmatrix}a_{11} & a_{12} & \cdots & a_{1n}\\ a_{21} & a_{22} & \cdots & a_{2n}\\ \vdots & \vdots & \ddots & \vdots\\ a_{m1} & a_{m2} & \cdots & a_{mn}\end{bmatrix}=\begin{bmatrix}ka_{11} & ka_{12} & \cdots & ka_{1n}\\ ka_{21} & ka_{22} & \cdots & ka_{2n}\\ \vdots & \vdots & \ddots & \vdots\\ ka_{m1} & ka_{m2} & \cdots & ka_{mn}\end{bmatrix}$$

数与矩阵的乘法满足以下运算律：

（1）交换律：$k\boldsymbol{A}=\boldsymbol{A}k$.

（2）分配律：$k(\boldsymbol{A}+\boldsymbol{B})=k\boldsymbol{A}+k\boldsymbol{B},(k+l)\boldsymbol{A}=k\boldsymbol{A}+l\boldsymbol{A}$.

（3）结合律：$k(l\boldsymbol{A})=(kl)\boldsymbol{A}$.

例 5　已知 $\boldsymbol{A}=\begin{bmatrix}1 & 2 & 3\\ 4 & 5 & 6\end{bmatrix}$，$\boldsymbol{B}=\begin{bmatrix}1 & -2 & -1\\ 2 & -5 & 3\end{bmatrix}$，求 $\boldsymbol{A}+2\boldsymbol{B}$.

解　$\boldsymbol{A}+2\boldsymbol{B}=\begin{bmatrix}1 & 2 & 3\\ 4 & 5 & 6\end{bmatrix}+2\begin{bmatrix}1 & -2 & -1\\ 2 & -5 & 3\end{bmatrix}=\begin{bmatrix}3 & -2 & 1\\ 8 & -5 & 12\end{bmatrix}$

案例 4［房屋开发计划］　一房屋开发商在开发一小区时设计了 A、B、C、D 四种不同类型的房屋．每种类型都有三种车库设计：没有车库、一个车库、两个车库．各种户型的数量见表 8-3.

表 8-3　各种户型的数量

项　目	A	B	C	D
无车库	8	6	0	0
一个车库	5	4	3	0
两个车库	0	3	5	6

如果开发商另有两个与之同样的开发计划，请用矩阵的运算给出开发商将开发的各种户型的房屋数量.

解　开发商正要开发的小区的户型数量可用矩阵表示为

$$\boldsymbol{T}=\begin{pmatrix}8 & 6 & 0 & 0\\ 5 & 4 & 3 & 0\\ 0 & 3 & 5 & 6\end{pmatrix}$$

因为开发商还有两个与之一样的开发计划，所以开发商将开发的各种户型的房屋数量可用矩阵表示为

$$\boldsymbol{B}=3\boldsymbol{A}=3\begin{pmatrix}8 & 6 & 0 & 0\\ 5 & 4 & 3 & 0\\ 0 & 3 & 5 & 6\end{pmatrix}=\begin{pmatrix}24 & 18 & 0 & 0\\ 15 & 12 & 9 & 0\\ 0 & 9 & 15 & 18\end{pmatrix}$$

案例 5［网络参数矩阵］　已知网络双端口参数矩阵 $\boldsymbol{A}$，$\boldsymbol{B}$ 满足

$$\begin{cases}2\boldsymbol{A}+3\boldsymbol{B}=\boldsymbol{C}\\ 2\boldsymbol{A}-2\boldsymbol{B}=\boldsymbol{D}\end{cases}$$

其中 $\boldsymbol{C}=\begin{pmatrix}7 & 10 & -2\\ 1 & -5 & -10\end{pmatrix}$，$\boldsymbol{D}=\begin{pmatrix}5 & -2 & -6\\ -5 & -15 & -14\end{pmatrix}$. 求参数矩阵 $\boldsymbol{A}$，$\boldsymbol{B}$.

解　方程组中两式相加得 $4\boldsymbol{A}=\boldsymbol{C}+\boldsymbol{D}$，于是

$$\boldsymbol{A}=\frac{1}{4}(\boldsymbol{C}+\boldsymbol{D})=\frac{1}{4}\left[\begin{pmatrix}7 & 10 & -2\\ 1 & -5 & -10\end{pmatrix}+\begin{pmatrix}5 & -2 & -6\\ -5 & -15 & -14\end{pmatrix}\right]=\begin{pmatrix}3 & 2 & -2\\ -1 & -5 & -6\end{pmatrix}$$

同理可得 $\boldsymbol{B}=\begin{pmatrix}\frac{1}{2} & 3 & 1\\ \frac{3}{2} & \frac{5}{2} & 1\end{pmatrix}$.

（三）矩阵与矩阵的乘法运算

引例 3［奶粉销售］　设有两家连锁超市出售三种奶粉，某日销量（单位：包）见表 8-4，每种奶粉的单价和利润（单位：元），见表 8-5. 求各超市出售奶粉的总收入和总利润.

表 8-4　某日销量

项目		货类		
		奶粉 1	奶粉 2	奶粉 3
超市	甲	5	8	10
	乙	7	5	6

表 8-5　每种奶粉的单价和利润

货类	单价	利润
奶粉 1	15	3
奶粉 2	12	2
奶粉 3	20	4

解　先列表分析：

超市	总收入/元	总利润/元
超市甲	$5\times15+8\times12+10\times20$	$5\times3+8\times2+10\times4$
超市乙	$7\times15+5\times12+6\times20$	$7\times3+5\times2+6\times4$

设 $\boldsymbol{A}=\begin{pmatrix}5 & 8 & 10\\ 7 & 5 & 6\end{pmatrix}$，$\boldsymbol{B}=\begin{pmatrix}15 & 3\\ 12 & 2\\ 20 & 4\end{pmatrix}$，$\boldsymbol{C}$ 为各超市出售奶粉的总收入和总利润，则

$$\boldsymbol{C}=\begin{pmatrix}5\times15+8\times12+10\times20 & 5\times3+8\times2+10\times4\\ 7\times15+5\times12+6\times20 & 7\times3+5\times2+6\times4\end{pmatrix}=\begin{pmatrix}371 & 71\\ 285 & 55\end{pmatrix}$$

通过观察矩阵 $\boldsymbol{C}$，可以发现，矩阵 $\boldsymbol{C}$ 中第一行第一列的元素等于矩阵 $\boldsymbol{A}$ 的第一行元素与矩阵 $\boldsymbol{B}$ 的第一列对应元素相乘之和，这种运算就是我们将要介绍到矩阵的乘法运算.

定义 4　设矩阵 $\boldsymbol{A}=(a_{ik})_{m\times s}$，矩阵 $\boldsymbol{B}=(b_{kj})_{s\times n}$，以 $c_{ij}=a_{i1}b_{1j}+a_{i2}b_{2j}+\cdots+a_{is}b_{sj}=\sum\limits_{k=1}^{s}a_{ik}b_{kj}(i=1,2,\cdots,m;j=1,2,\cdots,n)$ 为元素的矩阵 $\boldsymbol{C}=(c_{ij})_{m\times n}$ 称为矩阵 $\boldsymbol{A}$ 与 $\boldsymbol{B}$ 的

乘积，记为 $C=A\cdot B$，简记为 $C=AB$.

注意

(1) 只有当**左矩阵**的列数等于**右矩阵**的行数时，两矩阵才能相乘.

(2) 积矩阵的行数等于左矩阵的行数，列数等于右矩阵的列数.

当 n 个方阵 A 相乘时，记为 A^n.

例 6　已知 $A=\begin{bmatrix} a_1 & b_1 & c_1 \\ a_2 & b_2 & c_2 \\ a_3 & b_3 & c_3 \end{bmatrix}$，$I=\begin{bmatrix} 1 & 0 & 0 \\ 0 & 1 & 0 \\ 0 & 0 & 1 \end{bmatrix}$，求 AI 和 IA.

解　$AI=IA=\begin{bmatrix} a_1 & b_1 & c_1 \\ a_2 & b_2 & c_2 \\ a_3 & b_3 & c_3 \end{bmatrix}$

可见，在矩阵乘法中，单位矩阵 I 的作用相当于初等代数的普通乘法中的 1 的作用.

矩阵的乘法满足如下运算律：

(1) 结合律：$A(BC)=(AB)C$.

(2) 数乘结合律：$k(AB)=(kA)B=A(kB)$.

(3) 分配律：$(A+B)C=AC+BC$，$A(B+C)=AB+AC$.

例 7　已知 $A=\begin{bmatrix} 1 & -2 \\ 3 & -1 \end{bmatrix}$，$B=\begin{bmatrix} -4 & 3 \\ 5 & -1 \end{bmatrix}$，求 AB、BA.

解　$AB=\begin{bmatrix} 1 & -2 \\ 3 & -1 \end{bmatrix}\begin{bmatrix} -4 & 3 \\ 5 & -1 \end{bmatrix}=\begin{bmatrix} 1\times(-4)+(-2)\times 5 & 1\times 3+(-2)\times(-1) \\ 3\times(-4)+(-1)\times 5 & 3\times 3+(-1)\times(-1) \end{bmatrix}$

$=\begin{bmatrix} -14 & 5 \\ -17 & 10 \end{bmatrix}$

$BA=\begin{bmatrix} -4 & 3 \\ 5 & -1 \end{bmatrix}\begin{bmatrix} 1 & -2 \\ 3 & -1 \end{bmatrix}=\begin{bmatrix} (-4)\times 1+3\times 3 & (-4)\times(-2)+3\times(-1) \\ 5\times 1+(-1)\times 3 & 5\times(-2)+(-1)\times(-1) \end{bmatrix}=\begin{bmatrix} 5 & 5 \\ 2 & -9 \end{bmatrix}$

可见，矩阵的乘法一般不满足交换律.

案例 6 [电子运动]　在研究电子运动时，常用到矩阵 $S_y=\begin{pmatrix} 0 & -i \\ i & 0 \end{pmatrix}$，$i$ 为虚数单位．试验证 $S_y^2=I$.

解　$S_y^2=\begin{pmatrix} 0 & -i \\ i & 0 \end{pmatrix}\begin{pmatrix} 0 & -i \\ i & 0 \end{pmatrix}=\begin{pmatrix} 0+-i^2 & 0+0 \\ 0+0 & -i^2+0 \end{pmatrix}=\begin{pmatrix} 1 & 0 \\ 0 & 1 \end{pmatrix}=I$

习题 8-2

1. 已知 $A=\begin{bmatrix} 6 & 2 & 8 \\ x_1-x_2 & 0 & 5 \end{bmatrix}$，$B=\begin{bmatrix} 6 & 2 & x_1+x_2 \\ 4 & 0 & 5 \end{bmatrix}$，若 $A=B$，求 x_1 与 x_2.

2. 计算题.

(1) $\begin{bmatrix} 0 & 0 \\ 1 & 1 \end{bmatrix}\begin{bmatrix} -2 & 1 \\ 2 & -1 \end{bmatrix}$；　　(2) $\begin{bmatrix} 1 & 0 & 0 \\ 0 & 0 & 1 \\ 0 & 1 & 0 \end{bmatrix}\begin{bmatrix} 2 & 7 \\ 3 & 8 \\ 4 & 9 \end{bmatrix}$；

(3) $\begin{bmatrix}6 & 2 & 3\end{bmatrix}\begin{bmatrix}3\\6\\2\end{bmatrix}$; (4) $\begin{bmatrix}4\\3\\6\end{bmatrix}\begin{bmatrix}-2 & 3\end{bmatrix}$.

3. 设$A=\begin{bmatrix}2 & 3 & 0\\1 & 2 & 0\end{bmatrix}$，$B=\begin{bmatrix}-1 & 4 & 6\\3 & -1 & 2\end{bmatrix}$，$C=\begin{bmatrix}-1 & 1 & 2\\2 & 3 & -1\\1 & 0 & 2\end{bmatrix}$，求$AC-BC$.

4. 设$A=\begin{bmatrix}3 & -2\\0 & 1\end{bmatrix}$，$B=\begin{bmatrix}5 & 0\\3 & -2\end{bmatrix}$，求满足方程$2A-6X=3B$中的$X$.

5. ［空调销售量］某家电商场有两个分店，销售三种型号的洗衣机为全自动、双缸、单缸.

（1）某年上半年销售情况：第一分店各种型号的销量分别为248台、156台和20台；第二分店各种型号的销量分别为232台、138台和14台．请用矩阵A表示这一信息；

（2）若该年下半年的销售情况：第一分店各种型号销量分别为242台、146台和15台；第二分店各种型号的销量分别为234台、140台和12台．用与A相同类型的矩阵M表示这一项信息；

（3）求$A+M$，并说明其实际意义.

6. ［运输费用］已知甲、乙两地的产品要运销到三个不同的地区去，两产地到三个销地的距离（单位：km）用矩阵A表示

$$A=\begin{pmatrix}5 & 6 & 7\\4 & 3 & 1\end{pmatrix}$$

运费为2元/km，求甲、乙两地的产品运销到三个不同地区的费用各是多少？

第三节 逆矩阵

大家知道，在实数的乘法运算中，若$a\neq 0$，则存在a的倒数$\frac{1}{a}=a^{-1}$，使得$aa^{-1}=a^{-1}a=1$. 那么对于方阵A，是否存在一个同阶方阵A^{-1}，使得$AA^{-1}=A^{-1}A=I$呢？其中I为单位矩阵.

下面通过一个实例探讨这个问题.

设有二阶矩阵$A=\begin{bmatrix}1 & 2\\0 & 1\end{bmatrix}$，$B=\begin{bmatrix}1 & -2\\0 & 1\end{bmatrix}$，应用矩阵的乘法法则，可得

$$AB=\begin{bmatrix}1 & 2\\0 & 1\end{bmatrix}\begin{bmatrix}1 & -2\\0 & 1\end{bmatrix}=\begin{bmatrix}1 & 0\\0 & 1\end{bmatrix}=I,\ BA=\begin{bmatrix}1 & -2\\0 & 1\end{bmatrix}\begin{bmatrix}1 & 2\\0 & 1\end{bmatrix}=\begin{bmatrix}1 & 0\\0 & 1\end{bmatrix}=I$$

即有

$$AB=BA=I$$

一、逆矩阵的概念与性质

逆矩阵的概念

定义 设 $\boldsymbol{A}$ 为 n 阶方阵，$\boldsymbol{I}$ 为 n 阶单位矩阵，如果存在一个 n 阶方阵 $\boldsymbol{B}$，使

$$\boldsymbol{AB}=\boldsymbol{BA}=\boldsymbol{I}$$

则称方阵 $\boldsymbol{B}$ 为方阵 $\boldsymbol{A}$ 的**逆矩阵**.

$\boldsymbol{A}$ 的逆矩阵记作：$\boldsymbol{A}^{-1}$. 显然 $\boldsymbol{AA}^{-1}=\boldsymbol{A}^{-1}\boldsymbol{A}=\boldsymbol{I}$.

若 $\boldsymbol{A}$ 有逆矩阵，称 $\boldsymbol{A}$ 为**可逆矩阵或非奇异矩阵**.

对于一个可逆矩阵，它有如下性质：

性质 1 若 $\boldsymbol{A}$ 可逆，则 $\boldsymbol{A}^{-1}$ 也可逆，并且 $(\boldsymbol{A}^{-1})^{-1}=\boldsymbol{A}$.

性质 2 若 $\boldsymbol{A}$ 有逆矩阵，则其逆矩阵唯一.

性质 3 若 $\boldsymbol{A}$、$\boldsymbol{B}$ 都是 n 阶非奇异方阵，则它们的乘积 $\boldsymbol{AB}$ 也非奇异，且

$$(\boldsymbol{AB})^{-1}=\boldsymbol{B}^{-1}\boldsymbol{A}^{-1}$$

二、逆矩阵的求法

逆矩阵的计算

引例 求三阶方阵 $\boldsymbol{A}=\begin{bmatrix}1&2&3\\2&0&1\\-1&1&0\end{bmatrix}$ 的逆矩阵.

解 设 $\boldsymbol{A}$ 的逆矩阵为 $\boldsymbol{C}=(c_{ij})(i=1,2,3;j=1,2,3)$，则 $\boldsymbol{AC}=\boldsymbol{I}$，即

$$\begin{bmatrix}1&2&3\\2&0&1\\-1&1&0\end{bmatrix}\begin{bmatrix}c_{11}&c_{12}&c_{13}\\c_{21}&c_{22}&c_{23}\\c_{31}&c_{32}&c_{33}\end{bmatrix}=\begin{bmatrix}1&0&0\\0&1&0\\0&0&1\end{bmatrix}$$

由矩阵的乘法及相等矩阵的含义，有

$$(1)\begin{cases}c_{11}+2c_{21}+3c_{31}=1\\2c_{11}+0c_{21}+c_{31}=0\\-c_{11}+c_{21}+0c_{31}=0\end{cases};\ (2)\begin{cases}c_{12}+2c_{22}+3c_{32}=0\\2c_{12}+0c_{22}+c_{32}=1\\-c_{12}+c_{22}+0c_{32}=0\end{cases};\ (3)\begin{cases}c_{13}+2c_{23}+3c_{33}=0\\2c_{13}+0c_{23}+c_{33}=0\\-c_{13}+c_{23}+0c_{33}=1\end{cases}.$$

方程组(1)~(3)的系数行列式都是 $|\boldsymbol{A}|=\begin{vmatrix}1&2&3\\2&0&1\\-1&1&0\end{vmatrix}=3\neq0$，由克莱姆法则，得

$$c_{11}=\frac{A_{11}}{|\boldsymbol{A}|}=-\frac{1}{3},\quad c_{21}=\frac{A_{12}}{|\boldsymbol{A}|}=-\frac{1}{3},\quad c_{31}=\frac{A_{13}}{|\boldsymbol{A}|}=\frac{2}{3}$$

$$c_{12}=\frac{A_{21}}{|\boldsymbol{A}|}=1,\quad c_{22}=\frac{A_{22}}{|\boldsymbol{A}|}=1,\quad c_{32}=\frac{A_{23}}{|\boldsymbol{A}|}=-1$$

$$c_{13}=\frac{A_{31}}{|\boldsymbol{A}|}=\frac{2}{3},\quad c_{23}=\frac{A_{32}}{|\boldsymbol{A}|}=\frac{5}{3},\quad c_{33}=\frac{A_{33}}{|\boldsymbol{A}|}=-\frac{4}{3}$$

所以 $C=\begin{bmatrix}-\frac{1}{3} & 1 & \frac{2}{3}\\ -\frac{1}{3} & 1 & \frac{5}{3}\\ \frac{2}{3} & -1 & -\frac{4}{3}\end{bmatrix}$，且可证 $AC=CA=I$. 即 C 是 A 的逆矩阵.

由引例的解题过程知，当三阶方阵 A 的行列式 $|A|\neq 0$ 时，

$$A^{-1}=\frac{1}{|A|}\begin{bmatrix}A_{11} & A_{21} & A_{31}\\ A_{12} & A_{22} & A_{32}\\ A_{13} & A_{23} & A_{33}\end{bmatrix}$$

设有 n 阶方阵 $A=(a_{ij})$，由 A 的元素按原位置构成的行列式称为**方阵 A 的行列式**，记作 $|A|$.

若方阵 A 的行列式 $|A|\neq 0$，则 A 可逆，且 A 的逆矩阵为：

$$A^{-1}=\frac{1}{|A|}A^*$$

其中 $A^*=\begin{bmatrix}A_{11} & A_{21} & \cdots & A_{n1}\\ A_{12} & A_{22} & \cdots & A_{n2}\\ \vdots & \vdots & \ddots & \vdots\\ A_{1n} & A_{2n} & \cdots & A_{nn}\end{bmatrix}$称为 A 的伴随矩阵，其中 A_{ij}是行列式 $|A|$ 中元素 a_{ij}的代数余子式.

例 1 设 $ad-bc\neq 0$，求 $A=\begin{bmatrix}a & b\\ c & d\end{bmatrix}$的逆矩阵.

解 因为 $|A|=ad-bc\neq 0$，故 A^{-1}存在，且

$$A^{-1}=\frac{1}{|A|}A^*=\frac{1}{ad-bc}A^*=\frac{1}{ad-bc}\begin{bmatrix}d & -b\\ -c & a\end{bmatrix}=\begin{bmatrix}\frac{d}{ad-bc} & \frac{-b}{ad-bc}\\ \frac{-c}{ad-bc} & \frac{a}{ad-bc}\end{bmatrix}$$

例 2 设 $A=\begin{bmatrix}1 & 2 & 3\\ 2 & 2 & 1\\ 3 & 4 & 3\end{bmatrix}$，求 A^{-1}.

解 因为 $|A|=\begin{vmatrix}1 & 2 & 3\\ 2 & 2 & 1\\ 3 & 4 & 3\end{vmatrix}=2\neq 0$，

$A_{11}=(-1)^{1+1}\begin{vmatrix}2 & 1\\ 4 & 3\end{vmatrix}=2$，$A_{12}=(-1)^{1+2}\begin{vmatrix}2 & 1\\ 3 & 3\end{vmatrix}=-3$，$A_{13}=(-1)^{1+3}\begin{vmatrix}2 & 2\\ 3 & 4\end{vmatrix}=2$

$A_{21}=(-1)^{2+1}\begin{vmatrix}2 & 3\\ 4 & 3\end{vmatrix}=6$，$A_{22}=(-1)^{2+2}\begin{vmatrix}1 & 3\\ 3 & 3\end{vmatrix}=-6$，$A_{23}=(-1)^{2+3}\begin{vmatrix}1 & 2\\ 3 & 4\end{vmatrix}=2$

$A_{31}=(-1)^{3+1}\begin{vmatrix}2 & 3\\ 2 & 1\end{vmatrix}=-4$，$A_{32}=(-1)^{3+2}\begin{vmatrix}1 & 3\\ 2 & 1\end{vmatrix}=5$，$A_{33}=(-1)^{3+3}\begin{vmatrix}1 & 2\\ 2 & 2\end{vmatrix}=-2$

所以矩阵 $\boldsymbol{A}$ 的伴随矩阵

$$\boldsymbol{A}^{*}=\begin{bmatrix}2&6&-4\\-3&-6&5\\2&2&-2\end{bmatrix}$$

因此

$$\boldsymbol{A}^{-1}=\frac{1}{|\boldsymbol{A}|}\boldsymbol{A}^{*}=\frac{1}{2}\begin{bmatrix}2&6&-4\\-3&-6&5\\2&2&-2\end{bmatrix}=\begin{bmatrix}1&3&-2\\-\frac{3}{2}&-3&\frac{5}{2}\\1&1&-1\end{bmatrix}$$

三、利用逆矩阵求线性方程组和矩阵方程的解

矩阵方程

例 3 用逆矩阵解线性方程组 $\begin{cases}x_1+2x_2+3x_3=-7\\2x_1-x_2+2x_3=-8\\x_1+3x_2=7\end{cases}$.

解 令 $\boldsymbol{A}=\begin{bmatrix}1&2&3\\2&-1&2\\1&3&0\end{bmatrix}$，$\boldsymbol{X}=\begin{bmatrix}x_1\\x_2\\x_3\end{bmatrix}$，$\boldsymbol{B}=\begin{bmatrix}-7\\-8\\7\end{bmatrix}$. 则方程组可写成 $\boldsymbol{AX}=\boldsymbol{B}$，因而 $\boldsymbol{X}=\boldsymbol{A}^{-1}\boldsymbol{B}$. 可求得

$$\boldsymbol{A}^{-1}=\begin{bmatrix}-\frac{6}{19}&\frac{9}{19}&\frac{7}{19}\\\frac{2}{19}&-\frac{3}{19}&\frac{4}{19}\\\frac{7}{19}&-\frac{1}{19}&-\frac{5}{19}\end{bmatrix}$$

所以方程组的解为

$$\boldsymbol{X}=\boldsymbol{A}^{-1}\boldsymbol{B}=\begin{bmatrix}-\frac{6}{19}&\frac{9}{19}&\frac{7}{19}\\\frac{2}{19}&-\frac{3}{19}&\frac{4}{19}\\\frac{7}{19}&-\frac{1}{19}&-\frac{5}{19}\end{bmatrix}\begin{bmatrix}-7\\-8\\7\end{bmatrix}=\begin{bmatrix}1\\2\\-4\end{bmatrix}$$

即

$$x_1=1,x_2=2,x_3=-4$$

对于 n 元线性方程组 $\boldsymbol{AX}=\boldsymbol{B}$，当系数矩阵 $\boldsymbol{A}$ 的行列式 $|\boldsymbol{A}|\neq0$ 时，即存在 $\boldsymbol{A}^{-1}$，且 $\boldsymbol{X}=\boldsymbol{A}^{-1}\boldsymbol{B}$.

例 4 解线性方程组 $\begin{cases}x_1+2x_2+3x_3=2\\2x_1+2x_2+x_3=3\\3x_1+4x_2+3x_3=4\end{cases}$.

解 系数矩阵 $A=\begin{bmatrix}1&2&3\\2&2&1\\3&4&3\end{bmatrix}$，$A^{-1}=\begin{bmatrix}1&3&-2\\-\frac{3}{2}&-3&\frac{5}{2}\\1&1&-1\end{bmatrix}$.

$$\begin{bmatrix}x_1\\x_2\\x_3\end{bmatrix}=\begin{bmatrix}1&3&-2\\-\frac{3}{2}&-3&\frac{5}{2}\\1&1&-1\end{bmatrix}\begin{bmatrix}2\\3\\4\end{bmatrix}=\begin{bmatrix}3\\-2\\1\end{bmatrix}$$

由矩阵相等的定义，得方程组的解 $x_1=3$，$x_2=-2$，$x_3=1$.

含有未知矩阵的方程称为**矩阵方程**. 如 $AX=C$、$XA=C$、$AXB=C$ 都是矩阵方程，其中 A、B、C 是已知矩阵，X 是未知矩阵.

设矩阵 A、B 都是可逆方阵，即 A^{-1}、B^{-1} 存在，则有：

(1) 若 $AX=C$，对矩阵方程两边左乘 A^{-1}，得 $X=A^{-1}C$；

(2) 若 $XA=C$，对矩阵方程两边右乘 A^{-1}，得 $X=CA^{-1}$；

(3) 若 $AXB=C$，对矩阵方程两边左乘 A^{-1}，同时右乘 B^{-1}，得 $X=A^{-1}CB^{-1}$.

用同样的方法可以解其他一些特殊的矩阵方程.

例 5 设矩阵 $A=\begin{bmatrix}1&2&3\\2&2&1\\3&4&3\end{bmatrix}$，$B=\begin{bmatrix}2&1\\5&3\end{bmatrix}$，$C=\begin{bmatrix}1&3\\2&0\\3&1\end{bmatrix}$ 满足 $AXB=C$，求矩阵 X.

解 由例 2 知矩阵 A 可逆，且 $A^{-1}=\begin{bmatrix}1&3&-2\\-\frac{3}{2}&-3&\frac{5}{2}\\1&1&-1\end{bmatrix}$，因为 $|B|=\begin{vmatrix}2&1\\5&3\end{vmatrix}=1\neq0$，所以矩阵 B 可逆.

由例 1 得 $B^{-1}=\begin{bmatrix}3&-1\\-5&2\end{bmatrix}$，由于 $X=A^{-1}CB^{-1}$，所以

$$X=\begin{bmatrix}1&3&-2\\-\frac{3}{2}&-3&\frac{5}{2}\\1&1&-1\end{bmatrix}\begin{bmatrix}1&3\\2&0\\3&1\end{bmatrix}\begin{bmatrix}3&-1\\-5&2\end{bmatrix}=\begin{bmatrix}1&1\\0&-2\\0&2\end{bmatrix}\begin{bmatrix}3&-1\\-5&2\end{bmatrix}=\begin{bmatrix}-2&1\\10&-4\\-10&4\end{bmatrix}$$

案例 1 [密码破译] 在军事通信中，常将字符（信号）与数字对应，如

$$\begin{matrix}a&b&c&d&\cdots&x&y&z\\1&2&3&4&\cdots&24&25&26\end{matrix}$$

例如，yes 对应的矩阵为（25，5，9），但如果按这种方法传输，则很容易被敌方破译.

于是，必须采取加密，即用一个约定的加密矩阵 A 乘以原信号 B，传输信号为 $C=AB^{\mathrm{T}}$，收到信号的一方再将信号还原（破译）为 $B^{\mathrm{T}}=A^{-1}C$. 如果敌方不知道加密矩阵，则很难破译.

军事密码破译

设收到的信号为 $C=[10, 7, 5]^{T}$，并已知加密矩阵为 $A=\begin{bmatrix}-1 & 0 & 1\\0 & -1 & 1\\1 & 1 & -1\end{bmatrix}$，求原信号矩阵 B，并破解.

解 因为 $B^{T}=A^{-1}C$，先求 A^{-1}.

由伴随矩阵的方法求得矩阵 A 的逆矩阵 $A^{-1}=\begin{bmatrix}0 & 1 & 1\\1 & 0 & 1\\1 & 1 & 1\end{bmatrix}$，所以

$$B^{T}=A^{-1}C=\begin{bmatrix}0 & 1 & 1\\1 & 0 & 1\\1 & 1 & 1\end{bmatrix}\begin{bmatrix}10\\7\\5\end{bmatrix}=\begin{bmatrix}12\\15\\22\end{bmatrix}$$

即原信号矩阵为 $B=[12 \quad 15 \quad 22]$，对应的字符为 lov.

思考题 假设想传输原信号为 yes 的信号，即对应的矩阵为 $B=[25, 5, 9]$，加密矩阵为案例 1 中的矩阵 A，你能算出应收到的信号矩阵 C 是什么吗?

案例 2［缉毒船的速度］ 一艘毒品走私船以 63km/h 的速度离开港口，由于得到举报，24min 后一艘缉毒船以 75km/h 的速度从港口出发追赶毒品走私船．问当缉毒船追上毒品走私船时，它们各行驶了多长时间?

解 设当缉毒船追上毒品走私船时，毒品走私船和缉毒船各行驶了 x_1、x_2 小时，由题意得:

$$\begin{cases}63x_1=75x_2\\x_1-\dfrac{24}{60}=x_2\end{cases},\text{化简得}\begin{cases}63x_1-75x_2=0\\x_1-x_2=\dfrac{24}{60}\end{cases}$$

该方程组可以表示为矩阵方程

$$AX=B$$

其中

$$A=\begin{bmatrix}63 & -75\\1 & -1\end{bmatrix},X=\begin{bmatrix}x_1\\x_2\end{bmatrix},B=\begin{bmatrix}0\\0.4\end{bmatrix}$$

解得

$$X=\begin{bmatrix}2.5\\2.1\end{bmatrix}$$

即当缉毒船追上走私船时，毒品走私船和缉毒船各行驶了 2.5h、2.1h.

习题 8-3

1. 求下列矩阵的逆矩阵:

（1）$A=\begin{bmatrix}2 & 1\\1 & 1\end{bmatrix}$;（2）$A=\begin{bmatrix}1 & 3 & -2\\0 & 1 & 3\\0 & 0 & 1\end{bmatrix}$;

（3）$\boldsymbol{A}=\begin{bmatrix}2 & 2 & 3\\1 & -1 & 0\\-1 & 2 & 1\end{bmatrix}$；　（4）$\boldsymbol{A}=\begin{bmatrix}1 & 0 & 2\\2 & -1 & 3\\4 & 1 & 8\end{bmatrix}$.

2. 用逆矩阵解线性方程组 $\begin{cases}x_1+x_2-x_3=1\\x_1+2x_2-x_3=-2\\-2x_1-3x_2-x_3=1\end{cases}$.

3. ［飞行速度］一架飞机以 $x_1$km/h 的速度飞行，风速为 $x_2$km/h，若飞机顺风飞行时飞机相对于地面的速度为 300km/h，逆风飞行时飞机相对于地面的速度为 220km/h，请用逆矩阵求出飞机飞行速度和风速分别为多少？

4. ［配料问题］某工厂检验室有甲、乙两种不同的化学原料，甲种原料分别含锌与镁 10%与 20%，乙种原料分别含锌与镁 10%与 30%，现在要用这两种原料分别配置 A、B 两种试剂，A 试剂需含锌、镁各 2g，5g，B 试剂需含锌、镁各 1g，2g. 问配置 A、B 两种试剂分别需要甲、乙两种化学原料各多少克？

第四节　矩阵的初等变换与矩阵的秩

本节引进矩阵的另一个重要概念：矩阵的初等变换．它可以用来求逆矩阵和化简矩阵，在研究线性方程组的问题中也起着重要作用.

一、矩阵的初等变换

矩阵的初等变换

下列三种变换称为矩阵的初等变换：

（1）**互换变换**　对调两行（列）；

（2）**倍乘变换**　用不等于零的数 k 乘以某一行（列）的所有元素；

（3）**倍加变换**　某一行（列）的所有元素加上另一行（列）的对应元素的 k 倍.

为方便书写和复查，在计算过程中约定标记如下：

（1）对调第 i 行（列）和第 j 行（列）：$r_i \leftrightarrow r_j$ （$c_i \leftrightarrow c_j$）；

（2）用不等于零的数 k 乘以第 i 行（列）的所有元素：$kr_i(kc_i)$；

（3）第 i 行（列）的所有元素加上第 j 行（列）的对应元素的 k 倍：$r_i+kr_j(c_i+kc_j)$.

如果矩阵 $\boldsymbol{A}$ 经过有限次初等变换转换为矩阵 $\boldsymbol{B}$，称矩阵 $\boldsymbol{B}$ 与矩阵 $\boldsymbol{A}$ 等价，记作 $\boldsymbol{A}\sim\boldsymbol{B}$.

例 1　用矩阵的初等行变换将矩阵 $\boldsymbol{A}=\begin{bmatrix}4 & 1 & 2\\1 & -2 & -1\\2 & 5 & 5\end{bmatrix}$ 化为单位阵.

解　$$\boldsymbol{A}=\begin{bmatrix}4 & 1 & 2\\1 & -2 & -1\\2 & 5 & 5\end{bmatrix}\xrightarrow{r_1\leftrightarrow r_2}\begin{bmatrix}1 & -2 & -1\\4 & 1 & 2\\2 & 5 & 5\end{bmatrix}\xrightarrow[r_3-2r_1]{r_2-4r_1}\begin{bmatrix}1 & -2 & -1\\0 & 9 & 6\\0 & 9 & 7\end{bmatrix}\xrightarrow[\frac{1}{9}r_2]{r_3-r_2}$$

$$\begin{bmatrix}1 & -2 & -1\\0 & 1 & 2/3\\0 & 0 & 1\end{bmatrix}\xrightarrow{r_1+2r_2}\begin{bmatrix}1 & 0 & 1/3\\0 & 1 & 2/3\\0 & 0 & 1\end{bmatrix}\xrightarrow[r_2-\frac{2}{3}r_3]{r_1-\frac{1}{3}r_3}\begin{bmatrix}1 & 0 & 0\\0 & 1 & 0\\0 & 0 & 1\end{bmatrix}$$

二、用矩阵的初等行变换求逆矩阵

采用初等行变换求 n 阶方阵 $\boldsymbol{A}$ 的逆矩阵的方法如下：

把方阵 $\boldsymbol{A}$ 和与 $\boldsymbol{A}$ 同阶的单位矩阵 $\boldsymbol{I}$，合在一起写成下面的形式：

$$[\boldsymbol{A} \vdots \boldsymbol{I}]=\left[\begin{array}{cccc:cccc} a_{11} & a_{12} & \cdots & a_{1n} & 1 & 0 & \cdots & 0 \\ a_{21} & a_{22} & \cdots & a_{2n} & 0 & 1 & \cdots & 0 \\ \vdots & \vdots & \ddots & \vdots & \vdots & \vdots & \ddots & \vdots \\ a_{n1} & a_{n2} & \cdots & a_{nn} & 0 & 0 & \cdots & 1 \end{array}\right]$$

对矩阵施行行初等变换，当虚线左边的 $\boldsymbol{A}$ 变成单位矩阵 $\boldsymbol{I}$ 时，虚线右边的单位矩阵 $\boldsymbol{I}$ 即变成 $\boldsymbol{A}^{-1}$.

上述求逆矩阵的方法可形象地表示为：

$$[\boldsymbol{A} \vdots \boldsymbol{I}] \xrightarrow{\text{初等行变换}} [\boldsymbol{I} \vdots \boldsymbol{A}^{-1}]$$

例 2　用初等行变换求方阵 $\boldsymbol{A}=\begin{bmatrix} 2 & 2 & 3 \\ 1 & -1 & 0 \\ -1 & 2 & 1 \end{bmatrix}$ 的逆矩阵.

解　$$[\boldsymbol{A} \vdots \boldsymbol{I}]=\left[\begin{array}{ccc:ccc} 2 & 2 & 3 & 1 & 0 & 0 \\ 1 & -1 & 0 & 0 & 1 & 0 \\ -1 & 2 & 1 & 0 & 0 & 1 \end{array}\right] \xrightarrow{r_1 \leftrightarrow r_2} \left[\begin{array}{ccc:ccc} 1 & -1 & 0 & 0 & 1 & 0 \\ 2 & 2 & 3 & 1 & 0 & 0 \\ -1 & 2 & 1 & 0 & 0 & 1 \end{array}\right]$$

$$\xrightarrow[r_3+r_1]{r_2-2r_1} \left[\begin{array}{ccc:ccc} 1 & -1 & 0 & 0 & 1 & 0 \\ 0 & 4 & 3 & 1 & -2 & 0 \\ 0 & 1 & 1 & 0 & 1 & 1 \end{array}\right] \xrightarrow{r_2-3r_3} \left[\begin{array}{ccc:ccc} 1 & -1 & 0 & 0 & 1 & 0 \\ 0 & 1 & 0 & 1 & -5 & -3 \\ 0 & 1 & 1 & 0 & 1 & 1 \end{array}\right]$$

$$\xrightarrow[r_3-r_2]{r_1+r_2} \left[\begin{array}{ccc:ccc} 1 & 0 & 0 & 1 & -4 & 3 \\ 0 & 1 & 0 & 1 & -5 & -3 \\ 0 & 0 & 1 & -1 & 6 & 4 \end{array}\right]$$

所以

$$\boldsymbol{A}^{-1}=\begin{bmatrix} 1 & -4 & 3 \\ 1 & -5 & -3 \\ -1 & 6 & 4 \end{bmatrix}$$

三、矩阵的秩

矩阵的秩

如果用矩阵来表示线性方程组，那么线性方程组解的情况，应该与矩阵的某些特征有关．刻画矩阵特征的量有许多，矩阵的秩就是其中之一.

（一）矩阵的秩的概念

为了建立矩阵的秩的概念，首先给出矩阵的子式的定义.

定义 1　设 $\boldsymbol{A}$ 是一个 $m \times n$ 矩阵，在 $\boldsymbol{A}$ 中任取 k 行、k 列，位于这些行和列相交处的元素，按它们原来的次序组成的一个 k 阶行列式，称为矩阵 $\boldsymbol{A}$ 的一个 k 阶**子式**.

设矩阵

$$A=\begin{bmatrix}2&-1&3&7\\0&6&8&9\\0&0&4&-2\\0&0&0&0\\0&0&0&0\end{bmatrix}$$

取 A 的第 2、4、5 行，第 1、2、4 列相交处的元素组成一个 A 的三阶子式

$$\begin{vmatrix}0&6&9\\0&0&0\\0&0&0\end{vmatrix}=0$$

取 A 的第 1、2 行，第 2、3 列相交处的元素组成一个 A 的二阶子式

$$\begin{vmatrix}-1&3\\6&8\end{vmatrix}=-26\neq 0$$

不难看出，从 A 中可取到一阶、二阶、三阶、四阶子式 . A 的所有四阶子式均为零，而三阶子式不全为零，三阶子式是矩阵 A 中不等于零的子式的最高阶数，我们给它一个专门的名词.

定义 2　矩阵 A 中非零子式的最高阶数称为矩阵 A 的**秩**，记作 $r(A)$.

例 3　求矩阵 $A=\begin{bmatrix}1&-3&3&5\\0&2&3&4\\1&-1&6&9\end{bmatrix}$ 的秩.

解　因为 $\begin{vmatrix}1&-3\\0&2\end{vmatrix}=2\neq 0$，所以 A 的不等于零的子式的最高阶至少是 2，而 A 的所有（4 个）三阶子式均为零，即

$$\begin{vmatrix}1&-3&3\\0&2&3\\1&-1&6\end{vmatrix}=0,\begin{vmatrix}1&-3&5\\0&2&4\\1&-1&9\end{vmatrix}=0,\begin{vmatrix}-3&3&5\\2&3&4\\-1&6&9\end{vmatrix}=0,\begin{vmatrix}1&3&5\\0&3&4\\1&6&9\end{vmatrix}=0$$

所以，$r(A)=2$.

因为零矩阵的所有子式全为零，故规定零矩阵的秩为零.

用定义求矩阵的秩，对于低阶矩阵还是比较方便的，但对于高阶矩阵，计算 k 阶子式是比较麻烦的，而且计算量较大 . 下面介绍求矩阵的秩的另一种方法.

（二）用矩阵的初等行变换求矩阵的秩

定义 3　满足下列两个条件的矩阵称为**阶梯形矩阵** .

（1）首非零元（即非零行的第一个不为零的元素）的列标随着行标的递增而严格递增.

（2）矩阵的零行位于矩阵的最下方（或无零行）.

例如，矩阵 $\boldsymbol{A}=\begin{bmatrix}6&1&0&-1&5\\0&2&3&0&2\\0&0&0&0&1\\0&0&0&0&0\end{bmatrix}$，$\boldsymbol{B}=\begin{bmatrix}6&1&8&0\\0&2&3&7\\0&0&5&0\end{bmatrix}$都是阶梯形矩阵；而矩阵 $\boldsymbol{C}=\begin{bmatrix}6&1&3&0\\0&2&3&4\\0&4&5&0\\0&0&0&0\end{bmatrix}$，$\boldsymbol{D}=\begin{bmatrix}1&8&0\\0&0&0\\0&5&8\end{bmatrix}$都不是阶梯形矩阵.

关于阶梯形矩阵和初等行变换有以下性质.

性质 1　阶梯形矩阵的秩等于它的非零行的行数.

性质 2　任意一个矩阵 $\boldsymbol{A}=[a_{ij}]_{m\times n}$，经过若干次初等行变换可以化成阶梯形矩阵.

性质 3　初等行变换不改变矩阵的秩.

性质 4　n 阶可逆矩阵的秩等于 n；反之亦成立．即若一个 n 阶方阵 A 的秩等于 n，则 $\boldsymbol{A}$ 必可逆.

由性质 4 可知，n 阶方阵 $\boldsymbol{A}$ 可逆等价于 $r(\boldsymbol{A})=n$. 以后称 $r(\boldsymbol{A})=n$ 的 n 阶方阵为**满秩矩阵**.

由性质 1~3，可有如下定理：

定理　任何矩阵 $\boldsymbol{A}=[a_{ij}]_{m\times n}$ 都可以经过一系列初等行变换化成阶梯形矩阵，矩阵 $\boldsymbol{A}$ 的秩等于其相应阶梯形矩阵非零行的行数.

由此，得到求矩阵秩的方法：将矩阵进行初等行变换，化成阶梯形矩阵，这个阶梯形矩阵的非零行的行数即为该矩阵的秩.

例 4　用初等行变换的方法，求矩阵 $\boldsymbol{B}=\begin{bmatrix}2&-1&3&-2&4\\4&-2&5&1&7\\2&-1&1&8&2\end{bmatrix}$的秩.

解　$\boldsymbol{B}\xrightarrow[r_3-r_1]{r_2-2r_1}\begin{bmatrix}2&-1&3&-2&4\\0&0&-1&5&-1\\0&0&-2&10&-2\end{bmatrix}\xrightarrow{r_3-2r_2}\begin{bmatrix}2&-1&3&-2&4\\0&0&-1&5&-1\\0&0&0&0&0\end{bmatrix}=\boldsymbol{B}_1$

$\boldsymbol{B}_1$ 是阶梯形矩阵，有两个非零行，因此 $r(\boldsymbol{B})=2$.

习题 8-4

1. 利用初等行变换求下列矩阵的逆矩阵：

(1) $\begin{bmatrix}1&-1&1\\3&0&3\\-1&2&0\end{bmatrix}$；　(2) $\begin{bmatrix}3&2&1\\6&4&2\\1&2&5\end{bmatrix}$.

2. 求下列矩阵的秩：

(1) $\begin{bmatrix}1&1&1&-1\\-1&-1&2&3\\2&2&5&0\end{bmatrix}$；　(2) $\begin{bmatrix}1&3&5&-1\\2&-1&-3&4\\5&1&-1&7\\7&7&9&5\end{bmatrix}$.

第五节　线性方程组

通过前面的学习我们知道，借助于行列式用克莱姆法则可以求线性方程组的解，利用逆矩阵也可以求线性方程组的解．此外，关于线性方程组的求解，还可以借助于矩阵的初等行变换．

高斯消元法

一、高斯消元法

设有 n 个 n 元线性方程组构成的线性方程组

$$\begin{cases} a_{11}x_1 + a_{12}x_2 + \cdots + a_{1n}x_n = b_1 \\ a_{21}x_1 + a_{22}x_2 + \cdots + a_{2n}x_n = b_2 \\ \qquad\qquad \vdots \\ a_{n1}x_1 + a_{n2}x_2 + \cdots + a_{nn}x_n = b_n \end{cases} \tag{8-4}$$

它的矩阵表示为
$$\boldsymbol{AX} = \boldsymbol{B}$$

其中 $\boldsymbol{A} = \begin{bmatrix} a_{11} & a_{12} & \cdots & a_{1n} \\ a_{21} & a_{22} & \cdots & a_{2n} \\ \vdots & \vdots & \ddots & \vdots \\ a_{n1} & a_{n2} & \cdots & a_{nn} \end{bmatrix}$ 为**系数矩阵**，$\boldsymbol{X} = \begin{bmatrix} x_1 \\ x_2 \\ \vdots \\ x_n \end{bmatrix}$ 为**未知数矩阵**，$\boldsymbol{B} = \begin{bmatrix} b_1 \\ b_2 \\ \vdots \\ b_n \end{bmatrix}$ 为**常数项矩阵**．称 $[\boldsymbol{A} \vdots \boldsymbol{B}]$ 为增广矩阵，记为 $\tilde{\boldsymbol{A}}$．$b_i(i=1,2,\cdots,n)$ 不全为零时称方程组（8-4）为**非齐次线性方程组**；$b_i(i=1,2,\cdots,n)$ 全为零时称方程组（8-4）为**齐次线性方程组**．

下面介绍如何用矩阵的初等行变换求线性方程组的解．

在初等数学中，已经知道解线性方程组时，有三种同解变形：

（1）交换方程组中的任意两个方程的位置，解不变．

（2）某一方程两边都乘以不为零的数 k，解不变．

（3）将某一方程乘以数 k 加到另一个方程上，解不变．

同解变形的目的是通过消元求得方程组的解．现在线性方程组有了矩阵表示，对线性方程组的增广矩阵 $\tilde{\boldsymbol{A}}$ 进行矩阵的初等行变换的过程，相当于对线性方程组进行同解变形，同样可以实现消元求解．

下面通过例子说明，如何运用消元法解系数行列式不为零的线性方程组．

例 1　用消元法解线性方程组 $\begin{cases} 2x_1 + 5x_2 + 5x_3 = 28 \\ x_1 + 2x_2 + 2x_3 = 11 \\ x_1 + 2x_2 - 3x_3 = -14 \end{cases}$．

解　将方程组的消元过程与方程组的增广矩阵的初等行变换对照如下（方程组消元过程所用的标记方法，采用与矩阵相同的标记方法）：

方程组的消元过程　　　　增广矩阵的变换过程

$$\begin{cases}2x_1+5x_2+5x_3=28\\ x_1+2x_2+2x_3=11\\ x_1+2x_2-3x_3=-14\end{cases}\qquad \tilde{A}=\begin{bmatrix}2&5&5&28\\1&2&2&11\\1&2&-3&-14\end{bmatrix}$$

$$\xRightarrow{r_1\leftrightarrow r_2}\begin{cases}x_1+2x_2+2x_3=11\\ 2x_1+5x_2+5x_3=28\\ x_1+2x_2-3x_3=-14\end{cases}\qquad \xrightarrow{r_1\leftrightarrow r_2}\begin{bmatrix}1&2&2&11\\2&5&5&28\\1&2&-3&-14\end{bmatrix}$$

$$\xRightarrow[r_3-r_1]{r_2-2r_1}\begin{cases}x_1+2x_2+2x_3=11\\ x_2+x_3=6\\ -5x_3=-25\end{cases}\qquad \xrightarrow[r_3-r_1]{r_2-2r_1}\begin{bmatrix}1&2&2&11\\0&1&1&6\\0&0&-5&-25\end{bmatrix}$$

$$\xRightarrow[r_3\times\left(-\frac{1}{5}\right)]{r_1-2r_2}\begin{cases}x_1=-1\\ x_2+x_3=6\\ x_3=5\end{cases}\qquad \xrightarrow[r_3\times\left(-\frac{1}{5}\right)]{r_1-2r_2}\begin{bmatrix}1&0&0&-1\\0&1&1&6\\0&0&1&5\end{bmatrix}$$

$$\xRightarrow{r_2-r_3}\begin{cases}x_1=-1\\ x_2=1\\ x_3=5\end{cases}\qquad \xrightarrow{r_2-r_3}\begin{bmatrix}1&0&0&-1\\0&1&0&1\\0&0&1&5\end{bmatrix}$$

由此得到方程组的解为

$$\begin{cases}x_1=-1\\ x_2=1\\ x_3=5\end{cases}$$

通过例 1 可知，通过对增广矩阵进行初等行变换的方法求出的方程组的解与用加减消元法求出的方程组的解相同，说明对矩阵进行初等行变换不会改变方程组的解，即有如下定理.

定理 1　若用初等行变换将增广矩阵 $[\boldsymbol{A} \vdots \boldsymbol{B}]$ 化为 $[\boldsymbol{C} \vdots \boldsymbol{D}]$，则 $\boldsymbol{AX}=\boldsymbol{B}$ 与 $\boldsymbol{CX}=\boldsymbol{D}$ 是同解方程组.

结论　对于由 n 个 n 元线性方程组成的线性方程组，当它的系数行列式 $|\boldsymbol{A}|\neq 0$ 时，将它的增广矩阵施行适当的初等行变换，使其化为：$\begin{bmatrix}1&0&\cdots&0&c_1\\0&1&\cdots&0&c_2\\\vdots&\vdots&\ddots&\vdots&\vdots\\0&0&\cdots&1&c_n\end{bmatrix}$的形式，其前 n 列是 n 阶单位子阵，最后一列元素即为方程组的解：$x_1=c_1$，$x_2=c_2$，…，$x_n=c_n$.

这种求线性方程组的方法称为**高斯（Gauss）消元法**.

由此可得用高斯消元法解线性方程组的步骤：

（1）计算系数行列式 $|\boldsymbol{A}|$ 的值；

（2）当 $|\boldsymbol{A}|\neq 0$ 时，写出增广矩阵 $\tilde{\boldsymbol{A}}$；

(3) 对增广矩阵施行初等行变换，使其化为：$\begin{bmatrix} 1 & 0 & \cdots & 0 & c_1 \\ 0 & 1 & \cdots & 0 & c_2 \\ \vdots & \vdots & \ddots & \vdots & \vdots \\ 0 & 0 & \cdots & 1 & c_n \end{bmatrix}$；

(4) 方程组的解：$x_1=c_1$，$x_2=c_2$，…，$x_n=c_n$.

二、一般线性方程组解的讨论

对一个线性方程组而言，未知量的个数和方程的个数不是总相等．如何求一个一般的线性方程组呢？

（一）一般线性方程组

设线性方程组

$$\begin{cases} a_{11}x_1 + a_{12}x_2 + \cdots + a_{1n}x_n = b_1 \\ a_{21}x_1 + a_{22}x_2 + \cdots + a_{2n}x_n = b_2 \\ \qquad\qquad \vdots \\ a_{m1}x_1 + a_{m2}x_2 + \cdots + a_{mn}x_n = b_m \end{cases} \tag{8-5}$$

用矩阵表示为

$$\boldsymbol{AX}=\boldsymbol{B}$$

其中

$$\boldsymbol{A}=\begin{bmatrix} a_{11} & a_{12} & \cdots & a_{1n} \\ a_{21} & a_{22} & \cdots & a_{2n} \\ \vdots & \vdots & \ddots & \vdots \\ a_{m1} & a_{m2} & \cdots & a_{mn} \end{bmatrix},\ \boldsymbol{X}=\begin{bmatrix} x_1 \\ x_2 \\ \vdots \\ x_n \end{bmatrix},\ \boldsymbol{B}=\begin{bmatrix} b_1 \\ b_2 \\ \vdots \\ b_m \end{bmatrix}$$

我们自然要问，方程组（8-5）在什么情况下有解呢？下面借助于高斯消元法，通过以下两个例子来回答这个问题.

例 2 讨论线性方程组

$$\begin{cases} x_1 + 2x_2 + 3x_3 - x_4 = 2 \\ 3x_1 + 2x_2 + x_3 - x_4 = 4 \\ x_1 - 2x_2 - 5x_3 + x_4 = 0 \end{cases}$$

是否有解.

解 $\tilde{\boldsymbol{A}}=\begin{bmatrix} 1 & 2 & 3 & -1 & 2 \\ 3 & 2 & 1 & -1 & 4 \\ 1 & -2 & -5 & 1 & 0 \end{bmatrix} \xrightarrow[r_3-r_1]{r_2-3r_1} \begin{bmatrix} 1 & 2 & 3 & -1 & 2 \\ 0 & -4 & -8 & 2 & -2 \\ 0 & -4 & -8 & 2 & -2 \end{bmatrix} \xrightarrow{r_3-r_2}$

$\begin{bmatrix} 1 & 2 & 3 & -1 & 2 \\ 0 & -4 & -8 & 2 & -2 \\ 0 & 0 & 0 & 0 & 0 \end{bmatrix} \xrightarrow{-\frac{1}{4}r_2} \begin{bmatrix} 1 & 2 & 3 & -1 & 2 \\ 0 & 1 & 2 & -\frac{1}{2} & \frac{1}{2} \\ 0 & 0 & 0 & 0 & 0 \end{bmatrix} \xrightarrow{r_1-2r_2}$

$$\begin{bmatrix} 1 & 0 & -1 & 0 & 1 \\ 0 & 1 & 2 & -\frac{1}{2} & \frac{1}{2} \\ 0 & 0 & 0 & 0 & 0 \end{bmatrix}$$

由最后一个矩阵得方程组

$$\begin{cases} x_1 - x_3 = 1 \\ x_2 + 2x_3 - \frac{1}{2}x_4 = \frac{1}{2} \end{cases}$$

也即

$$\begin{cases} x_1 = 1 + x_3 \\ x_2 = \frac{1}{2} - 2x_3 + \frac{1}{2}x_4 \end{cases}$$

x_1、x_2 的值由 x_3、x_4 确定，而 x_3、x_4 可取任意实数，因此方程组有无穷多组解.

例 3　讨论方程组

$$\begin{cases} x_1 - 2x_2 + 3x_3 - x_4 = 1 \\ 3x_1 - x_2 + 5x_3 - 3x_4 = 6 \\ 2x_1 + x_2 + 2x_3 - 2x_4 = 8 \\ 4x_1 - 3x_2 + 8x_3 - 4x_4 = 10 \end{cases}$$

解的情况.

解　$$\tilde{A} = \begin{bmatrix} 1 & -2 & 3 & -1 & 1 \\ 3 & -1 & 5 & -3 & 6 \\ 2 & 1 & 2 & -2 & 8 \\ 4 & -3 & 8 & -4 & 10 \end{bmatrix} \xrightarrow[r_4-4r_1]{\substack{r_2-3r_1 \\ r_3-2r_1}} \begin{bmatrix} 1 & -2 & 3 & -1 & 1 \\ 0 & 5 & -4 & 0 & 3 \\ 0 & 5 & -4 & 0 & 6 \\ 0 & 5 & -4 & 0 & 6 \end{bmatrix} \xrightarrow[r_3-r_2]{r_4-r_3}$$

$$\begin{bmatrix} 1 & -2 & 3 & -1 & 1 \\ 0 & 5 & -4 & 0 & 3 \\ 0 & 0 & 0 & 0 & 3 \\ 0 & 0 & 0 & 0 & 0 \end{bmatrix} \xrightarrow{\frac{1}{5}r_2} \begin{bmatrix} 1 & -2 & 3 & -1 & 1 \\ 0 & 1 & -\frac{4}{5} & 0 & \frac{3}{5} \\ 0 & 0 & 0 & 0 & 3 \\ 0 & 0 & 0 & 0 & 0 \end{bmatrix} \xrightarrow{r_1+2r_2}$$

$$\begin{bmatrix} 1 & 0 & \frac{7}{5} & -1 & \frac{11}{5} \\ 0 & 1 & -\frac{4}{5} & 0 & \frac{3}{5} \\ 0 & 0 & 0 & 0 & 3 \\ 0 & 0 & 0 & 0 & 0 \end{bmatrix}$$

由最后一个矩阵得方程组

$$\begin{cases} x_1 + \frac{7}{5}x_3 - x_4 = \frac{11}{5} \\ x_2 - \frac{4}{5}x_3 = \frac{3}{5} \\ 0 = 3 \end{cases}$$

显然，第三个方程是一个矛盾方程，因此方程组无解.

由例 2、例 3 可以看出，增广矩阵 $\tilde{A}$ 通过初等行变换可以化为一个左上角是单位阵、以下各行中除去最后一列可能有非零元素外，其余元素均为零的矩阵．即

$$\tilde{A} \xrightarrow{\text{初等行变换}} \begin{bmatrix} 1 & 0 & \cdots & 0 & a'_{1r+1} & \cdots & a'_{1n} & c_1 \\ 0 & 1 & \cdots & 0 & a'_{2r+1} & \cdots & a'_{2n} & c_2 \\ \hdashline 0 & 0 & \cdots & 1 & a'_{rr+1} & \cdots & a'_{rn} & c_r \\ 0 & 0 & \cdots & 0 & 0 & \cdots & 0 & c_{r+1} \\ \hdashline 0 & 0 & \cdots & 0 & 0 & \cdots & 0 & 0 \end{bmatrix} \quad (r \leqslant n)$$

根据 c_{r+1} 的情况，可得方程组几种解的不同情况：

（1）$c_{r+1}=0$ 时，方程组有解：若 $r=n$，方程组有唯一解；若 $r<n$，方程组有无穷多组解.

（2）$c_{r+1}\neq 0$ 时，方程组无解.

易知，$c_{r+1}=0$ 时，$r(\boldsymbol{A})=r((\boldsymbol{A} \vdots \boldsymbol{B}))$；$c_{r+1}\neq 0$ 时，$r(\boldsymbol{A})\neq r((\boldsymbol{A} \vdots \boldsymbol{B}))$.

因此，关于方程组（8-5）有如下定理：

定理 2　线性方程组（8-5）有解的充要条件是：$r(\boldsymbol{A})=r((A \vdots B))$.

定理 3　设对于线性方程组（8-5），有 $r(\boldsymbol{A})=r((\boldsymbol{A} \vdots \boldsymbol{B}))=r$.

（1）若 $r=n$，方程组有唯一解；

（2）若 $r<n$，方程组有无穷多组解（n 是未知数个数）.

例 4　λ 取何值时，方程组

$$\begin{cases} x_1 + 3x_2 - 3x_4 = 1 \\ x_2 - x_3 + x_4 = -3 \\ x_1 - 2x_2 + 3x_3 - 4x_4 = \lambda \\ -7x_2 + 3x_3 + x_4 = -3 \end{cases}$$

有解，并求出它的解.

解　$$\tilde{A} = \begin{bmatrix} 1 & 3 & 0 & -3 & 1 \\ 0 & 1 & -1 & 1 & -3 \\ 1 & -2 & 3 & -4 & \lambda \\ 0 & -7 & 3 & 1 & -3 \end{bmatrix} \xrightarrow{r_3-r_1} \begin{bmatrix} 1 & 3 & 0 & -3 & 1 \\ 0 & 1 & -1 & 1 & -3 \\ 0 & -5 & 3 & -1 & \lambda-1 \\ 0 & -7 & 3 & 1 & -3 \end{bmatrix} \xrightarrow[r_4+7r_2]{r_3+5r_2}$$

$$\begin{bmatrix} 1 & 3 & 0 & -3 & 1 \\ 0 & 1 & -1 & 1 & -3 \\ 0 & 0 & -2 & 4 & \lambda-16 \\ 0 & 0 & -4 & 8 & -24 \end{bmatrix} \xrightarrow{r_4-2r_3} \begin{bmatrix} 1 & 3 & 0 & -3 & 1 \\ 0 & 1 & -1 & 1 & -3 \\ 0 & 0 & -2 & 4 & \lambda-16 \\ 0 & 0 & 0 & 0 & 8-2\lambda \end{bmatrix} = \boldsymbol{G}$$

显然，当 $8-2\lambda=0$，即 $\lambda=4$ 时，$r(\boldsymbol{A})=r((\boldsymbol{A} \vdots \boldsymbol{B}))=3$，原方程组有解．此时

$$G = \begin{bmatrix} 1 & 3 & 0 & -3 & 1 \\ 0 & 1 & -1 & 1 & -3 \\ 0 & 0 & -2 & 4 & -12 \\ 0 & 0 & 0 & 0 & 0 \end{bmatrix} \xrightarrow{-\frac{1}{2}r_3} \begin{bmatrix} 1 & 3 & 0 & -3 & 1 \\ 0 & 1 & -1 & 1 & -3 \\ 0 & 0 & 1 & -2 & 6 \\ 0 & 0 & 0 & 0 & 0 \end{bmatrix} \xrightarrow{r_2+r_3}$$

$$\begin{bmatrix}1&3&0&-3&1\\0&1&0&-1&3\\0&0&1&-2&6\\0&0&0&0&0\end{bmatrix}\xrightarrow{r_1-3r_2}\begin{bmatrix}1&0&0&0&-8\\0&1&0&-1&3\\0&0&1&-2&6\\0&0&0&0&0\end{bmatrix}$$

因此，原方程组可变形为

$$\begin{cases}x_1=-8\\x_2-x_4=3\\x_3-2x_4=6\end{cases}$$

所以，原方程组的通解为 $x_1=-8$，$x_2=3+c$，$x_3=6+2c$，$x_4=c$(其中 c 为任意常数).

例 5　解线性方程组 $\begin{cases}x_1+2x_2-3x_3=4\\2x_1+3x_2-5x_3=7\\4x_1+3x_2-9x_3=9\\2x_1+5x_2-8x_3=8\end{cases}$.

解　利用初等行变换，将增广矩阵 $[\boldsymbol{A}\vdots\boldsymbol{B}]$ 化成阶梯阵，即

$$[\boldsymbol{A}\vdots\boldsymbol{B}]=\begin{bmatrix}1&2&-3&4\\2&3&-5&7\\4&3&-9&9\\2&5&-8&8\end{bmatrix}\xrightarrow[r_4-2r_1]{\substack{r_2-2r_1\\r_3-4r_1}}\begin{bmatrix}1&2&-3&4\\0&-1&1&-1\\0&-5&3&-7\\0&1&-2&0\end{bmatrix}\xrightarrow[r_4+r_2]{r_3+5r_4}\begin{bmatrix}1&2&-3&4\\0&-1&1&-1\\0&0&-7&-7\\0&0&-1&-1\end{bmatrix}\xrightarrow[r_4+r_3]{-\frac{1}{7}r_3}$$

$$\begin{bmatrix}1&2&-3&4\\0&-1&1&-1\\0&0&1&1\\0&0&0&0\end{bmatrix}\xrightarrow[r_2-r_3]{r_1+2r_2}\begin{bmatrix}1&0&-1&2\\0&-1&0&-2\\0&0&1&1\\0&0&0&0\end{bmatrix}\xrightarrow[-r_2]{r_1+r_3}\begin{bmatrix}1&0&0&3\\0&1&0&2\\0&0&1&1\\0&0&0&0\end{bmatrix}$$

所以方程组的解为 $x_1=3$，$x_2=2$，$x_3=1$.

（二）齐次线性方程组

对于齐次线性方程组

$$\begin{cases}a_{11}x_1+a_{12}x_2+\cdots+a_{1n}x_n=0\\a_{21}x_1+a_{22}x_2+\cdots+a_{2n}x_n=0\\\qquad\vdots\\a_{m1}x_1+a_{m2}x_2+\cdots+a_{mn}x_n=0\end{cases}\tag{8-6}$$

因为系数矩阵与增广矩阵的秩相等，故方程组一定有解．事实上，方程组至少有一组零解，即

$$x_1=x_2=\cdots=x_n=0$$

根据定理 3，不难得出以下定理：

定理 4　在齐次线性方程组（8-6）中，设 $r(\boldsymbol{A})=r$.

(1) 若 $r=n$，则方程组（8-6）只有零解；

(2) 若 $r<n$，则方程组（8-6）有无穷多组非零解.

对于 n 个未知数、n 个方程构成的齐次线性方程组

$$\begin{cases} a_{11}x_1 + a_{12}x_2 + \cdots + a_{1n}x_n = 0 \\ a_{21}x_1 + a_{22}x_2 + \cdots + a_{2n}x_n = 0 \\ \quad\vdots \\ a_{n1}x_1 + a_{n2}x_2 + \cdots + a_{nn}x_n = 0 \end{cases} \tag{8-7}$$

有如下定理.

定理 5 若齐次线性方程组（8-7）有非零解，则它的系数矩阵的行列式为零，即 $|\boldsymbol{A}|=0$；反之亦然.

例 6 当 k 取何值时，方程组

$$\begin{cases} 2x_1 + x_2 - 3x_3 = 0 \\ kx_1 - x_2 + 2x_3 = 0 \\ x_1 + kx_2 - 8x_3 = 0 \end{cases}$$

有非零解，并求出解.

解 由定理 5，方程组有非零解的条件为

$$\begin{vmatrix} 2 & 1 & -3 \\ k & -1 & 2 \\ 1 & k & -8 \end{vmatrix} = 0$$

即

$$3k^2 - 4k - 15 = 0$$

解之得 $k_1 = -\dfrac{5}{3}, k_2 = 3$.

当 $k_1 = -\dfrac{5}{3}$时，对方程组的系数矩阵施以初等行变换：

$$\boldsymbol{A} = \begin{bmatrix} 2 & 1 & -3 \\ -\dfrac{5}{3} & -1 & 2 \\ 1 & -\dfrac{5}{3} & -8 \end{bmatrix} \xrightarrow{3r_2, 3r_3} \begin{bmatrix} 2 & 1 & -3 \\ -5 & -3 & 6 \\ 3 & -5 & -24 \end{bmatrix} \xrightarrow[r_3-r_1]{r_2+2r_1} \begin{bmatrix} 2 & 1 & -3 \\ -1 & -1 & 0 \\ 1 & -6 & -21 \end{bmatrix} \xrightarrow[r_1\leftrightarrow r_2]{-r_2}$$

$$\begin{bmatrix} 1 & 1 & 0 \\ 2 & 1 & -3 \\ 1 & -6 & -21 \end{bmatrix} \xrightarrow[r_3-r_1]{r_2-2r_1} \begin{bmatrix} 1 & 1 & 0 \\ 0 & -1 & -3 \\ 0 & -7 & -21 \end{bmatrix} \xrightarrow[-r_2]{r_3-7r_2} \begin{bmatrix} 1 & 1 & 0 \\ 0 & 1 & 3 \\ 0 & 0 & 0 \end{bmatrix} \xrightarrow{r_1-r_2} \begin{bmatrix} 1 & 0 & -3 \\ 0 & 1 & 3 \\ 0 & 0 & 0 \end{bmatrix}$$

故原方程组的解为 $x_1=3c$，$x_2=-3c$，$x_3=c$（其中 c 为任意常数）.

当 $k_2=3$ 时，有

$$A=\begin{bmatrix}2&1&-3\\3&-1&2\\1&3&-8\end{bmatrix}\xrightarrow{r_1\leftrightarrow r_3}\begin{bmatrix}1&3&-8\\3&-1&2\\2&1&-3\end{bmatrix}\xrightarrow[r_3-2r_1]{r_2-3r_1}\begin{bmatrix}1&3&-8\\0&-10&26\\0&-5&13\end{bmatrix}\xrightarrow[-\frac{1}{5}r_3]{r_2-2r_3}$$

$$\begin{bmatrix}1&3&-8\\0&0&0\\0&1&-\frac{13}{5}\end{bmatrix}\xrightarrow[r_2\leftrightarrow r_3]{r_1-3r_3}\begin{bmatrix}1&0&-\frac{1}{5}\\0&1&-\frac{13}{5}\\0&0&0\end{bmatrix}$$

故原方程组的解为 $x_1=\frac{1}{5}c$，$x_2=\frac{13}{5}c$，$x_3=c$（其中 c 为任意常数）.

案例［打印行数］　有三台打印机同时工作，一分钟共打印 8200 行字；如果第一台打印机工作 2min，第二台打印机工作 3min，共打印 12200 行字；如果第一台打印机工作 1min，第二台打印机工作 2min，第三台打印机工作 3min，共打印 17600 行字．问每台打印机每分钟可打印多少行字？

解　设第 i 台打印机一分钟打印 x_i 行字（$i=1，2，3$），根据题意，可建立如下方程组

$$\begin{cases}x_1+x_2+x_3=8200\\2x_1+3x_2=12200\\x_1+2x_2+3x_3=17600\end{cases}$$

该方程组的增广矩阵为

$$\tilde{A}=\begin{bmatrix}1&1&1&8200\\2&3&0&12200\\1&2&3&17600\end{bmatrix}$$

增广矩阵经过初等行变换，得

$$\tilde{A}\to\begin{bmatrix}1&0&0&2200\\0&1&0&2600\\0&0&1&3400\end{bmatrix}$$

因此，三台打印机每分钟可打印的行数分别为 2200 行，2600 行，3400 行.

习题 8-5

1. 用高斯消元法解线性方程组：

（1）$\begin{cases}x_1-x_2+x_3=-2\\-x_1+2x_2=1\\x_1+3x_2-5x_3=4\end{cases}$；　（2）$\begin{cases}x_1+2x_2+3x_3+4x_4=-3\\x_1+x_2+2x_3+3x_4=-1\\x_1+5x_2+x_3+2x_4=1\\x_1+5x_2+5x_3+2x_4=5\end{cases}$；

（3）$\begin{cases}2x_1-3x_2+x_3=-3\\5x_1-2x_2+7x_3=7\\13x_1+8x_2=-5\end{cases}$；　（4）$\begin{cases}4x_1+3x_2-2x_3=-5\\5x_1-4x_2+6x_3=10\\17x_1+5x_2=6\end{cases}$；

(5) $\begin{cases} 2x_1 - 3x_2 + x_3 + 5x_4 = 6 \\ -3x_1 + x_2 + 2x_3 - 4x_4 = 5 \\ -x_1 - 2x_2 + 3x_3 + x_4 = 11 \end{cases}$; (6) $\begin{cases} x_1 + 2x_2 + x_3 - x_4 = 0 \\ 3x_1 + 6x_2 - x_3 - 3x_4 = 0 \\ 5x_1 + 10x_2 + x_3 - 5x_4 = 0 \end{cases}$.

2. 不解方程组，判定下列线性方程组解的情况以及有解时解的个数：

(1) $\begin{cases} 2x_1 - 3x_2 + x_3 + 5x_4 = 6 \\ -3x_1 + x_2 + 2x_3 - 4x_4 = 5 \\ -x_1 - 2x_2 + 3x_3 + x_4 = -2 \end{cases}$; (2) $\begin{cases} 2x_1 + x_2 - 5x_3 - 3x_4 = 8 \\ -5x_1 - 3x_2 - 4x_3 + 2x_4 = 9 \\ -x_1 - x_2 - 14x_3 - 4x_4 = 25 \end{cases}$;

(3) $\begin{cases} x_1 + 3x_2 - 7x_3 = -8 \\ 2x_1 + 5x_2 + 4x_3 = 4 \\ -3x_1 - 7x_2 - 2x_3 = -3 \\ x_1 + 4x_2 - 12x_3 = -15 \end{cases}$.

3. ［T恤衫销售量］一百货商店有四种型号的T恤衫：小号、中号、大号和加大号，每件的售价分别为：22元、24元、26元、30元．若商店某周共出售了13件T恤衫，毛收入为320元．并已知大号的销售量为小号和加大号销售量之和，大号的销售收入（毛收入）也为小号和加大号销售收入（毛收入）之和．问各种型号的T恤衫各出售了多少件？

总习题八

1. 填空题.

(1) 非零元素只有 $n-1$ 个的 n 阶行列式的值等于________.

(2) 设 $\begin{vmatrix} a_1 & a_2 & a_3 \\ b_1 & b_2 & b_3 \\ c_1 & c_2 & c_3 \end{vmatrix} = 8$, $\begin{vmatrix} c_1 & c_2 & c_3 \\ -2b_1 & -2b_2 & -2b_3 \\ a_1 & a_2 & a_3 \end{vmatrix} =$________.

(3) n 阶行列式 $\boldsymbol{D}_n$ 中的元素 a_{ij} 的代数余子式 $\boldsymbol{A}_{ij}$ 与余子式 $\boldsymbol{M}_{ij}$ 之间的关系是 $\boldsymbol{A}_{ij} =$________，$\boldsymbol{D}_n$ 按第 j 列展开的公式是 $\boldsymbol{D}_n =$________.

(4) $\begin{vmatrix} 0 & 1 & 0 & 0 \\ 0 & 0 & 1 & 0 \\ 0 & 0 & 0 & 1 \\ 4 & 0 & 0 & 0 \end{vmatrix} =$________.

(5) $\begin{vmatrix} 2 & 5 & 6 & 4 \\ 1 & 0 & 0 & 2 \\ 4 & 1 & 2 & a \\ 0 & 1 & 6 & 1 \end{vmatrix}$ 中 a 的代数余子式为________.

(6) 若 $\boldsymbol{A} = \begin{bmatrix} 2 & 3 \\ 5 & 7 \end{bmatrix}$，则 $\boldsymbol{A}^{-1} =$________.

(7) 设 $\boldsymbol{A} = \begin{bmatrix} 1 & 2 \\ 4 & 0 \\ -1 & 3 \end{bmatrix}$，$\boldsymbol{B} = \begin{bmatrix} -1 & 2 & 0 \\ 3 & -1 & 1 \end{bmatrix}$，则 $(\boldsymbol{A} + \boldsymbol{B}^{\mathrm{T}})^{\mathrm{T}} =$________.

2. 计算下列行列式的值：

(1) $\begin{vmatrix} 2 & 1 & 0 \\ 3 & -2 & 1 \\ 7 & 4 & 5 \end{vmatrix}$；　(2) $\begin{vmatrix} 1 & 3 & 5 \\ 2 & 2 & 0 \\ 0 & 1 & 1 \end{vmatrix}$；

(3) $\begin{vmatrix} 1 & 1 & 1 \\ 2 & 3 & 4 \\ 4 & 9 & 16 \end{vmatrix}$；　(4) $\begin{vmatrix} 2 & 3 & -1 \\ 2 & 1 & 9 \\ 1 & 1 & 2 \end{vmatrix}$；

(5) $\begin{vmatrix} 1 & 0 & 2 & -3 \\ -4 & -1 & -5 & 0 \\ 2 & 3 & -6 & -1 \\ 3 & 3 & 1 & 4 \end{vmatrix}$；　(6) $\begin{vmatrix} 1 & 1 & 1 & 1 \\ 1 & -1 & 1 & 1 \\ 1 & 1 & -1 & 1 \\ 1 & 1 & 1 & -1 \end{vmatrix}$.

3. 解方程：

(1) $\begin{vmatrix} 1 & x-1 & 1 \\ 0 & 0 & x-2 \\ x-3 & 0 & 1 \end{vmatrix} = 0$；

(2) $\boldsymbol{XA} = (\boldsymbol{BC})^{\mathrm{T}}$，其中 $\boldsymbol{A} = \begin{bmatrix} 2 & 0 & 0 \\ 0 & 2 & 1 \\ 0 & 4 & 3 \end{bmatrix}$，$\boldsymbol{B} = \begin{bmatrix} 1 & -2 \\ 0 & 0 \\ 1 & 2 \end{bmatrix}$，$\boldsymbol{C} = \begin{bmatrix} 4 & -2 \\ 3 & 2 \end{bmatrix}$；

(3) $\boldsymbol{AX} = \boldsymbol{B}^{\mathrm{T}}$，其中 $\boldsymbol{A} = \begin{bmatrix} 0 & 1 & 2 \\ 1 & 1 & 4 \\ 2 & -1 & 0 \end{bmatrix}$，$\boldsymbol{B} = \begin{bmatrix} 2 & 1 & 3 \\ -3 & 5 & 6 \end{bmatrix}$.

4. 已知 $\boldsymbol{A} = \begin{bmatrix} 1 & 0 & 2 \\ 0 & 1 & -1 \\ 2 & -1 & -1 \end{bmatrix}$，求 $\boldsymbol{A}^{-1}$.

5. 求下列矩阵的秩：

(1) $\boldsymbol{A} = \begin{bmatrix} 0 & 1 & 1 & -1 & 2 \\ 0 & 2 & -2 & -2 & 0 \\ 0 & -1 & -1 & 1 & 1 \\ 1 & 1 & 0 & 1 & -1 \end{bmatrix}$；(2) $\boldsymbol{A} = \begin{bmatrix} -1 & -2 & 1 & 4 \\ 2 & 3 & -4 & -5 \\ 1 & -4 & -13 & 14 \\ 1 & -1 & -7 & -1 \end{bmatrix}$.

6. ［电路分析］一电路中的电流满足以下方程组

$$\begin{cases} I_1 + I_2 + I_3 = 0 \\ -2I_1 + 3I_2 = 24 \\ -3I_2 + 6I_3 = 0 \end{cases}$$

求电路中的 I_1，I_2，I_3.

第九章　多元微积分学

扫码查看本章课件

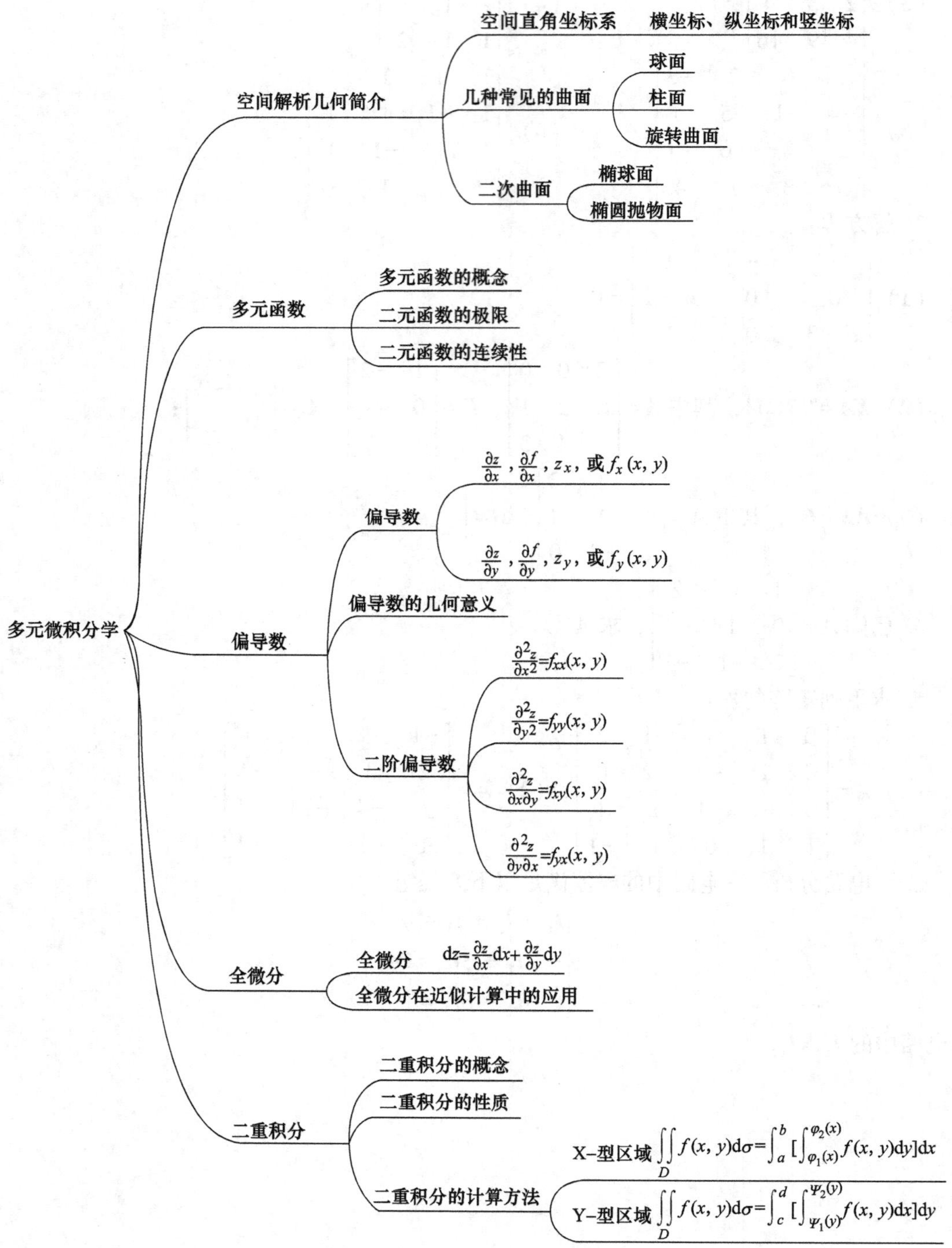

图 9-1　多元微积分思维导图

在前面介绍了含有一个自变量的函数，这种函数称为一元函数．而在实际问题中，往往涉及到含有多个自变量的函数，即多元函数．本章在一元函数微积分的基础上讨论多元函数微积分．一元函数微积分与多元函数微积分之间既有相似的地方，又在某些方面存在着本质的差别，学习时应注意比较它们之间的异同点．本章重点讨论二元函数，其有关概念都可类推到二元以上的函数.

第一节　空间解析几何简介

17 世纪初，法国数学家、哲学家笛卡尔引入直角坐标系，建立了解析几何，加强了“数”与“形”之间的联系．空间解析几何与平面解析几何一样，通过引入空间直角坐标系，建立了空间曲面与二元函数之间的关系，从而可以利用代数方法研究空间图形的性态.

一、空间直角坐标系

在空间内取定一点 O，过点 O 作三条具有相同长度的长度单位，且两两互相垂直的数轴 x 轴、y 轴和 z 轴，这样就称为建立了**空间直角坐标系** $O\text{-}xyz$. 点 O 称为**坐标原点**，x 轴、y 轴和 z 轴统称为**坐标轴**，又分别称为**横轴、纵轴**和**竖轴**．规定 x 轴、y 轴和 z 轴的正向要遵循右手螺旋法则，即以右手握住 z 轴，当右手的四个手指从 x 轴正向以 $\frac{\pi}{2}$ 角度转向 y 轴正向时，大拇指的指向就是 z 轴的正向.

由任意两条坐标轴确定的平面称为**坐标面**．由 x 轴和 y 轴、y 轴和 z 轴、z 轴和 x 轴所确定的坐标面分别称为 xOy 面、yOz 面和 zOx 面.

设点 M 是空间的一点，过点 M 分别作与三条坐标轴垂直的平面，分别交 x 轴、y 轴和 z 轴于点 P、Q、R. 点 P、Q、R 称为点 M 在坐标轴上的**投影**，如图 9-2 所示．设点 P、Q、R 在三条坐标轴上的坐标依次为 x、y、z，于是点 M 唯一地确定有序数组 x、y、z；反之，给定有序数组 x、y、z，总能在三条坐标轴上找到以它们为坐标的点 P、Q、R. 过这三点分别作垂直于三条坐标轴的平面，三个平面必然交于点 M. 由此可见，点 M 和有序数组 x、y、z 之间有着一一对应的关系．有序数组 x、y、z 称为点 M 的坐标，记作 $M(x,y,z)$. x、y、z 分别称为**横坐标、纵坐标**和**竖坐标**.

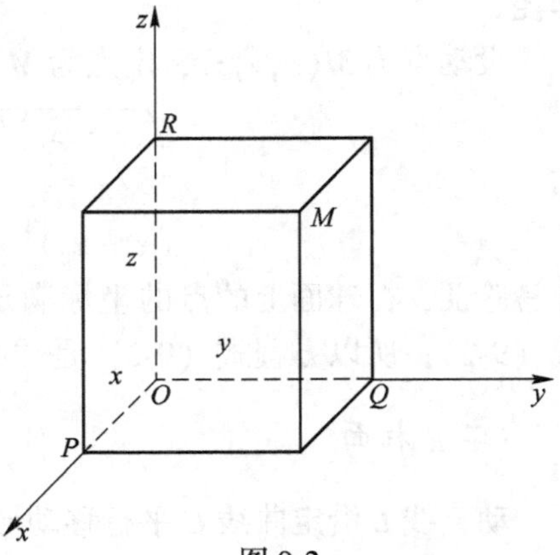

图 9-2

三个坐标面把空间分隔成八个部分，每一部分称为一个**卦限**，依次称为第一至第八卦限．八个卦限中，点的坐标有如下特点：

第一卦限　$x>0$，$y>0$，$z>0$；

第二卦限　$x<0$，$y>0$，$z>0$；

第三卦限　$x<0$，$y<0$，$z>0$；

第四卦限 $x>0$, $y<0$, $z>0$;

第五卦限 $x>0$, $y>0$, $z<0$;

第六卦限 $x<0$, $y>0$, $z<0$;

第七卦限 $x<0$, $y<0$, $z<0$;

第八卦限 $x>0$, $y<0$, $z<0$.

下面来推导空间两点间的距离公式. 设点 $M_1(x_1,y_1,z_1)$ 和 $M_2(x_2,y_2,z_2)$ 是空间两点. 过点 M_1 和 M_2 分别作垂直于 x、y、z 轴的平面, 这6个平面围成一个以 M_1M_2 为对角线的长方体, 如图9-3所示. 从图9-3容易看到, 该长方体的各棱长分别为

$$|x_2-x_1|, |y_2-y_1|, |z_2-z_1|$$

根据立体几何知识, 长方体的对角线长的平方等于三条棱长的平方和, 于是有

$$|M_1M_2|^2=(x_2-x_1)^2+(y_2-y_1)^2+(z_2-z_1)^2$$

所以点 M_1 和 M_2 间的距离为

$$|M_1M_2|=\sqrt{(x_2-x_1)^2+(y_2-y_1)^2+(z_2-z_1)^2} \tag{9-1}$$

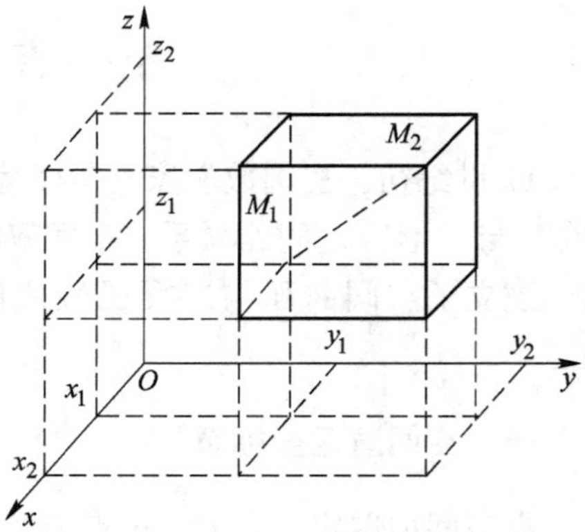

图 9-3

二、几种常见的曲面及其方程

(一) 球面

空间一动点到定点的距离为定值, 该动点的轨迹称为**球面**, 定点称为**球心**, 定值称为**半径**.

设动点为 $M(x,y,z)$, 定点为 $M_0(x_0,y_0,z_0)$, 定值为 R, 由两点间距离公式, 得

$$\sqrt{(x-x_0)^2+(y-y_0)^2+(z-z_0)^2}=R$$

即

$$(x-x_0)^2+(y-y_0)^2+(z-z_0)^2=R^2 \tag{9-2}$$

容易验证, 在球面上的点的坐标满足方程式 (9-2), 不在球面上的点的坐标不满足方程式 (9-2), 所以方程式 (9-2) 是球心为 $M_0(x_0,y_0,z_0)$、半径为 R 的球面的方程.

(二) 柱面

动直线 L 沿定曲线 C 平行移动形成的轨迹称为**柱面**, 定曲线 C 称为**柱面的准线**, 动直线 L 称为**柱面的母线**.

这里侧重讨论母线平行于坐标轴的柱面. 设柱面的准线是 xOy 面上的曲线, 则有

$$\begin{cases}F(x,y)=0\\z=0\end{cases}$$

柱面的母线平行于 z 轴, 如图9-4所示. 点 $M(x,y,z)$ 是柱面上任意一点, 过点 M 作平行于 z 轴的直线, 交曲线 C 于点 M_1. 显然点 M_1 和 M 有相同的横坐标和纵坐标. 由于点 $M_1(x,y,0)$ 在曲线 C 上, 故它的坐标满足曲线 C 的方程, 即

$$F(x,y)=0 \tag{9-3}$$

又式（9-3）与 z 无关，所以点 $M(x,y,z)$ 的坐标也满足式（9-3）．此外，对于不在柱面上的点，它在 xOy 面上的垂足不在曲线 C 上，故其坐标不会满足式（9-3）．因此，式（9-3）就是母线平行于 z 轴、准线为曲线 C 的柱面方程.

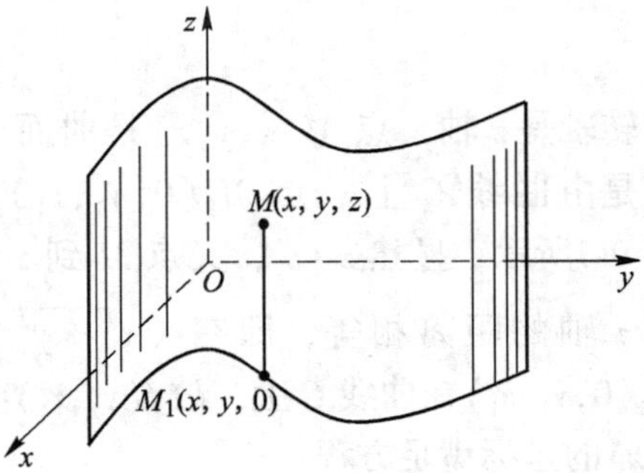

图 9-4

类似地，母线平行于 x 轴，准线为 yOz 面上的曲线

$$\begin{cases} G(y,z)=0 \\ x=0 \end{cases}$$

的柱面方程是

$$G(y,z)=0$$

母线平行于 y 轴，准线为 zOx 面上的曲线

$$\begin{cases} H(x,z)=0 \\ y=0 \end{cases}$$

的柱面方程是

$$H(x,z)=0$$

例如，方程 $x^2+y^2=a^2$ 表示母线平行于 z 轴，准线是 xOy 面上的圆周 $x^2+y^2=a^2$ 的圆柱面，如图 9-5 所示．方程 $y^2=2x$ 表示母线平行于 z 轴，准线是 xOy 面上的抛物线 $y^2=2x$ 的抛物柱面，如图 9-6 所示．

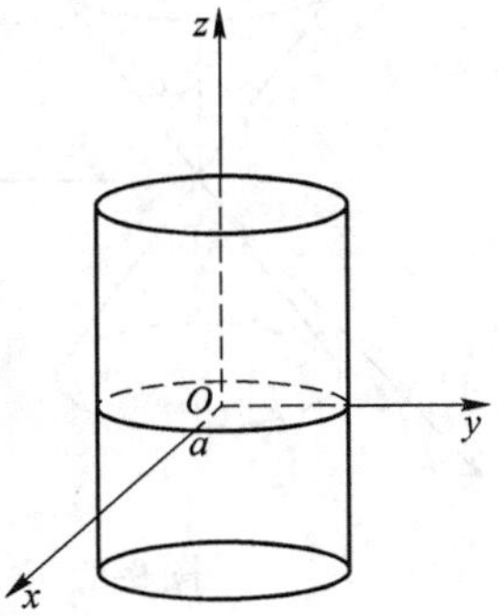

图 9-5

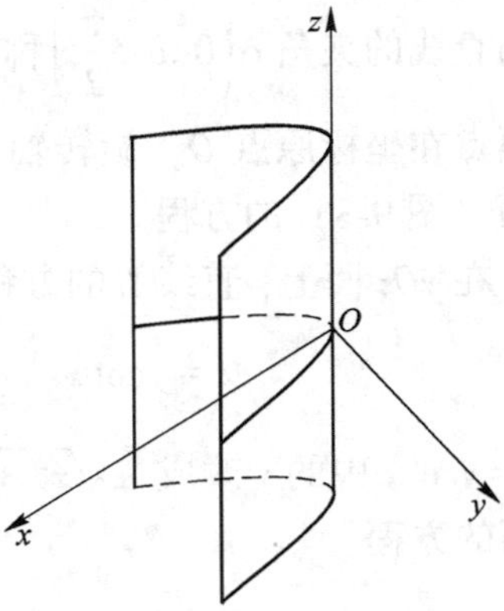

图 9-6

（三）旋转曲面

以一条平面曲线绕其平面上的一条直线旋转一周所成的曲面称为**旋转曲面**，旋转曲线和定直线依次称为**旋转曲面的母线**和**轴**．

我们主要讨论母线是坐标面上的平面曲线，旋转轴是该坐标面上的一条坐标轴的旋转曲面．设旋转曲面 S 的母线是 yOz 面上的曲线 C

$$\begin{cases} f(y,z)=0 \\ x=0 \end{cases}$$

旋转轴是 z 轴，点 $M(x,y,z)$ 是曲面 S 上的任意一点，它是由曲线 C 上一点 $M_1(0,y_1,z_1)$ 旋转而来的，如图 9-7所示．显然 $z=z_1$，又点 M 到 z 轴的距离与点 M_1 到 z 轴的距离相等，即有 $\sqrt{x^2+y^2}=|y_1|$．由于点 $M_1(0,y_1,z_1)$在曲线 C 上，故$f(y_1,z_1)=0$，所以点$M(x,y,z)$的坐标满足方程

$$f(\pm\sqrt{x^2+y^2},z)=0 \tag{9-4}$$

容易看到，不在曲面 S 上的点的坐标不会满足式（9-4）．因此式（9-4）就是以曲线 C 为母线，z 轴为旋转轴的旋转曲面 S 的方程．

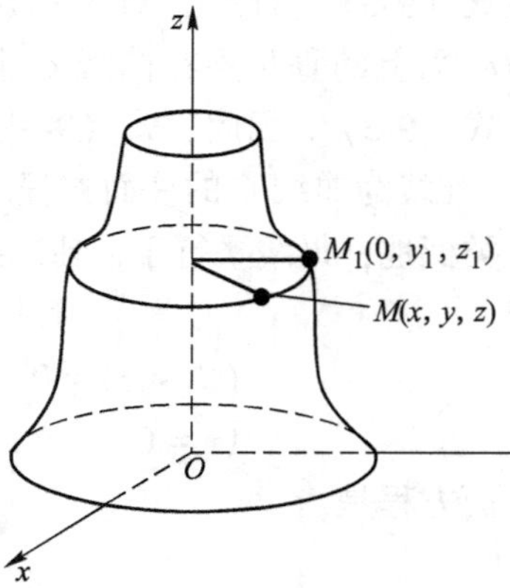

图 9-7

类似地，在曲线 C 的方程中，变量 y 保持不变，将变量 z 换成 $\pm\sqrt{x^2+z^2}$，得到方程

$$f(y,\pm\sqrt{x^2+z^2})=0$$

便是曲线 C 绕 y 轴旋转而成的曲面的方程．

其他坐标面上的曲线，绕该坐标面上的一条坐标轴旋转而成的旋转曲面的方程也可用类似的方法得到．

例 1　直线 L 绕另一条与 L 相交的直线旋转一周，所得旋转曲面称为**圆锥面**．两直线的交点称为圆锥面的**顶点**，两直线的夹角 $\alpha\left(0<\alpha<\dfrac{\pi}{2}\right)$称为圆锥面的**半顶角**．试建立顶点在坐标原点 O，旋转轴为 z 轴，半顶角为 α 的圆锥面（图 9-8）的方程．

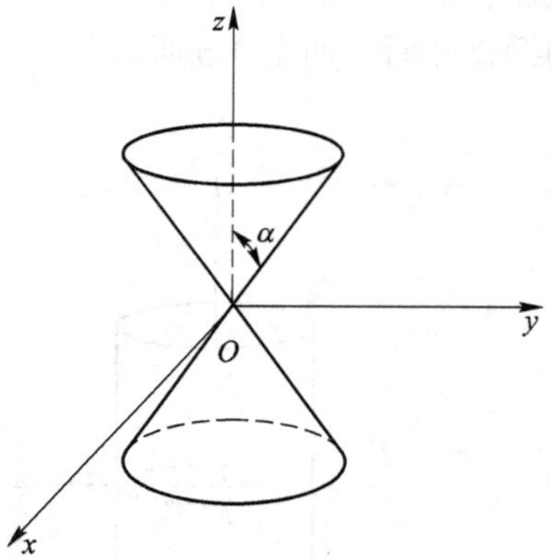

图 9-8

解　在 yOz 面上，直线 L 的方程为

$$z=y\cot\alpha$$

将方程 $z=y\cot\alpha$ 中的 y 改成 $\pm\sqrt{x^2+y^2}$，就得到所要求的圆锥面的方程

$$z=\pm\sqrt{x^2+y^2}\cot\alpha$$

或

$$z^2=a^2(x^2+y^2)$$

其中 $a=\cot\alpha$.

例 2　将 zOx 面上的双曲线 $\dfrac{x^2}{a^2}-\dfrac{z^2}{c^2}=1$ 分别绕 x 轴和 z 轴旋转一周，求所形成的旋转曲面的方程．

解　绕 x 轴旋转而成的旋转曲面的方程为

$$\frac{x^2}{a^2}-\frac{y^2+z^2}{c^2}=1$$

绕 z 轴旋转而成的旋转曲面的方程为

$$\frac{x^2+y^2}{a^2}-\frac{z^2}{c^2}=1$$

三、二次曲面

与平面解析几何中规定的二次曲线相类似，我们把三元二次方程所表示的曲面称为**二次曲面**，而把平面称为**一次曲面**.

下面主要是利用截痕法来研究给定三元二次方程所表示的曲面的形状和特征．所谓截痕法，就是用坐标面或平行于坐标面的平面与曲面相截，考察其交线的形状，然后加以综合，从而了解曲面的立体形状.

（一）椭球面

方程

$$\frac{x^2}{a^2}+\frac{y^2}{b^2}+\frac{z^2}{c^2}=1 \quad (a>0,b>0,c>0)$$

表示的曲面称为**椭球面**．a，b，c 称为**椭球面的半轴**，原点称为**椭球面的中心**.

下面用截痕法来讨论椭球面的形状.

首先，考察三个坐标面与椭球面的交线．交线的方程分别为

$$\begin{cases}\dfrac{x^2}{a^2}+\dfrac{y^2}{b^2}=1\\ z=0\end{cases},\quad \begin{cases}\dfrac{x^2}{a^2}+\dfrac{z^2}{c^2}=1\\ y=0\end{cases},\quad \begin{cases}\dfrac{y^2}{b^2}+\dfrac{z^2}{c^2}=1\\ x=0\end{cases}$$

它们分别是三个坐标面上的椭圆.

其次，考察平行于坐标面的平面与椭球面的交线．用平行于 xOy 面的平面 $z=h$ $(|h|\leqslant c)$ 去截椭球面，交线为

$$\begin{cases}\dfrac{x^2}{a^2}+\dfrac{y^2}{b^2}=1-\dfrac{h^2}{c^2}\\ z=h\end{cases}$$

它是在平面 $z=h$ 上的一个椭圆．当 $|h|$ 由 0 逐渐增大到 c 时，椭圆逐渐由大变小，最后缩成一点，这些椭圆就形成了椭球面.

用平行于 yOz 面的平面 $x=d(|d|\leqslant a)$ 或平行于 zOx 面的平面 $y=k(|k|\leqslant b)$ 分别去截椭球面时，也有以上类似的结果．椭球面的形状如图 9-9 所示.

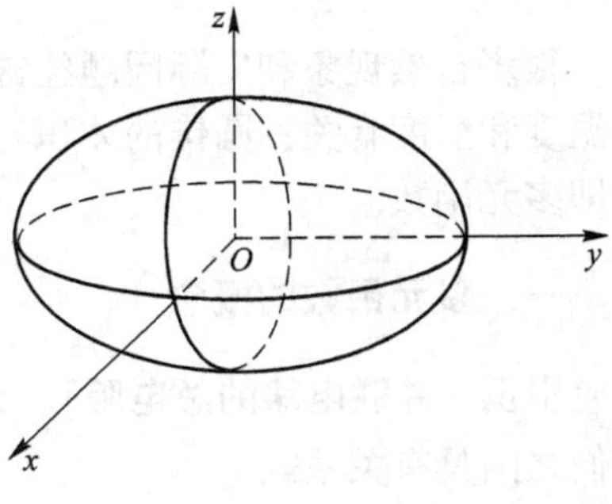

图 9-9

（二）椭圆抛物面

方程

$$\frac{x^2}{2p}+\frac{y^2}{2q}=z \quad (pq>0)$$

表示的曲面称为**椭圆抛物面**.

用截痕法可分析得到椭圆抛物面的形状如图 9-10 和图 9-11 所示.

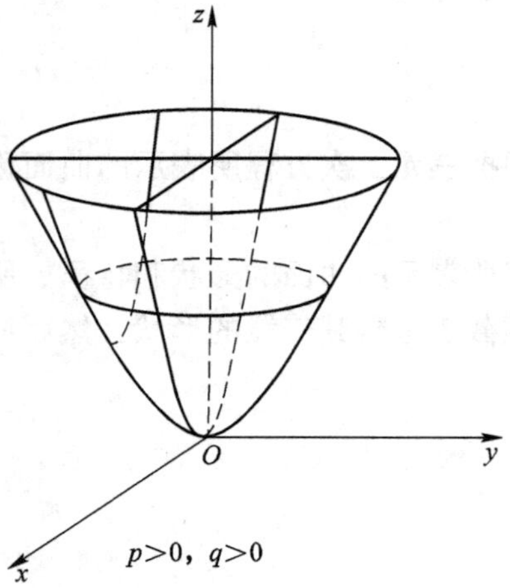

图 9-10

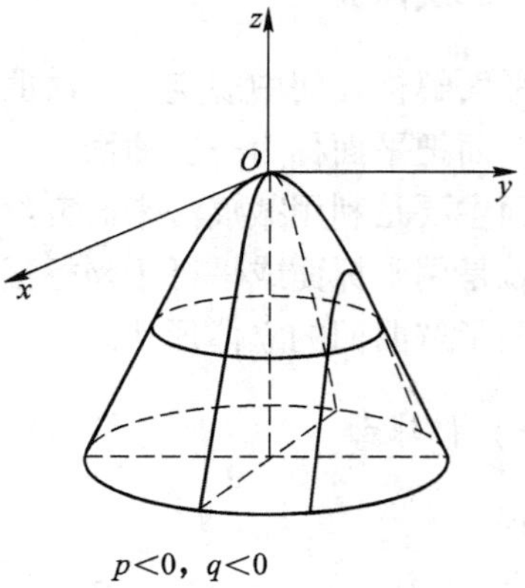

图 9-11

习题 9-1

1. 设 A、B 两点为 $A(4,-7,1)$、$B(6,2,z)$，它们之间的距离为 $|AB|=11$，求 B 点的未知坐标 z.

2. 已知球面的一条直径的两个端点是$(2,-3,5)$和$(4,1,-3)$，写出球面的方程.

3. 指出下列方程表示什么曲面，并作出它们的草图：

(1) $\left(x-\frac{a}{2}\right)^2+y^2=\left(\frac{a}{2}\right)^2$；　　(2) $y=2x^2$；

(3) $x^2-y^2=1$；　　(4) $\frac{x^2}{4}+\frac{y^2}{9}=1$.

第二节　多 元 函 数

很多自然现象和实际问题经常会遇到多个变量之间的依赖关系，比如天气的热度指标与温度和湿度有关；圆锥的体积与它的底面半径和高有关，这就产生了含有多个变量的函数即多元函数.

一、多元函数的概念

引例［并联电路的总电阻］　设 R 是电阻 R_1、R_2 并联后的总电阻. 由电学知识知道，它们之间具有关系式

$$R=\frac{R_1R_2}{R_1+R_2}$$

这里，当 R_1、R_2 在集合$\{(R_1,R_2)|R_1>0,R_2>0\}$内取定一对值$(R_1,R_2)$时，$R$ 就有唯一确定的值与之对应.

定义1　设 D 是 xOy 面上的一个非空点集，如果对于 D 内任意一点 $P(x,y)$，变量 z 按照一定的法则总有唯一确定的值与之对应，则称 z 是 x、y 的**二元函数**（或称 z 是点 P 的函数），记作

$$z=f(x,y)\quad (或\ z=f(P))$$

点集 D 称为函数的定义域，x、y 称为自变量．数集$\{z\ z=f(x,y),(x,y)\in D\}$称为函数的值域.

类似地可以定义三元函数 $u=f(x,y,z)$ 以及三元以上的函数，二元以及二元以上的函数统称为多元函数.

一元函数的定义域一般来说是数轴上一个或几个区间，二元函数 $z=f(x,y)$ 的定义域一般是 xOy 面上的平面区域.

例1　求函数 $z=\arcsin(x+y)$ 的定义域及在点$\left(0,\ \dfrac{1}{2}\right)$处的函数值.

解　根据反正弦函数的定义，x、y 必须满足不等式

$$-1\leqslant x+y\leqslant 1$$

所以，函数 $z=\arcsin(x+y)$ 的定义域是平面点集

$$\{(x,y)\,|\,-1\leqslant x+y\leqslant 1\}$$

函数在点$\left(0,\ \dfrac{1}{2}\right)$处的函数值为

$$z\left(0,\ \frac{1}{2}\right)=\arcsin\left(0+\frac{1}{2}\right)=\frac{\pi}{6}$$

从方程的角度看，二元函数 $z=f(x,y)$ 是一个三元方程，一般它表示一张曲面，这张曲面称为二元函数 $z=f(x,y)$ 的**图形**．例如，$z=x^2+y^2$ 的图形是一张旋转抛物面.

二、二元函数的极限

定义2　设二元函数 $z=f(x,y)$ 在点 $P_0(x_0,y_0)$ 的某邻域 $U(P_0)$ 内有定义（P_0 可以除外），点 $P(x,y)$ 是 $U(P_0)$ 内异于 P_0 的任意一点．如果当点 $P(x,y)$ 以任何方式无限接近于点 $P_0(x_0,y_0)$ 时，对应的函数值 $f(x,y)$ 无限接近于某一个确定的常数 A，则称 A 为 $f(x,y)$ 当 $x\to x_0$、$y\to y_0$ 时的**二重极限**，记作

$$\lim_{\substack{x\to x_0\\ y\to y_0}}f(x,y)=A\quad 或\quad \lim_{(x,y)\to(x_0,y_0)}f(x,y)=A$$

二重极限是一元函数极限的推广，有关一元函数的极限运算法则和定理可直接类推到二重极限.

例2　求极限 $\lim\limits_{\substack{x\to 0\\ y\to 0}}\dfrac{x^2+y^2}{\sqrt{1+x^2+y^2}-1}$.

解　显然，当 $x\to 0$、$y\to 0$ 时，$x^2+y^2\to 0$. 根据极限的加法法则及有关复合函数的极限的定理知

$$\lim_{\substack{x\to0\\y\to0}}\sqrt{1+x^2+y^2}=\sqrt{\lim_{\substack{x\to0\\y\to0}}1+\lim_{\substack{x\to0\\y\to0}}(x^2+y^2)}=\sqrt{1+0}=1$$

所以

$$\lim_{\substack{x\to0\\y\to0}}\frac{x^2+y^2}{\sqrt{1+x^2+y^2}-1}=\lim_{\substack{x\to0\\y\to0}}\frac{(x^2+y^2)(\sqrt{1+x^2+y^2}+1)}{(\sqrt{1+x^2+y^2}-1)(\sqrt{1+x^2+y^2}+1)}$$
$$=\lim_{\substack{x\to0\\y\to0}}(\sqrt{1+x^2+y^2}+1)=1+1=2$$

注意　所谓二重极限存在，是指 $P(x,y)$ 以任何方式无限接近于点 $P_0(x_0,y_0)$ 时，对应函数值 $f(x,y)$ 都无限接近于确定的常数 A. 即使点 $P(x,y)$ 以某几种特殊方式（如沿着某定直线或定曲线）趋于 $P_0(x_0,y_0)$ 时，函数值 $f(x,y)$ 都无限接近于同一常数，也不能得出函数的极限存在. 但是，如果当 $P(x,y)$ 以不同方式趋于 $P_0(x_0,y_0)$ 时函数值趋于不同的值，那么这个函数的极限不存在.

例 3　讨论极限 $\lim\limits_{\substack{x\to0\\y\to0}}\dfrac{xy}{x^2+y^2}$ 是否存在?

解　因为当点 $P(x,y)$ 沿 x 轴(直线 $y=0$)趋于点(0,0)时，有

$$\lim_{\substack{x\to0\\y=0}}\frac{xy}{x^2+y^2}=\lim_{x\to0}\frac{x\cdot0}{x^2+0^2}=0$$

当点 $P(x,y)$ 沿着直线 $y=x$ 趋于点(0,0)时，有

$$\lim_{\substack{x\to0\\y=x}}\frac{xy}{x^2+y^2}=\lim_{x\to0}\frac{x^2}{x^2+x^2}=\frac{1}{2}$$

所以 $\lim\limits_{\substack{x\to0\\y\to0}}\dfrac{xy}{x^2+y^2}$ 不存在.

当点 $P(x,y)$ 沿着直线 $y=kx$ 趋于点(0,0)时，$\lim\limits_{\substack{x\to0\\y=kx}}\dfrac{xy}{x^2+y^2}=\lim\limits_{x\to0}\dfrac{kx^2}{x^2+k^2x^2}=\dfrac{k}{1+k^2}$，显然它是随着 k 值的不同而改变的.

三、二元函数的连续性

定义 3　设函数 $f(x,y)$ 在点 $P_0(x_0,y_0)$ 的某个邻域内有定义，点 $P(x,y)$ 是邻域内任意点，如果

$$\lim_{\substack{x\to x_0\\y\to y_0}}f(x,y)=f(x_0,y_0)$$

则称函数 $f(x,y)$ 在点 $P_0(x_0,y_0)$ **连续**.

如果函数 $f(x,y)$ 在区域 D 内的每一点都连续，则称函数 $f(x,y)$ 在 D 内连续；如果函数 $f(x,y)$ 又在边界 ∂D 上每一点都连续（函数 $f(x,y)$ 在 D 的边界点 (x_0,y_0) 连续是指 $\lim\limits_{\substack{(x,y)\in D\\(x,y)\to(x_0,y_0)}}f(x,y)=f(x_0,y_0)$），则称函数 $f(x,y)$ 在闭区域 $\overline{D}$ 上连续. 此时，又称函数 $f(x,y)$ 是 D 内（或 $\overline{D}$ 上）的连续函数.

根据极限四则运算法则及有关复合函数的极限定理，可以证明：二元连续函数的和、

差、积、商（分母不为零）及二元连续函数的复合函数都是连续函数．进一步得到：二元初等函数在其定义区域（指包含在定义域内的区域）内是连续的．

例 4　求 $\lim\limits_{\substack{x\to1\\y\to1}}\dfrac{2x-y^2}{x^2+y^2}$．

解　函数 $f(x,y)=\dfrac{2x-y^2}{x^2+y^2}$ 为初等函数，它的定义域 $D=\{(x,y)\mid x^2+y^2\neq0\}$ 是一个区域，而$(1,1)\in D$，所以

$$\lim_{\substack{x\to1\\y\to1}}\frac{2x-y^2}{x^2+y^2}=\frac{2\times1-1^2}{1^2+1^2}=\frac{1}{2}$$

例 5　求 $\lim\limits_{\substack{x\to1\\y\to2}}\dfrac{x+y}{xy}$．

解　函数 $f(x,y)=\dfrac{x+y}{xy}$ 是初等函数，它的定义域为 $D=\{(x,y)\mid x\neq0,y\neq0\}$．因 D 不是连通的，故 D 不是区域．但是

$$D_1=\{(x,y)\mid x>0,y>0\}$$

是区域，且 $D_1\subset D$，所以 D_1 是函数 $f(x,y)$ 的一个定义区域．因 $P_0(1,2)\in D_1$，故 $\lim\limits_{\substack{x\to1\\y\to2}}\dfrac{x+y}{xy}=f(1,2)=\dfrac{3}{2}$.

如果这里不引进区域 D_1，也可用下述方法判定函数 $f(x,y)$ 在点 $P_0(1,2)$ 处是连续的：因为 P_0 是 $f(x,y)$ 的定义域 D 的内点，故存在 P_0 的某一邻域 $U(P_0)\subset D$，而任何邻域都是区域，所以 $U(P_0)$ 是 $f(x,y)$ 的一个定义区域；又由于 $f(x,y)$ 是初等函数，因此 $f(x,y)$ 在点 P_0 处连续.

一般地，如果 $f(P)$ 是初等函数，且 P_0 是 $f(P)$ 的定义域的内点，则 $f(P)$ 在点 P_0 处连续，于是

$$\lim_{P\to P_0}f(P)=f(P_0)$$

函数 $f(x,y)$ 的不连续点称为间断点.

例如，考察函数

$$f(x,y)=\begin{cases}\dfrac{xy}{x^2+y^2}, & (x,y)\neq(0,0)\\ 0, & (x,y)=(0,0)\end{cases}$$

例 3 已经说明 $\lim\limits_{\substack{x\to0\\y\to0}}\dfrac{xy}{x^2+y^2}$ 不存在，所以点$(0,0)$是函数 $f(x,y)$ 的间断点.

习题 9-2

1. 求下列函数的定义域：

(1) $z=\dfrac{\sqrt{4x-y^2}}{\ln(1-x^2-y^2)}$；　　(2) $z=\dfrac{\arcsin y}{\sqrt{x}}$．

2. 设 $f(u,v)=uv$，求 $f(xy,x+y)$．

3. 设 $f(x,y)=x^2+y^2$，求 $f(\sin(x+y),e^{xy})$．

4. 设 $f(x-y,x+y)=xy$，求 $f(x,y)$．

5. 求下列极限：

(1) $\lim\limits_{\substack{x\to1\\y\to0}}\dfrac{\ln(x+e^y)}{x^2+y^2}$； (2) $\lim\limits_{\substack{x\to0\\y\to0}}\dfrac{\sin(x^2+y^2)}{\sqrt{x^2+y^2}}$； (3) $\lim\limits_{\substack{x\to0\\y\to0}}\dfrac{3-\sqrt{x^2+y^2+9}}{x^2+y^2}$.

第三节 偏 导 数

与一元函数一样，多元函数也存在函数变化率的问题．由于多元函数的自变量不止一个，因变量与自变量的关系比较复杂．所以，我们常研究函数对一个自变量的变化率问题，也就是偏导数.

一、偏导数的概念

定义 设函数 $z=f(x,y)$ 在 (x_0,y_0) 的某邻域内有定义，当自变量 y 保持定值 y_0，而自变量 x 在 x_0 处有增量 Δx 时，函数 $z=f(x,y)$ 相应地有增量

$$\Delta z_x=f(x_0+\Delta x,y_0)-f(x_0,y_0)$$

又称为关于自变量 x 的偏增量．如果极限

$$\lim_{\Delta x\to0}\frac{\Delta z_x}{\Delta x}=\lim_{\Delta x\to0}\frac{f(x_0+\Delta x,y_0)-f(x_0,y_0)}{\Delta x}$$

存在，则称此极限为函数 $z=f(x,y)$ 在 (x_0,y_0) 处对 x 的**偏导数**，记作

$$\left.\frac{\partial z}{\partial x}\right|_{\substack{x=x_0\\y=y_0}},\ \left.\frac{\partial f}{\partial x}\right|_{\substack{x=x_0\\y=y_0}},\ z_x(x_0,y_0)\quad 或\quad f_x(x_0,y_0)$$

类似地，函数 $z=f(x,y)$ 在 (x_0,y_0) 处对 y 的偏导数定义为

$$\lim_{\Delta y\to0}\frac{\Delta z_y}{\Delta y}=\lim_{\Delta y\to0}\frac{f(x_0,y_0+\Delta y)-f(x_0,y_0)}{\Delta y}$$

记作

$$\left.\frac{\partial z}{\partial y}\right|_{\substack{x=x_0\\y=y_0}},\ \left.\frac{\partial f}{\partial y}\right|_{\substack{x=x_0\\y=y_0}},\ z_y(x_0,y_0)\quad 或\quad f_y(x_0,y_0)$$

二元函数偏导数的定义可以类推到三元及三元以上的函数.

如果函数 $z=f(x,y)$ 在区域 D 内每一点 (x,y) 处对 x 的偏导数都存在，那么这个偏导数就是 x，y 的函数，称为函数 $z=f(x,y)$ 对自变量 x 的**偏导函数**，记作

$$\frac{\partial z}{\partial x},\ \frac{\partial f}{\partial x},\ z_x\quad 或\quad f_x(x,y)$$

偏导函数也简称偏导数.

$$f_x(x,y)=\lim_{\Delta x\to0}\frac{f(x+\Delta x,y)-f(x,y)}{\Delta x}$$

类似的，可定义函数 $z=f(x,y)$ 对自变量 y 的偏导函数记作

$$\frac{\partial z}{\partial y},\ \frac{\partial f}{\partial y},\ z_y\ \text{或}\ f_y(x,y)$$

由于在偏导数的定义中，实际上已将二元函数看成一个变量变动、另一个变量视为常数的一元函数，因此偏导数的计算仍可转化为一元函数导数的计算问题．求 z_x 时，只要将 y 看成常数对变量 x 求导；求 z_y 时，只要将 x 看成常数对变量 y 求导．需要注意，偏导数的记号是一个整体记号，不能看作分子与分母之商.

例 1 求 $z=x^2\sin 2y$ 的偏导数.

解 将 y 看成常数对变量 x 求导，得

$$\frac{\partial z}{\partial x}=2x\sin 2y$$

将 x 看成常数对变量 y 求导，得

$$\frac{\partial z}{\partial y}=2x^2\cos 2y$$

例 2 求 $z=x^2+3xy+y^2$ 在点(1,2)处的偏导数.

解 将 y 看成常数对变量 x 求导，得

$$\frac{\partial z}{\partial x}=2x+3y$$

所以

$$\left.\frac{\partial z}{\partial x}\right|_{\substack{x=1\\y=2}}=2\cdot 1+3\cdot 2=8$$

将 x 看成常数对变量 y 求导，得

$$\frac{\partial z}{\partial y}=3x+2y$$

所以

$$\left.\frac{\partial z}{\partial y}\right|_{\substack{x=1\\y=2}}=3\cdot 1+2\cdot 2=7$$

案例 1［理想气体的状态方程］ 已知理想气体的状态方程为 $pV=RT$（R 为常数），证明 $\frac{\partial p}{\partial V}\cdot\frac{\partial V}{\partial T}\cdot\frac{\partial T}{\partial p}=-1$.

证明 因为

$$p=\frac{RT}{V},\ \frac{\partial p}{\partial V}=-\frac{RT}{V^2}$$

$$V=\frac{RT}{p},\ \frac{\partial V}{\partial T}=\frac{R}{p}$$

$$T=\frac{pV}{R},\ \frac{\partial T}{\partial p}=\frac{V}{R}$$

所以

$$\frac{\partial p}{\partial V}\cdot\frac{\partial V}{\partial T}\cdot\frac{\partial T}{\partial p}=-\frac{RT}{V^2}\cdot\frac{R}{p}\cdot\frac{V}{R}=-\frac{RT}{pV}=-1$$

案例 2［电路］ 在远距离输电的情况下，通过导线的电流 i 不仅随时间 t 变化，而且

还与离导线始端的距离 x 有关．由电工学知识知，对某种理想的输电线，有 $i=i_0\cos\alpha x\cdot\sin\omega x$（$i_0,\alpha,\omega$ 为常数），求电流 i 关于时间 t 的变化率.

解　电流 i 关于时间 t 的变化率就是 i 对 t 的偏导数

$$\frac{\partial i}{\partial t}=i_0\cos\alpha x\cdot\omega\cos\omega t=i_0\omega\cos\alpha x\cdot\omega\cos\omega$$

二、偏导数的几何意义

二元函数 $z=f(x,y)$ 的图形一般是一张曲面，它在点 (x_0,y_0) 处对 x 的偏导数相当于一元函数 $z=f(x,y_0)$ 在点 x_0 处的导数．几何上，函数 $z=f(x,y_0)$ 的图形可看成曲面 $z=f(x,y)$ 与平面 $y=y_0$ 的交线．因此，根据一元函数导数的几何意义可知，偏导数 $f_x(x_0,y_0)$ 表示曲线

$$\begin{cases}z=f(x,y)\\y=y_0\end{cases}$$

在点 $M_0(x_0,y_0,f(x_0,y_0))$ 处的切线关于 x 轴的斜率（图 9-12）.

同样，偏导数 $f_y(x_0,y_0)$ 表示曲线

$$\begin{cases}z=f(x,y)\\x=x_0\end{cases}$$

在点 $M_0(x_0,y_0,f(x_0,y_0))$ 处的切线关于 y 轴的斜率.

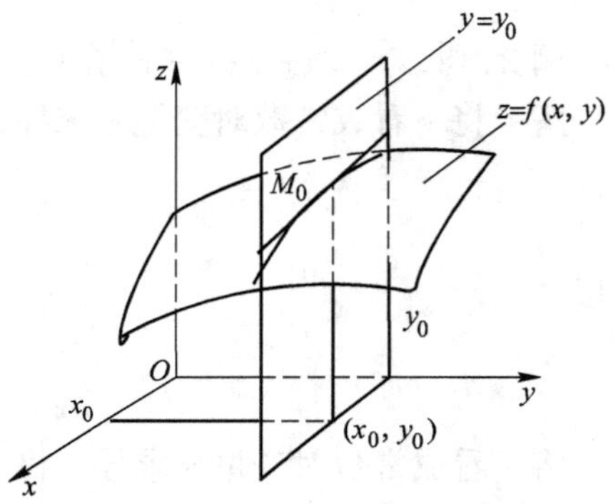

图 9-12

三、高阶偏导数

设函数 $z=f(x,y)$ 在区域 D 内都存在偏导数 $f_x(x,y)$ 和 $f_y(x,y)$，如果这两个偏导函数对 x 和 y 的偏导数也存在，则称它们的偏导数是函数 $z=f(x,y)$ 的二阶偏导数．按照对变量求导次序的不同，二阶偏导数有以下四种类型：

（1）对 x 的二阶偏导数：$\frac{\partial}{\partial x}\left(\frac{\partial z}{\partial x}\right)=\frac{\partial^2 z}{\partial x^2}=f_{xx}(x,y)$；

（2）对 y 的二阶偏导数：$\frac{\partial}{\partial y}\left(\frac{\partial z}{\partial y}\right)=\frac{\partial^2 z}{\partial y^2}=f_{yy}(x,y)$；

（3）先对 x 再对 y 的二阶偏导数：$\frac{\partial}{\partial y}\left(\frac{\partial z}{\partial x}\right)=\frac{\partial^2 z}{\partial x\partial y}=f_{xy}(x,y)$；

（4）先对 y 再对 x 的二阶偏导数：$\frac{\partial}{\partial x}\left(\frac{\partial z}{\partial y}\right)=\frac{\partial^2 z}{\partial y\partial x}=f_{yx}(x,y)$.

类型（3）和（4）也称为二阶混合偏导数.

类似地，可给出更高阶偏导数的概念和记号．二阶及二阶以上的偏导数统称为高阶偏导数.

例 3　设 $z=x^3y^2-3xy^3-xy+1$，求 $\frac{\partial^2 z}{\partial x^2}$，$\frac{\partial^3 z}{\partial x^3}$，$\frac{\partial^2 z}{\partial y\partial x}$ 和 $\frac{\partial^2 z}{\partial x\partial y}$.

解　$\frac{\partial z}{\partial x}=3x^2y^2-3y^3-y$，$\frac{\partial^2 z}{\partial x^2}=6xy^2$，$\frac{\partial^3 z}{\partial x^3}=6y^2$，$\frac{\partial^2 z}{\partial x\partial y}=6x^2y-9y^2-1$，

$\frac{\partial z}{\partial y}=2x^3y-9xy^2-x$，$\frac{\partial^2 z}{\partial y\partial x}=6x^2y-9y^2-1$.

例 3 中两个二阶混合偏导数相等，对此有下述定理.

定理　如果函数 $z=f(x,y)$ 的两个二阶混合偏导数 $\frac{\partial^2 z}{\partial x\partial y}$ 及 $\frac{\partial^2 z}{\partial y\partial x}$ 在区域 D 内连续，那么在该区域内这两个二阶混合偏导数必相等.

也就是说，二阶混合偏导数在连续的条件下与求导的次序无关.

习题 9-3

1. 求下列函数的偏导数：

(1) $z=\sin(x+y)$；　(2) $z=\arctan(xy)$；

(3) $z=\sin(x^y)$；　(4) $z=(x+\sin x)^{y^2}$.

2. 求下列函数在指定点处的偏导数：

(1) $f(x,y)=x+y-\sqrt{x^2+y^2}$，求 $f_x(3,4)$；

(2) $f(x,y)=\arctan\frac{y}{x}$，求 $f_x(1,1)$，$f_y(1,1)$.

3. 求曲线 $\begin{cases} z=\frac{x^2+y^2}{4} \\ y=4 \end{cases}$ 在点 $(2,4,5)$ 处的切线关于 x 轴的斜率.

4. 求下列函数的二阶偏导数：

(1) $z=x^3+3x^2y+y^4+2$；　(2) $z=\sin^2(ax+by)$（a,b 是常数）；

(3) $z=x\ln(x+y)$；　(4) $z=\frac{x}{\sqrt{x^2+y^2}}$.

5. 科学研究表明，某物质在深度为 x 处（单位：cm）时刻 t（单位：s）的温度可以用如下关系表示：$T(x,t)=T_0+T_1\mathrm{e}^{-\lambda x}\sin(\omega t-\lambda x)$，其中 $\omega=\frac{2\pi}{365}$，λ 是一正常数.

(1) 求 $\frac{\partial T}{\partial x}$，解释其物理意义；

(2) 求 $\frac{\partial T}{\partial t}$，解释其物理意义.

第四节　全　微　分

一、全微分的定义

引例　设有一圆柱，受压后发生变形：底面半径由 r 变到 $r+\Delta r$，高由 h 变到 $h+\Delta h$，问圆柱体的体积改变了多少？

解 设圆柱体的体积 $V=\pi r^2 h$. 体积 V 的改变量 ΔV 称为当自变量 r 和 h 分别取得增量 Δr 和 Δh 时函数 V 相应的**全增量**，即

$$\begin{aligned}\Delta V &= V(r+\Delta r,h+\Delta h)-V(r,h)\\ &= \pi(r+\Delta r)^2(h+\Delta h)-\pi r^2 h\\ &= 2\pi rh\Delta r+\pi r^2\Delta h+2\pi r\Delta r\Delta h+\pi h(\Delta r)^2+\pi(\Delta r)^2\Delta h\end{aligned}$$

显然，直接计算 ΔV 是比较麻烦的．但是，上式可分成两部分：第一部分是关于 Δr 和 Δh 的线性函数

$$2\pi rh\Delta r+\pi r^2\Delta h$$

第二部分是

$$2\pi r\Delta r\Delta h+\pi h(\Delta r)^2+\pi(\Delta r)^2\Delta h$$

可以证明，当$(\Delta r,\Delta h)\to(0,0)$时，它是比 $\rho=\sqrt{(\Delta r)^2+(\Delta h)^2}$ 高阶的无穷小，于是函数 V 的全增量可表示为

$$\Delta V=2\pi rh\Delta r+\pi r^2\Delta h+o(\rho)$$

所以，当 Δr、Δh 很小时，有

$$\Delta V\approx 2\pi rh\Delta r+\pi r^2\Delta h$$

类似于一元函数微分的概念，关于 Δr 和 Δh 的线性函数

$$2\pi rh\Delta r+\pi r^2\Delta h$$

称为函数 V 的全微分.

定义 设函数 $z=f(x,y)$ 在点(x,y)的某邻域内有定义，点$(x+\Delta x,y+\Delta y)$在此邻域内．如果函数 $z=f(x,y)$ 在点(x,y)的全增量

$$\Delta z=f(x+\Delta x,y+\Delta y)-f(x,y)$$

可表示为

$$\Delta z=A\Delta x+B\Delta y+o(\rho) \tag{9-5}$$

其中 A、B 不依赖于 Δx、Δy，仅与 x、y 有关，$o(\rho)$ 是当 $\rho=\sqrt{(\Delta r)^2+(\Delta h)^2}\to 0$ 时比 ρ 高阶的无穷小，则称函数 $z=f(x,y)$ 在点(x,y)处**可微**，$A\Delta x+B\Delta y$ 称为函数 $z=f(x,y)$ 在点(x,y)的**全微分**，记作 $\mathrm{d}z$，即

$$\mathrm{d}z=A\Delta x+B\Delta y$$

我们知道，一元函数在某一点处可微，则在该点一定连续且可导，对于二元函数也有类似的性质.

定理 1 如果函数 $z=f(x,y)$ 在点(x,y)处可微，则它在点(x,y)处连续，且两个偏导数 $\frac{\partial z}{\partial x}$和$\frac{\partial z}{\partial y}$存在，并有

$$\mathrm{d}z=\frac{\partial z}{\partial x}\Delta x+\frac{\partial z}{\partial y}\Delta y \tag{9-6}$$

如果函数在区域 D 内各点处都可微，那么称这函数在 D 内可微.

注意 偏导数$\frac{\partial z}{\partial x}$和$\frac{\partial z}{\partial y}$存在只是全微分存在的必要条件而不是充分条件．即两个偏导数 $\frac{\partial z}{\partial x}$、$\frac{\partial z}{\partial y}$存在并不能保证函数 $z=f(x,y)$ 在点(x,y)处可微．如函数

$$f(x,y)=\begin{cases}\dfrac{xy}{x^2+y^2}, & (x,y)\neq(0,0)\\ 0, & (x,y)=(0,0)\end{cases}$$

在点(0,0)处的两个偏导数$f_x(0,0)=0, f_y(0,0)=0$，而它在(0,0)处不连续，所以它在(0,0)处不可微．下面定理给出了函数$z=f(x,y)$在点(x,y)处可微的充分条件.

定理2　如果函数$z=f(x,y)$的两个偏导数$\dfrac{\partial z}{\partial x}$和$\dfrac{\partial z}{\partial y}$在点$(x,y)$都存在且连续，则函数$z=f(x,y)$在该点可微.

习惯上，将自变量的增量Δx和Δy分别记作dx和dy，并分别称为自变量的微分，于是式（9-6）又记作

$$dz=\frac{\partial z}{\partial x}dx+\frac{\partial z}{\partial y}dy \tag{9-7}$$

上述二元函数全微分的概念和公式，均可类推到三元及三元以上的函数．例如，三元函数$u=f(x,y,z)$的三个偏导数都存在且连续，则它的全微分存在，并有

$$du=\frac{\partial u}{\partial x}dx+\frac{\partial u}{\partial y}dy+\frac{\partial u}{\partial z}dz \tag{9-8}$$

例1　求函数$z=\dfrac{x}{y}$在点(2,1)处的全微分.

解　因为

$$\left.\frac{\partial z}{\partial x}\right|_{\substack{x=2\\y=1}}=\left.\frac{1}{y}\right|_{\substack{x=2\\y=1}}=1,\left.\frac{\partial z}{\partial y}\right|_{\substack{x=2\\y=1}}=-\left.\frac{x}{y^2}\right|_{\substack{x=2\\y=1}}=-2$$

所以，由式（9-8）得

$$\left.dz\right|_{\substack{x=2\\y=1}}=dx-2dy$$

例2　求函数$z=x^2y+\tan(x+y)$的全微分.

解　因为

$$\frac{\partial z}{\partial x}=2xy+\sec^2(x+y),\ \frac{\partial z}{\partial y}=x^2+\sec^2(x+y)$$

所以

$$dz=[2xy+\sec^2(x+y)]dx+[x^2+\sec^2(x+y)]dy$$

例3　求函数$u=z\cot(xy)$的全微分.

解　因为

$$\frac{\partial u}{\partial x}=-yz\csc^2(xy),\ \frac{\partial u}{\partial y}=-xz\csc^2(xy),\ \frac{\partial u}{\partial z}=\cot(xy)$$

所以

$$du=-yz\csc^2(xy)dx-xz\csc^2(xy)dy+\cot(xy)dz$$

二、全微分在近似计算中的应用举例

由定理2知，当二元函数$z=f(x,y)$在点(x,y)处的两个偏导数$\dfrac{\partial z}{\partial x}$和$\dfrac{\partial z}{\partial y}$都存在且连续

时，有

$$dz=f_x(x,y)\Delta x+f_y(x,y)\Delta y$$

又当$|\Delta x|$、$|\Delta y|$都很小时，有

$$\Delta z=f(x+\Delta x,y+\Delta y)-f(x,y)\approx dz$$

这样便得到两个近似公式

$$\Delta z\approx f_x(x,y)\Delta x+f_y(x,y)\Delta y \tag{9-9}$$

$$f(x+\Delta x,y+\Delta y)\approx f(x,y)+f_x(x,y)\Delta x+f_y(x,y)\Delta y \tag{9-10}$$

应用式（9-9）和式（9-10），可以计算二元函数$z=f(x,y)$的全增量Δz及函数在某点的函数值的近似值.

案例［体积变化］ 当正圆锥体变形时，它的底面半径由30cm增大到30.1cm，高由60cm减少到59.5cm，求正圆锥体体积变化的近似值.

解 正圆锥体的体积为

$$V=\frac{1}{3}\pi r^2h$$

由于

$$dV=\frac{\partial V}{\partial r}\Delta r+\frac{\partial V}{\partial h}\Delta h=\frac{2}{3}\pi rh\Delta r+\frac{1}{3}\pi r^2\Delta h$$

于是，由式（9-9）有

$$\Delta V\approx\frac{2}{3}\pi rh\Delta r+\frac{1}{3}\pi r^2\Delta h$$

将$r=30$，$\Delta r=0.1$，$h=60$，$\Delta h=-0.5$代入上式，得正圆锥体体积变化的近似值

$$\Delta V\approx\frac{2}{3}\pi\times30\times60\times0.1+\frac{1}{3}\pi\times30^2\times(-0.5)=-30\pi(\text{cm}^3)$$

即正圆锥体的体积约减少了$30\pi\ \text{cm}^3$.

例4 求$0.98^{2.01}$的近似值.

解 设$f(x,y)=x^y$，取$x=1$，$\Delta x=0.02$，$y=2$，$\Delta y=0.01$，由于

$$f(1,2)=1$$

$$f_x(1,2)=yx^{y-1}\Big|_{\substack{x=1\\y=2}}=2$$

$$f_y(1,2)=x^y\ln x\Big|_{\substack{x=1\\y=2}}=0$$

所以，由式（9-10）得

$$0.98^{2.01}\approx1+2\times(-0.02)+0\times0.01=0.96$$

习题 9-4

1. 填空题.

（1）函数$z=xy$在点$(2,1)$处的全微分$dz=$__________.

（2）设$f(x,y)=x^2y^3$，则$df\Big|_{\substack{x=1\\y=-2}}=$__________.

（3）设$z=xy$，$x=1$，$y=2$，$\Delta x=0.1$，$\Delta y=0.2$，则$\Delta z=$________，$dz=$________.

2. 求下列函数的全微分：

(1) $z=e^{xy}$；　　(2) $z=\ln(3x-2y)$；

(3) $z=\dfrac{x+y}{x-y}$；　　(4) $u=\sin(x^2+y^2+z^2)$.

3. 求函数 $z=\ln\sqrt{1+x^2+y^2}$ 在 $x=1$，$y=2$ 处的全微分.

4. 求函数 $z=2x^2+3y^2$ 在 $x=10$，$y=8$，$\Delta x=0.2$，$\Delta y=0.3$ 时的全微分和全增量.

5. 设一圆柱体，它变形后，底面半径 r 由 2cm 增加到 2.05cm，高 h 由 10cm 减少到 9.8cm，求这个圆柱体体积变化的近似值.

第五节　二 重 积 分

一、引例

引例［曲顶柱体的体积］　设函数 $z=f(x,y)$ 在有界闭区域 D 上连续，且 $f(x,y)\geqslant 0$. 以函数 $z=f(x,y)$ 所表示的曲面为顶，以区域 D 为底，且以 D 的边界曲线为准线而母线平行于 z 轴的柱面为侧面的立体叫做曲顶柱体（图 9-13）．现在我们讨论如何求它的体积.

由于柱体的高 $f(x,y)$ 是变动的，且在区域 D 上是连续的，所以在小范围内它的变动不大，可以近似地看成不变．因此，就可用类似于求曲边梯形面积的方法来求曲顶柱体的体积 V.

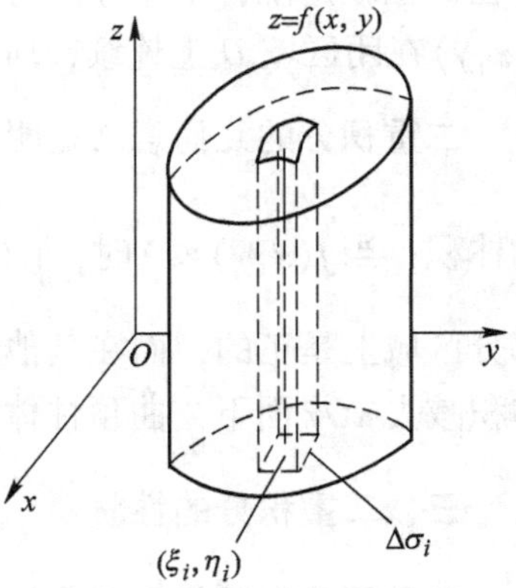

图 9-13

首先，用一组曲线网把 D 分成 n 个小区域 $\Delta\sigma_1$，$\Delta\sigma_2$，…，$\Delta\sigma_n$. 分别以这些小闭区域为底作母线平行于 z 轴的柱面，这些柱面把原来的曲顶柱体分为 n 个细曲顶柱体．我们在每个 $\Delta\sigma_i$（小闭区域的面积也用 $\Delta\sigma_i$ 表示）中任取一点 (ξ_i,η_i)，以 $f(\xi_i,\eta_i)$ 为高而底为 $\Delta\sigma_i$ 的平顶柱体的体积为 $f(\xi_i,\eta_i)\Delta\sigma_i$，这 n 个平顶柱体体积之和

$$\sum_{i=1}^{n} f(\xi_i,\eta_i)\Delta\sigma_i$$

可以认为是整个曲顶柱体体积的近似值．令 n 个小区域的直径（这里直径是指区域上任意两点间距离的最大者）中的最大值（记作 λ）趋于零，取上述和式的极限便得到所求曲顶柱体的体积，即

$$V=\lim_{\lambda\to 0}\sum_{i=1}^{n} f(\xi_i,\eta_i)\Delta\sigma_i$$

上面问题把所求量归结为和式的极限．由于在物理、力学、几何和工程技术中，许多物理量与几何量都可归结为这种和式的极限，所以有必要一般地研究这种和式极限，并抽象出下述二重积分的定义.

二、二重积分的概念

定义　设函数 $f(x,y)$ 在有界闭区域 D 上有定义且有界．将 D 任意地分割为 n 个小闭区域 $\Delta\sigma_i$（$i=1,2,\cdots,n$，$\Delta\sigma_i$ 同时又表示面积）．在每个小区域 $\Delta\sigma_i$ 上任取一点 $(\xi_i,$

η_i)，作和式 $\sum_{i=1}^{n} f(\xi_i,\eta_i)\Delta\sigma_i$. 如果当各 $\Delta\sigma_i$ 直径中的最大值 λ 趋于零时，这个和式的极限存在，则称此极限为函数 $f(x,y)$ 在闭区域 D 上的二重积分，记作 $\iint\limits_D f(x,y)\mathrm{d}\sigma$，

$$\iint\limits_D f(x,y)\mathrm{d}\sigma = \lim_{\lambda\to 0}\sum_{i=1}^{n} f(\xi_i,\eta_i)\Delta\sigma_i \tag{9-11}$$

其中 $f(x,y)$ 称为被积函数，$f(x,y)\mathrm{d}\sigma$ 称为被积表达式，$\mathrm{d}\sigma$ 称为面积元素，x 和 y 称为积分变量，D 称为积分区域，$\sum_{i=1}^{n} f(\xi_i,\eta_i)\Delta\sigma_i$ 称为积分和式.

在二重积分的定义中对闭区域 D 的划分是任意的. 如果在直角坐标系中用平行于坐标轴的直线网来划分 D，那么除了包含边界点的一些小闭区域外，其余的小闭区域都是矩形闭区域. 设矩形闭区域 $\Delta\sigma_i$ 的边长为 Δx_i 和 Δy_i，则 $\Delta\sigma_i = \Delta x_i \cdot \Delta y_i$. 因此直角坐标系中，有时也把面积元素 $\mathrm{d}\sigma$ 记作 $\mathrm{d}x\mathrm{d}y$，而把二重积分记作 $\iint\limits_D f(x,y)\mathrm{d}x\mathrm{d}y$，其中 $\mathrm{d}x\mathrm{d}y$ 称为直角坐标系中的面积元素.

在这里我们指出，当 $f(x,y)$ 在闭区域 D 上连续时，式（9-11）右端的和式的极限必定存在，也就是说，$f(x,y)$ 在闭区域 D 上的二重积分必存在. 在本书中，我们总是假定函数 $f(x,y)$ 在闭区域 D 上连续，所以 $f(x,y)$ 在 D 上的二重积分都是存在的.

二重积分的几何意义是明显的，当被积函数 $f(x,y)\geqslant 0$ 时，$\iint\limits_D f(x,y)\mathrm{d}\sigma$ 表示曲顶柱体的体积；当 $f(x,y)\leqslant 0$ 时，$\iint\limits_D f(x,y)\mathrm{d}\sigma$ 表示曲顶柱体的体积的负值；当 $f(x,y)$ 在 D 的若干部分区域上是正的，而在其他部分区域上是负的，二重积分的值等于 xOy 面上方曲顶柱体体积减去 xOy 面下方曲顶柱体体积之差.

三、二重积分的性质

二重积分有着与定积分相类似的性质. 现将这些性质叙述如下，其中 D 是 xOy 面上的有界闭区域.

性质 1　被积函数中的常数因子可以提到积分号外面，即

$$\iint\limits_D kf(x,y)\mathrm{d}\sigma = k\iint\limits_D f(x,y)\mathrm{d}\sigma \quad (k\text{ 为常数})$$

性质 2　有限个函数的代数和的二重积分等于各个函数的二重积分的代数和. 例如

$$\iint\limits_D [f(x,y)\pm g(x,y)]\mathrm{d}\sigma = \iint\limits_D f(x,y)\mathrm{d}\sigma \pm \iint\limits_D g(x,y)\mathrm{d}\sigma$$

性质 3　如果将积分区域 D 分为两个闭区域 D_1 和 D_2，则在 D 上的二重积分等于 D_1 和 D_2 上二重积分的和，即

$$\iint\limits_D f(x,y)\mathrm{d}\sigma = \iint\limits_{D_1} f(x,y)\mathrm{d}\sigma \pm \iint\limits_{D_2} f(x,y)\mathrm{d}\sigma$$

这一性质表示二重积分对于积分区域具有可加性.

性质 4　如果在区域 D 上，$f(x,y)\equiv 1$，则二重积分在数值上等于区域 D 的面积的

值，即

$$\iint_D f(x,y)\,\mathrm{d}\sigma = \iint_D 1 \cdot \mathrm{d}\sigma = \sigma$$

这一性质的几何意义是明显的，因为高为 1 的平顶柱体的体积在数值上就等于柱体的底面积.

性质 5　在区域 D 上，如果 $f(x,y) \leqslant g(x,y)$，则有不等式

$$\iint_D f(x,y)\,\mathrm{d}\sigma \leqslant \iint_D g(x,y)\,\mathrm{d}\sigma$$

性质 6　设 M、m 分别是 $f(x,y)$ 在有界闭区域 D 上的最大值和最小值，则有不等式

$$m\sigma \leqslant \iint_D f(x,y)\,\mathrm{d}\sigma \leqslant M\sigma$$

其中 σ 为区域 D 的面积.

性质 7（二重积分的中值定理）　设函数 $f(x,y)$ 在有界闭区域 D 上连续，σ 为区域 D 的面积，则在 D 上至少存在一点（ξ,η），使得

$$\iint_D f(x,y)\,\mathrm{d}\sigma = f(\xi,\eta) \cdot \sigma$$

证明　显然 $\sigma>0$，把性质 6 中不等式各除以 σ，有

$$m \leqslant \frac{1}{\sigma}\iint_D f(x,y)\,\mathrm{d}\sigma \leqslant M$$

这就是说，确定的数值 $\frac{1}{\sigma}\iint_D f(x,y)\,\mathrm{d}\sigma$ 是介于函数 $f(x,y)$ 的最大值 M 和最小值 m 之间的 . 根据在闭区域上连续函数的介值定理，在 D 上至少存在一点(ξ,η)，使得函数在该点的值与这个确定的数值相等，即

$$\frac{1}{\sigma}\iint_D f(x,y)\,\mathrm{d}\sigma = f(\xi,\eta)$$

上式两端各乘以 σ，就得所需要证明的公式.

习题 9-5

1. 设由一平面薄板（不计其厚度）占有 xOy 面上的闭区域 D，薄板上分布有面密度为 $\mu=\mu(x,y)$ 的电荷，且 $\mu(x,y)$ 在 D 上连续，试用二重积分表示该板上的全部电荷 Q.

2. 试用二重积分表示半球 $x^2+y^2+z^2 \leqslant a^2$，$z \geqslant 0$ 的体积 V.

3. 利用二重积分的定义证明：$\iint_D \mathrm{d}\sigma = \sigma$（$\sigma$ 为区域 D 的面积）.

4. 利用二重积分的性质估计积分 $I = \iint_D xy(x+y)\,\mathrm{d}\sigma$ 的值，其中 $D = \{(x,y) \mid 0 \leqslant x \leqslant 1,\ 0 \leqslant y \leqslant 1\}$.

5. 利用二重积分的性质比较 $\iint_D \mathrm{e}^{xy}\,\mathrm{d}x\mathrm{d}y$ 与 $\iint_D \mathrm{e}^{2xy}\,\mathrm{d}x\mathrm{d}y$ 的大小，其中 $D=[0,1]\times[0,1]$.

第六节　二重积分的计算方法

按照二重积分的定义来计算二重积分，对少数特别简单的被积函数和积分区域来说是可行的，但对于一般的函数和区域来说，这不是一种切实可行的方法．本节介绍一种计算二重积分的方法，这种方法是把二重积分化为二次积分来计算.

设函数 $z=f(x,y)$ 在有界闭区域 D 上连续且 $f(x,y)\geqslant 0$，并设积分区域 D 可用不等式

$$\varphi_1(x)\leqslant y\leqslant \varphi_2(x),\ a\leqslant x\leqslant b$$

来表示（图 9-14），其中函数 $\varphi_1(x)$、$\varphi_2(x)$ 在区间 $[a,b]$ 上连续，这样的区域称为 **X-型区域**，其特点是：穿过 D 内部且平行于 y 轴的直线与 D 的边界相交不多于两点.

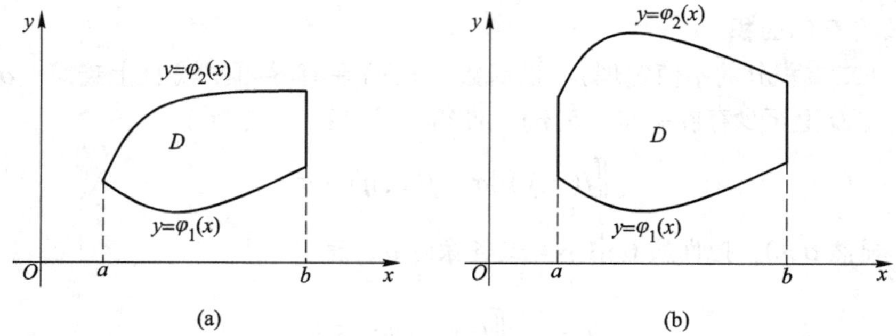

图 9-14

由二重积分的几何意义知，$\iint\limits_D f(x,y)\,\mathrm{d}\sigma$ 等于以 D 为底，以曲面 $z=f(x,y)$ 为顶的曲顶柱体的体积．另一方面，这个曲顶柱体的体积也可按“平行截面面积为已知的立体的体积”的计算方法来求得．

先求截面面积 $S(x)$．在区间 $[a,b]$ 上任意选定一点 x_0，过这点作垂直于 x 轴的平面 $x=x_0$．此平面截曲顶柱体所得截面是一个以区间 $[\varphi_1(x_0),\varphi_2(x_0)]$ 为底、以曲线 $z=f(x_0,y)$ 为曲边的曲边梯形，如图 9-15 所示.

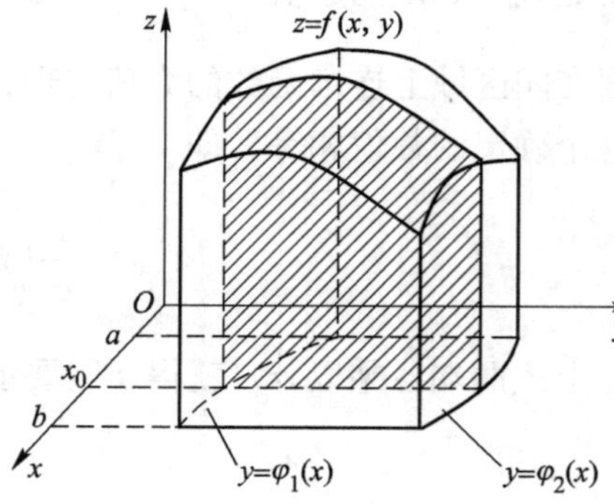

图 9-15

由定积分的几何意义知其面积为

$$S(x_0)=\int_{\varphi_1(x_0)}^{\varphi_2(x_0)} f(x_0,y)\,\mathrm{d}y$$

对于区间 $[a,b]$ 上的任何点 x，对应的截面面积为

$$S(x)=\int_{\varphi_1(x)}^{\varphi_2(x)} f(x,y)\,\mathrm{d}y$$

于是得曲顶柱体的体积 V 为

$$V=\int_a^b S(x)\,\mathrm{d}x=\int_a^b\Big[\int_{\varphi_1(x)}^{\varphi_2(x)} f(x,y)\,\mathrm{d}y\Big]\mathrm{d}x$$

从而有

$$\iint_D f(x,y)\,\mathrm{d}\sigma = \int_a^b \left[\int_{\varphi_1(x)}^{\varphi_2(x)} f(x,y)\,\mathrm{d}y\right]\mathrm{d}x \tag{9-12}$$

或写成

$$\iint_D f(x,y)\,\mathrm{d}\sigma = \int_a^b \mathrm{d}x \int_{\varphi_1(x)}^{\varphi_2(x)} f(x,y)\,\mathrm{d}y \tag{9-13}$$

这个公式表明，二重积分可以化为先对 y、后对 x 的二次积分来计算．先对 y 积分时，应把 $f(x,y)$ 中的 x 看作常数，只看作 y 的函数，计算从 $\varphi_1(x)$ 到 $\varphi_2(x)$ 的定积分，然后把算得的结果（不含 y，是 x 的函数）再对 x 计算从 a 到 b 的定积分.

在推导中，设 $f(x,y)\geqslant 0$，事实上，这个公式的成立并不受此条件限制．类似地，如果积分区域 D 可用不等式

$$\psi_1(y) \leqslant x \leqslant \psi_2(y), c \leqslant y \leqslant d$$

来表示（图 9-16），其中 $\psi_1(y)$、$\psi_2(y)$ 在区间 $[c,d]$ 上连续，这样的区域称为 **Y-型区域**，其特点是：穿过 D 内部且平行于 x 轴的直线与 D 的边界相交不多于两点，则有

$$\iint_D f(x,y)\,\mathrm{d}\sigma = \int_c^d \left[\int_{\psi_1(y)}^{\psi_2(y)} f(x,y)\,\mathrm{d}x\right]\mathrm{d}y = \int_c^d \mathrm{d}y \int_{\psi_1(y)}^{\psi_2(y)} f(x,y)\,\mathrm{d}x \tag{9-14}$$

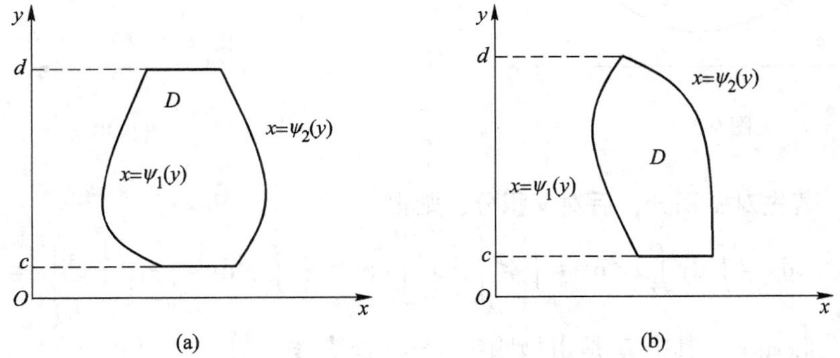

图 9-16

式（9-14）是把二重积分化为先对 x、后对 y 的二次积分来计算.

如果所给积分区域 D 既是 X-型区域，可用 $\varphi_1(x)\leqslant y\leqslant\varphi_2(x)$，$a\leqslant x\leqslant b$ 表示，又是Y-型区域，可用不等式 $\psi_1(y)\leqslant x\leqslant\psi_2(y)$，$c\leqslant y\leqslant d$ 表示，则由式（9-12）和式（9-14）就有

$$\int_a^b \mathrm{d}x \int_{\varphi_1(x)}^{\varphi_2(x)} f(x,y)\,\mathrm{d}y = \int_c^d \mathrm{d}y \int_{\psi_1(y)}^{\psi_2(y)} f(x,y)\,\mathrm{d}x \tag{9-15}$$

式（9-15）常用来交换二重积分的积分次序.

二重积分化为二次积分计算时，确定二次积分的积分限是一个关键．为此，应先画出积分区域图．如果区域是 X-型区域，在区间 $[a,b]$ 上任意确定一点 x，并过此点作一条平行于 y 轴的直线，顺着 y 轴正向看去，点 a 是这条直线穿入区域 D 的点，这点的纵坐标 $\varphi_1(x)$ 就是积分的下限；点 b 是穿出区域 D 的点，它的纵坐标 $\varphi_2(x)$ 就是积分的上限，把计算结果（是 x 的函数）再对 x 在其变化区间 $[a,b]$ 上作定积分．同理可得 Y-型区域的定限方法.

注意　以上说的 X-型（Y-型）区域都要求平行于 y 轴（x 轴）的直线与区域 D 的边

界曲线相交不多于两个点，如果不满足这个条件时，总可先把 D 分成若干个部分区域（图 9-17），使每个部分区域成为 X-型（Y-型）区域．由性质 3 知，在 D 上的重积分等于在各个部分区域上的积分之和.

例 1　求 $\iint\limits_D xy^2\mathrm{d}x\mathrm{d}y$，其中 D 是由直线 $x=0$，$x=1$，$y=1$ 和 $y=2$ 所围成的闭区域.

解　方法一　首先画出积分区域 D（图 9-18）．D 是矩形区域，化成二次积分时，积分的上下限均为常数．若先对 y 积分，把 x 暂定为常数，y 的变化范围由 1 到 2，然后再对 x 从 0 到 1 积分，于是得

$$\iint\limits_D xy^2\mathrm{d}x\mathrm{d}y = \int_0^1\mathrm{d}x\int_1^2 xy^2\mathrm{d}y = \int_0^1 x\left[\frac{1}{3}y^3\right]_1^2\mathrm{d}x = \frac{7}{3}\int_0^1 x\mathrm{d}x = \frac{7}{6}$$

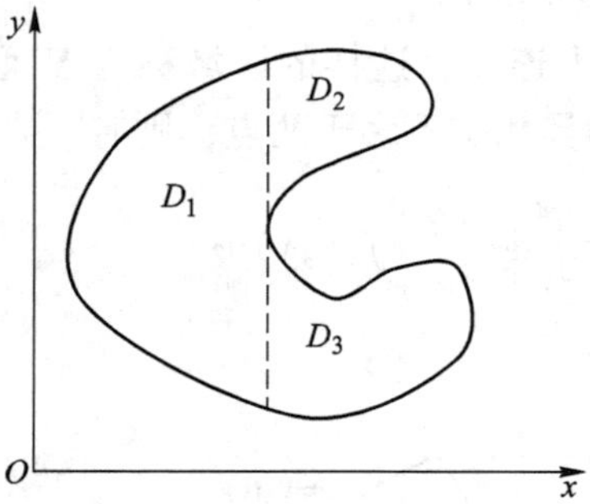

图 9-17

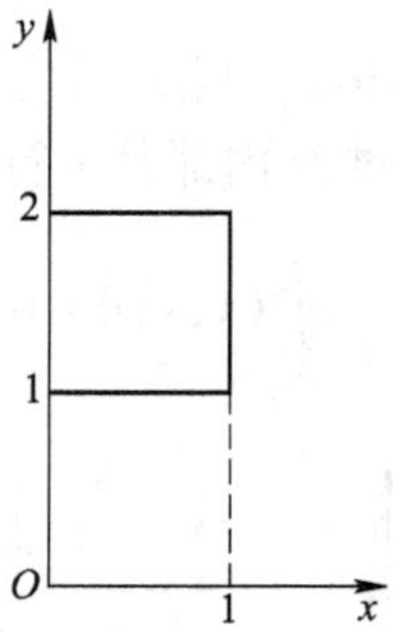

图 9-18

方法二　若先对 x 积分，后对 y 积分，则得

$$\iint\limits_D xy^2\mathrm{d}x\mathrm{d}y = \int_1^2\mathrm{d}y\int_0^1 xy^2\mathrm{d}x = \int_1^2 y^2\left[\frac{1}{2}x^2\right]_0^1\mathrm{d}y = \frac{1}{2}\int_1^2 y^2\mathrm{d}y = \frac{1}{2}\left[\frac{1}{3}y^3\right]_1^2 = \frac{7}{6}$$

例 2　求 $\iint\limits_D xy\mathrm{d}\sigma$，其中 D 是由抛物线 $y^2=x$ 及直线 $y=x-2$ 所围成的闭区域.

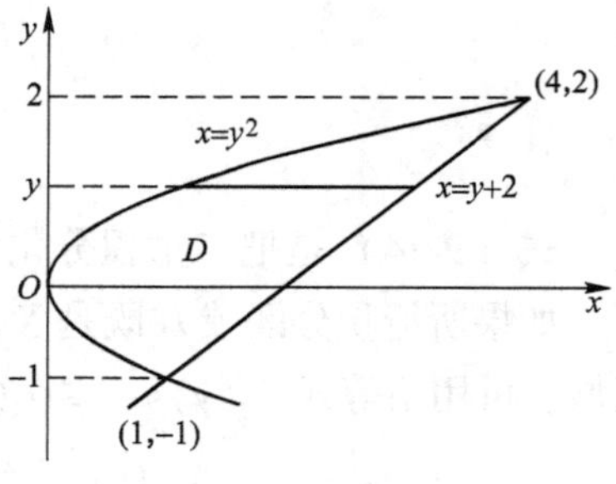

图 9-19

解　画出区域 D（图 9-19）．先求出交点，解方程组 $\begin{cases} y^2 = x \\ y = x-2 \end{cases}$，得交点坐标 $(1,-1)$ 及 $(4,2)$．D 既是 X-型区域，又是 Y-型区域.

若按 Y-型区域计算，用式（9-14），有

$$\iint\limits_D xy\mathrm{d}\sigma = \int_{-1}^2\mathrm{d}y\int_{y^2}^{y+2} xy\mathrm{d}x = \int_{-1}^2 y\left[\frac{1}{2}x^2\right]_{y^2}^{y+2}\mathrm{d}x = \frac{1}{2}\int_{-1}^2[(y+2)^2y - y^5]\mathrm{d}y$$

$$= \frac{1}{2}\left[\frac{1}{4}y^4 + \frac{4}{3}y^3 + 2y^2 - \frac{1}{6}y^6\right]_{-1}^2 = 5\frac{5}{8}$$

若按 X-型区域计算，用式（9-12），则由于下方边界曲线 $y=\varphi_1(x)$ 在区间 $[0,1]$ 及 $[1,4]$ 上的表达式不一致，所以要用经过交点 $(1,-1)$ 且平行于 y 轴的直线 $x=1$ 把区域 D 分成 D_1 和 D_2 两部分，如图 9-20 所示．其中

$$D_1 = \{(x,y) \mid -\sqrt{x} \leqslant y \leqslant \sqrt{x}, 0 \leqslant x \leqslant 1\}$$

$$D_2=\{(x,y)\mid x-2\leqslant y\leqslant\sqrt{x},1\leqslant x\leqslant 4\}$$

利用二重积分的性质 3，就有

$$\iint\limits_D xy\mathrm{d}\sigma=\iint\limits_{D_1}xy\mathrm{d}\sigma\pm\iint\limits_{D_2}xy\mathrm{d}\sigma=\int_0^1\mathrm{d}x\int_{-\sqrt{x}}^{\sqrt{x}}xy\mathrm{d}y+\int_1^4\mathrm{d}x\int_{x-2}^{\sqrt{x}}xy\mathrm{d}y=\int_0^1 x\left[\frac{y^2}{2}\right]_{-\sqrt{x}}^{\sqrt{x}}\mathrm{d}x+\int_1^4 x\left[\frac{y^2}{2}\right]_{x-2}^{\sqrt{x}}\mathrm{d}x$$

$$=0+\int_1^4 x\left[\frac{x}{2}-\frac{(x-2)^2}{2}\right]\mathrm{d}x=5\frac{5}{8}$$

由此可见，这里用式（9-12）比较麻烦.

从例 2 可见，积分次序选择不同，二重积分计算的难易程度不同．在选择积分次序时，除考虑积分区域的形状特点，还应考虑被积函数的结构特点.

例 3 求 $\iint\limits_D\frac{\sin y}{y}\mathrm{d}x\mathrm{d}y$，其中 D 由 $y=x$，$x=y^2$ 所围成.

解 画出区域 D（图 9-21）.

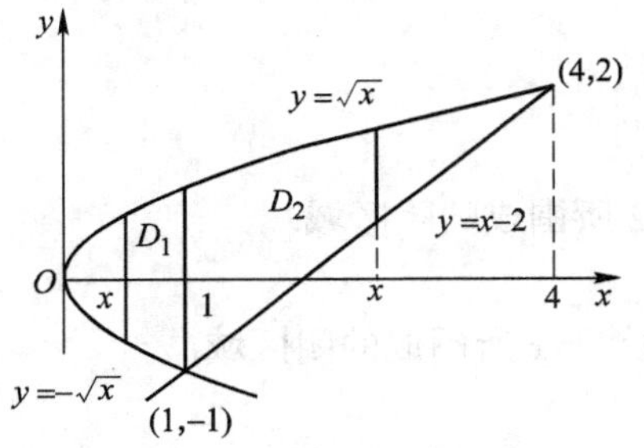

图 9-20

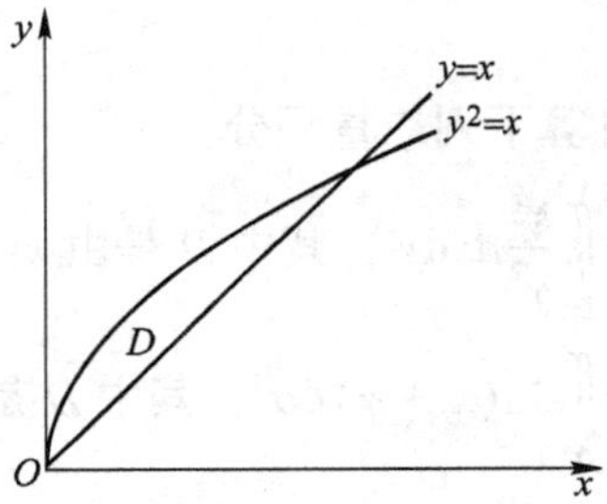

图 9-21

若用式（9-12），就要先计算定积分 $\int_x^{\sqrt{x}}\frac{\sin y}{y}\mathrm{d}y$，由于$\frac{\sin y}{y}$的原函数不是初等函数，因而积分 $\int_x^{\sqrt{x}}\frac{\sin y}{y}\mathrm{d}y$ 无法用牛顿—莱布尼茨公式计算.

若按 Y–型区域，用式（9-14），则有

$$\iint\limits_D\frac{\sin y}{y}\mathrm{d}x\mathrm{d}y=\int_0^1\mathrm{d}y\int_{y^2}^{y}\frac{\sin y}{y}\mathrm{d}x=\int_0^1\frac{\sin y}{y}(y-y^2)\mathrm{d}y=\int_0^1(1-y)\sin y\mathrm{d}y$$

$$=\int_0^1(1-y)\mathrm{d}\cos y=[(y-1)\cos y]_0^1-\int_0^1\cos y\mathrm{d}y=1-\sin 1$$

此例表明，选择怎样的二次积分次序有时直接关系到能否算得出二重积分的结果.

案例［平均利润］ 设某公司销售两类商品，销售第一类商品 x 个单位和第二类商品 y 个单位的利润（单位：元）按下式确定：

$$P(x,y)=-(x-200)^2-(y-100)^2+5000$$

已知该公司在一周内第一类商品的销售量在 150~200 个单位，第二类商品的销售量在 80~100 个单位，试求在一周内销售这两种商品的平均利润.

解 由题意知 x，y 的变化范围 D 为

$$D:\begin{cases}150\leqslant x\leqslant 200\\80\leqslant y\leqslant 100\end{cases}$$

因此，D 所占面积 $\sigma = 50 \times 20 = 1000$.

设该公司在一周内销售两种商品的平均利润为 L，则

$$L = \frac{1}{\sigma}\iint_D P(x,y)\,\mathrm{d}x\mathrm{d}y = \frac{1}{1000}\iint_D [-(x-200)^2-(y-100)^2+5000]\,\mathrm{d}x\mathrm{d}y$$

$$= \frac{1}{1000}\int_{150}^{200}\mathrm{d}x\int_{80}^{100}[-(x-200)^2-(y-100)^2+5000]\,\mathrm{d}y$$

$$= \frac{1}{1000}\int_{150}^{200}\left[-(x-200)^2 y-\frac{1}{3}(y-100)^2+500y\right]\Bigg|_{80}^{100}\mathrm{d}x$$

$$= \frac{1}{3000}[-20(x-200)^3+292000x]\Big|_{150}^{200}$$

$$= \frac{12100000}{3000} \approx 4033(\text{元})$$

习题 9-6

1. 计算下列二重积分：

(1) $\iint\limits_D \frac{x^2}{y^2}\mathrm{d}x\mathrm{d}y$，其中 D 是由 $xy=1$，$y=x$ 及 $x=2$ 所围成的闭区域.

(2) $\iint\limits_D \sin(x+y)\,\mathrm{d}\sigma$，其中 D 是由 $x=0$，$y=\pi$ 及 $y=x$ 所围成的闭区域.

(3) $\iint\limits_D xy\,\mathrm{d}\sigma$，其中 D 是由 $y=x^2+1$，$y=2x$ 及 $x=0$ 所围成的闭区域.

(4) $\iint\limits_D (4-x^2)\,\mathrm{d}x\mathrm{d}y$，其中 D 是由 $x=0$，$y=0$ 及 $2x+y=4$ 所围成的闭区域.

2. 化二重积分 $I=\iint\limits_D f(x,y)\,\mathrm{d}\sigma$ 为二次积分（分别列出对两个变量先后次序不同的两个二次积分），其中 D 为：

(1) 由直线 $y=x$，$y=3x$，$x=1$ 及 $x=3$ 所围成的闭区域 .

(2) 由直线 $x+y=1$，$x-y=1$ 及 $x=0$ 所围成的闭区域 .

(3) 由 $y=2x$，$y=\frac{x}{2}$，$xy=2$ 所围成的在第一象限内的闭区域.

3. [薄片质量] 设一金属薄片所占闭区域 D 是由直线 $x+y=2$，$y=x$ 和 x 轴围成，它的面密度函数为 $\rho(x,y)=x^2+y^2$，求该金属薄片的质量.

总习题九

1. 填空题：

(1) 函数 $f(x,y)=\frac{xy}{x^2+y^2}$ 的定义域为____________________.

(2) 设函数 $f(x,y)=\frac{2xy}{x^2+y^2}$，则 $f(1,0)=$______________.

（3）设函数 $z=x+y$，则 $\frac{\partial z}{\partial x}+\frac{\partial z}{\partial y}=$ ________.

（4）设函数 $z=\frac{y}{x}$，在点(2,1)处，当 $\Delta x=0.1$，$\Delta y=0.2$ 时的全微分 $dz=$ ________.

（5）设 D 是由圆环 $2\leqslant x^2+y^2\leqslant 4$ 所确定的闭区域，则 $\iint\limits_D dxdy=$ ________.

2. 求函数 $z=e^{xy}$ 的偏导数.

3. 求函数 $z=\frac{x+y}{x-y}$ 的二阶偏导数.

4. 计算二重积分 $\iint\limits_D x\sqrt{y}\,dxdy$，其中 D 是由抛物线 $y=\sqrt{x}$ 和 $y=x^2$ 所围成的闭区域.

附录A 习题参考答案

第一章 函数及复数

习题1-1

1. (1) 1; (2) $(-1, 1)$; (3) $(1, +\infty)$; (4) $[0, 2]$.
2. (1) C; (2) C; (3) B; (4) D; (5) A.
3. $f[\varphi(x)] = \lg(1+x)[3\lg(1+x)+4]$, $x \in (-1, +\infty)$;

   $\varphi[f(x)] = \lg(3x^2+4x+1)$, $x \in (-\infty, -1) \cup \left(-\frac{1}{3}, +\infty\right)$.
4. $f(2009) = 1$ （$\forall x \in (-\infty, +\infty)$, $f(x \cdot 0) = f(x) \cdot f(0) = f(0) \Rightarrow f(x) = 1$）.
5. (1) $y = x^3 - 1$; (2) $y = \frac{1-x}{1+x}$.

习题1-2

1. (1) $y = 2^{\cos x}$; (2) $y = \ln(x^2+1)$; (3) $y = \sin^2 x$; (4) $y = \sin x^2$.
2. (1) $y = e^u$, $u = x^2$; (2) $y = \sqrt{u}$, $u = x^2 + 1$;

   (3) $y = u^{100}$, $u = 2x + 1$; (4) $y = \arctan u$, $u = \frac{x}{2}$;

   (5) $y = \sqrt{u}$, $u = \ln v$, $v = \sqrt{x}$; (6) $y = \sin u$, $u = \sqrt{v}$, $v = x^2 + 1$.

3. (1) $y = 200 + 15x$; (2) $x \approx 13.3$km.

习题1-3

1. (1) 3, $-\sqrt{3}$, $2\sqrt{3}$, $2k\pi - \frac{\pi}{6}$ $(k = 0, \pm 1, \pm 2, \cdots)$, $-\frac{\pi}{6}$,

   $2\sqrt{3}\left[\cos\left(-\frac{\pi}{6}\right) + i\sin\left(-\frac{\pi}{6}\right)\right]$, $2\sqrt{3}e^{i\left(-\frac{\pi}{6}\right)}$.

   (2) $-16\sqrt{3} + 16i$.

   (3) 2.

   (4) $-2i$, $2i$.
2. 1, 11.

3. (1) $-1-2i$；(2) $\dfrac{11+2i}{5}$；(3) $-16\sqrt{3}+16i$；(4) $\dfrac{1}{16}$；(5) $\cos 19\theta + i\sin 19\theta$.

4. $\sqrt[6]{2}\left[\cos\left(-\dfrac{\pi}{12}\right)+i\sin\left(-\dfrac{\pi}{12}\right)\right]$；$\sqrt[6]{2}\left(\cos\dfrac{7\pi}{12}+i\sin\dfrac{7\pi}{12}\right)$；$\sqrt[6]{2}\left(\cos\dfrac{5\pi}{4}+i\sin\dfrac{5\pi}{4}\right)$.

5. 模变为原来的 $\sqrt{2}$ 倍，幅角减少 $\dfrac{5}{4}$.

总习题一

1. (1) -2；(2) $f(x)=x^2-1a=1$.
2. (1) $[0, +\infty]$；(2) $\{x \mid x \in R, x \neq 1\}$；(3) $[2, 4]$；(4) $\{x \mid x \leqslant 3, x \neq 0\}$；(5) $(-1, +\infty)$；(6) $\{x \mid x \in R, x \neq 0\}$.
3. (1) $y=\sqrt{u}$，$u=3-x^2$；(2) $y=\cos u$，$u=3x+2$；(3) $y=u^2$，$u=\ln x$；(4) $y=\arctan u$，$u=\sqrt{v}$，$v=x^2+3$；(5) $y=2^u$，$u=\tan v$，$v=\dfrac{x}{3}$；(6) $y=u^2$，$u=\sin v$，$v=\sqrt{w}$，$w=x^2+1$.

第二章　极限与连续

习题 2-1

1. (1) 1；(2) 4.
2. (1) B；(2) D；(3) B；(4) D；(5) A.
3. 不存在.
4. $b=\mathrm{e}-1$.
5. 13. 4.

习题 2-2

1. (1) 0；(2) $-\infty$；(3) 4；(4) $\dfrac{1}{2}$.
2. 略.
3. (1) -1；(2) 2；(3) $-\dfrac{1}{4}$；(4) 0；(5) $\dfrac{1}{2}$；(6) $\dfrac{4}{3}$.
4. $a=-1$，$b=-2$.
5. $\lim\limits_{t\to\infty}N(t)=0$.

习题 2-3

1. (1) 2；(2) $\dfrac{3}{5}$；(3) e^{-1}；(4) e^3.
2. (1) A；(2) C.

3. (1) $\frac{3}{2}$; (2) 3; (3) −1; (4) 2.

4. (1) e^{-1}; (2) e^{2}; (3) e^{-1}; (4) e^{-1}.

习题 2-4

1. (1) $-\infty$; (2) $+\infty$; (3) 等价; (4) 低; (5) 1; (6) $\frac{1}{2}$; (7) 2; (8) $\frac{3}{5}$;
(9) 0.

2. (1) A; (2) C.

3. (1) 2; (2) $\frac{2}{3}$; (3) $\frac{1}{6}$; (4) 4; (5) 1; (6) $-\frac{1}{2}$.

习题 2-5

1. (1) 必要; (2) 连续.
2. (1) 不连续; (2) 不连续.
3. (1) 1; (2) 0; (3) $-\ln 2$.
4. 略.
5. $a=1$.

总习题二

1. (1) $\frac{1}{4}$; (2) 1; (3) 1; (4) 0; (5) 1; (6) $(-\infty, -1)\cup(-1, 1)\cup(1, +\infty)$.

2. (1) 1; (2) −1; (3) $\frac{1}{2}$; (4) e^{3}; (5) e; (6) 1; (7) $\frac{1}{2}$; (8) 2; (9) −1;
(10) $\frac{1}{2}$.

3. (1) $(-\infty, 0)\cup(0, +\infty)$; (2) $(-\infty, +\infty)$.

4. 略.

5. $f(x)=\begin{cases}1.1x, & x\leqslant 100\\ 110+2.2(x-100), & x>100.\end{cases}$

6. C.

第三章 导数与微分

习题 3-1

1. (1) $-f'(x_0)$; (2) $(-1, -1)$, $(1, 1)$.

2. (1) $5x^4$; (2) $-\frac{1}{x^2}$; (3) $y=\frac{1}{2\sqrt{x}}$; (4) $\frac{7}{2}x^{\frac{5}{2}}$.

3. 切线方程为 $\frac{\sqrt{3}}{2}x+y-\frac{1}{2}(1+\frac{\sqrt{3}}{3}\pi)=0$；法线方程为 $\frac{2\sqrt{3}}{3}x-y+\frac{1}{2}-\frac{2\sqrt{3}}{9}\pi=0$.

4. (1) $a=1$，$b=1$；(2) 切线方程为 $y=x+1$，法线方程为 $y=1-x$.

5. 从 1975 年起，每年世界人口的增长率都是 2%.

6. 当有 2000t 铜矿被开采出来时，再开采 1t 铜矿需花费 100 元.

习题 3-2

1. (1) -6；(2) 0；(3) 2；(4) 0.

2. (1) $2x+\cos x-2^x\ln 2$；　(2) $x(2\cos x-x\sin x)$；

(3) $\frac{x^2-3x^2\ln x}{x^6}=\frac{1-3\ln x}{x^4}$；　(4) $3\sec^2 3x$；

(5) $y=2^{\sec x}\sec x\tan x$；　(6) $\frac{1}{x\sqrt{1-\ln^2 x}}$；

(7) $\csc x$；　(8) $\frac{e^{\arctan\sqrt{x}}}{2\sqrt{x}(1+x)}$.

3. (1) $2xe^{x^2}f'(e^{x^2})$；(2) $\sin 2x[f'(\sin^2 x)-f'(\cos^2 x)]$.

4. 1800 人/天，2400 人/天，0.

5. $(1,\frac{1}{e})$，$y=\frac{1}{e}$.

6. $V'(t)=-\frac{100}{3}(1-\frac{t}{60})$；gal(加仑)/min.

习题 3-3

1. (1) $\frac{\cos(x+y)}{1-\cos(x+y)}$；(2) $\frac{4}{3}$；(3) $x^x(\ln x+1)$.

2. (1) $\frac{y-xy}{xy-x}$；(2) $\frac{2e^{2x}-1}{1+e^y}$；(3) $\frac{2x^3y}{y^2+1}$；(4) $-\csc^2(x+y)$；

(5) $\frac{\cos y-\cos(x+y)}{\cos(x+y)+x\sin y}$.

3. (1) $\frac{1}{3}\sqrt[3]{\frac{x(x^2+1)}{(x^2-1)^2}}(\frac{1}{x}+\frac{2x}{x^2+1}-\frac{4x}{x^2-1})$；

(2) $\frac{1}{2}\sqrt{x\sin x\cdot\sqrt{1-e^x}}[\frac{1}{x}+\cot x-\frac{e^x}{2(1-e^x)}]$；

(3) $\frac{xy\ln y-y^2}{xy\ln x-x^2}$.

4. -1.

5. $x+y-\frac{\sqrt{2}}{2}a=0$.

习题 3-4

1. (1) 减少；(2) -2，4；(3) $f'(x_0)=0, f'(x_0)$ 不存在；(4) 13，4；(5) 5，0.
2. (1) 单调增区间 $(-\infty, -1]$，$[3, +\infty)$，减区间 $(-1, 3)$；极大值 $f(-1)=\frac{32}{3}$，极小值 $f(3)=0$；
   (2) 单调增区间 $[0, +\infty)$，减区间 $[-1, 0]$；极小值 $f(0)=0$；
   (3) 单调增区间 $D_n=\sum_{t=1}^{n} a_{ti}A_{tj}$，减区间 $(-\infty, 0)$，$(2, +\infty)$；极大值 $f(2)=4e^{-2}$，极小值 $f(0)=0$；
   (4) 单调增区间 $(-\infty, 0]$，$[1, +\infty)$，减区间 $(0, 1)$；极大值 $f(0)=0$，极小值 $f(1)=-\frac{1}{2}$.
3. 略.
4. 长 18m，宽 12m.
5. 点 (2，3).
6. $h=\frac{2\sqrt{3}}{3}R$.

习题 3-5

1. (1) e^x；(2) $-4\cos 2x$；(3) $2e^x\cos x$；(4) $\frac{2x^3-6x}{(1+x^2)^3}$.
2. $\frac{\sin 2-2\cos 2}{e^2}$.
3. 略.
4. (1) $2^n\cdot n!$； (2) $3^{2x+1}2^n\ln^n 3$；
   (3) $2^n e^{2x}+(-1)^n e^{-x}$； (4) $2^{n-1}\sin[2x+(n-1)\frac{\pi}{2}]\ (n\in N)$；
   (5) $\frac{(-1)^{n-1}2^n(n-1)!}{(1+2x)^n}$； (6) $(-1)^n\cdot n![\frac{1}{(x-2)^{n+1}}-\frac{1}{(x-1)^{n+1}}]$.

习题 3-6

1. (1) $\frac{1}{2}dx$；(2) 0.03；(3) $\frac{1}{2}x^2+C$，$\tan x+C$，$-\frac{1}{2}e^{-2x}+C$；
   (4) $-2xf'(-x^2)dx$； (5) 0.003，2.745.
2. (1) $2\cos 2x dx$； (2) $(2x+3e^{3x})dx$； (3) $2\ln 5\csc 2x\cdot 5^{\ln\tan x}dx$；
   (4) $\frac{1}{2\sqrt{x-x^2}}dx$； (5) $\frac{2x\sec^2(x^2-1)}{\tan(x^2-1)\ln 2}dx$； (6) $\arccos x dx$；

(7) $\dfrac{1}{1+x^2}\mathrm{d}x$; (8) $\dfrac{4x^3y}{2y^2+1}\mathrm{d}x$.

3. 0.098.

4. 约 1.12g.

习题 3-7

(1) 2; (2) 1; (3) 2; (4) −1; (5) 3; (6) 1; (7) $\dfrac{1}{2}$; (8) $\dfrac{1}{2}$;

(9) e^{-1}; (10) 1.

总习题三

1. (1) 3; (2) 8; (3) π^2; (4) $-\csc^2 x$; (5) $e^{f(x)}f'(x)\mathrm{d}x$.

2. (1) C; (2) D; (3) A; (4) B; (5) C; (6) A.

3. (1) $y'=-\dfrac{1}{x^2}+\dfrac{1}{2\sqrt{x}}+\dfrac{1}{x}$; (2) $y'=\cos x+\dfrac{1}{1+x^2}$;

(3) $y'=\dfrac{1}{x}-2x\ln x-x$; (4) $y'=\dfrac{1}{1-\sin x}$;

(5) $y'=-\sin 2x$; (6) $y'=2\cot(2x-1)$.

4. (1) $\left(-\dfrac{1}{x^2}-2\cos x+\sec^2 x\right)\mathrm{d}x$; (2) $\left(\dfrac{1}{x}+\sin x+e^x\right)\mathrm{d}x$;

(3) $\left(2^x\ln 2\cdot\ln x+\dfrac{2^x}{x}\right)\mathrm{d}x$; (4) $(2x\cot x-x^2\csc^2 x)\mathrm{d}x$;

(5) $-\dfrac{2}{(1+x)^2}\mathrm{d}x$; (6) $\dfrac{2-\ln x}{2x\sqrt{x}}\mathrm{d}x$;

(7) $\dfrac{1}{2\sqrt{x-x^2}}\mathrm{d}x$; (8) $-\dfrac{e^x}{1+e^{2x}}\mathrm{d}x$.

5. (3, 1).

6. (1) 单调增区间 $\left[0,\ \dfrac{\pi}{4}\right]$, $\left[\dfrac{5\pi}{4},\ 2\pi\right]$, 单调减区间 $\left[\dfrac{\pi}{4},\ \dfrac{5\pi}{4}\right]$, 极大值 $y|_{x=\frac{\pi}{4}}=\dfrac{1}{\sqrt{2}}e^{-\frac{\pi}{4}}$, 极小值 $y|_{x=\frac{5\pi}{4}}=-\dfrac{1}{\sqrt{2}}e^{-\frac{5\pi}{4}}$;

(2) 单调增区间 $(-\infty,\ 0]$, 单调减区间 $[0,\ +\infty)$, 极大值 $y|_{x=0}=-1$;

7. (1) $\dfrac{\pi^2}{4}$; (2) 0; (3) $-\dfrac{1}{2}$; (4) e; (5) $e^{-\frac{\pi}{2}}$; (6) 1.

第四章 不定积分

习题 4-1

1. (1) D; (2) D.

2. $y = \frac{x^2}{2} + 1$.

3. $s = 3\sin t + 4$.

4. (1) $\frac{1}{3}x^3 + 2x^{3/2} + x\ln 2 + C$;　(2) $\ln|x| + \arcsin x - \arctan x + C$;

(3) $e^x - 2\sin x + 2x + C$;　(4) $\frac{1}{2}x^2 + \cos x + \ln|x| + C$;

(5) $\frac{x^3}{3} + \frac{2^x}{\ln 2} + 2\ln|x| + C$;　(6) $x - \arctan x + C$;

(7) $u - 2\ln|u| - \frac{1}{u} + C$;　(8) $3\ln|x| - \frac{5}{2x^2} + C$;

(9) $\sin x - \cos x + C$;　(10) $3e^x - x + C$;

(11) $e^{x+2} + C$;　(12) $-\frac{\cos x}{2} - \cot x + C$.

习题 4-2

1. (1) $\frac{1}{a}$;　(2) $-\frac{1}{3}$;　(3) $\frac{1}{4}$;　(4) $-\frac{1}{x} + C$;

(5) -1;　(6) $\frac{1}{2}x^2, \frac{1}{2}$;　(7) $-\frac{1}{2}$;　(8) 2;

(9) $\ln|x| + C$;　(10) $\ln x$, $\frac{1}{2}\ln x^2 + C$;　(11) $2\sqrt{x} + C$;　(12) $-\frac{2}{3}$;

(13) $-\frac{1}{3}$;　(14) 1;　(15) $\frac{1}{2}$;　(16) $\tan x + C$.

2. (1) $-\frac{1}{3}\cos 3x + C$;　(2) $-\frac{1}{3}(1 - 2x)^{3/2} + C$;　(3) $\ln|1 + x| + C$;

(4) $\frac{1}{2}\sin(2x - 5) + C$;　(5) $\ln|\ln x| + C$;　(6) $\frac{1}{2}\sin 2x + x + C$;

(7) $\frac{1}{2}\ln|x^2 + 1| - \arctan x + C$;　(8) $-\frac{1}{30}(1 - 3x)^{10} + C$;　(9) $\frac{1}{3}\ln|1 + x^3| + C$;

(10) $\frac{1}{2}(\arctan x)^2 + C$;　(11) $\ln|\arcsin x| + C$;　(12) $\frac{1}{1 - x} + C$;

(13) $\frac{1}{2}\arcsin\frac{2}{3}x + C$;　(14) $-\sin\frac{1}{x} + C$;

(15) $-\frac{1}{2}e^{-x^2} + C$;　(16) $-\cot x + \csc x + C$.

3. (1) $2(\sqrt{x} - \arctan\sqrt{x}) + C$;　(2) $-3\sqrt[3]{(2 - x)^2}\left[2 - \frac{4}{5}(2 - x) + \frac{1}{8}(2 - x)^2\right] + C$;

(3) $\ln\left|\frac{1}{x} - \frac{\sqrt{1 - x^2}}{x}\right| + \sqrt{1 - x^2} + C$;　(4) $\sqrt{x^2 + 1} + C$;

(5) $\frac{2}{5}(x-2)^2\sqrt{x-2}+\frac{4}{3}(x-2)\sqrt{x-2}+C$；(6) $\ln\left|x+\sqrt{x^2-1}\right|+C$；

(7) $\frac{1}{3}(x-1)\sqrt{x-1}+\sqrt{x-1}+C$；(8) $\ln\left|\frac{1+\sqrt{x}}{1-\sqrt{x}}\right|-2\sqrt{x}+C$；

(9) $-\sqrt{4-x^2}+C$；(10) $\frac{1}{\sqrt{2}}\ln(\sqrt{2}x+\sqrt{1+2x^2})+C$.

习题 4-3

(1) $e^x(x-1)+C$；　(2) $\frac{x^3}{3}\ln x-\frac{x^3}{9}+C$；

(3) $-x\cos x+\sin x+C$；　(4) $x(\ln x-1)+C$；

(5) $\frac{x2^x}{\ln 2}-\frac{2^x}{\ln^2 2}+C$；　(6) $(x^2-2)\sin x+2x\cos x+C$；

(7) $x\arcsin x+\sqrt{1-x^2}+C$；　(8) $-\frac{1}{2}x\cos 2x+\frac{1}{4}\sin 2x+C$；

(9) $\frac{1}{3}x^3\arctan x-\frac{1}{6}x^2+\frac{1}{6}\ln(1+x^2)+C$；　(10) $\frac{1}{2}e^x(\cos x+\sin x)+C$.

总习题四

1. (1) $-\cos x+C$；　(2) $-e^{-x}+C$；

(3) $\frac{1}{3}\sin 3x+C$；　(4) $F(\ln x)+C$；

(5) $\frac{1}{3}f^3(x)+C$；　(6) $2x(1+x)e^{2x}$.

2. (1) $-\frac{1}{x}-\arctan x+C$；　(2) $x-\sin x+C$；

(3) $-\frac{1}{3}\cos(1+3x)+C$；　(4) $\arcsin(\ln x)+C$；

(5) $2\sqrt{x+1}\sin\sqrt{x+1}+2\cos\sqrt{x+1}+C$；　(6) $\ln(1+e^x)+C$；

(7) $\ln|x-\sin x|+C$；　(8) $-x^2\cos x+2x\sin x+2\cos x+C$.

第五章　定积分及其应用

习题 5-1

1. 否.

2. (1) $\int_0^1 f(x)\,dx=-\frac{1}{3}$；　(2) $f(x)=x^2-\frac{2}{3}$.

3. (a) $\int_0^1 (x^2+1)\,dx$;　　(b) $\int_1^e \ln x\,dx$;

(c) $\int_0^2 x\,dx - \int_0^1 (x-x^2)\,dx$;　　(d) $\int_0^1 2\sqrt{x}\,dx + \int_1^4 (\sqrt{x}-x+2)\,dx$.

4. (1) >; (2) <; (3) <; (4) >.

习题 5-2

1. (1) $e-\frac{2}{3}$; (2) $\frac{11}{12}$; (3) $\frac{\pi}{3}$; (4) $\frac{\pi}{2}-1$; (5) $\frac{37}{10}$; (6) $\frac{\pi}{4}$.

2. 204.

3. 18.

4. 0.1345.

习题 5-3

1. (1) $\frac{38}{15}$;　　(2) e^3-1;

(3) $\frac{\sqrt{2}}{2}$;　　(4) 1;

(5) $\frac{1}{2}\ln\frac{5}{3}$;　　(6) $\frac{2}{5}(1+\ln 2)$;

(7) $\frac{\pi}{4}+\frac{\sqrt{2}}{2}-1$;　　(8) $7+2\ln 2$;

(9) $10+\frac{9}{2}\ln 3$　　(10) π.

2. (1) π; (2) 1; (3) $\frac{1}{4}(e^2-3)$; (4) $\frac{\pi}{2}-1$.

3. (1) $t=2$; (2) 约 3838 人.

习题 5-4

1. (1) $\frac{3}{2}-\ln 2$; (2) $e+\frac{1}{e}-2$; (3) $\frac{1}{3}$; (4) $4\frac{1}{2}$.

2. $\frac{9}{4}$.

3. $\frac{4}{3}\pi ab^2$.

4. $\frac{1}{2}\pi^2$; $2\pi^2$.

5. $\frac{16}{15}\pi$; $\frac{8}{3}\pi$.

6. $\frac{1}{2}\pi$.

7. 16411.73kJ.

8. 22.05kJ.

习题 5-5

(1) 1. (2) $\frac{1}{2}$. (3) $\frac{2}{15}\ln 2$. (4) 发散. (5) 发散. (6) $\frac{2\pi}{\sqrt{3}}$.

总习题五

1. (1) $\frac{1}{3}$; (2) $-\frac{1}{3}$; (3) 1; (4) -1; (5) $\frac{\pi}{2}$; (6) $\frac{\pi}{4}$; (7) 0; (8) 2; (9) $\frac{\pi}{8}$;

   (10) $2x^3\sqrt[3]{1+x^4}$; (11) $\frac{1}{\pi}$; (12) $b-a-1$.

2. (1) 1; (2) $e-\frac{2}{3}$; (3) $\frac{7}{2}+\ln 2$; (4) e^4-1; (5) $1-\ln(2e+1)+\ln 3$;

   (6) $\frac{1}{2}\ln 2$; (7) $2(2-\ln 3)$; (8) $\frac{\pi}{3\sqrt{3}}$; (9) $\frac{2}{3}+\ln 3$; (10) $\frac{1}{4}(e^2-3)$.

3. $\frac{5}{12}$.

4. $\frac{38}{15}\pi$.

5. $\frac{1}{\omega}(1-\cos\omega)$.

第六章 微 分 方 程

习题 6-1

1. (1) B; (2) A; (3) C; (4) D.
2. (1) 通解，特解; (2) 特解，通解; (3) 不是，通解.

习题 6-2

1. (1) $y=\frac{1}{4}(x+C)^2$; (2) $y=C\ln x$; (3) $y=ce^{-e^x}$; (4) $\ln y=Cx$.
2. (1) $y=e^{\tan\frac{x}{2}}$; (2) $y=1-\sqrt{1-x^2}$.
3. $T(t)=100e^{-0.0139t}$.
4. 670.6min; 5%.

习题 6-3

1. (1) 一阶可分离变量的微分方程; (2) 一阶非齐次线性微分方程;

(3) 一阶非齐次线性微分方程；(4) 一阶非齐次线性微分方程.

2. (1) $y = Ce^{-2x} + \frac{1}{2}$；　(2) $y = (x + C)(1 + x)^2$；

(3) $y = Ce^{\frac{3}{2}x^2} - \frac{2}{3}$；　(4) $y = e^{-x}(x + C)$；

(5) $y = \frac{x}{3} + \frac{C}{x^2}$；　(6) $y = x^2(C - \frac{1}{3}\cos 3x)$.

3. (1) $y = \frac{1}{x}e^x - \frac{e}{x}$；　(2) $y = xe^{-\sin x}$.

4. $y = -2x - 2 + 2e^x$.

5. $I(t) = \frac{4}{5}e^{-t} + \frac{16}{5}\cos 2t - \frac{8}{5}\sin 2t$.

习题 6-4

1. (1) $y = C_1e^{-x} + C_2e^{11x}$；　(2) $y = (C_1 + C_2x)e^{-2x}$；

(3) $y = e^{2x}(C_1\cos 3x + C_2\sin 3x)$；　(4) $y = C_1\cos x + C_2\sin x$；

(5) $y = C_1 + C_2e^{5x}$.　(6) $y = (C_1 + C_2x)e^{-\frac{1}{2}x}$

2. (1) $y = -e^{4x} + e^{-x}$；　(2) $y = 2\cos 5x + 3\sin 5x$；

(3) $y = 3e^{-2x}\sin 5x$.

习题 6-5

1. (1) $y = C_1e^x + C_2e^{-2x} + \frac{2}{3}xe^x$；(2) $y = (C_1 + C_2x)e^{-x} + \frac{5}{2}x^2e^{-x}$；

(3) $y = (C_1 + C_2x)e^{2x} + \frac{1}{16}e^{-2x}$；(4) $y = C_1 + C_2e^x + \frac{7}{2}e^{-x}$；

(5) $y = C_1e^x + C_2e^{-x} - 2\sin x$；　(6) $y = e^x(C_1\cos 2x + C_2\sin 2x) + \frac{1}{17}\cos 2x - \frac{4}{17}\sin 2x$.

2. (1) $y = \frac{7}{2}e^{2x} - 5e^x + \frac{5}{2}$；(2) $y = e^x - e^{-x} + (x^2 - x)e^x$.

总习题六

1. (1) B；(2) C；(3) B；(4) B；(5) D.

2. (1) $cx = e^{-\frac{1}{2y^2}}$；　(2) $e^y = Cxy$；

(3) $y = e^{x^2} + ce^{\frac{1}{2}x^2}$；　(4) $y = C\cos x - 2\cos^2 x$；

(5) $y = c_1e^{-3x} + c_2e^{-5x}$；　(6) $y = (c_1 + c_2x)e^{2x}$；

(7) $y = e^{-x}(c_1\cos 2x + c_2\sin 2x)$；(8) $y = c_1 + c_2e^{-3x}$.

3. (1) $x^2 + y^2 = 25$；(2) $y = \frac{1}{2} - \frac{1}{x} + \frac{1}{2x^2}$；(3) $y = (2 + x)e^{-\frac{x}{2}}$.

4. $x^2+y^2=2$.

5. $x=x_0e^{kt}$.

6. $c(t)=0.0012e^{-0.082t}$.

第七章　无 穷 级 数

习题 7-1

1. (1) $\frac{1}{3}+\frac{1}{5}+\frac{1}{7}+\frac{1}{9}+\frac{1}{11}+\cdots$;　(2) $3+3^2+3^3+3^4+3^5+\cdots$;

(3) $\frac{1!}{2}+\frac{2!}{2}+\frac{3!}{2}+\frac{4!}{2}+\frac{5!}{2}+\cdots$;　(4) $\frac{3}{2}-\frac{5}{3}+\frac{7}{4}-\frac{9}{5}+\frac{11}{6}-\cdots$.

2. (1) 发散；(2) 收敛；(3) 发散；(4) 发散；(5) 收敛；(6) 发散.

习题 7-2

(1) 收敛；(2) 发散；(3) 发散；(4) 发散；(5) 收敛；(6) 发散.

习题 7-3

(1) 条件收敛；(2) 条件收敛；(3) 绝对收敛；(4) 绝对收敛.

习题 7-4

1. (1) $(-1, 1)$;　(2) $[-4, 4)$;　(3) $[-1, 1]$;

(4) $(-1, 1]$;　(5) $\left[-\frac{1}{2}, \frac{1}{2}\right]$;　(6) $[1, 3)$.

2. (1) $\ln(1+x)$, $x\in(-1, 1]$; (2) $\arctan x$, $x\in[-1, 1]$.

习题 7-5

(1) $f(x)=\frac{1}{2}+\frac{2}{\pi}\sum_{n=1}^{\infty}\frac{\sin(2n-1)x}{2n-1}(-\infty<x<+\infty,\ x\neq k\pi,\ k\in Z)$;

(2) $f(x)=-\frac{\pi}{2}+\frac{4}{\pi}\sum_{n=1}^{\infty}\frac{\cos(2n-1)x}{(2n-1)^2}(-\infty<x<+\infty)$.

总习题七

1. (1) A; (2) B; (3) A.

2. (1) 收敛；(2) 发散；(3) 收敛；(4) 收敛.

3. (1) 绝对收敛；(2) 条件收敛；(3) 绝对收敛；(4) 发散.

4. (1) $[-1, 1]$; (2) $(0, 2)$.

5. $f(x)=\pi+2\sum_{n=1}^{\infty}(-1)^{n+1}\frac{\sin x}{n}(-\infty<x<+\infty,\ x\neq(2k-1)\pi,\ k\in Z)$.

第八章　线 性 代 数

习题 8-1

1. (1) $\begin{vmatrix} 2 & 3 \\ -1 & 1 \end{vmatrix}$；(2) $-\begin{vmatrix} 6 & -2 & 7 \\ 0 & 3 & 5 \\ 1 & 4 & 2 \end{vmatrix}$.

2. (1) 1；(2) 1；(3) 0；(4) 1；(5) 18；(6) $(b-a)(c-a)(c-b)$.

3. $x_1 = 1$，$x_2 = 2$，$x_3 = 3$.

4. (1) $x_1 = 1$，$x_2 = 2$，$x_3 = -2$；(2) $x_1 = 1$，$x_2 = 2$，$x_3 = 1$.

习题 8-2

1. $x_1 = 6$, $x_2 = 2$.

2. (1) $\begin{bmatrix} 0 & 0 \\ 0 & 0 \end{bmatrix}$；(2) $\begin{bmatrix} 2 & 7 \\ 4 & 9 \\ 3 & 8 \end{bmatrix}$；(3) 36；(4) $\begin{bmatrix} -8 & 12 \\ -6 & 9 \\ -12 & 18 \end{bmatrix}$.

3. $\begin{bmatrix} -11 & 0 & -5 \\ 6 & 7 & -11 \end{bmatrix}$.

4. $\begin{bmatrix} -\dfrac{3}{2} & -\dfrac{2}{3} \\ -\dfrac{3}{2} & \dfrac{4}{3} \end{bmatrix}$.

5. (1) $\boldsymbol{A} = \begin{pmatrix} 248 & 156 & 20 \\ 232 & 138 & 14 \end{pmatrix}$；

(2) $\boldsymbol{M} = \begin{pmatrix} 242 & 146 & 15 \\ 234 & 140 & 12 \end{pmatrix}$；

(3) $\boldsymbol{A} + \boldsymbol{M} = \begin{pmatrix} 490 & 302 & 35 \\ 466 & 278 & 26 \end{pmatrix}$；表示商场两分店全年各种型号洗衣机的销量.

6. $2\boldsymbol{A} = \begin{pmatrix} 10 & 12 & 14 \\ 8 & 6 & 2 \end{pmatrix}$.

习题 8-3

1. (1) $\begin{bmatrix} 1 & -1 \\ -1 & 2 \end{bmatrix}$；　(2) $\begin{bmatrix} 1 & -3 & 11 \\ 0 & 1 & -3 \\ 0 & 0 & 1 \end{bmatrix}$；

(3) $\begin{bmatrix} 1 & -4 & -3 \\ 1 & -5 & -3 \\ -1 & 6 & 4 \end{bmatrix}$；　(4) $\begin{bmatrix} -11 & 2 & 2 \\ -4 & 0 & 1 \\ 6 & -1 & -1 \end{bmatrix}$.

2. $x_1=4$，$x_2=-3$，$x_3=0$.
3. 飞行速度和风速分别是260km/h、40km/h.
4. 配制A需要甲、乙各10g，配制B需要甲、乙各10g、0g.

习题8-4

1. (1) $\begin{bmatrix} -2 & \frac{2}{3} & -1 \\ -1 & \frac{1}{3} & 0 \\ 2 & -\frac{1}{3} & 1 \end{bmatrix}$；(2) 不存在.
2. (1) 2；(2) 2.

习题8-5

1. (1) $x_1=-1, x_2=0, x_3=-1$；(2) $x_1=6, x_2=0, x_3=1, x_4=-3$；

(3) $\begin{bmatrix} x_1 \\ x_2 \\ x_3 \end{bmatrix}=\begin{bmatrix} -1 \\ 1 \\ 2 \end{bmatrix}$；(4) 无解；

(5) $\begin{bmatrix} x_1 \\ x_2 \\ x_3 \\ x_4 \end{bmatrix}=\begin{bmatrix} -3 \\ -4 \\ 0 \\ 0 \end{bmatrix}+k_1\begin{bmatrix} 1 \\ 1 \\ 1 \\ 0 \end{bmatrix}+k_2\begin{bmatrix} -1 \\ 1 \\ 0 \\ 1 \end{bmatrix}$，其中$k_1$，$k_2$为任意常数；

(6) $\begin{bmatrix} x_1 \\ x_2 \\ x_3 \\ x_4 \end{bmatrix}=k_1\begin{bmatrix} 1 \\ 0 \\ 0 \\ 1 \end{bmatrix}+k_2\begin{bmatrix} -2 \\ 1 \\ 0 \\ 0 \end{bmatrix}$，其中$k_1$，$k_2$为任意常数.

2. (1) 无解；(2) 有解且有无穷多解；(3) 有解且有唯一解.
3. 小号、中号、大号和加大号销量分别为1件、9件、2件和1件.

总习题八

1. (1) 0；(2) 16；(3) $\boldsymbol{A}_{ij}=(-1)^{i+j}\boldsymbol{M}_{ij}$，$\boldsymbol{D}_n=\sum\limits_{t=1}^{n}a_{ti}\boldsymbol{A}_{tj}$；(4) -4；

(5) $-\begin{bmatrix} 2 & 5 & 6 \\ 1 & 0 & 0 \\ 0 & 1 & 6 \end{bmatrix}$；(6) $-\begin{bmatrix} 7 & -3 \\ -5 & 2 \end{bmatrix}$；(7) $\begin{bmatrix} 0 & 6 & -1 \\ 5 & -1 & 4 \end{bmatrix}$.

2. (1) -36；(2) 6；(3) 2；(4) 0；(5) -147；(6) -8.
3. (1) $x_1=1$，$x_2=2$，$x_3=3$；(2) $\boldsymbol{X}=(\boldsymbol{BC})^{\mathrm{T}}\boldsymbol{A}^{-1}=\begin{bmatrix} -1 & -20 & 10 \\ -3 & -4 & 2 \end{bmatrix}$；

(3) $\boldsymbol{X}=\boldsymbol{A}^{-1}\boldsymbol{B}^{\mathrm{T}}=\begin{bmatrix}6 & -5\\ 9 & -16\\ -\frac{7}{2} & -\frac{5}{2}\end{bmatrix}$，$\boldsymbol{X}=\begin{bmatrix}6 & -5\\ 9 & -16\\ -\frac{7}{2} & \frac{13}{2}\end{bmatrix}$.

4. $\boldsymbol{A}^{-1}=\begin{bmatrix}\frac{1}{3} & \frac{1}{3} & \frac{1}{3}\\ \frac{1}{3} & \frac{5}{6} & -\frac{1}{6}\\ \frac{1}{3} & -\frac{1}{6} & -\frac{1}{6}\end{bmatrix}$.

5. (1) 4；(2) 3.

6. $\boldsymbol{I}_1=-6$，$\boldsymbol{I}_2=4$，$\boldsymbol{I}_3=2$.

第九章　多元微积分学

习题 9-1

1. $z=7$ 或 $z=-5$.
2. $(x-3)^2+(y+1)^2+(z-1)^2=21$.
3. (1) 圆柱面；(2) 抛物柱面；(3) 双曲柱面；(4) 椭圆柱面.

习题 9-2

1. (1) $\{(x,y)\mid 0<x^2+y^2<1,\ y^2\leqslant 4x\}$；(2) $\{(x,y)\mid x>0,\ -1\leqslant y\leqslant 1\}$.
2. $f(xy,\ x+y)=xy(x+y)$.
3. $f(\sin(x+y),\ \mathrm{e}^{xy})=\sin^2(x+y)+\mathrm{e}^{2xy}$.
4. $f(x,y)=\frac{1}{4}(y^2-x^2)$.
5. (1) ln2；(2) 0；(3) $-\frac{1}{6}$.

习题 9-3

1. (1) $\frac{\partial z}{\partial x}=\frac{\partial z}{\partial y}=\cos(x+y)$；

   (2) $\frac{\partial z}{\partial x}=\frac{y}{1+x^2y^2}$，$\frac{\partial z}{\partial y}=\frac{x}{1+x^2y^2}$；

   (3) $\frac{\partial z}{\partial x}=\cos x^y\cdot yx^{y-1}$，$\frac{\partial z}{\partial y}=\cos x^y\cdot x^y\cdot\ln x$；

   (4) $\frac{\partial z}{\partial x}=y^2(1+\cos x)(x+\sin x)^{y^2-1}$，$\frac{\partial z}{\partial y}=2y(x+\sin x)^{y^2}\ln(x+\sin x)$.

2. (1) $f_x(3,4)=\frac{2}{5}$; (2) $f_x(1,1)=-\frac{1}{2}$, $f_y(1,1)=\frac{1}{2}$.

3. 1.

4. (1) $\frac{\partial^2 z}{\partial x^2}=6x+6y$, $\frac{\partial^2 z}{\partial y^2}=12y^2$, $\frac{\partial^2 z}{\partial x\partial y}=\frac{\partial^2 z}{\partial y\partial x}=6x$;

(2) $\frac{\partial^2 z}{\partial x^2}=2a^2\cos[2(ax+by)]$, $\frac{\partial^2 z}{\partial y^2}=2b^2\cos[2(ax+by)]$,

$\frac{\partial^2 z}{\partial x\partial y}=\frac{\partial^2 z}{\partial y\partial x}=2ab\cos[2(ax+by)]$;

(3) $\frac{\partial^2 z}{\partial x^2}=\frac{x+2y}{(x+y)^2}$, $\frac{\partial^2 z}{\partial y^2}=-\frac{x}{(x+y)^2}$, $\frac{\partial^2 z}{\partial x\partial y}=\frac{\partial^2 z}{\partial y\partial x}=\frac{y}{(x+y)^2}$;

(4) $\frac{\partial^2 z}{\partial x^2}=-\frac{3xy^2}{(x^2+y^2)^{\frac{5}{2}}}$, $\frac{\partial^2 z}{\partial y^2}=\frac{x(2y^2-x^2)}{(x^2+y^2)^{\frac{5}{2}}}$, $\frac{\partial^2 z}{\partial x\partial y}=\frac{\partial^2 z}{\partial y\partial x}=\frac{y(2x^2-y^2)}{(x^2+y^2)^{\frac{5}{2}}}$.

5. (1) $\frac{\partial T}{\partial x}=-\lambda T_1 e^{-\lambda x}\sin(\omega t-\lambda x)-\lambda T_1 e^{-\lambda x}\cos(\omega t-\lambda x)$;

(2) $\frac{\partial T}{\partial t}=\omega T_1 e^{-\lambda x}\cos(\omega t-\lambda x)$.

习题 9-4

1. (1) $dx+2dy$; (2) $-16dx+12dy$; (3) 0.42, 0.4.

2. (1) $dz=ye^{xy}dx+xe^{xy}dy$; (2) $dz=\frac{1}{3x-2y}(3dx-2dy)$;

(3) $dz=\frac{-2ydx+2xdy}{(x-y)^2}$; (4) $du=2\cos(x^2+y^2+z^2)(xdx+ydy+zdz)$.

3. $dz\Big|_{\substack{x=1\\y=2}}=\frac{1}{6}dx+\frac{1}{3}dy$.

4. $dz=22.4$, $\Delta z=22.75$.

5. $\Delta V\approx 1.2\pi(\text{cm}^3)$.

习题 9-5

1. $\iint\limits_D \mu(x,y)d\sigma$.

2. $V=\iint\limits_D\sqrt{a^2-x^2-y^2}\,d\sigma$, $D=\{(x,y)\mid x^2+y^2\leqslant a^2\}$.

3. 略.

4. $0\leqslant I\leqslant 2$.

5. $\iint\limits_D e^{xy}dxdy\leqslant\iint\limits_D e^{2xy}dxdy$.

习题 9-6

1. (1) $\frac{9}{4}$; (2) 0; (3) $\frac{1}{12}$; (4) $\frac{40}{3}$.

2. (1) $\int_1^3 dx \int_x^{3x} f(x,y)\,dy$ 或 $\int_1^3 dy \int_1^y f(x,y)\,dx + \int_3^9 dy \int_{\frac{y}{3}}^3 f(x,y)\,dx$;

(2) $\int_0^1 dx \int_{x-1}^{1-x} f(x,y)\,dy$ 或 $\int_{-1}^0 dy \int_0^{1+y} f(x,y)\,dx + \int_0^1 dy \int_0^{1-y} f(x,y)\,dx$;

(3) $\int_0^1 dx \int_{\frac{x}{2}}^{2x} f(x,y)\,dy + \int_1^2 dx \int_{\frac{x}{2}}^{\frac{2}{x}} f(x,y)\,dy$ 或 $\int_0^1 dy \int_{\frac{y}{2}}^{2y} f(x,y)\,dx + \int_1^2 dy \int_{\frac{y}{2}}^{\frac{2}{y}} f(x,y)\,dx$.

3. $\frac{4}{3}$.

总习题九

1. (1) $\{(x, y) \mid x, y \in R, x, y \neq 0\}$; (2) 0; (3) 2; (4) $\frac{3}{40}$; (5) 2π.

2. $\frac{\partial z}{\partial x} = y e^{xy}$, $\frac{\partial z}{\partial y} = x e^{xy}$.

3. $\frac{\partial^2 z}{\partial x^2} = \frac{4y}{(x-y)^3}$, $\frac{\partial^2 z}{\partial y^2} = \frac{4x}{(x-y)^3}$, $\frac{\partial^2 z}{\partial x \partial y} = \frac{\partial^2 z}{\partial y \partial x} = \frac{-2(x+y)}{(x-y)^3}$.

4. $\frac{6}{55}$.

附录B　初等数学中的常用公式

B.1　乘法公式与二项式定理

$$(a+b)^2=a^2+2ab+b^2$$
$$(a-b)^2=a^2-2ab+b^2$$
$$(a+b)^3=a^3+3a^2b+3ab^2+b^3$$
$$(a-b)^3=a^3-3a^2b+3ab^2-b^3$$
$$(a+b)^n=C_n^0a^n+C_n^1a^{n-1}b+C_n^2a^{n-2}b+\cdots+C_n^ka^{n-k}b^k+C_n^{n-1}ab^{n-1}+C_n^nb^n,$$

其中 n 为正整数，$C_n^k=\dfrac{n!}{k!(n-k)!}$，$k=0,1,2,\cdots,n$

$$(a+b+c)^2=a^2+b^2+c^2+2ab+2ac+2bc$$

B.2　因式分解

$$a^2-b^2=(a+b)(a-b)$$
$$a^3+b^3=(a+b)(a^2-ab+b^2)$$
$$a^3-b^3=(a-b)(a^2+ab+b^2)$$
$$a^n-b^n=(a-b)(a^{n-1}+a^{n-2}b+\cdots+b^{n-1})$$

B.3　分式裂项

$$\frac{1}{x(x+1)}=\frac{1}{x}-\frac{1}{x+1}$$
$$\frac{1}{(x+a)(x+b)}=\frac{1}{b-a}\left(\frac{1}{x+a}-\frac{1}{x+b}\right)$$

B.4　指数运算

(1) $a^{-n}=\dfrac{1}{a^n}(a\neq 0)$；(2) $a^0=1(a\neq 1)$；(3) $a^{\frac{m}{n}}=\sqrt[n]{a^m}(a\geqslant 0)$；

(4) $a^ma^n=a^{m+n}$；(5) $a^m\div a^n=a^{m-n}$；(6) $(a^m)^n=a^{mn}$；

(7) $\left(\dfrac{b}{a}\right)^n=\dfrac{b^n}{a^n}(a\neq 0)$；(8) $(ab)^n=a^nb^n$；(9) $\sqrt{a^2}=|a|$.

B.5　对数运算

(1) $a^{\log_a N}=N$；(2) $\log_a b^n=n\log_a b$；(3) $\log_a\sqrt[n]{b}=\dfrac{1}{n}\log_a b$；

(4) $\log_a a = 1$；(5) $\log_a 1 = 0$；(6) $\lg a = \log_{10} a$，$\ln a = \log_e a$；

(7) $\log_a b = \dfrac{1}{\log_b a}$；(8) $\log_a \dfrac{M}{N} = \log_a M - \log_a N$；(9) $\log_a MN = \log_a M + \log_a N$.

B.6　一元二次代数方程

方程 $ax^2 + bx + c = 0$，根的判别式为 $\Delta = b^2 - 4ac$，

当 $\Delta \geqslant 0$ 时，方程有实根，求根公式为 $x_{1,2} = \dfrac{-b \pm \sqrt{b^2 - 4ac}}{2a}$；

当 $\Delta < 0$ 时，方程有一对共轭复根，求根公式为 $x_{1,2} = \dfrac{-b \pm i\sqrt{4ac - b^2}}{2a}$.

B.7　阶乘和数列公式

B.7.1　阶乘

定　义	说　明
$0! = 1$	规定
$n! = 1 \cdot 2 \cdot 3 \cdots (n-1) \cdot n$	n 的阶乘
$(2n+1)!! = 1 \cdot 3 \cdot 5 \cdots (2n+1)$	奇数的阶乘
$(2n)!! = 2 \cdot 4 \cdot 6 \cdots (2n-2)(2n)$	偶数的阶乘

注：表中 n 为自然数.

B.7.2　等差数列

设 a_1 为首项，d 为公差，n 为项数，a_n 为第 n 项，s_n 为前 n 项和，则

$$a_n = a_1 + (n-1)d$$

$$s_n = \frac{a_1 + a_n}{2} \cdot n = na_1 + \frac{n(n-1)}{2}d$$

B.7.3　等比数列

设 a_1 为首项，q 为公比，n 为项数，a_n 为第 n 项，s_n 为前 n 项和，则

$$a_n = a_1 q^{n-1}$$

$$s_n = \frac{a_1 - a_n q}{1 - q} = \frac{a_1(1 - q^n)}{1 - q}$$

B.8　初等几何

在下列公式中，字母 r 表示半径，h 表示高，l 表示斜高.

(1) 圆：周长 $= 2\pi r$，面积 $= \pi r^2$；

(2) 扇形：面积 $= \dfrac{1}{2}r^2\theta$，弧长 $= r\theta$（式中，θ 为扇形的圆心角，以弧度计）；

(3) 正圆锥：体积 $= \dfrac{1}{3}\pi r^2 h$，侧面积 $= \pi rl$，全面积 $= \pi r(r + l)$；

（4）球：体积$=\frac{4}{3}\pi r^3$，表面积$=4\pi r^2$.

B.9　三角公式

B.9.1　基本公式

$\sin^2 a+\cos^2 a=1 \quad 1+\tan^2 a=\sec^2 a \quad 1+\cot^2 a=\csc^2 a$

$\sec a=\frac{1}{\cos a} \quad \csc a=\frac{1}{\sin a} \quad \tan a\cdot\cot a=1$

$\tan a=\frac{\sin a}{\cos a} \quad \cot a=\frac{\cos a}{\sin a}$

B.9.2　和差角公式

$\sin(x+y)=\sin x\cos y+\cos x\sin y$

$\sin(x-y)=\sin x\cos y-\cos x\sin y$

$\cos(x+y)=\cos x\cos y-\sin x\sin y$

$\cos(x-y)=\cos x\cos y+\sin x\sin y$

$\tan(x+y)=\frac{\tan x+\tan y}{1-\tan x\tan y}$

$\tan(x-y)=\frac{\tan x-\tan y}{1+\tan x\tan y}$

B.9.3　倍角公式

$\sin 2x=2\sin x\cos x$

$\cos 2x=\cos^2 x-\sin^2 x=1-2\sin^2 x=2\cos^2 x-1$

$\tan 2x=\frac{2\tan x}{1-\tan^2 x}$

$\sin^2 x=\frac{1}{2}(1-\cos 2x)$

$\cos^2 x=\frac{1}{2}(1+\cos 2x)$

B.9.4　积化和差公式

$\sin x\cos y=\frac{1}{2}[\sin(x+y)+\sin(x-y)]$

$\cos x\sin y=\frac{1}{2}[\sin(x+y)-\sin(x-y)]$

$\cos x\cos y=\frac{1}{2}[\cos(x+y)+\cos(x-y)]$

$\sin x\sin y=-\frac{1}{2}[\cos(x+y)-\cos(x-y)]$

B.9.5　和差化积公式

$\sin x+\sin y=2\sin\frac{x+y}{2}\cos\frac{x-y}{2}$

$$\sin x - \sin y = 2\cos\frac{x+y}{2}\sin\frac{x-y}{2}$$

$$\cos x + \cos y = 2\cos\frac{x+y}{2}\cos\frac{x-y}{2}$$

$$\cos x - \cos y = -2\sin\frac{x+y}{2}\sin\frac{x-y}{2}$$

参考文献

[1] 侯风波．高等数学 [M]．北京：高等教育出版社，2018.
[2] 同济大学，天津大学，浙江大学，重庆大学．高等数学 [M]．北京：高等教育出版社，2010.
[3] 钱椿林．线性代数 [M]．北京：电子工业出版社，2001.
[4] 西安交通大学高等数学教研室．复变函数 [M]．北京：高等教育出版社，1996.
[5] 同济大学数学系．高等数学 [M]．北京：高等教育出版社，2014.
[6] 王仲英．电类高等数学 [M]．北京：高等教育出版社，2006.

冶金工业出版社部分图书推荐

书　名	作　者	定价(元)
冶金专业英语（第3版）	侯向东	49.00
电弧炉炼钢生产（第2版）	董中奇　王　杨　张保玉	49.00
转炉炼钢操作与控制（第2版）	李　荣　史学红	58.00
金属塑性变形技术应用	孙　颖　张慧云　郑留伟　赵晓青	49.00
自动检测和过程控制（第5版）	刘玉长　黄学章　宋彦坡	59.00
新编金工实习（数字资源版）	韦健毫	36.00
化学分析技术（第2版）	乔仙蓉	46.00
冶金工程专业英语	孙立根	36.00
连铸设计原理	孙立根	39.00
金属塑性成形理论（第2版）	徐　春　阳　辉　张　弛	49.00
金属压力加工原理（第2版）	魏立群	48.00
现代冶金工艺学——有色金属冶金卷	王兆文　谢　锋	68.00
有色金属冶金实验	王　伟　谢　锋	28.00
轧钢生产典型案例——热轧与冷轧带钢生产	杨卫东	39.00
Introduction of Metallurgy 冶金概论	宫　娜	59.00
The Technology of Secondary Refining 炉外精炼技术	张志超	56.00
Steelmaking Technology 炼钢生产技术	李秀娟	49.00
Continuous Casting Technology 连铸生产技术	于万松	58.00
CNC Machining Technology 数控加工技术	王晓霞	59.00
烧结生产与操作	刘燕霞　冯二莲	48.00
钢铁厂实用安全技术	吕国成　包丽明	43.00
炉外精炼技术（第2版）	张士宪　赵晓萍　关　昕	56.00
湿法冶金设备	黄　卉　张凤霞	31.00
炼钢设备维护（第2版）	时彦林	39.00
炼钢生产技术	韩立浩　黄伟青　李跃华	42.00
轧钢加热技术	戚翠芬　张树海　张志旺	48.00
金属矿地下开采（第3版）	陈国山　刘洪学	59.00
矿山地质技术（第2版）	刘洪学　陈国山	59.00
智能生产线技术及应用	尹凌鹏　刘俊杰　李雨健	49.00
机械制图	孙如军　李　泽　孙　莉　张维友	49.00
SolidWorks 实用教程 30 例	陈智琴	29.00
机械工程安装与管理——BIM 技术应用	邓祥伟　张德操	39.00
化工设计课程设计	郭文瑶　朱　晟	39.00
化工原理实验	辛志玲　朱　晟　张　萍	33.00
能源化工专业生产实习教程	张　萍　辛志玲　朱　晟	46.00
物理性污染控制实验	张　庆	29.00
现代企业管理（第3版）	李　鹰　李宗妮	49.00